竹林生态系统昆虫图鉴

INSECTS IN BAMBOO GROVES

第三卷 VOLUME 3

梁照文　闫正跃　朱宏斌　主编

中国农业出版社
农村设物出版社
北　京

编委会

主　编： 梁照文　闫正跃　朱宏斌

副主编： 许忠祥　常晓丽　吕金柱　黄　静　万晓泳　徐　明　禹海鑫　孙长海　郑　炜　姜　坤　钱　路　杜　军　高　渊　金光耀　王　仪　梁煜轩　朱　彬　霍庆波　王宏宝　孙民琴　丁志平　陈智明

编　者：

梁照文　宜兴海关
童明龙　苏州海关
张　栋　宜兴海关
朱鹏程　宜兴海关
邓娟仙　南京海关
杨　光　南京海关
张　扬　南京海关
顾　斌　南京海关
梁　超　南京海关
王晓丰　南京海关
钱　科　南京海关
张　浩　南京海关
翟会锋　南京海关
周艳波　南京海关
孙园园　金陵海关
李艳华　无锡海关
史晓芳　无锡海关
孙民琴　南通海关
禹海鑫　南通海关
高　渊　苏州海关
万晓泳　苏州海关
王建斌　苏州海关
钱　路　常州海关
朱　彬　靖江海关
金光耀　常熟海关
朱晗峰　常熟海关
闫正跃　防城海关
丁志平　张家港海关
郑　炜　宁波海关技术中心
朱宏斌　南京海关动植物与食品检测中心

许忠祥　南京海关动植物与食品检测中心
陈展册　南宁海关技术中心
吴志毅　杭州海关技术中心
陈智明　榕城海关
杜　军　青岛海关技术中心
王振华　武汉海关技术中心
黄　静　海关总署国际检验检疫标准与法规研究中心
李天宝　江门海关
孙长海　南京农业大学
姜　坤　安徽师范大学
闫喜中　山西农业大学
霍庆波　扬州大学
申建梅　仲恺农业工程学院
胡黎明　仲恺农业工程学院
翁　琴　宜兴市自然资源和规划局
徐　明　江苏省林业科学研究院
王美玲　孝义市农业农村局
李耀华　交城县农业农村局
吕金柱　文水县林业局
许高娟　苏州市吴江区林业站
常晓丽　上海市农业科学院
王宏宝　江苏徐淮地区淮阴农业科学研究所
毛　佳　江苏徐淮地区淮阴农业科学研究所
王　仪　宜兴市产品质量和食品安全检验检测中心
王金海　宜兴市林场有限公司
王　波　宜兴市林场有限公司
陆雄军　宜兴市林场有限公司
刘　政　宜兴市林场有限公司
陈宇龙　宜兴市林场有限公司
汪建伟　北京虫警科技有限公司
梁煜轩　宜兴市第二高级中学

序

初识梁照文是在一次大赛现场。当得知他以超强的毅力和热情，每天凌晨四五点往返100公里进行收虫，收集到3万余个昆虫标本，鉴定昆虫900余种，发现10余个中国新记录种、10余个大陆新记录种、400余个江苏新记录种时，我倍感震撼。后来，我到他的实验室参观，再次深受感动，欣然接受了为本书作序的请求。

中国是世界上竹类资源最为丰富、竹子栽培历史最为悠久的国家之一，竹林面积、竹材蓄积、竹制品产量和出口量均居世界第一，竹加工技术和竹产品创新能力处于世界先进水平。第八次全国森林资源清查结果显示，我国竹林面积共601万公顷，比第七次清查增长了11.69%。2013年，全国竹材产量18.77亿根，竹业总产值1 670.75亿元。依据《竹产业发展十年规划》，到2020年，竹产区农民从事竹业的收入将占到纯收入的20%以上。因此，竹产业被称为生态富民产业和绿色循环产业，发展潜力巨大，市场前景广阔。本系列丛书的出版，可为竹林有害生物防治提供重要参考，为出口把关提供技术支撑。

本系列丛书是我国第一部竹林生态系统的昆虫图鉴，共分3卷出版。第一卷内容包含鳞翅目夜蛾总科，第二卷内容包含鳞翅目尺蛾总科、螟蛾总科及其他，第三卷内容包含鞘翅目、半翅目及其他。

本系列丛书具有如下特点：一是鳞翅目昆虫同时配原态图与展翅图，展现昆虫的原始状态，以弥补展翅图鳞粉掉落的不足；二是尽可能地配雌雄图，为辨别雌雄提供参考；三是备注昆虫的采集时间，可为昆虫采集或有害生物防治提供参考；四是鳞翅目昆虫配有自测的体长与翅展数据。

竹林昆虫种类调查成果在本系列丛书出版之前，已在国外期刊发表3个新种：宜兴嵌夜蛾、黑剑纹恩象和斯氏刺襀；国内期刊发表82个江苏新记录种。

本系列丛书主要介绍了江苏竹林的昆虫种类，以及昆虫的寄主、分布、发生时间，发现的中国新记录种、大陆新记录种、江苏新记录种，填补了历史的空白，对提高本地物种的防治、外来物种的预防和检疫效率、进行更深入的科研教育以及开发和利用昆虫资源有着重要的意义。

陈建东

2020年3月

前言

本书是毛竹林昆虫多样性调查部分成果的小结，涉及蜚蠊目、鞘翅目、双翅目、半翅目、膜翅目、螳螂目、广翅目、脉翅目、蜻蜓目、直翅目、竹节虫目、襀翅目、毛翅目13个目，58个总科，134个科，187个亚科，498个属，共647种。其中，中国新记录种5个，大陆新记录种9个，江苏新记录种225个，江苏新记录属1个；鉴定到种的共563个，到属的共84个。本书鞘翅目采用2011版《世界甲虫名录》的分类体系，其他大部分类群参照《秦岭昆虫志》的分类体系，少部分类群采纳该类群专家的分类体系建议。

本书基于对2016年5月至2018年10月于湖汊镇东兴村（31.217° N，119.801° E）、张渚镇省庄村小前岕（31.214° N，119.708° E）、宜兴竹海风景区（31.167° N，119.698° E）毛竹林中采用黑光灯和高压汞灯白布诱集所得标本鉴定、整理及所拍摄的照片，共有1 665幅彩图，部分图标注了雌雄；根据相关文献资料补充了寄主，丰富了地理分布；列出了中文曾用名。

非常感谢以下专家对本书的出版给予大力支持：

安徽师范大学　姜　坤（异翅亚目）

北京林业大学　陈佳桁（步甲总科）

北京市农林科学院　虞国跃　（瓢甲科、双翅目、胡蜂总科）

东京农业大学　小岛弘昭（象甲科、长角象科、卷象科）

拱北海关　林　伟（小蠹亚科）

贵州大学　姜日新（溪泥甲科）

国家自然博物馆　常凌小（伪瓢虫科）

河北大学　潘　昭（拟步甲科、芫菁科、小蕈甲科、拟天牛科、拟花蚤科）

河北大学　杨玉霞（花萤科、拟花萤科）

华南农业大学　赵明智（金龟科、驼金龟科）

华中农业大学　付新华（萤科）

绵阳师范学院　林美英（天牛科）

绵阳师范学院　邱　鹭（叩甲科、蜣螂亚科、蜚蠊目）

绵阳师范学院　王成斌（葬甲科、隐食甲科、穴甲科、大蕈甲科）

南京海关动植物与食品检测中心　朱宏斌（象甲总科、长蠹总科）

南京农业大学　孙长海（毛翅目）

宁夏大学　赵宇晨（蚁形甲科）

上海师范大学　李利珍（隐翅虫科）

扬州大学　杜予州（襀翅目）

浙江大学　唐　璞（姬蜂总科）

中国检验检疫科学研究院　张俊华（小蠹亚科）

中国科学院动物研究所　葛斯琴（叶甲科）

中国科学院动物研究所　黄正中（拟叩甲科）

中国科学院动物研究所　梁红斌（步甲总科、负泥虫亚科）

中国科学院上海生命科学研究院植物生理生态研究所　王瀚强（螳螂目、直翅目）

中国农业大学　刘星月（脉翅目、广翅目）

中山大学　贾凤龙（龙虱总科、牙甲总科）

另外，虞国跃与孙长海老师对上面所列范围以外的许多种类进行了指导，台湾的周文一老师与昆虫爱好者傅凡先生对天牛及部分其他甲虫的鉴定给予较多的指导，葛斯琴、梁红斌、贾凤龙、霍庆波、孙长海、高渊老师提供了部分拍摄较好的图片，在此深表感谢。特别感谢单位历任领导（张怀东、刘秀芳、罗建国、王水明、伊仰东、谢建军、汤小平、崔大李、杭竹、汤芸等）对该项工作的大力支持。本书的出版得到了宜兴市科学技术局项目（2018SF11）的经费支持，在此也一并表示感谢。

由于编者水平有限，编写时间仓促，本书大部分类群经过了相关专家的核定，极少数类群未经专家核定，书中难免有疏漏、错误之处，诚望广大读者批评指正。

编　者

2023年8月

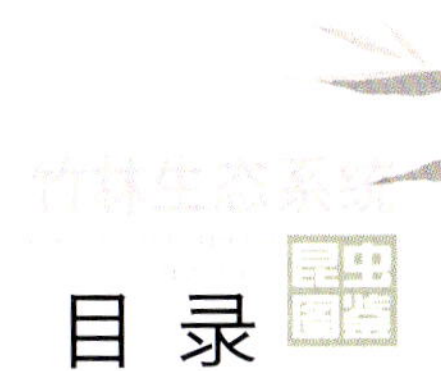

目 录

序
前言

蜚蠊目 Blattaria

硕蠊总科 Blaberoidea / 2

姬蠊科 Blattellidae / 2

姬蠊亚科 Blattellinae / 2

1. 乙蠊 *Sigmella* sp. / 2

伪姬蠊亚科 Pseudophyllodromiinae / 3

2. 黑背丘蠊 *Sorineuchora nigra* (Shiraki, 1907) (江苏新记录种) / 3

蜚蠊总科 Blattoidea / 4

蜚蠊科 Blattidae / 4

蜚蠊亚科 Blattinae / 4

1. 黑胸大蠊 *Periplaneta fuliginosa* (Serville, 1839) (江苏新记录种) / 4
2. 侧缘大蠊 *Periplaneta lateralis* (Walker, 1868) / 5

光蠊科 Epilampridae / 5

光蠊亚科 Epilamprinae / 5

1. 黑褐大光蠊 *Rhabdoblatta melancholica* (Bey-Bienko, 1954) (江苏新记录种) / 5

2. 伪大光蠊 *Rhabdoblatta mentiens* Anisyutkin, 2000（江苏新记录种） / 6
3. 大光蠊 *Rhabdoblatta* sp. / 7

鞘翅目 Coleoptera

长蠹总科 Bostrichoidea / 10

长蠹科 Bostrichidae / 10

长蠹亚科 Bostrichinae / 10

1. 二突异翅长蠹 *Heterobostrychus hamatipennis* (Lesne, 1895)（江苏新记录种） / 10
2. 小尖异长蠹 *Parabostrychus acuticollis* Lesne, 1913（江苏新记录种） / 11
3. 日本双棘长蠹 *Sinoxylon japonicum* Lesne, 1895 / 12

小长蠹亚科 Dinoderinae / 12

4. 大竹蠹 *Bostrychopsis parallela* (Lesne, 1895) / 12
5. 竹长蠹 *Dinoderus minutus* (Fabricius, 1775) / 13
6. 谷蠹 *Rhyzopertha dominica* (Fabricius, 1792) / 14

皮蠹科 Dermestidae / 14

毛皮蠹亚科 Attageninae / 14

1. 世界黑毛皮蠹 *Attagenus unicolor* (Brahm, 1791) / 14

皮蠹亚科 Dermestinae / 15

2. 沟翅皮蠹 *Dermestes freudei* Kalik et Ohbayashi, 1982（江苏新记录种） / 15

长皮蠹亚科 Megatominae / 16

3. 小圆皮蠹 *Anthrenus verbasci* (Linnaeus, 1767) / 16

蛛甲科 Ptinidae / 17

树切蠹亚科 Xyletininae / 17

烟草甲 *Lasioderma serricorne* (Fabricius, 1792) / 17

吉丁总科 Buprestoidea / 18

吉丁科 Buprestidae / 18

窄吉丁亚科 Agrilinae / 18

1. 紫罗兰窄吉丁 *Agrilus pterostigma* Obenberger, 1927 / 18
2. 麻点纹吉丁 *Coraebus leucospilotus* Bourgoin, 1922（江苏新记录种） / 19

丸甲总科 Byrrhoidea / 20

溪泥甲科 Elmidae / 20

1. 缢溪泥甲 *Leptelmis* sp. / 20
2. 无洼溪泥甲 *Stenelmis indepressa* Yang et Zhang, 1995（江苏新记录种） / 20
3. 狭溪泥甲 *Stenelmis* sp. / 21

真泥甲科（掣爪泥甲科）Eulichadidae / 21

葬真泥甲 *Eulichas* (*Eulichas*) *funebris* (Westwood, 1853) / 21

长泥甲科 Heteroceridae / 22

网纹长泥甲 *Heterocerus fenestratus* (Thunberg, 1784) / 22

毛泥甲科 Ptilodactylidae / 23

毛泥甲 *Ptilodactyla* sp. / 23

步甲总科 Caraboidea / 24

步甲科 Carabidae / 24

气步甲亚科 Brachininae / 24

1. 大气步甲 *Brachinus scotomedes* (Redtenbacher, 1868) / 24
2. 爪哇屁步甲 *Pheropsophus javanus* (Dejean, 1825) / 25

步甲亚科 Carabinae / 26

3. 中华金星步甲 *Calosoma chinense* Kirby, 1818 / 26
4. 大星步甲 *Calosoma maximoviczi* Morawitz, 1863 / 26
5. 大卫硕步甲 *Carabus davidis* Deyrolle & Fairmaire, 1878（江苏新记录种） / 27
6. 拉步甲 *Carabus lafossei* Feisthamel, 1845 / 27

虎甲亚科 Cicindelinae / 28

7. 中华虎甲 *Cicindela chinensis* DeGeer, 1774 / 28
8. 云纹虎甲 *Cicindela elisae* Motschulsky, 1859 / 28
9. 离斑虎甲 *Cicindela separata* Fleutiaux, 1894 / 29
10. 镜面虎甲 *Cicindela specularis* Chaudoir, 1865 / 29

婪步甲亚科 Harpalinae / 30

11. 俗尖须步甲 *Acupalpus inornatus* Bates, 1873 / 30
12. 铜细胫步甲 *Agonum chalcomum* (Bates, 1873) / 30
13. 巨胸暗步甲 *Amara gigantea* (Motschulsky, 1844)（江苏新记录种） / 31
14. 双斑长颈步甲 *Archicolliuris bimaculata* (Redtenbacher, 1934)（江苏新记录种） / 31
15. 圆角怠步甲 *Bradycellus subditus* (Lewis, 1879) / 32
16. 红足雕口步甲 *Caelostomus picipes* (Macleay, 1825)（江苏新记录种） / 32
17. 双斑青步甲 *Chlaenius bimaculatus* Dejean, 1826 / 33
18. 脊青步甲 *Chlaenius costiger* Chaudoir, 1856 / 33
19. 宽斑青步甲 *Chlaenius hamifer* Chaudoir, 1856（江苏新记录种） / 34
20. 狭边青步甲 *Chlaenius inops* Chaudoir, 1856 / 35
21. 杰纳斯青步甲 *Chlaenius janus* Kirschenhofer, 2002（中国新记录种） / 36
22. 黄斑青步甲 *Chlaenius micans* (Fabricius, 1798) / 36
23. 大黄缘青步甲 *Chlaenius nigricans* Wiedemann, 1821 / 37
24. 丽青步甲 *Chlaenius pericallus* Redtenbacher, 1868（江苏新记录种） / 37
25. 丝青步甲 *Chlaenius sericimicans* Chaudoir, 1876（江苏新记录种） / 38
26. 方胸青步甲 *Chlaenius tetragonoderus* Chaudoir, 1876 / 38
27. 异角青步甲 *Chlaenius variicornis* Morawitz, 1863 / 39
28. 逗斑青步甲 *Chlaenius virgulifer* Chaudoir, 1876 / 39
29. 长颈蓝步甲 *Desera geniculata* (Klug, 1834) / 40
30. 宽重唇步甲 *Diplocheila zeelandica* (Redtenbacher, 1867) / 41
31. 奇裂跗步甲 *Dischissus mirandus* Bates, 1873 / 41
32. 背裂跗步甲 *Dischissus notulatus* (Fabricius, 1801)（江苏新记录种） / 42

33. 蠋步甲 *Dolichus halensis* (Schaller, 1783) / 42
34. 条逮步甲 *Drypta lineola* MacLeay, 1825（江苏新记录种）/ 43
35. 麻头长颈步甲 *Eucolliuris litura* (Schmidt-Göbel, 1846) / 44
36. 突胸真裂步甲 *Euschizomerus liebki* Jedlicka, 1932 (江苏新记录种) / 44
37. 毛婪步甲 *Harpalus griseus* (Panzer, 1797) / 45
38. 黄鞘婪步甲 *Harpalus pallidipennis* Morawitz, 1862 / 46
39. 三齿婪步甲 *Harpalus tridens* Morawitz, 1862 / 46
40. 粗毛肤步甲 *Lachnoderma asperum* Bates, 1883 / 47
41. 筛毛盆步甲 *Lachnolebia cribricollis* (Morawitz, 1862) / 48
42. 福建壶步甲 *Lebia fukiensis* Jedlička, 1953 (江苏新记录种) / 48
43. 腰壶步甲 *Lebia iolanthe* Bates, 1883 (江苏新记录种) / 49
44. 鲁氏壶步甲 *Lebia roubali* Jedlička, 1951 / 49
45. 环带寡行步甲 *Loxoncus circumcinctus* (Hope, 1845) / 50
46. 斜跗步甲 *Loxonrepis* sp. / 50
47. 布氏盘步甲 *Metacolpodes buchanani* (Hope, 1831) / 51
48. 蓝长颈步甲 *Odacantha metallica* (Fairmaire, 1888) (江苏新记录种) / 52
49. 丘卵步甲 *Oodes monticola* Andrewes, 1940 (大陆新记录种) / 52
50. 中华黑缝步甲 *Peliocypas chinensis* (Jedlička, 1960) / 53
51. 黛五角步甲 *Pentagonica daimiella* Bates, 1892 (江苏新记录种) / 54
52. 光胸五角步甲 *Pentagonica subcordicollis* Bates, 1873 (大陆新记录种) / 54
53. 大宽步甲 *Platynus magnus* (Bates, 1873) (江苏新记录种) / 55
54. 通缘步甲 *Pterostichus* sp. / 56
55. 背黑狭胸步甲 *Stenolophus connotatus* Bates, 1873 (江苏新记录种) / 56
56. 五斑狭胸步甲 *Stenolophus quinquepustulatus* (Wiedemann, 1823) / 57
57. 列毛步甲 *Trichotichnus* sp. / 58
58. 广列毛步甲 *Trichotichnus miser* (Tschitscherine, 1897) (江苏新记录种) / 59

蝼步甲亚科 Scaritinae / 59

59. 栗小蝼步甲 *Clivina castanea* Westwood, 1837 / 59
60. 疑小蝼步甲 *Clivina vulgivaga* Boheman, 1858 (江苏新记录种) / 60
61. 单齿蝼步甲 *Scarites terricola* Bonelli, 1813 / 60

行步甲亚科 Trechinae / 61

62. 尼罗锥须步甲 *Bembidion niloticum batesi* Putzeys, 1875 (江苏新记录种) / 61
63. 锥须步甲 *Bembidion* sp. / 62
64. 四斑弯沟步甲 *Tachyura* (*Tachyura*) *gradata* (Bates, 1873) / 62
65. 悦弯沟步甲 *Tachyura laetifica* (Bates, 1873) (江苏新记录种) / 63

66. 弯沟步甲 *Tachyura* sp. / 63
67. 后绒步甲 *Trechoblemus postilenatus* (Bates, 1873)（江苏新记录种） / 64
68. 中华行步甲 *Trechus chinensis* Jeannel, 1920（江苏新记录种） / 64

叶甲总科 Chrysomeloidea / 66

天牛科 Cerambycidae / 66

天牛亚科 Cerambycinae / 66

1. 桃红颈天牛 *Aromia bungii* (Faldennann, 1835) / 66
2. 环毛蜡天牛 *Ceresium elongatum* Matsushita, 1933（江苏新记录种） / 66
3. 中华蜡天牛 *Ceresium sinicum* White, 1855 / 67
4. 中华竹紫天牛 *Purpuricenus temminckii sinensis* White, 1853 / 68
5. 四斑狭天牛 *Stenhomalus fenestratus* White, 1855（江苏新记录种） / 70
6. 拟蜡天牛 *Stenygrinum quadrinotatum* Bates, 1873 / 70
7. 天目粗脊天牛 *Trachylophus tianmuensis* Lu, Li et Chen, 2019（江苏新记录种） / 71
8. 家茸天牛 *Trichoferus campestris* (Faldermann, 1835) / 72

沟胫天牛亚科 Lamiinae / 73

9. 双斑锦天牛 *Acalolepta sublusca* (Thomson, 1857) / 73
10. 微天牛 *Anaesthetobrium luteipenne* Pic, 1923 / 74
11. 中华星天牛 *Anoplophora chinensis* (Forster, 1771) / 74
12. 光肩星天牛 *Anoplophora glabripennis* (Motschulsky, 1854) / 75
13. 楝星天牛 *Anoplophora horsfieldi* (Hope, 1842) / 76
14. 瘦瓜天牛 *Apomecyna naevia* Bates, 1873（江苏新记录种） / 76
15. 南瓜天牛 *Apomecyna saltator* (Fabricius, 1787) / 77
16. 皱胸粒肩天牛 *Apriona rugicollis* Chevrolat, 1852 / 78
17. 拟角胸天牛 *Arhopaloscelis* sp. / 78
18. 云斑白条天牛 *Batocera horsfieldi* (Hope, 1839) / 79
19. 灰天牛 *Blepephaeus succinctor* (Chevrolat, 1852) / 80
20. 窝天牛 *Desisa subfasciata* (Pascoe, 1862) / 80
21. 显带窝天牛 *Desisa takasagoana* Matsushita, 1933（大陆新记录种） / 81
22. 弱筒天牛 *Epiglenea comes* Bates, 1884（江苏新记录种） / 82
23. 布兰勾天牛 *Exocentrus blanditus* Holzschuh, 2010（江苏新记录种） / 82
24. 黑点象天牛 *Mesosa atrostigma* Gressitt, 1942（江苏新记录种） / 83
25. 松墨天牛 *Monochamus alternatus* Hope, 1842 / 84

26. 黑点粉天牛 *Olenecamptus clarus* Pascoe, 1859 / 85
27. 斜翅粉天牛 *Olenecamptus subobliteratus* Pic, 1923 / 86
28. 眼斑齿胫天牛 *Paraleprodera diophthalma* (Pascoe, 1857) / 87
29. 黄星天牛 *Psacothea hilaris* (Pascoe, 1857) / 87
30. 环角坡天牛 *Pterolophia annulata* (Chevrolat, 1845) / 88
31. 金合欢坡天牛 *Pterolophia persimilis* Gahan, 1894 (江苏新记录种) / 89
32. 中华缝角天牛 *Ropica chinensis* Breuning, 1964 / 89
33. 桑缝角天牛 *Ropica subnotata* Pic, 1925 / 90
34. 东方散天牛 *Sybra alternans* (Wiedemann, 1823) (江苏新记录种) / 91
35. 四川毡天牛 *Thylactus analis* Franz, 1954 (江苏新记录种) / 91
36. 中华泥色天牛 *Uraecha chinensis* Breuning, 1935 / 92

狭胸天牛亚科 Philinae / 92

37. 狭胸天牛 *Philus antennatus* (Gyllenhal, 1817) (江苏新记录种) / 92

锯天牛亚科 Prioninae / 93

38. 中华裸角天牛 *Aegosoma sinicum* (White, 1853) / 93
39. 沟翅土天牛 *Dorysthenes fossatus* (Pascoe, 1857) (江苏新记录种) / 94

椎天牛亚科 Spondylidinae / 95

40. 赤塞幽天牛 *Cephalallus unicolor* Gahan, 1906 / 95
41. 短角锥天牛 *Spondylis sinensis* Nonfrid, 1892 / 96

叶甲科 Chrysomelidae / 96

跳甲亚科 Alticinae / 96

1. 莲草直胸跳甲 *Agasicles hygrophila* Selman et Vogt, 1971 (江苏新记录种) / 96
2. 侧刺跳甲 *Aphthona* sp. / 97
3. 细背侧刺跳甲 *Aphthona strigosa* Baly, 1874 (江苏新记录种) / 98
4. 跳甲 *Altica* sp. / 98
5. 蓝色九节跳甲 *Nonarthra cyaneum* (Baly, 1874) / 99
6. 蚤跳甲 *Psylliodes* sp. / 100

豆象亚科 Bruchinae / 100

7. 绿豆象 *Callosobruchus chinensis* (Linnaeus, 1758) / 100

龟甲亚科 Cassidinae / 101

8. 中华叉趾铁甲 *Dactylispa chinensis* Weise, 1922（江苏新记录种） / 101

叶甲亚科 Chrysomelinae / 101

9. 蒿金叶甲 *Chrysolina aurichalcea* (Mannerheim, 1825)（江苏新记录种） / 101

负泥虫亚科 Criocerinae / 102

10. 蓝负泥虫 *Lema concinnipennis* Baly, 1865 / 102
11. 红胸负泥虫 *Lema fortunei* Baly, 1859 / 103
12. 皱胸负泥虫 *Lilioceris cheni* Gressitt et Kimoto, 1961（江苏新记录种） / 103
13. 淡足负泥虫 *Oulema dilutipes* (Fairmaire, 1888) / 104

萤叶甲亚科 Galerucinae / 105

14. 旋心异跗萤叶甲 *Apophylia flavovirens* (Fairmaire, 1878)（江苏新记录种） / 105
15. 中华阿萤叶甲 *Arthrotus chinensis* (Baly, 1879)（江苏新记录种） / 106
16. 黑守瓜 *Aulacophora nigripennis* Motschulsky, 1857 / 106
17. 褐背小萤叶甲 *Galerucella grisescens* (Joannia, 1866) / 107
18. 睡莲小萤叶甲 *Galerucella nymphaea* (Linnaeus, 1758)（江苏新记录种） / 108
19. 二纹柱萤叶甲 *Gallerucida bifasciata* Motschulsky, 1860 / 109
20. 渐黑日萤叶甲 *Japonitata nigricans* Yang et Li, 1998 / 110
21. 四川隶萤叶甲 *Liroetis sichuanensis* (Jiang, 1988) / 110
22. 黑条麦萤叶甲 *Medythia nigrobilineata* (Motschulsky, 1861) / 111
23. 长角米萤叶甲 *Mimastra longicornis* (Allard, 1888) / 111
24. 枫香凹翅萤叶甲 *Paleosepharia liquidambara* Gressitt et Kimoto, 1963（江苏新记录种） / 112
25. 榆黄毛萤叶甲 *Pyrrhalta maculicollis* (Motschulsky, 1853) / 113

肖叶甲科 Eumolpidae / 113

肖叶甲亚科 Eumolpinae / 113

1. 钝角胸肖叶甲 *Basilepta davidi* (Lefèvre, 1877) / 113
2. 褐足角胸肖叶甲 *Basilepta fulvipes* (Motschulsky, 1860) / 114
3. 中华萝藦肖叶甲 *Chrysochus chinensis* Baly, 1859 / 115
4. 玉米鳞斑肖叶甲 *Pachnephorus bretinghami* Baly, 1878 / 116
5. 丽扁角肖叶甲 *Platycorynus parryi* Baly, 1864 / 116

距甲科 Megalopodidae / 118

小距甲亚科 Zeugophorinae / 118

小距甲 *Zeugophora* sp. / 118

郭公虫总科 Cleroidea / 119

郭公虫科 Cleridae / 119

叶郭公虫亚科 Hydnocerinae / 119

新叶郭公 *Neohydnus* sp. / 119

拟花萤科 Melyridae / 119

拟花萤亚科 Melyrinae / 119

阿囊花萤 *Attalus* sp. / 119

细花萤科 Prionoceridae / 120

伊细花萤 *Idgia granulipennis* Fairmaire, 1891（江苏新记录种） / 120

扁甲总科 Cucujoidea / 121

穴甲科 Bothrideridae / 121

穴甲亚科 Bothriderinae / 121

花绒穴甲 *Dastarcus helophoroides* (Fairmaire, 1881) / 121

瓢甲科 Coccinellidae / 122

红瓢虫亚科 Coccidulinae / 122

1. 红环瓢虫 *Rodolia limbata* (Mostchulsky, 1866) / 122

瓢虫亚科 Coccinellinae / 123

2. 四斑裸瓢虫 *Calvia muiri* (Timberlake, 1943)（江苏新记录种） / 123

3. 七星瓢虫 *Coccinella septempunctata* Linnaeus, 1758 / 124

4. 异色瓢虫 *Harmonia axyridis* (Pallas, 1773) / 125
5. 黄瓢虫 *Illeis koebelei* (Timberlake, 1943) (江苏新记录种) / 130
6. 黄斑盘瓢虫 *Lemnia saucia* (Mulsant, 1850) (江苏新记录种) / 131
7. 六斑月瓢虫 *Menochilus sexmaculatus* (Fabricius, 1781) / 131
8. 龟纹瓢虫 *Propylea japonica* (Thunberg, 1781) / 132
9. 黑襟毛瓢虫 *Scymnus* (*Neopullus*) *hoffmanni* Weise, 1879 / 133

食植瓢虫亚科 Epilachninae / 134

10. 瓜茄瓢虫 *Epilachna admirabilis* Crotch, 1874 / 134
11. 中华食植瓢虫 *Epilachna chinensis* (Weise, 1912) (江苏新记录种) / 134

隐食甲科 Cryptophagidae / 135

圆隐食甲亚科 Atomariinae / 135

黄圆隐食甲 *Atomaria lewisi* Reitter, 1877 (江苏新记录种) / 135

伪瓢虫科 Endomychidae / 136

窄须伪瓢虫亚科 Anamorphinae / 136

1. 日本伪瓢虫 *Idiophyes niponensis* (Gorham, 1874) / 136

音锉伪瓢虫亚科 Lycoperdininae / 137

2. 北方弯伪瓢虫 *Ancylopus borealior* Strohecker, 1972 / 137
3. 方斑弯伪瓢虫指名亚种 *Ancylopus phungi phungi* Pic, 1926 (江苏新记录种) / 137
4. 彩弯伪瓢虫亚洲亚种 *Ancylopus pictus asiaticus* Strohecker, 1972 / 138
5. 蕈伪瓢虫 *Mycetina* sp. / 139

狭跗伪瓢虫亚科 Stenotarsinae / 139

6. 狭跗伪瓢虫 *Stenotarsus* sp. / 139

大蕈甲科 Erotylidae / 140

褐隐蕈甲亚科 Cryptophilinae / 140

1. 褐蕈甲 *Cryptophilus integer* (Heer, 1841) / 140

大蕈甲亚科 Erotylinae / 140

2. 双斑玉蕈甲 *Amblyopus interruptus* Miwa, 1929 (大陆新记录种) / 140

3. 月斑沟蕈甲 *Aulacochilus luniferus* (Guerin-Meneville, 1841)（江苏新记录种） / 140
4. 血红恩蕈甲台湾亚种 *Encaustes cruenta formosana* Chujo, 1964（江苏新记录种） / 141
5. 福周艾蕈甲 *Episcapha fortunii* Crotch, 1873（江苏新记录种） / 142
6. 格瑞艾蕈甲 *Episcapha gorhami* Lewis, 1879（江苏新记录种） / 142
7. 波鲁莫蕈甲 *Megalodacne bellula* Lewis, 1883（江苏新记录种） / 143

珐大蕈甲亚科（珐拟叩甲亚科）Pharaxonothinae / 144

8. 凸斑苏拟叩甲 *Cycadophila* (*Cycadophila*) *discimaculata* (Mader, 1936)（江苏新记录种） / 144

薪甲科 Latridiidae / 145

光鞘薪甲亚科 Corticariinae / 145

松木光鞘薪甲 *Corticaria pineti* Lohse, 1960（江苏新记录种） / 145

小扁甲科 Monotomidae / 145

怪头扁甲 *Mimemodes monstrosus* Reitter, 1874（江苏新记录种） / 145

露尾甲科 Nitidulidae / 146

谷露尾甲亚科 Carpophilinae / 146

1. 隆胸露尾甲 *Carpophilus obsoletus* Erichson, 1843 / 146
2. 暗彩尾露尾甲 *Urophorus adumbratus* (Murray, 1864)（江苏新记录种） / 147
3. 隆肩尾露尾甲 *Urophorus humeralis* (Fabricius, 1798)（江苏新记录种） / 148

隐唇露尾甲亚科 Cryptarchinae / 148

4. 四斑露尾甲 *Glischrochilus japonicus* (Motschulsky, 1857) / 148

长鞘露尾甲亚科 Epuraeinae / 149

5. 伪露尾甲 *Epuraea* (*Haptoncus*) *fallax* (Grouvelle, 1987)（江苏新记录种） / 149
6. 棉露尾甲 *Epuraea* (*Haptoncus*) *luteolus* Erichson, 1843（江苏新记录种） / 149
7. 褐突露尾甲 *Epuraea pallescens* (Stephens, 1835)（江苏新记录种） / 150

露尾甲亚科 Nitidulinae / 150

8. 烂果露尾甲 *Phenolia* (*Lasiodites*) *picta* (MacLeay, 1825)（江苏新记录种） / 150

锯谷盗科 Silvanidae / 151

长角锯谷盗亚科 Brontinae / 151

1. 三星锯谷盗 *Psammoecus triguttatus* Reitter, 1874（江苏新记录种） / 151

锯谷盗亚科 Silvaninae / 152

2. 米扁虫 *Ahasverus advena* (Waltl, 1834) / 152

象甲总科 Curculionoidea / 153

长角象科 Anthribidae / 153

长角象亚科 Anthribinae / 153

1. 咖啡豆象 *Araecetus fasciculatus* (DeGeer, 1775) / 153
2. 日本瘤角长角象 *Ozotomerus japonicus* Sharp, 1891（江苏新记录种） / 153
3. 瘤皮长角象 *Phloeobius gibbosus* Roelofs, 1879（江苏新记录种） / 154
4. 雷氏三齿长角象 *Rawasia ritsemae* Roelofs, 1880（大陆新记录种） / 156
5. 日本额眼长角象 *Rhaphitropis japonicus* Shibata, 1978（中国新记录种） / 157

卷象科 Attelabidae / 158

卷象亚科 Attelabinae / 158

1. 勒切卷象 *Euops lespedezae* Sharp, 1889（江苏新记录种） / 158
2. 帕瘤卷象 *Phymatapoderus pavens* Voss, 1926（江苏新记录种） / 159

锥象科 Brentidae / 160

梨象亚科 Apioninae / 160

日本寡毛象甲 *Piezotrachelus* (*Piezotrachelus*) *japonicus* (Roelofs, 1874)（江苏新记录种） / 160

象甲科 Curculionidae / 160

龟象亚科 Ceutorhynchinae / 160

1. 龟象 *Ceutorrhynchus* sp. / 160

朽木象亚科 Cossoninae / 161

2. 跗锥跗象 *Conarthrus tarsalis* Wollaston, 1873（江苏新记录种） / 161

隐喙象亚科 Cryptorhynchinae / 162

3. 黑点尖尾象 *Aechmura subtuberculata* (Voss, 1941)（江苏新记录种） / 162
4. 臭椿沟眶象 *Eucryptorrhynchus brandti* (Harold, 1881) / 163
5. 皱胸长沟象 *Monaulax rugicollis* (Roelofs, 1875)（大陆新记录种） / 164
6. 红黄毛棒象 *Rhadinopus confinis* (Voss, 1958)（江苏新记录种） / 165
7. 圆锥毛棒象 *Rhadinopus subornatus* (Voss, 1958)（江苏新记录种） / 166
8. 马尾松角胫象 *Shirahoshizo flavonotatus* (Voss, 1937) / 167
9. 红鳞角胫象 *Shirahoshizo rufescens* (Roelofs, 1875)（中国新记录种） / 167

象甲亚科 Curculioninae / 168

10. 柞栎象 *Curculio arakawai* Matsumura et Kono, 1928（江苏新记录种） / 168
11. 山茶象 *Curculio chinensis* (Chevrolat, 1878) / 169
12. 稻红象 *Dorytomus roelofsi* Faust, 1882（江苏新记录种） / 169
13. 剑纹恩象 *Endaeus striatipennis* Kojima et Zhu, 2018 / 170

孢喙象亚科 Cyclominae / 171

14. 蔬菜象 *Listroderes costirostris* Schoenherr, 1826（江苏新记录种） / 171

粗喙象亚科 Entimininae / 172

15. 日本粗喙象 *Canoixus japonicus* Roelofs, 1873（大陆新记录种） / 172
16. 圆窝斜脊象 *Phrixopogon walkeri* Marshall, 1948 / 173
17. 棉尖象 *Phytoscaphus gossypii* (Chao, 1974) / 174
18. 尖象 *Phytoscaphus triangularis* Olivier, 1807（江苏新记录种） / 175
19. 斜纹普托象 *Ptochus obliquesignatus* Reitter, 1906 / 175
20. 柑橘灰象 *Sympiezomias citri* Chao, 1977（江苏新记录种） / 176

沼泽象亚科 Erirhininae / 177

21. 红萍象 *Stenopelmus rufinasus* Gyllenhal, 1835(中国新记录种） / 177

叶象亚科 Hyperinae / 177

22. 苜蓿叶象 *Hypera postica* (Gyllenhai, 1813) / 177

筒喙象亚科 Lixininae / 178

23. 甜菜筒喙象 *Lixus (Phillixus) subtilis* Boheman, 1835 / 178

魔喙象亚科 Molytinae / 179

24. 白腹锐缘象 *Acicnemis palliata* Pascoe, 1872（江苏新记录种） / 179
25. 筛孔二节象 *Aclees cribratus* Gyllenhyl, 1835（江苏新记录种） / 180
26. 多瘤雪片象 *Niphades verrucosus* (Voss, 1932)（江苏新记录种） / 180
27. 多孔横沟象 *Pimelocerus perforatus* (Roelofs, 1873)（江苏新记录种） / 181
28. 天目山塞吕象 *Seleuca tienmuschanica* Voss, 1958（江苏新记录种） / 182

小蠹亚科 Scolytinae / 182

29. 红颈菌材小蠹 *Ambrosiodmus rubricollis* (Eichhoff, 1875) / 182
30. 削尾材小蠹 *Cnestus mutilatus* (Blandford, 1894)（江苏新记录种） / 183
31. 日本梢小蠹 *Cryphalus piceae* (Ratzeburg, 1837)（江苏新记录种） / 183
32. 黄翅额毛小蠹 *Cyrtogenius luteus* (Blandford, 1894) / 184
33. 褐小蠹 *Hypothenemus* sp. / 185
34. 油松四眼小蠹 *Polygraphus sinensis* Eggers, 1933（江苏新记录种） / 185
35. 小粒绒盾小蠹 *Xyleborinus saxeseni* (Ratzeburg, 1837)（江苏新记录种） / 186
36. 秃尾足距小蠹 *Xylosandrus amputatus* (Blandford, 1894)（江苏新记录种） / 187

隐颏象科 Dryophthoridae / 187

隐颏象亚科 Dryophthorinae / 187

1. 笋直锥大象 *Cyrtotrachelus thompsoni* Alonso-Zarazaga et Lyal, 1999 / 187
2. 玉米象 *Sitophilus zeamais* Motschulsky, 1855 / 188
3. 猎长喙象 *Sphenophorus venatus vestitus* Chittenden, 1904 / 189

直喙象亚科 Orthognathinae / 190

4. 松瘤象 *Sipalinus gigas* (Fabricius, 1775) / 190

龙虱总科 Dytiscoidea / 191

龙虱科 Dytiscidae / 191

端毛龙虱亚科 Agabinae / 191

1. 耶氏短胸龙虱 *Platynectes rihai* Šťastný, 2003 / 191

切眼龙虱亚科 Colymbetinae / 191

2. 小雀斑龙虱 *Rhantus suturalis* (MacLeay, 1825) / 191

刻翅龙虱亚科 Copelatinae / 192

3. 刻翅龙虱 *Copelatus* sp. / 192

龙虱亚科 Dytiscinae / 192

4. 三刻真龙虱(侧亚种) *Cybister tripunctatus lateralis* (Fabricius, 1798) / 192
5. 灰齿缘龙虱 *Eretes griseus* (Fabricius, 1781) / 193
6. 宽缝斑龙虱 *Hydaticus grammicus* (Germar, 1827) / 194
7. 毛茎斑龙虱 *Hydaticus rhantoides* Sharp, 1882 / 194
8. 混宽龙虱 *Sandracottus mixtus* (Blanchard, 1843) / 195

沼梭科 Haliplidae / 196

1. 瑞氏沼梭 *Haliplus regimbarti* Zaitzev, 1908 / 196
2. 中华水梭 *Peltodytes sinensis* (Hope, 1845) / 196

伪龙虱科 Noteridae / 197

1. 黑背毛伪龙虱 *Canthydrus nitidulus* Sharp, 1882 / 197
2. 日本伪龙虱 *Noterus japonicus* Sharp, 1873 / 198

叩甲总科 Elateroidea / 199

花萤科 Cantharidae / 199

花萤亚科 Cantharinae / 199

1. 异花萤 *Lycocerus* sp. / 199

2. 九江圆胸花萤 *Prothemus kiukianganus* (Gorham, 1889)（江苏新记录种） / 199
3. 狭胸花萤 *Stenothemus* sp. / 200
4. 里奇丽花萤 *Themus (Themus) leechianus* (Gorham, 1889)（江苏新记录种） / 200

丽艳花萤亚科 Chauliognathinae / 201

5. 短翅花萤 *Ichthyurus* sp. / 201
6. 宛氏短翅花萤 *Ichthyurus vandepolli* Gestro, 1892 / 201

叩甲科 Elateridae / 203

槽缝叩甲亚科 Agrypninae / 203

1. 绵叩甲 *Adelocera* sp. / 203
2. 角斑贫脊叩甲 *Aeoloderma agnatus* (Candèze, 1873)（江苏新记录种） / 203
3. 暗色槽缝叩甲 *Agrypnus musculus* Candèze, 1973 / 204

山叩甲亚科 Dendrometrinae / 204

4. 丽叩甲 *Campsosternus auratus* (Drury, 1773)（江苏新记录种） / 204
5. 朱肩丽叩甲 *Campsosternus gemma* Candèze, 1857 / 205
6. 木棉梳角叩甲 *Pectocera fortunei* Candèze, 1873 / 206

叩甲亚科 Elaterinae / 206

7. 锥尾叩甲 *Agriotes* sp. / 206
8. 迷形长胸叩甲 *Aphanobius alaomorphus* Candèze, 1863 / 207
9. 筛胸梳爪叩甲 *Melanotus* (*Spheniscosomus*) *cribricollis* (Faldermann, 1835) / 207
10. 梳爪叩甲 *Melanotus* sp.1 / 208
11. 梳爪叩甲 *Melanotus* sp.2 / 208
12. 利角弓背叩甲 *Priopus angulatus* (Candèze, 1860) / 208
13. 截额叩甲 *Silesis* sp. / 209
14. 土叩甲 *Xanthopenthes* sp. / 210
15. 散布土叩甲 *Xanthopenthes vagus* Schimmel, 1999（江苏新记录种） / 210

胖叩甲亚科 Hypnoidinae / 211

16. 平额叩甲 *Homotechnes* sp. / 211

萤科 Lampyridae / 211

萤亚科 Lampyrinae / 211

1. 橙萤 *Diaphanes citrinus* Olivier, 1911（江苏新记录种）/ 211
2. 短角窗萤 *Diaphanes* sp. / 212
3. 胸窗萤 *Pyrocoelia pectoralis* (Olivier, 1883)（江苏新记录种）/ 212

熠萤亚科 Luciolinae / 213

4. 大端黑萤 *Abscondita anceyi* (Olivier, 1883)（江苏新记录种）/ 213
5. 棘手萤 *Abscondita* sp. / 214
6. 黄脉翅萤 *Curtos costipennis* (Gorham, 1880) / 214
7. 脉翅萤 *Curtos* sp. / 215
8. 熠萤 *Luciola* sp. / 215

红萤科 Lycidae / 216

红萤亚科 Lycinae / 216

短沟红萤 *Plateros* sp. / 216

阎甲总科 Histeroidea / 217

阎甲科 Histeridae / 217

阎甲亚科 Histerinae / 217

菌株阎甲 *Margarinotus boleti* (Lewis, 1884)（江苏新记录种）/ 217

牙甲总科 Hydrophiloidea / 218

鼓甲科 Gyrinidae / 218

圆鞘隐盾豉甲 *Dineutus mellyi* (Régimbart, 1882)（江苏新记录种）/ 218

牙甲科 Hydrophilidae / 218

须牙甲亚科 Acidocerinae / 218

1. 平行丽阳牙甲 *Helochares pallens* (MacLeay, 1825) / 218

苍白牙甲亚科 Enochrinae / 219

2. 刻纹苍白牙甲 *Enochrus simulans* (Sharp, 1873)（江苏新记录种） / 219
3. 斑苍白牙甲 *Enochrus subsignatus* (Harold, 1877) / 220

牙甲亚科 Hydrophilinae / 220

4. 长贝牙甲 *Berosus elongatulus* Jordan, 1894 / 220
5. 微小陆牙甲 *Cryptopleurum subtile* Sharp, 1844（江苏新记录种） / 221
6. 双线牙甲 *Hydrophilus bilineatus caschmirensis* Kollar et Redtenbacher, 1844（江苏新记录种） / 222
7. 哈氏长节牙甲 *Laccobius hammondi* Gentili, 1984（江苏新记录种） / 223
8. 红脊胸牙甲 *Sternolophus rufipes* (Fabricius, 1792) / 223

陆牙甲亚科 Sphaeridiinae / 224

9. 汉森梭腹牙甲 *Cercyon* (*Clinocercyon*) *hanseni* Jia, Fikácek et Ryndevich, 2011 / 224
10. 疑梭腹牙甲 *Cercyon* (*Clinocercyon*) *incretus* Orchymont, 1941（江苏新记录种） / 225
11. 梭腹牙甲 *Cercyon* sp.1 / 225
12. 梭腹牙甲 *Cercyon* sp.2 / 226

金龟总科 Scarabaeoidea / 227

粪金龟科 Geotrupidae / 227

隆金龟亚科 Bolboceratinae / 227

戴锤角粪金龟 *Bolbotrypes davidis* (Fairmaire, 1891) / 227

驼金龟科 Hybosoridae / 228

暗驼金龟 *Phaeochrous* sp. / 228

锹甲科 Lucanidae / 229

锹甲亚科 Lucaninae / 229

1. 亮颈盾锹甲 *Aegus laevicollis* Saunders, 1854 / 229
2. 中华奥锹甲 *Odontolabis sinensis* (Westwood, 1848)（江苏新记录种） / 230

3. 扁齿奥锹甲 *Odontolabis platynota* (Hope et Westwood, 1845)（江苏新记录种） / 230
4. 细颚扁锹甲 *Serrognathus gracilis* (Saunders, 1854)（江苏新记录种） / 231
5. 中华大扁 *Serrognathus titanus platymelus* (Saunders, 1854) / 232

金龟科 Scarabaeidae / 234

蜉金龟亚科 Aphodiinae / 234

1. 扁蜉金龟 *Platyderides* sp. / 234
2. 柱蜉金龟 *Labarrus* sp. / 234
3. 秽蜉金龟 *Rhyparus* sp.(江苏新纪录属) / 235

花金龟亚科 Cetoniinae / 236

1. 黄粉鹿花金龟 *Dicronocephalus wallichii* Pascoe, 1836 / 236
2. 斑青花金龟 *Gametis bealiae* (Gory et Percheron, 1833) / 237
3. 白星花金龟 *Protaetia brevitarsis* Lewis, 1879 / 238

犀金龟亚科 Dynastinae / 239

4. 双叉犀金龟 *Allomyrina dichotoma* (Linnaeus, 1771) / 239
5. 中华晓扁犀金龟 *Eophileurus chinensis* (Faldermann, 1835) / 240

鳃金龟亚科 Melolonthinae / 241

6. 黑阿鳃金龟 *Apogonia cupreoviridis* Kolbe, 1886 / 241
7. 大等鳃金龟 *Exolontha serrulata* (Gyllenhal, 1817)（江苏新记录种） / 242
8. 影等鳃金龟 *Exolontha umbraculata* (Burmeister, 1855)（江苏新记录种） / 243
9. 锯缘鳞鳃金龟 *Lepidiota praecellens* Bates, 1871（江苏新记录种） / 244
10. 丝茎玛绢金龟 *Maladera filigraniforceps* Ahrens, Fabrizi et Liu, 2021（江苏新记录种） / 245
11. 片茎玛绢金龟 *Maladera (Omaladera) fusca* (Frey, 1972) / 245
12. 克里玛绢金龟 *Maladera kreyenbergi* (Moser, 1918)（江苏新记录种） / 246
13. 木色玛绢金龟 *Maladera (Omaladera) lignicolor* (Fairmaire, 1887) / 247
14. 东玛绢金龟 *Maladera orientails* (Motschulsky, 1857) / 247
15. 分离玛绢金龟 *Maladera (Aserica) secreta* (Brenske, 1897)（江苏新记录种） / 248
16. 阔胫玛绢金龟 *Maladera verticalis* (Fairmaire, 1888) / 249
17. 截端玛绢金龟 *Maladera (Omaladera) weni* Ahrens, Fabrizi et Liu, 2021（江苏新记录种） / 250

18. 中华鳃金龟 *Melolontha chinensis* Guérin-Méneville, 1838 (江苏新记录种) / 251
19. 鲜黄鳃金龟 *Metabolus tumidifrons* Fairmaire, 1887 / 251
20. 中华脊头鳃金龟 *Miridiba chinensis* (Hope, 1842) (江苏新记录种) / 252
21. 毛黄脊鳃金龟 *Miridiba trichophora* (Fairmaire, 1891) (江苏新记录种) / 253
22. 暗黑鳃金龟 *Pedinotrichia parallela* (Motschulsky, 1854) / 253
23. 黑斑绢金龟 *Serica nigroguttata* Brenske, 1897 (江苏新记录种) / 254
24. 海索鳃金龟 *Sophrops heydeni* (Brenske, 1892) (江苏新记录种) / 254
25. 平背索鳃金龟 *Sophrops planicollis* (Burmeister, 1855) (江苏新记录种) / 255

丽金龟亚科 Rutelinae / 255

26. 毛喙丽金龟 *Adoretus hirsutus* Ohaus, 1914 (江苏新记录种) / 255
27. 中喙丽金龟 *Adoretus sinicus* Burmeister, 1855 / 256
28. 斑喙丽金龟 *Adoretus tenuimaculatus* Waterhouse, 1875 / 256
29. 哑斑异丽金龟 *Anomala acutangula* Ohaus, 1914 (江苏新记录种) / 257
30. 铜绿异丽金龟 *Anomala corpulenta* Motschulsky, 1853 / 258
31. 毛边异丽金龟 *Anomala coxalis* Bates, 1891 / 258
32. 光沟异丽金龟 *Anomala laevisulcata* Fairmaire, 1888 (江苏新记录种) / 259
33. 蓝盾异丽金龟 *Anomala semicastanea* Fairmaire, 1888 / 260
34. 三型异丽金龟 *Anomala triformis* Prokofiev, 2021(中国新记录种) / 260
35. 大绿异丽金龟 *Anomala virens* Lin, 1996 (江苏新记录种) / 261
36. 脊纹异丽金龟 *Anomala viridicostata* Nonfried, 1892 (江苏新记录种) / 262
37. 圆脊异丽金龟 *Anomala viridisericea* Ohaus, 1905 (江苏新记录种) / 263
38. 东方平丽金龟 *Exomala orientalis* (Waterhouse, 1875) (江苏新记录种) / 264
39. 拱背彩丽金龟 *Mimela confucious* Hope, 1836 (江苏新记录种) / 264
40. 墨绿彩丽金龟 *Mimela splendens* (Gyllenhal, 1817) / 265
41. 黄闪彩丽金龟 *Mimela testaceoviridis* Blanchard, 1850 / 266
42. 棉花弧丽金龟 *Popillia mutans* Newman, 1838 / 266
43. 曲带弧丽金龟 *Popillia pustulata* Fairmaire, 1887 / 267

蜣螂亚科 Scarabaeinae / 268

44. 神农洁蜣螂 *Catharsius molossus* (Linnaeus, 1758) / 268
45. 疣侧裸蜣螂 *Gymnopleurus brahmina* Waterhouse, 1890 / 269
46. 近小粪蜣螂 *Microcopris propinquus* (Felsche, 1910) (江苏新记录种) / 269
47. 巴氏驼嗡蜣螂 *Onthophagus* (*Gibbonthophagus*) *balthasari* Všetecka, 1939 / 269
48. 冷氏司嗡蜣螂 *Onthophagus* (*Strandius*) *lenzii* Harold, 1874 / 270
49. 三瘤嗡蜣螂 *Onthophagus* (*Paraphanaeomorphus*) *trituber* (Wiedemann, 1823) (江苏新记录种) / 271

50. 三角帕蜣螂 *Parascatonomus tricornis* (Wiedemann, 1823) (江苏新记录种) / 272

皮金龟科 Trogidae / 273

皮金龟 *Trox* sp. / 273

隐翅虫总科 Staphylinoidea / 274

葬甲科 Silphidae / 274

覆葬甲亚科 Nicrophorinae / 274

1. 黑覆葬甲 *Nicrophorus concolor* Kraatz, 1877 / 274
2. 前星覆葬甲 *Nicrophorus maculifrons* Kraatz, 1877 / 274
3. 尼［泊尔］覆葬甲 *Nicrophorus nepalensis* Hope, 1831 / 275

葬甲亚科 Silphinae / 276

4. 二点盾葬甲 *Diamesus bimaculatus* Portevin, 1914 (大陆新记录种) / 276

隐翅虫科 Staphylinidae / 277

前角隐翅虫亚科 Aleocharinae / 277

1. 蚁巢隐翅虫 *Zyras* sp.1 / 277
2. 蚁巢隐翅虫 *Zyras* sp.2 / 277

异形隐翅虫亚科 Oxytelinae / 278

3. 光滑花盾隐翅虫 *Anotylus subsericeus* (Bernhauer, 1938) / 278
4. 中华布里隐翅虫 *Bledius chinensis* Bernhauer, 1928 (江苏新记录种) / 279
5. 镇江布里隐翅虫 *Bledius chinkiangensis* Bernhauer, 1938 / 279
6. 游果隐翅虫 *Carpelimus vagus* (Sharp, 1889) (江苏新记录种) / 280

毒隐翅虫亚科 Paederinae / 281

7. 粗鞭隐翅虫 *Lithocharis* sp. / 281
8. 梭毒隐翅虫 *Paederus fuscipes* Curtis, 1823 / 281
9. 切须隐翅虫 *Pinophilus* sp. / 282
10. 神户窄胸隐翅虫 *Pseudobium kobense* (Sharp, 1874) (江苏新记录种) / 283
11. 丝伪线隐翅虫 *Pseudolathra* (*Allolathra*) *lineata* Herman, 2003 / 284
12. 皱纹隐翅虫 *Rugilus* sp.1 / 284

13. 皱纹隐翅虫 *Rugilus* sp.2 / 285
14. 皱纹隐翅虫 *Rugilus* sp.3 / 285
15. 常跗隐翅虫 *Sunius* sp. / 286

隐翅虫亚科 Staphylininae / 286

16. 中华齿缘隐翅虫 *Hypnogyra sinica* Bordoni, 2013 / 286
17. 直缝隐翅虫 *Othius* sp. / 287
18. 并缝隐翅虫 *Phacophallus* sp. / 287
19. 菲隐翅虫 *Philonthus* sp.1 / 288
20. 菲隐翅虫 *Philonthus* sp.2 / 288
21. 普拉隐翅虫 *Platydracus* sp.1 / 289
22. 普拉隐翅虫 *Platydracus* sp.2 / 289
23. 普拉隐翅虫 *Platydracus* sp.3 / 289

尖腹隐翅虫亚科 Tachyporinae / 290

24. 圆胸隐翅虫 *Tachinus* sp. / 290

拟步甲总科 Tenebrionoidea / 291

蚁形甲科 Anthicidae / 291

蚁形甲亚科 Anthicinae / 291

1. 直齿蚁形甲指名亚种 *Anthelephila bramina bramina* (LaFerté-Sénectère, 1849)（江苏新记录种） / 291
2. 蚁谷蚁形甲 *Omonadus formicarius* (Goeze, 1777)（江苏新记录种） / 292
3. 马氏萨蚁形甲 *Sapintus marseuli* (Pic, 1892)（江苏新记录种） / 292

芫菁科 Meloidae / 293

芫菁亚科 Meloinae / 293

短翅豆芫菁 *Epicauta aptera* Kaszab, 1952（江苏新记录种） / 293

小蕈甲科 Mycetophagidae / 294

小蕈甲亚科 Mycetophaginae / 294

波纹蕈甲 *Mycetophagus hillerianus* Reitter, 1877 / 294

拟天牛科 Oedemeridae / 295

拟天牛亚科 Oedemerina / 295

拱弯纳拟天牛 *Nacerdes* (*Xanthochroa*) *arcuata* Tian, Ren et Li, 2014 (江苏新记录种) / 295

拟花蚤科 Scraptiidae / 295

拟花蚤 *Scraptia* sp. / 295

拟步甲科 Tenebrionidae / 296

菌甲亚科 Diaperinae / 296

1. 皮下甲 *Corticeus* sp. / 296
2. 刘氏菌甲 *Diaperis lewisi lewisi* Bates, 1873（江苏新记录种）/ 297

伪叶甲亚科 Lagriinae / 297

3. 穆氏艾垫甲 *Anaedus mroczkowskii* Kaszab, 1968（江苏新记录种）/ 297
4. 黑胸伪叶甲 *Lagria nigircollis* Hope, 1843（江苏新记录种）/ 298
5. 眼伪叶甲 *Lagria ophthalmica* Fairmaire, 1891 (江苏新记录种) / 299
6. 东方垫甲 *Lyprops orientalis* (Motschulsky, 1868) / 300

树甲亚科 Stenochiinae / 301

7. 淡堇德轴甲 *Derosphaerus subviolaceus* (Motschulsky, 1860) (江苏新记录种) / 301
8. 完美类轴甲 *Euhemicera pulchra* (Hope, 1842) / 301
9. 端凹窄树甲 *Stenochinus apiciconcavus* Yuan et Ren, 2014 (江苏新记录种) / 302
10. 基股树甲 *Strongylium basifemoratum* Mäklin, 1864 (江苏新记录种) / 303
11. 刀蛴树甲指名亚种 *Strongylium cultellatum cultellatum* Mäklin, 1864 (江苏新记录种) / 303

拟步甲亚科 Tenebrioninae / 304

12. 黑粉甲 *Alphitobius diaperinus* (Panzer, 1796) / 304
13. 弯背烁甲 *Amarygmus curvus* Marseul, 1876 (江苏新记录种) / 305
14. 中国烁甲 *Amarygmus sinensis* Pic, 1922 (江苏新记录种) / 305
15. 锈赤扁谷盗 *Cryptolestes ferrugineus* (Stephens, 1831) / 306
16. 科氏朽木甲 *Doranalia klapperichi* (Pic, 1955) (江苏新记录种) / 307

17. 污背土甲 *Gonocephalum coenosum* Kaszab, 1952 / 307
18. 隆线异土甲 *Heterotarsus carinula* Marseul, 1876 / 308
19. 瘤翅异土甲 *Heterotarsus pustulifer* Fairmaire, 1889 / 309
20. 长头谷盗 *Latheticus oryzae* Waterhouse, 1880 / 309
21. 中型邻烁甲 *Plesiophthalmus spectabilis* Harold, 1875（江苏新记录种） / 310
22. 赤拟谷盗 *Tribolium castaneum* (Herbst, 1797) / 311
23. 窄齿甲 *Uloma contracta* Fairmaire, 1882（江苏新记录种） / 311
24. 四突齿甲指名亚种 *Uloma excisa excisa* Gebien, 1914（江苏新记录种） / 312

双翅目 Diptera

食虫虻总科 Asiloidea / 314

蜂虻科 Bombyliidae / 314

蜂虻亚科 Bombyliinae / 314

1. 大蜂虻 *Bombylius major* Linnaeus, 1758（江苏新记录种） / 314
2. 麦氏姬蜂虻 *Systropus melli* (Enderlein, 1926)（江苏新记录种） / 315

毛蚊总科 Bibionoidea / 316

毛蚊科 Bibionidae / 316

叉毛蚊亚科 Penthetriinae / 316

泛叉毛蚊 *Penthetria japonica* Wiedemann, 1830（江苏新记录种） / 316

狂蝇总科 Oestroidea / 317

寄蝇科 Tachinidae / 317

追寄蝇亚科 Exoristinae / 317

1. 三角寄蝇 *Trigonospila* sp.1 / 317
2. 三角寄蝇 *Trigonospila* sp.2 / 317

麻蝇总科 Sarcophagoidea / 318

丽蝇科 Calliphoridae / 318

丽蝇亚科 Calliphorinae / 318

亮绿蝇 *Lucilia illustris* (Meigen, 1826) / 318

水虻总科 Stratiomyoidea / 320

水虻科 Stratiomyidae / 320

瘦腹水虻亚科 Sarginae / 320

1. 金黄指突水虻 *Ptecticus aurifer* (Walker, 1854) / 320
2. 克氏指突水虻 *Ptecticus kerteszi* Meijere, 1924（江苏新记录种） / 321

食蚜蝇总科 Syrphoidea / 322

食蚜蝇科 Syrphidae / 322

食蚜蝇亚科 Syrphinae / 322

1. 黑带蚜蝇 *Episyrphus balteatus* (De Geer, 1776) / 322
2. 凹带优食蚜蝇 *Eupeodes nitens* (Zetterstedt, 1843) / 323

实蝇总科 Tephritoidea / 324

蜣蝇科 Pyrgotidae / 324

红鬃真蜣蝇 *Eupyrgota rufosetosa* Chen, 1947 / 324

实蝇科 Tephritidae / 325

寡毛实蝇亚科 Dacinae / 325

1. 橘小实蝇 *Bactrocera dorsalis* (Hendel, 1912) / 325
2. 具条实蝇 *Bactrocera scutellata* (Hendel, 1912) / 326

大蚊总科 Tipuloidea / 327

大蚊科 Tipulidae / 327

大蚊亚科 Tipulinae / 327

1. 离斑指突短柄大蚊 *Nephrotoma scalaris terminalis* (Wiedemann, 1830) / 327
2. 斑点大蚊 *Tipula coquilletti* Enderlein, 1912（江苏新记录种） / 328

半翅目 Hemiptera

异翅亚目 Heteroptera / 330

缘蝽总科 Coreoidea / 330

蛛缘蝽科 Alydidae / 330

微翅缘蝽亚科 Micrelytrinae / 330

中稻缘蝽 *Leptocorisa chinensis* Dallas, 1852 / 330

缘蝽科 Coreidae / 331

缘蝽亚科 Coreinae / 331

1. 瘤缘蝽 *Acanthocoris scaber* (Linnaeus, 1763) / 331
2. 宽棘缘蝽 *Cletus schmidti* Kiritshenko, 1916 / 331
3. 稻棘缘蝽 *Cletus punctiger* (Dallas, 1852) / 332
4. 长肩棘缘蝽 *Cletus trigonus* (Thunberg, 1783) / 332
5. 长角岗缘蝽 *Gonocerus longicornis* Hsiao, 1964 / 333
6. 纹须同缘蝽 *Homoeocerus striicornis* Scott, 1874 / 334
7. 暗黑缘蝽 *Hygia opaca* (Uhler, 1860) / 334
8. 刺副黛缘蝽 *Paradasynus spinosus* Hsiao, 1963（江苏新记录种） / 335
9. 黑胫侎缘蝽 *Mictis fuscipes* Hsiao, 1963 / 336
10. 褐莫缘蝽 *Molipteryx fuliginosa* (Uhler, 1860) / 336

划蝽总科 Corixoidea / 337

划蝽科 Corixidae / 337

划蝽亚科 Corixinae / 337

似纹迹烁划蝽 *Sigara* (*Tropocorixa*) *substriata* (Uhler, 1897)(江苏新记录种) / 337

小划蝽科 Micronectidae / 338

萨棘小划蝽 *Micronecta sahlbergii* (Jakovlev, 1881) / 338

黾蝽总科 Gerroidea / 339

黾蝽科 Gerridae / 339

黾蝽亚科 Gerrinae / 339

圆臀大黾蝽 *Aquarius paludum* (Fabricius, 1794) / 339

宽肩蝽科 Veliidae / 340

荷氏偏小宽肩蝽 *Microvelia horvathi* Lundblad, 1933 / 340

长蝽总科 Lygaeoidea / 341

杆长蝽科 Blissidae / 341

竹后刺长蝽 *Pirkimerus japonicus* (Hidaka, 1961) / 341

长蝽科 Lygaeidae / 342

红长蝽亚科 Lygaeinae / 342

斑脊长蝽 *Tropidothorax cruciger* (Motschulsky, 1860) / 342

地长蝽科 Rhyparochromidae / 343

地长蝽亚科 Rhyparochrominae / 343

1. 白边刺胫长蝽 *Horridipamera lateralis* (Scott, 1874)（江苏新记录种） / 343
2. 短翅迅足长蝽 *Metochu abbreviatus* Scott, 1874 / 343
3. 东亚毛肩长蝽 *Neolethaeus dallasi* (Scott, 1874) / 344

盲蝽总科 Miroidea / 345

盲蝽科 Miridae / 345

齿爪盲蝽亚科 Deraeocorinae / 345

1. 红褐环盲蝽 *Cimicicapsus* sp. / 345
2. 斑楔齿爪盲蝽 *Deraeocoris ater* (Jakovlev, 1889) / 346
3. 宽齿爪盲蝽 *Deraeocoris josifovi* Kerzhner, 1988（江苏新记录种） / 346

盲蝽亚科 Mirinae / 347

4. 狭领纹唇盲蝽 *Charagochilus angusticollis* Linnavuori, 1961（江苏新记录种） / 347
5. 长毛刻爪盲蝽 *Tolongia pilosa* (Yasunaga, 1991)（江苏新记录种） / 348

蝎蝽总科 Nepoidea / 349

负蝽科 Belostomatidae / 349

负蝽亚科 Belostomatinae / 349

艾氏负子蝽 *Diplonychus esakii* Miyamoto et Lee, 1966 / 349

仰蝽总科 Notonectoidea / 350

仰蝽科 Notonectidae / 350

小仰蝽亚科 Anisopinae / 350

南小仰蝽 *Anisops exiguus* Horváth, 1919（江苏新记录种） / 350

蝽总科 Pentatomoidea / 351

土蝽科 Cydnidae / 351

土蝽亚科 Cydninae / 351

1. 大鳖土蝽 *Adrisa magna* (Uhler, 1860)（江苏新记录种） / 351
2. 圆革土蝽 *Macroscytus fraterculus* Horváth, 1919 / 352
3. 拟领土蝽 *Parachilocoris semialbidus* (Walker, 1867)（江苏新记录种） / 353

兜蝽科 Dinidoridae / 353

瓜蝽亚科 Megymeninae / 353

细角瓜蝽 *Megymenum gracilicorne* Dallas, 1851 / 353

蝽科 Pentatomidae / 354

蝽亚科 Pentatominae / 354

1. 宽缘伊蝽 *Aenaria pinchii* Yang, 1934 / 354
2. 薄蝽 *Brachymna tenuis* Stål, 1861 / 355
3. 斑须蝽 *Dolycoris baccarum* (Linnaeus, 1758) / 356
4. 麻皮蝽 *Erthesina fullo* (Thunberg, 1783) / 357
5. 菜蝽 *Eurydema dominulus* (Scopoli, 1763) / 358
6. 广二星蝽 *Eysarcoris ventralis* (Westwood, 1837) / 358
7. 茶翅蝽 *Halyomorpha halys* (Stål, 1855) / 359
8. 卵圆蝽 *Hippotiscus dorsalis* (Stål, 1870) / 360
9. 稻绿蝽 *Nezara viridula* (Linnaeus, 1758) / 361
10. 珀蝽 *Plautia crossota* (Dallas, 1851) / 362
11. 斯氏珀蝽 *Plautia stali* Scott, 1874 / 362
12. 弯刺黑蝽 *Scotinophara horvathi* Distant, 1883（江苏新记录种） / 363

龟蝽科 Plataspidae / 364

筛豆龟蝽 *Megacopta cribraria* (Fabricius, 1798) / 364

盾蝽科 Scutelleridae / 366

盾蝽亚科 Scutellerinae. / 366

桑宽盾蝽 *Poecilocoris druraei* (Linnaeus, 1771) (江苏新记录种) / 366

红蝽总科 Pyrrhocoroidea / 367

大红蝽科 Largidae / 367

斑红蝽亚科 Physopeltinae / 367

1. 小背斑红蝽 *Physopelta cincticollis* Stål, 1863 / 367
2. 突背斑红蝽 *Physopelta gutta* (Burmeister, 1834) / 368

红蝽科 Pyrrhocoridae / 368

红蝽亚科 Pyrrhocorinae / 368

1. 直红蝽 *Pyrrhopeplus carduelis* (Stål, 1863) / 368
2. 曲缘红蝽 *Pyrrhocoris sinuaticollis* Reuter, 1885 / 369

猎蝽总科 Reduvioidea / 370

猎蝽科 Reduviidae / 370

光猎蝽亚科 Ectrichodiinae / 370

1. 黑光猎蝽 *Ectrychotes andreae* (Thunberg, 1784) / 370

盗猎蝽亚科 Peiratinae / 370

2. 红股隶猎蝽 *Lestomerus femoralis* Walker, 1873 / 370
3. 日月盗猎蝽 *Peirates arcuatus* (Stål, 1871) / 371
4. 黄纹盗猎蝽 *Peirates atromaculatus* (Stål, 1871) / 372
5. 圆腹盗猎蝽 *Peirates cinctiventris* Horváth, 1879（大陆新记录种）/ 373
6. 污黑盗猎蝽 *Peirates turpis* Walker, 1873 / 373
7. 伐猎蝽 *Phalantus geniculatus* Stål, 1863 (江苏新记录种) / 374
8. 黄足猎蝽 *Sirthenea flavipes* (Stål, 1855) / 375

盲猎蝽亚科 Saicinae / 375

9. 中褐盲猎蝽 *Polytoxus fuscovittatus* (Stål, 1860) (江苏新记录种) / 375

细足猎蝽亚科 Stenopodainae / 376

10. 短斑普猎蝽 *Oncocephalus simillimus* Reuter, 1888 / 376
11. 污刺胸猎蝽 *Pygolampis foeda* Stål, 1859 / 376

同翅亚目 Homoptera / 377

蚜总科 Aphidoidea / 377

蚜科 Aphididae / 377

角斑蚜亚科 Calaphidinae / 377

1. 竹梢凸唇斑蚜 *Takecallis tawanus* (Takahashi, 1926) / 377

扁蚜亚科 Hormaphidinae / 378

2. 竹茎扁蚜 *Pseudoregma bambusicola* (Takahashi, 1921) / 378

沫蝉总科 Cercopoidea / 380

尖胸沫蝉科 Aphrophoridae / 380

尖胸沫蝉亚科 Aphrophorinae / 380

1. 宽带尖胸沫蝉 *Aphrophora horizontalis* Kato, 1933 / 380
2. 柳尖胸沫蝉 *Aphrophora pectoralis* Matsumura, 1903 / 381

沫蝉科 Cercopidae / 382

尤氏曙沫蝉 *Eoscarta assimilis* (Uhler, 1896) / 382

蝉总科 Cicadoidea / 383

蝉科 Cicadidae / 383

姬蝉亚科 Cicadettinae / 383

1. 红蝉 *Huechys sanguine* (De Geer, 1773) / 383

蝉亚科 Cicadinae / 383

2. 蚱蝉 *Cryptotympana atrata* (Fabricius, 1775) / 383

3. 蟪蛄 *Platypleura kaempferi* (Fabricius, 1794) / 385
4. 端晕日宁蝉 *Yezoterpnosia fuscoapicalis* (Kato, 1938)（江苏新记录种） / 386

蜡蝉总科 Fulgoroidea / 387

菱蜡蝉科 Cixiidae / 387

中华冠脊菱蜡蝉 *Oecleopsis sinicus* (Jacobi, 1944)（江苏新记录种） / 387

飞虱科 Delphacidae / 388

飞虱亚科 Delphacinae / 388

乳黄竹飞虱 *Bambusiphaga lacticolorata* Huang et Ding, 1979 / 388

象蜡蝉科 Dictyopharidae / 388

丽象蜡蝉 *Orthopagus splemdens* (Germar, 1830) / 388

蛾蜡蝉科 Flatidae / 389

蛾蜡蝉亚科 Flatinae / 389

碧蛾蜡蝉 *Geisha distinctissima* (Walker, 1858) / 389

蜡蝉科 Fulgoridae / 390

斑衣蜡蝉 *Lycorma delicatula* (White, 1845) / 390

广翅蜡蝉科 Ricaniidae / 391

广翅蜡蝉亚科 Ricaniinae / 391

1. 可可广翅蜡蝉 *Ricania cacaonis* Chou et Lu, 1981（江苏新记录种） / 391
2. 琼边广翅蜡蝉 *Ricania flabellum* Noualhier, 1896（江苏新记录种） / 391
3. 四斑广翅蜡蝉 *Ricania quadrimaculata* Kato, 1933（江苏新记录种） / 392

4. 八点广翅蜡蝉 *Ricania speculum* (Walker, 1851) / 393
5. 柿广翅蜡蝉 *Ricania sublimbata* (Jacobi, 1916) / 393

角蝉总科 Membracoidea / 395

叶蝉科 Cicadellidae / 395

大叶蝉亚科 Cicadellinae / 395

1. 黑尾凹大叶蝉 *Bothrogonia ferruginea* (Fabricius, 1787) / 395
2. 顶斑边大叶蝉 *Kolla paulula* (Walker, 1858) / 395

角顶叶蝉亚科 Deltocephalinae / 396

3. 胫槽叶蝉 *Drabescus* sp. / 396
4. 木叶蝉 *Phlogotettix* sp. / 397
5. 带叶蝉 *Scaphoideus* sp. / 397

殃叶蝉亚科 Euscelinae / 398

6. 希神木叶蝉 *Phlogotettix polyphemus* Gnezdilov, 2003 (江苏新记录种) / 398

横脊叶蝉亚科 Evacanthinae / 398

7. 黑尾狭顶叶蝉 *Angustella nigricauda* Li, 1986 (江苏新记录种) / 398

叶蝉亚科 Iassinae / 399

8. 短头叶蝉 *Iassus* sp. / 399
9. 网脉叶蝉 *Krisna* sp. / 400

片角叶蝉亚科 Idiocerinae / 400

10. 长突叶蝉 *Batracomorphus* sp. / 400

小叶蝉亚科 Typhlocybinae / 401

11. 褐尾小红叶蝉 *Kahaono* sp. / 401

膜翅目 Hymenoptera

蜜蜂总料 Apoidea / 404

蜜蜂科 Apidae / 404

蜜蜂亚科 Apinae / 404

1. 黑足熊蜂 *Bombus* (*Tricornibombus*) *atripes* Smith, 1852 / 404
2. 三条熊蜂 *Bombus* (*Diversobombus*) *trifasciatus* Smith, 1852 / 405

木蜂亚科 Xylocopinae / 406

3. 竹木蜂 *Xylocopa nasalis* (Westwood, 1838) / 406
4. 赤足木蜂 *Xylocopa rufipes* Smith, 1852 / 406
5. 铜翼毗木蜂 *Xylocopa tranquebarorum* (Swederus, 1787) / 407

姬蜂总科 Ichneumonoidea / 408

茧蜂科 Braconidae / 408

茧蜂亚科 Braconinae / 408

1. 黑胫副奇翅茧蜂 *Megalommum tibiale* (Ashmead, 1906)（江苏新记录种）/ 408

矛茧蜂亚科 Doryctinae / 409

2. 双色刺足茧蜂 *Zombrus bicolor* (Enderlein, 1912) / 409

优茧蜂亚科 Euphorinae / 410

3. 悬茧蜂 *Meteorus* sp. / 410

小腹茧蜂亚科 Microgastrinae / 410

4. 小腹茧蜂 *Microgaster* sp. / 410

刀腹茧蜂亚科 Xiphozelinae / 411

5. 刀腹茧蜂 *Xiphozele* sp.1 / 411
6. 刀腹茧蜂 *Xiphozele* sp.2 / 411

姬蜂科 Ichneumonidae / 412

秘姬蜂亚科 Cryptinae / 412

1. 游走巢姬蜂指名亚种 *Acroricnus ambulator ambulator* (Smith, 1874) / 412
2. 花胸姬蜂 *Gotra octocincta* (Ashmead, 1906) / 413
3. 台甲腹姬蜂 *Hemigaster taiwana* (Sonan, 1932)（江苏新记录种）/ 413
4. 角额姬蜂 *Listrognathus* sp. / 414
5. 中华里姬蜂 *Litochila sinensis* Kaur, 1988（江苏新记录种）/ 415

沟姬蜂亚科 Gelinae / 415

6. 双脊姬蜂 *Isotima* sp. / 415

盾脸姬蜂亚科 Metopiinae / 416

7. 毛圆胸姬蜂指名亚种 *Colpotrochia pilosa pilosa* (Cameron, 1909)（江苏新记录种）/ 416

瘦姬蜂亚科 Ophioninae / 416

8. 关子岭细颚姬蜂 *Enicospilus kanshirensis* Uchida, 1928（江苏新记录种）/ 416
9. 黑斑细颚姬蜂 *Enicospilus melanocarpus* Cameron, 1905 / 417
10. 细颚姬蜂 *Enicospilus* sp.1 / 418
11. 细颚姬蜂 *Enicospilus* sp.2 / 418

缝姬蜂亚科 Porizontinae / 419

12. 台湾弯尾姬蜂 *Diadegma akoensis* (Shiraki, 1917) / 419

柄卵姬蜂亚科 Tryphoninae / 420

13. 甘蓝夜蛾拟瘦姬蜂 *Netelia ocellaris* (Thomson, 1888) / 420

胡蜂总科 Vespoidea / 421

蛛蜂科 Pompilidae / 421

斑额棒带蛛蜂 *Batozonellus maculifrons* (Smith, 1873) / 421

胡蜂科 Vespidae / 422

1. 方蜾蠃 *Eumenes quadratus* Smith, 1852 / 422

2. 变侧异胡蜂 *Parapolybia varia varia* (Fabricius, 1787) / 423
3. 细侧黄胡蜂 *Paravespula* (*Paravespula*) *flaviceps flaviceps* (Smith, 1870) / 424
4. 陆马蜂 *Polistes rothneyi* Cameron, 1900 / 425
5. 金环胡蜂 *Vespa mandarinia* Smith, 1852 / 426
6. 黄足胡蜂 *Vespa velutina* Lepeletier, 1836 / 427

螳螂目 Mantodea

螳科 Mantidae / 430

斧螳亚科 Hierodulinae / 430

1. 勇斧螳 *Hierodula membranacea* Burmeister, 1838 / 430

螳亚科 Mantinae / 430

2. 棕静螳 *Statilia maculata* (Thunberg et Lundahl, 1784) / 430

刀螳亚科 Tenoderinae / 431

3. 中华大刀螳 *Tenodera sinensis* Saussure, 1842 / 431

广翅目 Megaloptera

齿蛉科 Corydalidae / 434

鱼蛉亚科 Chauliodinae / 434

1. 污翅斑鱼蛉 *Neochauliodes fraternus* (McLachlan, 1869) (江苏新记录种) / 434
2. 中华斑鱼蛉 *Neochauliodes sinensis* (Walker, 1853) (江苏新记录种) / 435
3. 布氏准鱼蛉 *Parachauliodes buchi* Navás, 1924（江苏新记录种）/ 436

齿蛉亚科 Corydalinae / 436

4. 东方齿蛉 *Neoneuromus orientalis* Liu et Yang, 2004 (江苏新记录种) / 436
5. 中华星齿蛉 *Protohermes sinensis* Yang et Yang, 1992（江苏新记录种）/ 437

脉翅目 Neuroptera

褐蛉总科 Hemerobioidea / 440

草蛉科 Chrysopidae / 440

草蛉亚科 Chrysopinae / 440

1. 叉通草蛉 *Chrysoperla furcifera* (Okamoto, 1914) (江苏新记录种) / 440
2. 日本通草蛉 *Chrysoperla nipponensis* (Okamoto, 1914) / 441

螳蛉总科 Mantispoidea / 442

螳蛉科 Mantispidae / 442

螳蛉亚科 Mantispinae / 442

黄基简脉螳蛉 *Necyla flavacoxa* (Yang, 1999) (江苏新记录种) / 442

蚁蛉总科 Myrmeleontoidea / 443

蝶角蛉科 Ascalaphidae / 443

裂眼蝶角蛉亚科 Ascalaphinae / 443

1. 锯角蝶角蛉 *Acheron trux* (Walker, 1853) (江苏新记录种) / 443
2. 黄脊蝶角蛉 *Ascalohybris subjacens* (Walker, 1853) / 444
3. 狭翅玛蝶角蛉 *Maezous umbrosus* (Esben-Petersen, 1913) (江苏新记录种) / 444

蜻蜓目 Odonata

差翅亚目 Anisoptera / 448

蜓科 Aeschnidae / 448

1. 碧伟蜓 *Anax parthenope julius* Brauer, 1865 / 448
2. 长尾蜓 *Gynacantha* sp. / 448

春蜓科 Gomphidae / 449

大团扇春蜓 *Sinictinogomphus clavatus* (Fabricius, 1775) / 449

蜻科 Libellulidae / 450

1. 黄翅蜻 *Brachythemis contaminata* (Fabricius, 1793) / 450
2. 异色灰蜻 *Orthetrum melania* (Selys, 1883) / 450
3. 青灰蜻 *Orthetrum triangulare* (Selys, 1878)（江苏新记录种） / 451
4. 小黄赤蜻 *Sympetrum kunckeli* Selys, 1884 / 452

束翅亚目 Zygoptera / 453

色蟌科 Calopterygidae / 453

色蟌亚科 Calopteryginae / 453

透顶单脉色蟌 *Matrona basilaris* Sélys-Longchamps， 1853 / 453

直翅目 Orthoptera

蝗亚目 Caelifera / 456

蝗总科 Acridoidea / 456

剑角蝗科 Acrididae / 456

1. 中华剑角蝗 *Acrida cinerea* (Thunberg, 1815) / 456
2. 短翅佛蝗 *Phlaeoba angustidorsis* Bolívar, 1902 / 457

斑腿蝗科 Catantopidae / 457

刺胸蝗亚科 Cyrtacanthacridinae / 457

棉蝗 *Chondracris rosea* (De Geer, 1773) / 457

锥头蝗总科 Pyrgomorphoidea / 459

锥头蝗科 Pyrgomorphidae / 459

锥头蝗亚科 Pyrgomorphinae / 459

1. 令箭负蝗 *Atractomorpha sagittaris* Bi et Xia, 1981 / 459
2. 短额负蝗 *Atractomorpha sinensis* Bolívar, 1905 / 460

螽亚目 Ensifera / 461

蟋蟀总科 Grylloidea / 461

蟋蟀科 Gryllidae / 461

蟋蟀亚科 Gryllinae / 461

1. 棺头蟋 *Loxoblemmus* sp. / 461
2. 广姬蟋 *Modicogryllus* (*Promodicogryllus*) *consobrinus* (Saussure, 1877) / 462
3. 迷卡斗蟋 *Velarifictorus* (*Velarifictorus*) *micado* (Saussure, 1877) / 462

蝼蛄科 Gryllotalpidae / 463

蝼蛄亚科 Gryllotalpinae / 463

东方蝼蛄 *Gryllotalpa orientalis* Burmeister, 1838 / 463

树蟋科 Oecanthidae / 464

距蟋亚科 Podoscirtinae / 464

梨片蟋 *Truljalia hibinonis* (Matsumura, 1917) / 464

沙螽总科 Stenopelmatoidea / 465

蟋螽科 Gryllacrididae / 465

布氏眼斑蟋螽 *Ocellarnaca braueri* (Griffini, 1911) (江苏新记录种) / 465

螽斯总科 Tettigonioidea / 466

螽斯科 Tettigoniidae / 466

草螽亚科 Conocephalinae / 466

1. 鼻优草螽 *Euconocephalus nasutus* (Thunberg, 1815)（江苏新记录种） / 466

似织亚科 Hexacentrinae / 467

2. 素色似织螽 *Hexacentrus unicolor* Serville, 1831（江苏新记录种） / 467

蛩螽亚科 Meconematinae / 467

3. 巨叉大畸螽 *Macroteratura* (*Macroteratura*) *megafurcula* (Tinkham, 1944)（江苏新记录种） / 467
4. 双瘤剑螽 *Xiphidiopsis* (*Xiphidiopsis*) *bituberculata* Ebner, 1939（江苏新记录种） / 468
5. 四川简栖螽 *Xizicus* (*Haploxizicus*) *szechwanensis* (Tinkham, 1944)（江苏新记录种） / 469

露螽亚科 Phaneropterinae / 470

6. 日本条螽 *Ducetia japonica* (Thunberg, 1815) / 470
7. 中华半掩耳螽 *Hemielimaea* (*Hemielimaea*) *chinensis* Brunner von Wattenwyl, 1878（江苏新记录种） / 470
8. 显凹平背螽 *Isopsera sulcata* Bey-Bienko, 1955（江苏新记录种） / 472
9. 台湾奇螽 *Mirollia formosana* Shiraki, 1930（江苏新记录种） / 473
10. 中华糙颈螽 *Ruidocollaris sinensis* Liu et Kang, 2014（江苏新记录种） / 474
11. 长裂华绿螽 *Sinochlora longifissa* (Matsumura et Shiraki, 1908)（江苏新记录种） / 475

拟叶螽亚科 Pseudophyllinae / 476

12. 绿背覆翅螽 *Tegra novaehollandiae viridinotata* (Stål, 1874)（江苏新记录种） / 476

竹节虫目 Phasmida

竹节虫科 Phasmatidae / 478

1. 山桂花竹节虫 *Phraortes elongatus* (Thunberg, 1815) / 478
2. 辽宁皮竹节虫 *Phraortes liaoningensis* Chen et He, 1991 / 478

𫌀翅目 Plecoptera

卷𫌀科 Leuctridae / 480

卷𫌀亚科 Leuctrinae / 480

1. 中华诺𫌀 *Rhopalopsole sinensis* Yang et Yang, 1993 (江苏新记录种) / 480
2. 浙江诺𫌀 *Rhopalopsole zhejiangensis* Yang et Yang, 1995（江苏新记录种）/ 480

叉𫌀科 Nemouridae / 481

倍叉亚科 Amphinemurinae / 481

1. 心突倍叉𫌀 *Amphinemura cordiformis* Li & Yang, 2006 (江苏新记录种) / 481
2. 百山祖印叉𫌀 *Indonemoura baishanzuensis* Li et Yang, 2006 （江苏新记录种）/ 482

叉亚科 Nemourinae / 483

3. 广东叉𫌀 *Nemoura guangdongensis* Li et Yang, 2006 (江苏新记录种) / 483

𫌀科 Perlidae / 484

钮𫌀亚科 Acroneuriinae / 484

1. 黄色黄𫌀 *Flavoperla biocellata* (Chu, 1929) (江苏新记录种) / 484
2. 浙江扣𫌀 *Kiotina chekiangensis* (Wu, 1938) (江苏新记录种) / 485
3. 尤氏华钮𫌀 *Sinacroneuria yiui* (Wu, 1935) (江苏新记录种) / 486

𫌀亚科 Perlinae / 487

4. 浅黄新𫌀 *Neoperla flavescens* Chu, 1929（江苏新记录种）/ 487
5. 潘氏新𫌀 *Neoperla pani* Chen et Du 2016（江苏新记录种）/ 488

6. 全黑襟蜻 *Togoperla totanigra* Du et Chou, 1999（江苏新记录种） / 489

刺蜻科 Styloperlidae / 490

斯氏刺蜻 *Styloperla starki* Zhao, Huo et Du, 2019 / 490

毛翅目 Trichoptera

短石蛾总科 Brachycentroidea / 494

鳞石蛾科 Lepidostomatidae / 494

黄褐鳞石蛾 *Lepidostoma flavum* (Ulmer, 1926) / 494

纹石蛾总科 Hydropsychoidea / 495

纹石蛾科 Hydropsychidae / 495

1. 横带短脉纹石蛾 *Cheumatopsyche infascia* Martynov, 1934 / 495
2. 三带短脉纹石蛾 *Cheumatopsyche trifascia* Li, 1988 / 496
3. 叉突腺纹石蛾 *Diplectrona furcata* Hwang, 1958 / 497
4. 柯隆纹石蛾 *Hydropsyche columnata* Martynov, 1931 / 498
5. 格氏纹石蛾 *Hydropsyche grahami* Banks, 1940 / 499
6. 裂茎纹石蛾 *Hydropsyche simulata* Mosely, 1942 / 500
7. 纹石蛾 *Hydropsyche* sp. / 501
8. 瓦尔纹石蛾 *Hydropsyche valvata* Martynov, 1927 / 501
9. 横带长角纹石蛾 *Macrostemum fastosum* (Walker, 1852) / 502

长角石蛾总科 Leptoceroidea / 504

枝石蛾科 Calamoceratidae / 504

具斑异距枝石蛾 *Anisocentropus maculatus* Ulmer, 1926 / 504

长角石蛾科 Leptoceridae / 506

秦岭叉长角石蛾 *Triaenodes qinglingensis* Yang et Morse, 2000 / 506

沼石蛾总科 Linephiloidea / 507

幻石蛾科 Apataniidae / 507

马氏腹突幻石蛾 *Apatidelia martynovi* Mosely, 1942 / 507

瘤石蛾科 Goeridae / 508

1. 广歧瘤石蛾 *Goera diversa* Yang, 1997 / 508
2. 马氏瘤石蛾 *Goera martynowi* Ulmer, 1932 / 509

沼石蛾科 Limnephilidae / 510

长须沼石蛾 *Nothopsyche* sp. / 510

等翅石蛾总科 Philopotamoidea / 511

等翅石蛾科 Philopotamidae / 511

1. 双齿缺叉等翅石蛾 *Chimarra sadayu* Malicky, 1993 / 511
2. 刺茎蠕形等翅石蛾 *Wormaldia unispina* Sun, 1998 / 512

角石蛾科 Stenopsychidae / 512

天目山角石蛾 *Stenopsyche tienmushanensis* Hwang, 1957 / 512

石蛾总科 Phryganeoidea / 514

拟石蛾科 Phryganopsychidae / 514

宽羽拟石蛾 *Phryganopsyche latipennis* (Banks, 1906) / 514

原石蛾总科 Rhyacophiloidea / 516

原石蛾科 Rhyacophilidae / 516

原石蛾 *Rhyacophila* sp. / 516

中文名索引 / 517
英文名索引 / 530
主要参考文献 / 541

蜚蠊目

Blattaria

硕蠊总科 Blaberoidea

姬蠊科 Blattellidae

姬蠊亚科 Blattellinae

1. 乙蠊 *Sigmella* sp.

鉴别特征：体长12.0mm。体小型，褐色。单、复眼间域深褐色，间距略等长；额中央具一“T”字形深褐色纹。前胸背板宽稍大于长，中间具2条较宽的黑褐色纵条纹，近上部狭、下部宽的细颈瓶状。前翅淡黄色，后翅膜质半透明。腹部背板第7节特化，近前缘中央两侧各具一孔状凹陷。

分布：江苏（宜兴）。

伪姬蠊亚科 Pseudophyllodromiinae

2. 黑背丘蠊 *Sorineuchora nigra* (Shiraki, 1907)（江苏新记录种）

鉴别特征：体长10.2 ~ 10.8mm。体黑褐色。头顶黄褐色，颜面黑色。前胸背板中域黑色，两侧缘透明，后缘浅色边狭窄不明显。前翅、腹部及足深红褐色。少数个体头顶及颜面黄褐色，前胸背板黄褐色，腹部及足黄褐色。头顶复眼间距约等于或稍大于触角窝间距。前胸背板近椭圆形。前、后翅发育完全，伸过腹部末端。前翅中域脉倾斜；后翅前缘脉膨大，径脉和中脉不分支，肘脉具1 ~ 2条不完全分支，附属区休息时折叠。腹部背板不特化。前足腿节腹缘刺式C型；跗节具爪垫，爪明显不对称，不特化，中垫发达。

分布：江苏（宜兴）、四川、浙江、湖南、广西、贵州。

蜚蠊总科 Blattoidea

蜚蠊科 Blattidae

蜚蠊亚科 Blattinae

1. 黑胸大蠊 *Periplaneta fuliginosa* (Serville, 1839)（江苏新记录种）

鉴别特征：体长32.0～35.0mm。体型中等。体暗栗褐色至黑褐色；单眼、口器和下颚须端节淡色；前胸背板具强光泽，黑亮色；前翅暗褐色。头顶略露出前胸背板。前胸背板近梯形，前缘较平直，后缘圆弧形。前、后翅发育完全。前翅远超过腹端，翅脉明显，多分支。足较细长，多刺。第1腹节背板特化，中央具毛簇；第7腹节背板不特化。前足腿节前腹缘与中、后足股节腹面具刺，胫节背面具3列刺，后足跗节腹面具2列细刺，跗节基节长于其余节之和，跗垫发达，爪对称，具中垫。肛上板对称，近梯形，后缘中央具缺刻和一对被细齿的小突起。尾须较长，扁平。

分布：江苏（宜兴）、上海、浙江、安徽、河南、福建、四川、广西、贵州；日本。

2. 侧缘大蠊 *Periplaneta lateralis* (Walker, 1868)

鉴别特征：体长20.0 ~ 30.0mm。雄性成虫淡黄色，具翅，头顶略露出前胸背板。前胸背板圆三角形，透明，可见圆形的胸部。前翅远超过腹端，翅脉明显，多分支。雌性成虫暗褐色，翅退化。若虫红褐色。

分布：江苏；西亚、北非。

注：又名侧缘佘氏蠊、樱桃红蟑螂、东突厥蟑螂。该种是外来物种，有些宠物养殖者会偷偷把它作为宠物饲料用，有入侵风险。

雄

光蠊科 Epilampridae

光蠊亚科 Epilamprinae

1. 黑褐大光蠊 *Rhabdoblatta melancholica* (Bey-Bienko, 1954)（江苏新记录种）

鉴别特征：体连翅长20.0 ~ 25.0mm。体色变异大，通常黄褐色至黑色，有时腹部和足异色。前胸背板前缘具白边，表面具稀疏的刻点，后缘突出。雄虫肛上板横阔，近矩形，后缘凹陷；下生殖板左侧凹陷，右侧突出。雌虫体型较雄虫大。

分布：江苏（宜兴）、福建、广西、广东、贵州、重庆、四川、江西、陕西、甘肃、湖南、湖北、浙江、安徽、云南、海南。

2. 伪大光蠊 *Rhabdoblatta mentiens* Anisyutkin, 2000（江苏新记录种）

鉴别特征：体连翅长33.0 ~ 39.0mm。前胸背板和前翅褐色，前翅具一些小斑。腹面黄褐色，足黄褐色，胫节颜色稍加深。雄虫肛上板横阔，后缘对称，中部凹陷，两侧突出；下生殖板对称，后缘突出。

分布：江苏（宜兴）、广东、广西、江西、福建、浙江、湖南；越南。

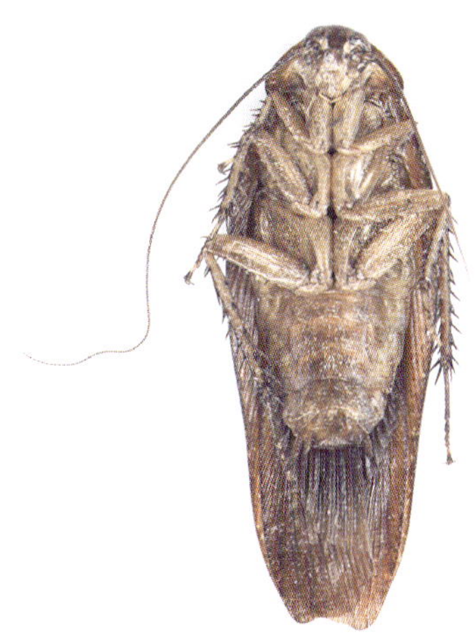

3. 大光蠊 *Rhabdoblatta* sp.

鉴别特征：体长25.0mm。大形种类，赤褐色，具光泽。前胸背板前窄后宽，近乎三角形，后缘前方两侧有倒“八”字形凹陷，后缘缓弧形，近平直。前翅长30.0mm，远超腹部末端，后翅膜质半透明。

分布：江苏（宜兴）。

鞘翅目
Coleoptera

长蠹总科 Bostrichoidea

长蠹科 Bostrichidae

长蠹亚科 Bostrichinae

1. 二突异翅长蠹 *Heterobostrychus hamatipennis* (Lesne, 1895)（江苏新记录种）

鉴别特征：体长8.0 ~ 15.0mm，体宽2.8 ~ 4.0mm。体赤褐色至黑褐色，圆筒形。触角黄褐色，触角10节，触角棒3节。体背被稀疏贴伏黄色短毛。头部前额中线明显，在端部隆起，前缘中间略凹缘。前胸背板前端凹缘，前角向后翘起呈钩状齿，在钩状齿内缘具2小齿，后角突圆。雄虫斜面近中部两侧具一对柱状强齿突，齿向后几乎垂直延伸，端略向内弯；而雌虫仅具一瘤状突起。

寄主：竹材、木材。

分布：江苏（宜兴）、浙江、江西、云南、福建、广东、广西、四川、湖北、辽宁、河北、山东、台湾；日本、菲律宾、印度、马达加斯加、斯里兰卡、印度尼西亚、越南、老挝。

雄　　雄　　雄

雌　　雌　　雌

2. 小尖异长蠹 *Parabostrychus acuticollis* Lesne, 1913（江苏新记录种）

鉴别特征：体长8.5mm。头部小，局部缩进前胸背板下，触角短，末3节膨大。前胸背板圆形、略长，背面密生瘤状小突，红褐色。鞘翅前后等宽，翅坡陡，翅面密生小瘤突，具稀疏的黄色短毛。腹面褐色。足深褐色，后足细长。

寄主：树势衰弱或枯倒的林木、木材。

分布：江苏（宜兴）、安徽、北京、湖北、湖南、山东、上海、四川、台湾以及华南地区；泰国、印度、尼泊尔。

雄　　雄　　雄　　雌

3. 日本双棘长蠹 *Sinoxylon japonicum* Lesne, 1895

鉴别特征：体长5.0 ~ 6.0mm，体宽2.0 ~ 2.5mm。体暗褐色。触角10节，末3节短鳃叶状。头部前缘无小瘤突，但沿前缘渐斜。鞘翅亚缘脊沿侧缘轮廓延伸，在斜面端缘隆起而锐利；斜面弓形急下弯，无缘边，无亚侧隆线；斜面近中部缝缘两侧具一对直立小锥形齿，该齿表面有皱，被细柔毛，端钝，从翅缝到齿之间有一模糊横脊相连；翅缝缘宽而弱隆起，沿缝缘外侧略具小齿。

寄主：刺槐、栎、榆、国槐、侧柏、洋槐、白蜡树、合欢、柿、板栗、紫藤、胡桐、云南松、紫荆、盐麸木、君迁子。

分布：江苏、北京、天津、河北、河南、山东、安徽、宁夏、四川、云南、陕西。

小长蠹亚科 Dinoderinae

4. 大竹蠹 *Bostrychopsis parallela* (Lesne, 1895)

鉴别特征：体长12.0 ~ 14.0mm，体宽3.2 ~ 3.5mm。体黑褐色，具光泽，呈长圆筒形。触角10节，触角棒3节，第1、2棒节三角形，末节长形。前胸背板前缘角前伸上弯呈钩状，两侧缘各具等距离的4个齿。鞘翅斜面由翅后1/3处开始急剧下斜，斜面宽阔，每侧具2个明显的脊突。

寄主：竹制品及中药材。

分布：江苏、四川、云南、浙江、湖南、湖北、广东、广西、海南；印度、马来西亚、越南、老挝、柬埔寨、缅甸、泰国、菲律宾。

5. 竹长蠹 *Dinoderus minutus* (Fabricius, 1775)

鉴别特征：体长2.5 ~ 3.5mm，体宽1.0 ~ 1.5mm。体红褐色至黑褐色，短圆筒状。触角10节，触角棒3节，棒第1节椭圆形，棒第2节卵圆形，与第1节等宽。前胸背板显著隆起，前缘具8 ~ 10个小齿突，前胸背板后侧缘脊不延伸至前齿列，近后缘中央具一对并列的卵圆形深凹窝；斜面的刻点呈单眼状，刻点底部中央隆起；翅面着生淡黄褐色直立绒毛，斜面毛明显较粗而密。

寄主：龙竹、牡竹、黑叶滇竹、刚竹、印度簕竹、汉密尔顿氏苏麻竹、楝树、木棉、刺桐、鳄梨、娑罗双、槟榔青、柚木、桐棉、橡胶树、番石榴、榴莲、韶子、甘蔗、甘薯干、香蕉干、稻谷及木质包装、竹材、木材等。

分布：江苏、河北、内蒙古、河南、山东、陕西、云南、贵州、四川、湖南、福建、浙江、江西、广东、海南、台湾；热带、亚热带及温带地区。

6. 谷蠹 *Rhyzopertha dominica* (Fabricius, 1792)

鉴别特征：体长2.5 ~ 3.0mm。体赤褐色，长圆筒状。触角10节，触角棒3节，每节偏向一侧膨大，第1、2节长度相等。头部隐藏在前胸背板之下，背面不能见。前胸背板背面前半具呈同心圆排列的鳞状齿突，后半的齿突略小。小盾片近方形。鞘翅具粗大刻点，明显排列成行，鞘翅末端圆弧形。

分布：世界性分布，但纬度40°以上的地区较少发现。

皮蠹科 Dermestidae

毛皮蠹亚科 Attageninae

1. 世界黑毛皮蠹 *Attagenus unicolor* (Brahm, 1791)

鉴别特征：体长3.0 ~ 5.0mm。体椭圆形，表皮暗褐色至黑色，多为黑色，前胸背板颜色不比鞘翅深或稍比鞘翅深。触角11节，触角棒3节，雄虫触角末节长约为第9、10节之和的3倍，雌虫触角末节略长于第9、10节之和。背面着生单一的褐色或黑色毛。

寄主：多种动物性产品，包括毛皮、毛织品等。

分布：几乎世界性分布。无该虫分布的国家和地区包括日本、朝鲜、蒙古。

雄

雄

皮蠹亚科 Dermestinae

2. 沟翅皮蠹 *Dermestes freudei* Kalik et Ohbayashi, 1982（江苏新记录种）

鉴别特征：体长8.0～9.5mm。体明显狭长，背面被暗褐色毛，腹面被黄褐色毛。鞘翅长为两翅合宽的1.9倍，每鞘翅上具10条明显的纵沟纹。

习性：危害动物性中药材及其他储藏品，或在鸡粪内捕食其他昆虫等小动物。

分布：江苏（宜兴）、黑龙江、内蒙古、河北、北京、河南、陕西、四川、江西、广东；朝鲜、韩国、日本、俄罗斯。

长皮蠹亚科 Megatominae

3. 小圆皮蠹 *Anthrenus verbasci* (Linnaeus, 1767)

鉴别特征：体长1.7 ~ 3.8mm。体卵圆形。触角11节，棒3节。前胸背板侧缘及后缘中央具白色鳞斑。鞘翅上具3条由黄色及白色鳞片形成的波状横带。

习性：危害蚕丝、动物性药材、动物标本、毛及羽毛制品、谷物和种子等。

分布：江苏、黑龙江、辽宁、内蒙古、河北、河南、甘肃、陕西、宁夏、青海、新疆、四川、贵州、云南、福建、湖北、湖南、山东、广东、安徽、江西、浙江；世界性分布。

蛛甲科 Ptinidae

树切蠹亚科 Xyletininae

烟草甲 *Lasioderma serricorne* (Fabricius, 1792)

鉴别特征：体长2.0 ~ 3.0mm。体卵圆形，红褐色，密被倒伏状淡色茸毛。触角淡黄色，第4 ~ 10节锯齿状。前胸背板半圆形，后缘与鞘翅等宽。鞘翅上散布小刻点，刻点不成行。

习性：危害烟草及其加工品、可可、豆类、谷物、面粉、食品、中药材、干果、丝织品、动物性储藏品、动植物标本及图书档案等。

分布：中国绝大多数省份；世界性分布。

吉丁总科 Buprestoidea

吉丁科 Buprestidae

窄吉丁亚科 Agrilinae

1. 紫罗兰窄吉丁 *Agrilus pterostigma* Obenberger, 1927

鉴别特征：体长14.0 ~ 18.0mm。体墨绿色，复眼黑色。中纵凹不明显，头顶隆突，布深褐色短绒毛和密集皱纹。前胸背板前缘中部稍突，呈二曲状；背面盘区隆起，侧缘凹。鞘翅侧缘中部附近略凹，近端部2/5处膨大，为鞘翅最宽处，随后渐向顶端变细，翅端圆弧状；背面基半部和近翅端1/4着生银白色绒毛。

分布：江苏、浙江。

2.麻点纹吉丁 *Coraebus leucospilotus* Bourgoin, 1922（江苏新记录种）

鉴别特征：体长10.0mm。全身紫黑色。头部短，头顶平。额面中央纵向宽凹，两侧隆起，头部具不规则的刻点和刻纹，以及较稀疏的灰白色和黑色的长绒毛。复眼大而微凸，黄褐色。触角中等长度，不达前胸背板中部。前胸背板横宽，中前部隆突；前缘双曲状，中央微凸，侧缘弧形，具规则的细缘齿，后缘明显双曲状，中叶后突，宽而钝圆；前胸背板表面布满不规则的刻纹，两侧低凹处具较稠密的灰白色长绒毛，其余为黑色半卧式的短绒毛，不明显。鞘翅较长，翅肩近直角。鞘翅侧缘中前部近平行，近鞘翅端部1/3处略扩展，之后向端部渐狭。每一鞘翅具10枚大小不等、形状不一的白色绒毛斑点，鞘翅端部具一大的近三角形的白色绒毛斑。鞘翅表面另具不规则的刻点和刻纹，以及稀疏、短小、半卧式的黑色刻点毛。

分布：江苏（宜兴）、福建、江西、湖南、广西、四川、云南；日本、老挝。

丸甲总科 Byrrhoidea

溪泥甲科 Elmidae

1. 缢溪泥甲 *Leptelmis* sp.

（姜日新拍摄）

鉴别特征：体长2.6mm。头部与前胸背板深褐色，鞘翅与腿节褐色，触角、胫节和爪浅褐色。疏水刚毛覆盖于头部和前胸背板表面以及腿节和胫节表面。前胸背板于端部2/5处强烈缢缩，于前胸背板表面形成横沟，横沟后侧具一大的心形瘤突；前胸背板中纵沟不显著，亚侧脊短，短于前胸背板长度的1/3。鞘翅两侧近平行，于端部1/3处收窄至鞘翅端部，肩部较发达，鞘翅表面无明显的脊。足细长，跗节稍长于胫节，爪极发达。

分布：江苏（宜兴）。

2. 无洼溪泥甲 *Stenelmis indepressa* Yang et Zhang, 1995（江苏新记录种）

鉴别特征：体长3.6 ~ 4.2mm。体狭长，褐色至深褐色。疏水刚毛区覆盖于头部背面、前胸背板背面、腿节与胫节表面以及鞘翅侧缘区。触角11节。前胸背板侧缘由基部向端部收窄，近端部处稍增宽，前角尖锐，显著向外侧，后角锐角状；前胸背板中脊宽而浅，超过前胸背板长度的一半，亚侧脊存在但不明显；前胸背板基半部每侧具2个瘤状突起，在前的突起呈圆形，在后的突起近水滴形，后缘与前胸背板后缘相接。鞘翅基部1/3近平行，后1/3逐渐收窄，表面均匀分布短刚毛；鞘翅第2间室具附加的短刻点列，第5刻点列外侧具显著的脊，从鞘翅基部延伸至近鞘翅端部。足细长，爪钩极发达。

分布：江苏（宜兴）、浙江、福建。

（姜日新拍摄）

3. 狭溪泥甲 *Stenelmis* sp.

（姜日新拍摄）

鉴别特征：体长4.2mm。体褐色，狭长。疏水刚毛区覆盖于头部、前胸背板以及几乎整个鞘翅表面和腿节与胫节表面。前胸背板表面粗糙，覆盖均匀的、大的圆形刻点，中纵沟较浅但长，从前胸背板基部几乎延伸至端部，中纵沟基部具一对小的圆窝；亚侧脊浅而短，约为前胸背板长度的1/3；前胸背板侧缘弧形，于基部1/3处最宽，前角不发达，后角锐角状。鞘翅第5刻点列外侧具明显的脊，自鞘翅基部延伸至近鞘翅端部。足相对较短。

分布：江苏（宜兴）。

真泥甲科（掣爪泥甲科）Eulichadidae

葬真泥甲 *Eulichas* (*Eulichas*) *funebris* (Westwood, 1853)

鉴别特征：体长20.0 ~ 28.0mm。体长形，梭状，棕黑色，淡黄色倒伏毛在前胸背板、鞘翅和腹部腹板上形成典型的卵圆形淡色毛纹。头部有分布不均匀的具毛大刻点，额刻点稀疏，头顶刻点小而密。触角强壮。前胸背板横宽，两侧基半部几乎规则地变圆，端半部斜直；背面隆，盘区具较大的具毛刻点，向两侧渐粗密。鞘翅有许多纵向排列的具毛大刻点，列间刻点非常小。体腹侧具几乎均匀的稠密细刻点；腹部末节腹板端部之前呈不明显波状。

分布：江苏、浙江、福建、广东、广西、香港。

注：又名藏掣爪泥甲。

长泥甲科 Heteroceridae

网纹长泥甲 *Heterocerus fenestratus* (Thunberg, 1784)

鉴别特征：体长3.4 ~ 4.2mm。头部黑褐色，横宽。触角短，11节，第1、2节粗大，约为触角总长的1/2，第3、4节小，第5 ~ 11节向一侧展宽，组成棒状节。前胸背板黑褐色，侧缘色略浅；横宽，宽约为长的2倍，中部最宽；前缘宽于后缘，侧缘近半圆形。鞘翅黄褐色，每翅基部具一近三角形大黑褐色斑，另具3列纵纹，由2 ~ 3纵斑组成。足黄褐色，外缘黑褐色。

分布：除西南地区外，全国广布；北半球广布。

雄　雄

雌　雌

毛泥甲科 Ptilodactylidae

毛泥甲 *Ptilodactyla* sp.

鉴别特征：体长11.0 ~ 12.0mm。体被灰白色细毛。触角栉齿状，黑色。头部与前胸背板棕红色。前胸背板为等腰梯形。小盾片圆三角形，棕红色。鞘翅黑色，肩角钝圆，自基部2/3两侧缘平行，之后逐渐收窄，端角较钝，具翅缝。足与腹板黄褐色。

分布：江苏（宜兴）。

步甲总科 Caraboidea

步甲科 Carabidae

气步甲亚科 Brachininae

1. 大气步甲 *Brachinus scotomedes* (Redtenbacher, 1868)

鉴别特征：体长15.5mm，体宽6.5mm。头部棕红色，狭边黑色，头顶被疏刻点。触角、口须、足黄色。触角长过鞘翅的1/2，第1节膨大，第3节最长，3～11节被密毛。前胸背板棕褐色，近心形，侧缘基1/3处向内凹，后角向外侧突出，具黑色缘边，中沟明显。胸部腹板棕褐色，腹部腹面被长毛。鞘翅黑色，长卵圆形，末端平截，表面具浅条脊，条沟内具刻点并密被黄毛。

习性：常见于林下、草地、水边周围，捕食性，受惊时释放刺激性防御液体。

分布：江苏、湖南、云南、河北、江西、台湾；日本。

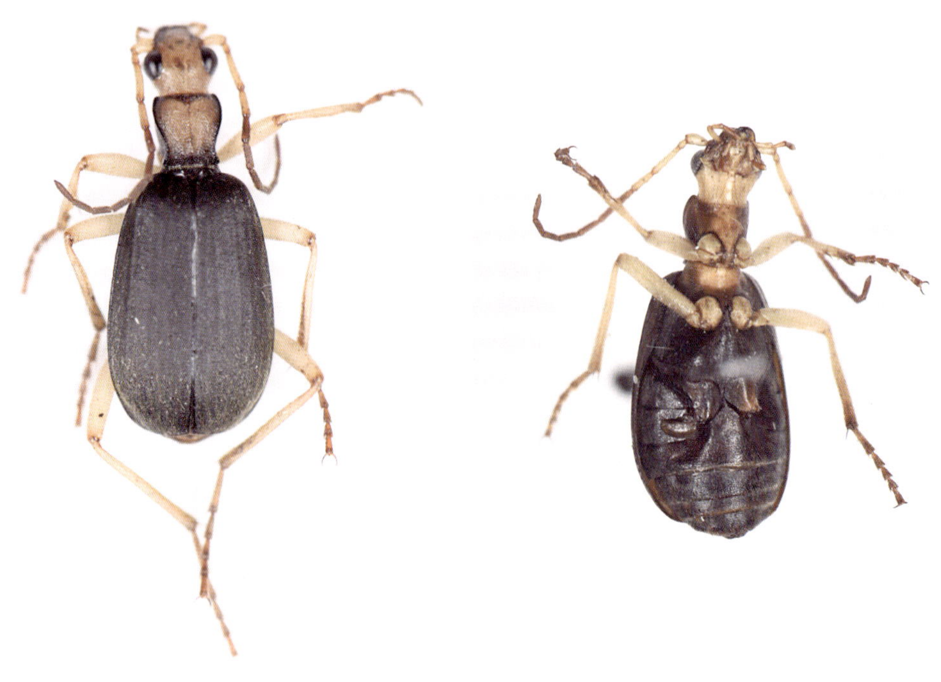

2. 爪哇屁步甲 *Pheropsophus javanus* (Dejean, 1825)

鉴别特征：体长17.0 ~ 20.0mm，体宽5.0 ~ 5.9mm。头部黄褐色，顶部具五边形黑斑，复眼凸。触角丝状，第5 ~ 11节赤红色。胸部背腹面黄褐色，边缘黑色，中区具"I"字形黑斑，背板近于方形，中部稍宽，中线两侧多浅横皱。鞘翅方形，基部略窄，肩角圆凸，纵脊8条，翅中具"W"字形斑，翅内、外端角斑纹均为三角形。

习性：成虫捕食稻螟蛉、稻苞虫和黏虫等鳞翅目幼虫。

分布：江苏、辽宁、吉林、河北、北京、山西、陕西、河南、安徽、江西、湖南、福建、贵州、四川、湖北、浙江、广东、广西、云南、台湾；印度以及东南亚。

步甲亚科 Carabinae

3. 中华金星步甲 *Calosoma chinense* Kirby, 1818

鉴别特征：体长26.0 ~ 35.0mm，体宽9.0 ~ 12.5mm。头部密布细刻点，触角丝状，11节。体背多黑色，具古铜色光泽。前胸背板宽大于长，密布皱状刻点，侧缘弧形上翘，后角向后延伸，钝圆。鞘翅长方形，两侧近平行，每侧具3行金色圆形星点。腹板末节具纵皱纹。足黑色。

习性：捕食鳞翅目幼虫、蝗蝻、蝼蛄等。

分布：广东、广西、云南、四川以及华北、华东（不含台湾）、华中、西北（不含新疆）、东北地区；朝鲜、韩国、蒙古、俄罗斯。

注：又名中华广肩步甲、中华星步甲、金星步甲。

4. 大星步甲 *Calosoma maximoviczi* Morawitz, 1863

鉴别特征：体长23.0 ~ 33.0mm，体宽11.5 ~ 14.5mm。体黑色，背面稍具铜色光泽。头部密布刻点，两侧和后部具褶皱。触角丝状，11节。前胸背板宽大于长，侧缘弧形，具边沿。鞘翅宽阔，肩后扩展明显，每侧具16条刻点沟，沟间具规则浅横沟，每侧具3行绿色斑点。腹部末节臀部具一个弧形凹陷。

习性：捕食鳞翅目幼虫。

分布：辽宁、黑龙江、河南、陕西、甘肃、四川、湖北、云南以及华北、华东地区；朝鲜、韩国、日本、蒙古、俄罗斯。

（梁红斌拍摄）

大星步甲正捕食美国白蛾幼虫

（北京室内饲养，2007.8.19，梁红斌拍摄）

5. 大卫硕步甲 *Carabus davidis* Deyrolle & Fairmaire, 1878（江苏新记录种）

鉴别特征：体长33.0～40.0mm，体宽11.0～14.0mm。头部、触角、足黑色，前胸背板、侧板、小盾片蓝紫色。鞘翅具绿色光泽，后半部具红铜色光泽，具雕刻状背纹。腹部光洁，两侧具细刻点。足细长。雄虫前跗节基部膨大，腹面具毛。

习性：主要食性为肉食性，捕食昆虫等小动物。

分布：江苏（宜兴）、浙江、福建、江西、广东。

注：又名大卫步甲。

6. 拉步甲 *Carabus lafossei* Feisthamel, 1845

鉴别特征：体长35.0～39.0mm，体宽13.0～15.0mm。头部、前胸背板红铜色，略具绿色金属光泽。前胸背板后角向下后方倾斜，侧缘弯曲，后缘两端具圆形鼓凸。鞘翅绿色带红铜色，每翅鞘具7行黑色瘤突，奇数行瘤突小，偶数行瘤突大，呈椭圆形，沿翅缘具一行大刻点；缝角刺突尖长。

习性：成年拉步甲一般在夜晚捕食，多捕食鳞翅目、双翅目昆虫及蜗牛、蛞蝓等小型软体动物。

分布：江苏、浙江、福建、江西、湖北、安徽。

虎甲亚科 Cicindelinae

7. 中华虎甲 *Cicindela chinensis* DeGeer, 1774

鉴别特征：体长18.0 ~ 21.0mm，体宽7.0 ~ 9.0mm。头部、前胸背板金属绿色，前胸背板中央区域红铜色。鞘翅底色金属铜色，每鞘翅基部具2个几乎相接的深蓝色斑，中后部具一个大型深蓝色斑；鞘翅约3/5处具一对白色横形斑，鞘翅近末端靠近边缘处具一对白色小圆斑，两组白斑均位于大蓝斑区域内。

习性：春夏常见于林下、路边，捕食性，行动敏捷，具趋光性。

分布：江苏、甘肃、河北、山东、陕西、浙江、江西、福建、广东、广西、四川、贵州、云南；朝鲜、韩国、日本、越南。

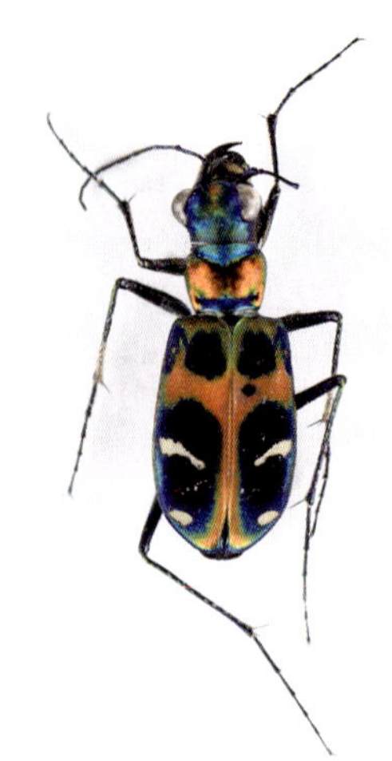

8. 云纹虎甲 *Cicindela elisae* Motschulsky, 1859

鉴别特征：体长8.0 ~ 12.0mm，体宽3.5 ~ 4.0mm。体深绿色，具铜红色光泽。触角丝状，约达体长的2/3。头部具细纵皱纹，复眼突出。前胸宽稍大于长，两侧平行，被白色卧毛。鞘翅侧缘略呈弧形，翅面密布细小刻点，每翅具3条乳白色或淡黄色细斑纹。体腹面胸部、腹部两侧密布白毛。足细长，基节棕红色。

习性：春夏常见于水边，捕食性，具趋光性。

分布：江苏、湖南、北京、内蒙古、甘肃、新疆、河北、山西、河南、山东、上海、浙江、江西、湖北、福建、广东、台湾；朝鲜、韩国、蒙古、俄罗斯。

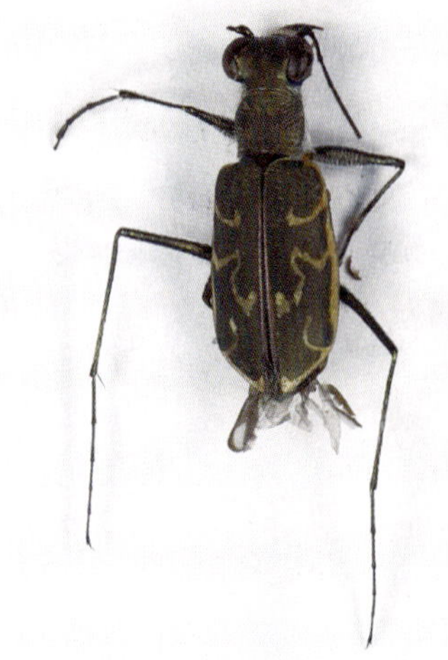

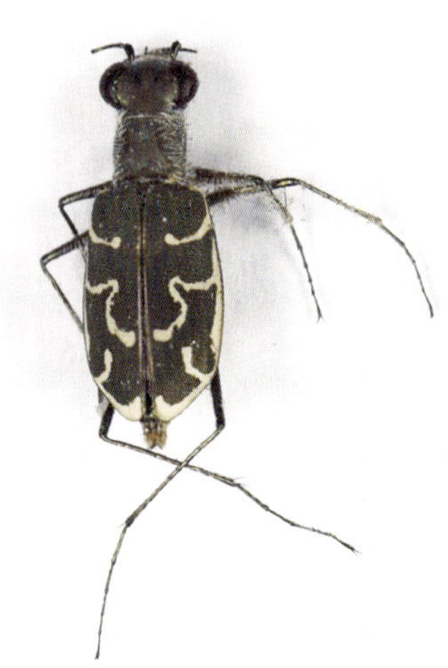

9. 离斑虎甲 *Cicindela separata* Fleutiaux, 1894

鉴别特征：体长18.0 ～ 22.0mm，体宽5.0 ～ 6.0mm。体金属蓝绿色。头部在复眼之间具纵皱纹，头顶具细横皱纹。前胸背板方形，长宽近等，中部隆起，具细横皱纹，中间具一条纵沟纹，前端和基部各具一条横沟。鞘翅表面呈丝绒状，布微细颗粒；每翅具5个淡黄色斑，肩部具一个椭圆形斑，在基部1/4处具一个横形长圆斑，中部具一对斑，端部外侧 1/4处具一个大圆斑。头胸腹板两侧、腹部一部分为金属蓝绿色，被白毛。

习性：栖息于林间小路、开阔地或土坡上。

分布：江苏、江西、福建、浙江、云南、广东、广西、西藏、台湾；印度、尼泊尔、缅甸、泰国、老挝。

10. 镜面虎甲 *Cicindela specularis* Chaudoir, 1865

鉴别特征：体长12.5 ～ 14.0mm，体宽 4.0 ～ 5.0mm。体金属绿色，具铜红色光泽。头部具细皱纹，触角基部 4 节绿色，其余节黑色或褐色。前胸长和宽大约相等，两侧平行，背板密布细皱纹。鞘翅密布小圆刻点，肩胛内侧及近翅缝处具少数大刻点；每翅各具3 个乳白色或淡黄色细斑纹，其中基部具一个弧形斑，沿侧缘中部具一条长纵纹，翅端具一个弯钩形斑；在中斑与端斑间具一个小圆斑。体腹面胸部、腹部两侧和足密被白色毛。

习性：捕食性昆虫，常捕食棉铃虫、棉小造桥虫等棉花害虫。

分布：江苏、江西、广西、山东、安徽、湖北、浙江、广东、四川、云南、贵州、海南、香港、台湾；日本、柬埔寨、印度尼西亚。

婪步甲亚科 Harpalinae

11. 俗尖须步甲 *Acupalpus inornatus* Bates, 1873

鉴别特征：体长3.5 ~ 4.2mm，体宽1.4 ~ 1.7mm。体棕黄色，头胸部有时棕黑色，触角第1 ~ 2节、口须、足颜色略浅。头顶稍隆，微纹很明显，由等直径的网格组成；眼大且鼓；下唇须亚端节近端部具一根长毛；触角自第3节起密被绒毛。前胸背板横方，宽为长的1.3 ~ 1.4倍，最宽处在前部1/3处；前缘微凹，侧缘前半部弧圆，后半部略直，基缘中部直，近后角处向前倾斜；基凹略深，凹内具少量浅刻点。鞘翅隆，微纹不清晰；第3行距具一个毛穴，位于翅端1/3处，邻近第2条沟；缝角圆，无齿突。雄虫末节腹板具2根毛，雌虫具4根毛。

分布：江苏、浙江、河北、福建、江西、湖北、湖南、广西、四川、贵州、云南、陕西、台湾；日本、俄罗斯、朝鲜。

12. 铜细胫步甲 *Agonum chalcomum* (Bates, 1873)

鉴别特征：体长9.0mm，体宽3.0mm。头部、胸部、翅黄色，具暗绿色光泽，有时翅绿色很淡而呈棕黄色。前胸圆盘状，后角之前略直。鞘翅端部的缝角无刺突。

分布：江苏、甘肃、浙江、福建、四川、云南、香港；日本、俄罗斯。

13. 巨胸暗步甲 *Amara gigantea* (Motschulsky, 1844)（江苏新记录种）

鉴别特征：体长17.5 ~ 22.0mm，体宽7.5 ~ 8.0mm。体黑色，具光泽，触角、口须暗红褐色。头部额中央两侧各具一凹陷。前胸背板中前部最宽，近前缘及后缘具粗刻点，中线明显。鞘翅两侧几乎平行，刻点沟明显，内具微小刻点（雌）或不明显（雄）。

习性：捕食性昆虫。

分布：江苏（宜兴）、北京、陕西、甘肃、河北、山西、山东、上海、浙江、四川以及东北地区；朝鲜、韩国、日本、俄罗斯、蒙古。

注：又名巨短胸步甲、巨暗步甲、大沟步甲。

14. 双斑长颈步甲 *Archicolliuris bimaculata* (Redtenbacher, 1934)（江苏新记录种）

鉴别特征：体长7.0 ~ 8.5mm，体宽1.5 ~ 2.0mm。体黑色，具光泽，腿节基半部、胫节、跗节、口须、触角、前胸背板、鞘翅基半部棕黄色。头部菱形，头顶隆起，复眼之后逐渐收狭，呈正三角形。前胸背板近于圆柱形，最宽处在基部1/3处，表面明显具横皱，微纹明显；前角近直角；侧边在中部明显，在近前角和基部消失。鞘翅后半部具一对卵圆形的白色小斑。鞘翅行距平，微纹明显，第3行距有5 ~ 6个毛穴，第7条沟在白色斑略前具一个毛穴；外端角钝角，顶端微圆。

分布：江苏（宜兴）、浙江、福建、广东、贵州、四川、云南、陕西；日本以及东南亚。

15. 圆角怠步甲 *Bradycellus subditus* (Lewis, 1879)

鉴别特征：体长4.5 ~ 5.5mm，体宽1.7 ~ 2.1mm。体黑色，光亮，口须、触角、前胸侧缘和鞘翅黑亮，侧缘至端缘和足淡褐色或黄褐色。复眼凸、上颊倾斜。触角丝状，伸到前胸基角附近，从第3节起绒毛较密。头部凸，背面光滑，额沟斜伸向复眼。前胸背板最宽处在中部或稍靠前方；前角宽圆，角顶附生几根纤毛；侧缘达到基角前不向内凹入；基角宽圆；基窝较深，窝内、外分布稀刻点；侧区和基区多刻点。鞘翅肩角钝，有时可见几根纤毛；条沟浅，沟间平。腹部腹板2 ~ 3节中间有凹陷的毛区。

分布：陕西、湖北、四川以及华东、华南地区；日本。

注：又名红怠步甲。

16. 红足雕口步甲 *Caelostomus picipes* (Macleay, 1825)（江苏新记录种）

鉴别特征：体长5.8 ~ 6.3mm，体宽2.9 ~ 3.2mm。全身棕黑色，触角和足颜色稍浅。头部宽大于长，上颚较细而长，触角第4节起具额外刚毛，近眼每侧各具2根刚毛。眼突出。前胸横型，前角钝圆不突出，后角钝而尖锐，稍突出，侧缘为完整的弧形，近基缘处不弯曲。前胸背板表面光滑无刻点，基凹窄而较深，外沟消失，内沟可达前胸1/3长。鞘翅行距平坦，条沟较深，内具浅刻点。

分布：江苏（宜兴）、湖北、浙江、江西、四川、广东、广西、台湾；南亚、东南亚和东亚。

注：又名皮客步甲。

17. 双斑青步甲 *Chlaenius bimaculatus* Dejean, 1826

鉴别特征：体长11.5 ~ 14.0mm，体宽5.0mm。头部绿色，稍具紫铜色光泽，于眼间隆起，被细刻点。触角棕黄色，细长，超过体长的1/2。前胸背板绿色，稍具紫铜色光泽，宽略大于长，两侧弧形，在后部稍翘，前后角端稍圆，背隆，中沟细，被刻点。鞘翅青铜色狭长，被黄色毛，小盾片绿色，除小盾片行外，具9条刻点沟，沟底有刻点，行距平坦，鞘翅后部具近圆形黄斑，占据4 ~ 8行距。腹面中部深褐色，两侧蓝色并具金属光泽，腹末节周缘黄色。足棕黄色。

习性：捕食性昆虫，捕食麦蛾科、卷叶蛾科、螟蛾科和夜蛾科等鳞翅目幼虫。

分布：江苏、上海、湖南、湖北、安徽、浙江、江西、福建、广东、广西、四川、贵州、云南、台湾以及东北、华北地区；缅甸、印度、斯里兰卡、马来西亚、印度尼西亚。

18. 脊青步甲 *Chlaenius costiger* Chaudoir, 1856

鉴别特征：体长18.5 ~ 23.5mm，体宽7.0 ~ 8.5mm。体大型，头部及前胸背板绿色，具紫铜色光泽。头顶稍隆起，具疏刻点及皱褶。触角长度超过体长的1/2，第1 ~ 2节光洁，第3节被疏毛，余节被密毛。前胸背板宽大于长，侧缘弧形拱出，中沟两侧具横皱，前、后缘具纵皱。鞘翅墨绿色，中央隆起成脊，脊两侧各具一行带毛刻点。体腹面及足基节黑褐色，足色变异大，一般腿、胫节棕红色，关节处黑色，跗节棕褐色。

习性：捕食性昆虫，捕食螟蛾科、夜蛾科等鳞翅目幼虫。

分布：江苏、湖南、浙江、湖北、江西、福建、广西、贵州、四川、云南、台湾；朝鲜、日本、印度以及爪哇岛、中南半岛。

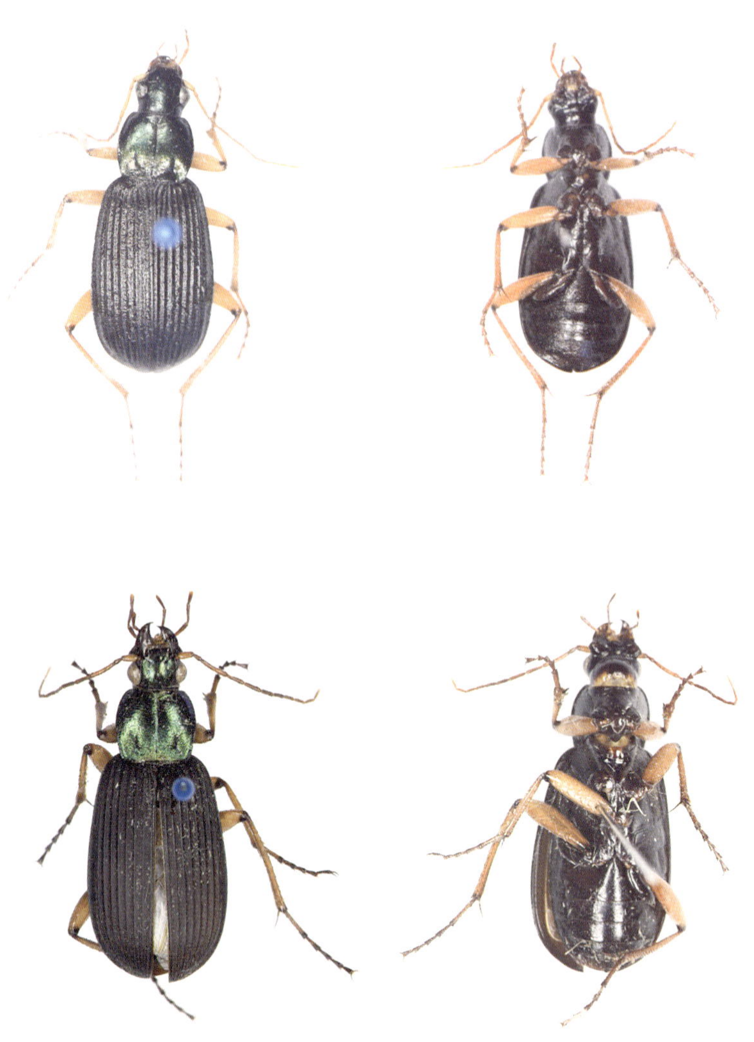

19. 宽斑青步甲 *Chlaenius hamifer* Chaudoir, 1856（江苏新记录种）

鉴别特征：体长15.0mm，体宽6.0mm。触角和足黄褐色，整体背面多铜色或铜绿色。触角第3节开始有额外刚毛。前胸背板近矩形，宽大于长，具窄黄边，前端较后端狭，前后角均钝圆，前角稍前突；基凹可见一条纵沟；前胸背板紧邻中沟的刻点略稀疏、散乱，至多排一列，外中区横皱多。鞘翅端部具一对豆形黄色斑，占据4～8行距，并沿外缘延伸达鞘翅末端，覆盖大毛穴；刻点沟较深，具细刻点，行距平坦，刻点细密。阳茎中叶端部钝圆。

分布：江苏（宜兴）、江西、福建、浙江、广西、四川、贵州、云南、湖南；日本、越南。

雄

雌

20. 狭边青步甲 *Chlaenius inops* Chaudoir, 1856

鉴别特征：体长12.0 ~ 15.0mm，体宽5.5 ~ 6.6mm。头部和前胸背板深绿色，触角、上唇、颚须、唇须、前胸背板两侧缘及足均黄色；鞘翅端部及两侧缘黄色，其余深褐色；上颚赤褐色，内缘黑褐色。额面较平坦，前方两侧有浅凹洼，上面具有细刻点和少数皱纹。前胸背板横宽，宽约为长的1.38倍；中央纵沟明显，不达到前、后缘，在近前缘处向下稍凹陷；背板后方两侧有凹洼。前缘角和后缘角均圆钝。鞘翅两侧缘近似平行，末端尖削；除小盾片后方的刻点沟外，另有9条刻点沟，除第1、9行距较窄外，其余行距宽而平坦，上具粗刻点。前胸背板上具细而稀的黄色白毛，鞘翅上的毛稍密。

分布：湖北以及东北、华北、华东、华南地区。

21. 杰纳斯青步甲 *Chlaenius janus* Kirschenhofer, 2002（中国新记录种）

鉴别特征：体长13.8～16.0mm，体宽4.3～5.4mm。触角和足黄褐色，整体背面多铜色或铜绿色。触角第3节开始具额外刚毛。前胸背板近矩形，宽大于长，具窄黄边，前端较后端狭，前后角均钝圆，前角稍前突；基凹可见一条纵沟；前胸背板光洁而均匀分布较粗的刻点。肩部明显。鞘翅端部具一对豆形黄色斑，占据4～8行距，并沿外缘延伸达鞘翅末端，覆盖大毛穴；刻点沟较深，具细刻点，行距平坦，刻点细密。阳茎中叶端部尖锐。

分布：江苏（宜兴）；日本。

雄　　　　雌

22. 黄斑青步甲 *Chlaenius micans* (Fabricius, 1798)

鉴别特征：体长14.0～17.0mm，体宽5.5～6.5mm。体深绿色，具红铜色光泽，密被金黄色细毛。头顶密布刻点。触角黄褐色，基部3节光裸，余节密被短微毛。前胸背板宽大于长，前缘微凹，前角前伸呈钝角，侧缘弧凸，缘边上翘，后缘平直，后角钝圆。鞘翅刻点沟细，沟底具细刻点，行距平坦，密布横皱纹，端斑黄褐色，内圆且外缘向后伸长。

习性：捕食性昆虫，捕食鳞翅目幼虫。

分布：江苏、辽宁、吉林、河北、河南、内蒙古、宁夏、甘肃、青海、陕西、四川、贵州、湖南、湖北、江西、广西、福建、广东、台湾；日本。

23. 大黄缘青步甲 *Chlaenius nigricans* Wiedemann, 1821

鉴别特征：体长18.0 ~ 23.0mm，体宽9.5 ~ 10.8mm。头部、前胸背板绿色，具铜色金属光泽。触角、足浅黄色。头部微隆起。前胸背板基缘稍大于前缘，侧缘弧形，基部稍直，中纵沟、基沟部凹深。小盾片黑色。鞘翅暗绿色；外缘具黄褐毛。

习性：主要捕食鳞翅目幼虫。

分布：江苏、北京、陕西、辽宁、上海、江西、福建、广东、广西、重庆、四川、云南、湖北、湖南、台湾；朝鲜、韩国、日本、印度、斯里兰卡、印度尼西亚。

24. 丽青步甲 *Chlaenius pericallus* Redtenbacher, 1868（江苏新记录种）

鉴别特征：体长10.5 ~ 11.5mm，体宽4.6 ~ 5.0mm。头部蓝绿色，光泽强，上唇、上颚大部、口须、触角、前胸背板、鞘翅侧缘、末端缘折、腹侧和足均为黄色或黄褐色，其余部分为黑色。头部微隆起。前胸背板侧缘弧形，中部具一纵沟。每鞘翅具9条刻点沟。

分布：江苏（宜兴）、北京、河南、河北、湖北。

25. 丝青步甲 *Chlaenius sericimicans* Chaudoir, 1876（江苏新记录种）

鉴别特征：体长12.0mm，体宽5.4mm。头部铜色，具光泽。前胸背板略呈铜色，表面粗糙，密布刻点，不具光泽。鞘翅棕褐色，密被黄毛，行间密布刻点。足黄褐色。

习性：主要见于水边滩涂或近水的林下和草地周围，捕食性，受惊时释放刺激性防御液体。

分布：江苏（宜兴）、上海。

26. 方胸青步甲 *Chlaenius tetragonoderus* Chaudoir, 1876

鉴别特征：体长14.5 ~ 15.0mm，体宽5.0 ~ 5.2mm。体覆盖黄褐色绒毛。头部铜绿色，中区光滑，周围多细小刻点，粗细不匀。前胸背板铜绿色，具粗而密刻点，其间多横皱纹，散生黄色毛；前角角状，侧缘细，红黑色。鞘翅黑色，端部具一对黄褐色斑纹，其刻点沟明显，沟间多刻点和密毛。体腹面刻点稀少。

分布：江苏以及华中、华南地区；东南亚。

27. 异角青步甲 *Chlaenius variicornis* Morawitz, 1863

鉴别特征：体长13.0 ~ 14.0mm，体宽5.0mm。体蓝黑色。触角黄褐色，基部3节光洁，色较淡。前胸背板宽大于长，前缘微凹，后缘较直，盘区密布刻点和黄色短毛，中纵沟细。鞘翅蓝黑色，每侧具8条刻点沟，行距较平坦，密生闪光黄白色短毛。足黄褐色。

习性：捕食性昆虫，捕食鳞翅目幼虫。

分布：江苏、辽宁、甘肃、山东、安徽、湖北、江西、湖南、福建、广东、海南、广西、四川、贵州、云南、台湾以及华北地区；日本以及中南半岛。

28. 逗斑青步甲 *Chlaenius virgulifer* Chaudoir, 1876

鉴别特征：体长11.0 ~ 13.5mm；体宽4.0 ~ 5.0mm。头部、前胸背板及小盾片绿色或带紫铜色。头顶稍隆起，被密刻点。触角棕黄色，长度超过肩角，1 ~ 2节光洁，第3节有疏毛，余节被密毛。前胸背板宽大于长，具黄色窄边，前端较后端狭，中沟细，基凹可见一条纵沟，基角具一根缘毛，刻点粗大，沿中沟较密。鞘翅深绿色，端部具一对豆形黄色斑，刻点沟较深，具细刻点，行距平坦，刻点细密。

习性：捕食性昆虫，捕食鳞翅目幼虫。

分布：江苏、湖南、四川、河北、浙江、江西、福建、广西、广东、贵州、云南；朝鲜、日本以及中南半岛。

29. 长颈蓝步甲 *Desera geniculata* (Klug, 1834)

鉴别特征：体长9.0 ~ 10.5mm，体宽2.5 ~ 3.0mm。体蓝色，具绿色金属光泽。头部窄，眼稍突出，头顶隆起，被密刻点和毛。触角棕黄色，细长，第1节长度几乎与前胸等长。前胸背板近于长筒形，侧缘1/3处收狭，明显隆起，被粗大圆刻点及毛。鞘翅肩圆，基部两侧近于平行，中后部宽，端缘平截，刻点沟深，沟底具粗刻点，行距隆起，刻点细。

习性：捕食性昆虫，捕食稻叶蝉、稻飞虱、螟类等。

分布：江苏、湖南、浙江、江西、四川、福建、广东、海南、广西、云南、贵州、西藏、台湾；日本、菲律宾、印度尼西亚、马来西亚、印度、缅甸。

注：又名膝敌步甲。

30. 宽重唇步甲 *Diplocheila zeelandica* (Redtenbacher, 1867)

鉴别特征：体长20.0 ~ 20.5mm，体宽7.9 ~ 8.1mm。体较狭长，黑色，表面皮革质，缺乏光泽。触角基部光洁无毛。前胸背板具横向蠕纹。鞘翅侧缘弧形，刻点沟较深，行间微隆。

习性：捕食性昆虫。

分布：江苏、河北、河南、安徽、浙江、湖北、江西、湖南、福建、广东、广西、四川、贵州、上海、北京、台湾。

31. 奇裂跗步甲 *Dischissus mirandus* Bates, 1873

鉴别特征：体长16.0 ~ 18.0mm，体宽6.3 ~ 7.0mm。体黑色，具光泽，密被绒毛。前胸背板近六角形，被粗刻点。鞘翅具4个黄色大斑，前斑横形，位于第3行距至翅缘之间，后斑近圆形，占据5行距。

习性：地表甲虫，夜间灯下偶尔可见。

分布：江苏、陕西、浙江、湖南、四川、福建、广东、广西、贵州；日本。

32. 背裂跗步甲 *Dischissus notulatus* (Fabricius, 1801)（江苏新记录种）

鉴别特征：体长8.0～8.5mm，体宽3.0mm。体黑色，具光泽。头部方形，头顶布有粗刻点；眼半球形，突出；触角棕黑色或棕色，第1节粗壮，第3节长大于第2节长的2倍，余节等长；颏齿端平截。前胸背板侧缘棕红色，略呈六角形，最宽处在基部1/3处；盘区被粗刻点和黄色毛；基缘较直，宽于前缘；侧缘自最宽处向前呈直线收缩，向后弧圆形收缩；基凹深；中线不明显。鞘翅卵形，行距隆，具2行粗刻点；鞘翅具2个黄色斑，前斑横宽，自第4行距至翅缘，部分缘折黄色；后斑圆形，位于第4～8行距；翅斑上的毛黄色。腿节橘红色，跗节棕黑色；足跗节腹面密被毛。

分布：江苏（宜兴）、浙江、安徽、福建、湖南、广东、广西、贵州、西藏；菲律宾、缅甸、印度、泰国、马来西亚。

33. 蠋步甲 *Dolichus halensis* (Schaller, 1783)

鉴别特征：体长16.0～29.0mm，体宽6.0～7.0mm。体黑色。头部光亮无刻点。触角大部棕红色，基部3节黄色，4～11节密被灰黄色短毛。前胸背板近方形，中部略拱无刻点，前横凹和基凹明显，中纵沟细，侧缘棕红色。鞘翅狭长，末端缩窄，翅面色斑棕红色长舌状，每侧具9条刻点列。本种前胸背板颜色及鞘翅斑，有显著变化：有的前胸背板除侧缘为棕红色外，均为黑色；有的前胸背板棕红色，鞘翅背面无棕红色斑；有的前胸背板棕红色，鞘翅背面具棕红色大斑。足黄褐色。

习性：捕食性昆虫，可捕食夜蛾科幼虫及蛴螬、蝼蛄、棉铃虫、棉蚜、隐翅虫等。

分布：江苏、云南、四川、贵州、广东、广西、湖南、湖北、福建、江西、安徽、陕西、河南、山东、山西、河北、甘肃、青海、新疆、内蒙古、黑龙江、辽宁、吉林、上海、浙江、北京、天津、海南、西藏、重庆；朝鲜、韩国、日本以及欧洲。

注：又名赤胸梳爪步甲、赤背步甲、赤胸步甲。

34.条逮步甲 *Drypta lineola* MacLeay, 1825（江苏新记录种）

鉴别特征：体长9.0 ～ 10.0mm，体宽3.0 ～ 3.3mm。头部褐色，头顶凸，刻点粗大，复眼圆凸。触角丝状，11节，第1、3节基部以及第2、4 ～ 11节褐色，第1、3节端部暗黑色。前胸背板亮红褐色，长略大于宽，前缘平直，基缘弧形，背面刻点粗大，沿中线凹。鞘翅长椭圆形，长约为宽的1.5倍；内缘大部、基区和侧端区蓝黑色，其余红褐色，第1沟间蓝黑色近翅端逐渐变得不明显；肩角圆凸，侧缘在中部前略内缢，顶角宽圆形，端缘斜切，中段略弯曲；刻点沟内刻点粗密。足较短，黄褐色，仅腿节端部和前足胫节黑色。体背腹、鞘翅和足稀被短毛。

习性：捕食性昆虫，可捕食鳞翅目幼虫、蝼蛄等；趋光。

分布：江苏（宜兴）、贵州、四川、云南、台湾以及华南地区；印度、巴基斯坦、阿富汗以及中南半岛。

35. 麻头长颈步甲 *Eucolliuris litura* (Schmidt-Göbel, 1846)

鉴别特征：体长6.0mm，体宽1.5mm。体细长，黑色，具光泽。触角深褐色，仅基部黄褐色。头部与胸部均为黑色，被粗大刻点；头部的大片刻点分布向后超过眼后缘。前胸侧缘无侧缘毛，胸部窄于头部及鞘翅，中部较宽。鞘翅端部1/6～1/2处有暗红色斑，占据2～5行距。足黄褐色。

分布：江苏、贵州；日本、缅甸、印度尼西亚。

36. 突胸真裂步甲 *Euschizomerus liebki* Jedlicka, 1932（江苏新记录种）

鉴别特征：体长11.0～11.5mm，体宽5.0～5.5mm。体黑色，具光泽。上颚深棕色，端部黄色。触角暗色，足棕红色。头顶隆，具大刻点；额沟宽；上颚粗大，端部尖钩状；上唇前缘深凹；口须末节斧形；颏齿顶端平；触角第3节长约为第2节的2倍，第4～11节近等长，被绒毛。前胸背板横宽，最宽处在基部1/4角端处；侧缘角向外后方突伸呈翼状，向前斜线收缩，向里后方呈弧形内凹；盘区被粗刻点和毛；基凹略显；基角钝角。小盾片三角形，光洁。鞘翅宽卵圆形，行距被横皱和棕色毛，条沟内具粗刻点。胸部腹面具粗刻点和毛；腹部两侧具粗刻点和毛，中央具细刻点和毛；足跗节背面被细毛，腹面毛密。

分布：江苏（宜兴）、浙江、福建、江西、广西、四川、台湾。

37. 毛婪步甲 *Harpalus griseus* (Panzer, 1797)

鉴别特征：体长9.0 ~ 12.0mm，体宽3.5 ~ 4.5mm。体多黑色。头部光洁。触角基部棕黄色，前2节光洁，余节密被细毛。前胸背板棕黄色，具光泽，被淡黄色毛，其宽大于长，前缘弧凹，后缘近平直，后角钝，中纵沟细，不达后缘，背板后缘密布刻点。鞘翅具9条刻点沟，被淡黄色毛。

习性：主要危害谷子、玉米、草莓以及其他禾本科植物种子；成虫、幼虫亦捕食其他昆虫幼虫。

分布：江苏、湖南、甘肃、新疆、河北、山东、山西、陕西、河南、安徽、浙江、湖北、江西、福建、四川、广西、贵州、云南、台湾以及东北地区；北非、欧洲经亚洲西部至东亚一带。

38. 黄鞘婪步甲 *Harpalus pallidipennis* Morawitz, 1862

鉴别特征：体长8.8 ~ 9.5mm，体宽3.5 ~ 3.8mm。雄虫体背具光泽，雌虫体背无光泽，触角、足黄色至黄褐色，头部及前胸黑褐色，鞘翅黄褐色。触角达鞘翅基部。前胸背板宽大于长，近中部最宽，基部具粗密刻点。鞘翅具9列沟，无毛。

分布：江苏、北京、陕西、宁夏、甘肃、青海、内蒙古、吉林、辽宁、河北、山西、河南、山东、浙江、福建、云南；朝鲜、韩国、日本、俄罗斯、蒙古。

39. 三齿婪步甲 *Harpalus tridens* Morawitz, 1862

鉴别特征：体长10.0 ~ 12.0mm，体宽3.8 ~ 4.5mm。体黑色或棕红色，口须、触角、足棕红色。头顶光洁，无毛和刻点；唇基具2根毛；触角不达前胸背板基部，第3节长约为第2节长的2倍。前胸背板宽约为长的1.4倍；盘区隆起，光洁；侧缘弧圆；后角具一个小齿突，向外突伸；基部具较密刻点。鞘翅行距隆起，大部分光洁，端部及侧缘第8、9行距全部密布细刻点及短毛，第7行距近端部具2 ~ 3个毛穴；条沟略深，沟内无刻点。胸部腹面被稀疏刻点。前足胫节端距侧缘具齿，呈三叉状；后足腿节后缘具8 ~ 9根刚毛；雄虫中足基、跗节腹面具黏毛；跗节表面密被绒毛。此种变异较大，有时鞘翅侧缘纤毛范围较大，占据多条行距，有些个体前足胫节端距侧齿不很明显。

分布：江苏、浙江、辽宁、安徽、福建、江西、湖北、湖南、四川、贵州、陕西、甘肃；朝鲜、日本、越南、老挝、柬埔寨、印度。

40. 粗毛肤步甲 *Lachnoderma asperum* Bates, 1883

鉴别特征：体长7.5 ~ 8.0mm，体宽3.5mm。体棕褐色。头部方形，被长毛，眼大突出，眼后明显收缩。触角棕黑色，短粗，长达肩部，第1 ~ 3节毛稀，余节毛密。前胸背板心形，中部以后极度收狭，基角直角，角端锐，中区隆起，中沟深，侧缘宽，具密长毛。鞘翅棕红色，被密毛，端平截，外角钝圆，具刻点。

习性：常见于潮湿的石块及林下，杂食性。

分布：江苏、山东、湖南、广西、香港、台湾。

注：又名粗毛步甲。

41. 筛毛盆步甲 *Lachnolebia cribricollis* (Morawitz, 1862)

鉴别特征：体长6.5～7.5mm，体宽3.0mm。头部青蓝色，在眼后收缢，复眼大而外突。触角细长，棕褐色，第4～11节密被灰黄色短毛。前胸背板宽大于长，棕褐色，侧缘弧凸，边缘平宽上翘，后缘中央后凸，后角锐，盘区隆起，中纵沟细。鞘翅青蓝色，具7条刻点沟，行距平坦，密被刻点及毛，翅端斜截，外露棕褐色腹端。

习性：常见于林地、草坪和农田，杂食性。

分布：江苏、上海、安徽、湖南、湖北、陕西、河北、河南、江西、浙江、福建、四川、云南、广西、新疆以及东北地区；朝鲜、韩国、日本、俄罗斯。

注：又名毛壶步甲、毛盆步甲。

42. 福建壶步甲 *Lebia fukiensis* Jedlička, 1953（江苏新记录种）

鉴别特征：体长5.4mm，体宽2.2mm。头部黑色，前胸背板黄色，鼓形。触角线状，1～3节黄色，其余节褐色。鞘翅黑色，前半部具2个大黄斑，后缘黄色，在2～5行距处稍向前突伸。足黄色。

分布：江苏（宜兴）、福建。

43. 腰壶步甲 *Lebia iolanthe* Bates, 1883（江苏新记录种）

鉴别特征：体长5.0mm，体宽2.2mm。头部黑色。前胸背板黄色，鼓形。触角第1～2节与末端2节黄色。鞘翅黑色，前半部具2个大黄斑，后部具2个小黄斑，但不完整，翅后缘黄色很窄或几乎不见。足黄色。

分布：江苏（宜兴）、湖北、福建、海南、广西、台湾；日本。

44. 鲁氏壶步甲 *Lebia roubali* Jedlička, 1951

鉴别特征：体长6.0mm，体宽2.5mm。全身红褐色。头部宽大于长，眼突出。前胸背板横向近矩形，前角钝圆，后角钝或近直角。前胸侧缘沟明显，前胸缘折薄，稍稍向外扩展。鞘翅宽，行距平坦，条沟浅而无刻点；鞘翅后缘近平截；鞘翅中央黑色斑占据1～4行距。腹部末背板常露出鞘翅。

分布：江苏、湖北、福建、台湾。

45. 环带寡行步甲 *Loxoncus circumcinctus* (Hope, 1845)

鉴别特征：体长7.5 ~ 9.5mm，体宽2.8 ~ 4.0mm。体黄色至棕黑色，光亮，鞘翅具虹彩光泽。口须、触角第1 ~ 2节、前胸背板侧缘、鞘翅侧缘3条（第7 ~ 9）行距、足棕黄色。触角细长，超过鞘翅肩部。前胸背板隆，光洁无毛，宽为长的1.3 ~ 1.4倍，最宽处在中部略前；侧缘弧圆，具一根侧缘毛；盘区隆，光洁无刻点；中线极细，不明显；基凹浅，密布刻点；后角宽圆；表面微纹明显，由横向网格组成。鞘翅近长方形，长为宽的1.6 ~ 1.7倍；条沟深，不具刻点；行距平坦，无毛及刻点，第3行距具一个毛穴；翅缝角具一个短刺；表面微纹很不清晰，由横向网格组成。雄虫前、中足第4跗节凹，呈二叶状。

分布：江苏、浙江、安徽、福建、江西、内蒙古、吉林、河南、湖北、湖南、广东、四川、贵州、云南、陕西；俄罗斯、蒙古、朝鲜、日本。

46. 斜跗步甲 *Loxonrepis* sp.

鉴别特征：体长12.0mm，体宽4.5mm。头部与前胸背板深褐色，鞘翅具蓝青色金属光泽，触角与胫节跗节均淡棕色，股节近黑色。头部长稍大于宽，前胸背板横型，最宽处在近中部，前角圆，后角钝圆不突出，基部侧缘直，几乎不弯曲。前胸缘折薄，稍稍向外扩展。肩部较明显，鞘翅侧缘较有弧度，内缘末端具小齿突，行距平坦，条沟较深而无刻点。

分布：江苏（宜兴）。

注：斜跗步甲属是新拟的中文名。

47. 布氏盘步甲 *Metacolpodes buchanani* (Hope, 1831)

鉴别特征：体长9.0 ~ 13.5mm，体宽3.5 ~ 4.0mm。头部棕褐色，头顶光洁。触角棕黄色，长过鞘翅肩部，1 ~ 3节无毛，4 ~ 11节被密毛。前胸背板棕褐色，前缘与基缘近等长，侧缘弧形，前角圆钝，基角钝角，侧缘中部及基角各具一根毛，中沟及基凹深。鞘翅绿色，具金属光泽，末端平截，缝角具刺，刻点沟无刻点，行距平坦，具横行微纹。腹板及足棕黄色，腿节端部、胫节外缘褐色。

习性：常见于林地、石下和草地，捕食性，具趋光性。

分布：江苏、陕西、吉林、河北、甘肃、新疆、湖南、山东、安徽、浙江、湖北、江西、福建、广东、四川、云南、台湾；日本、朝鲜、菲律宾、印度尼西亚、马来西亚、缅甸、尼泊尔、印度、斯里兰卡以及北美洲。

注：又名布氏细胫步甲、布氏扁胫步甲。

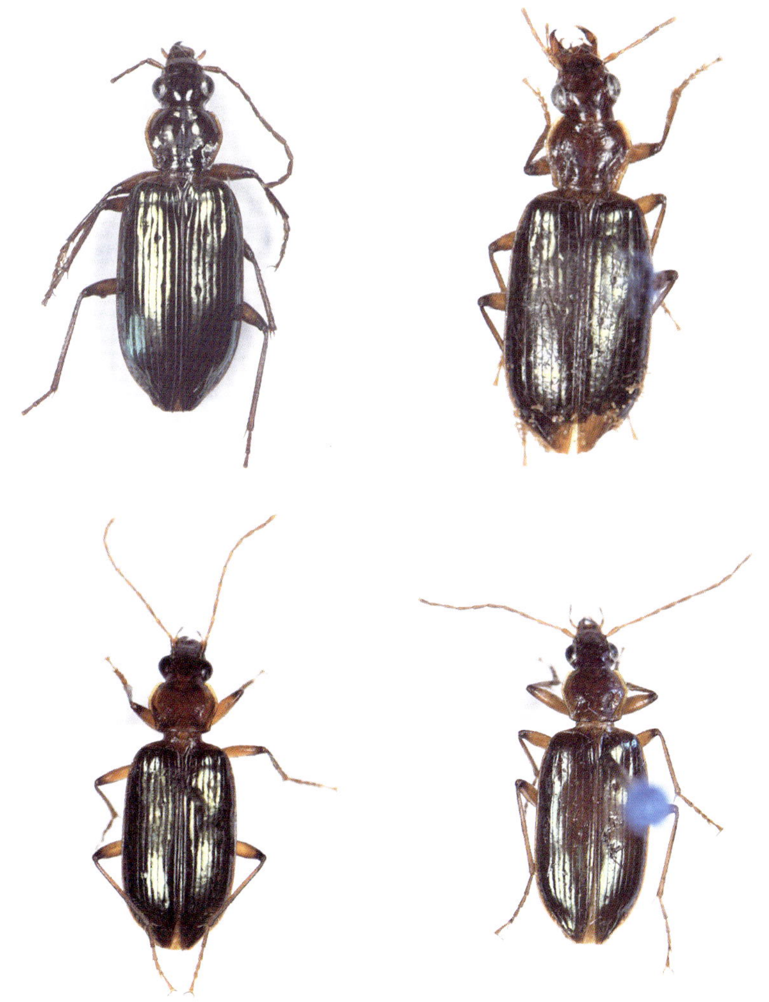

48. 蓝长颈步甲 *Odacantha metallica* (Fairmaire, 1888)（江苏新记录种）

鉴别特征：体长6.8mm，体宽2.1mm。体具光泽。头部倒三角形，具3对次生刚毛。复眼灰白色。触角线状，1～3节黄色，其余节黑褐色。前胸背板鼓形，基部与端部具刻点。鞘翅蓝色，后侧缘黄色，肩角钝圆，两侧缘近平行，每鞘翅具8行刻点，每鞘翅端部具一大米形褐斑，末端露出背板少许。足黄色。

分布：江苏（宜兴）、湖北、浙江、江西、四川、广东、广西、海南；日本、老挝、越南、柬埔寨、菲律宾。

注：又名闪奥达步甲、蓝细颈步甲。

49. 丘卵步甲 *Oodes monticola* Andrewes, 1940（大陆新记录种）

鉴别特征：体长9.0～10.0mm。全身红褐色，整体呈卵形。头部光滑，无褶皱或刻点，触角第4节起具额外刚毛，近眼中后部每侧各具一根刚毛。颏齿不中凹，端部平截；亚颏每侧具2根刚毛；眼发达且突出。前胸背板光滑，近横梯形，前后缘近平直，侧缘弧形，基凹不明显；前后角钝圆不突出；前胸背板侧毛穴与基部毛穴均消失。小盾片光滑。鞘翅光滑，肩部明显，肩角近直角；纵沟较深，沟内具刻点。足红褐色。

分布：江苏（宜兴）、台湾；印度、尼泊尔以及中南半岛。

50. 中华黑缝步甲 *Peliocypas chinensis* (Jedlička, 1960)

鉴别特征：体长5.0mm，体宽2.0mm。全身黄褐色，鞘翅中部具黑色长斑，黑色长斑占据1～3行或稍多行距。头部宽大于长，眼较突出。前胸宽小于头部宽。前胸背板近矩形，长宽近等或长稍大于宽，前角钝，后角锐角尖端钝，稍外突，前胸基凹浅。鞘翅肩明显，侧缘近平行，后缘斜截；鞘翅纵沟稍明显而无刻点。

分布：中国东部地区。

51. 黛五角步甲 *Pentagonica daimiella* Bates, 1892（江苏新记录种）

鉴别特征：体长5.0 ~ 6.0mm，体宽2.0 ~ 2.5mm。头部和鞘翅黑色，触角、上唇和唇须棕黑色，颈、前胸背板、小盾片、鞘翅侧缘和足黄色。头顶平，具等直径微纹；上唇横方，具6根刚毛；唇基微凹，两侧各具一根刚毛；后眉毛在眼后缘水平线之前；触角自第5节起被绒毛。前胸背板横宽，宽约为头宽的1.2倍；中线细；盘区隆，具等直径网格状微纹；侧缘在中部向外突出呈角状，再向后直线收窄；后角圆；无基凹。鞘翅呈长方形，两侧缘近平行，最宽处在中部略后；条沟浅，无刻点；行距平，具清晰的等直径微纹；外后角钝，缝角近直角。雄虫末腹板后缘具2根刚毛，雌虫具4根刚毛。

分布：江苏（宜兴）、浙江、福建、湖北、湖南、四川、云南、陕西、台湾；俄罗斯、日本。

52. 光胸五角步甲 *Pentagonica subcordicollis* Bates, 1873（大陆新记录种）

鉴别特征：体长4.5 ~ 5.3mm，体宽1.9 ~ 2.0mm。头部、前胸背板和鞘翅黑色，其中鞘翅缘折呈现浅褐色，足黄色；触角浅褐色，第1节较深。头部宽大于长，眼较突出。前胸背板五角形至近心形，前缘明显宽于后缘，前角钝圆，后角圆，侧缘于近中部开始向后明显收窄而不明显弯曲；前胸背板表面光滑无刻点，基凹窄且浅。鞘翅肩部较明显，条沟稍浅，具刻点，缘折薄而稍向外延展。

分布：江苏（宜兴）、台湾；日本、韩国。

53. 大宽步甲 *Platynus magnus* (Bates, 1873)（江苏新记录种）

鉴别特征：体长13.0 ~ 15.0mm，体宽4.0 ~ 5.5mm。体黑褐色。头部背面光洁，头顶后部微凹，于复眼间有一对红褐色斑。触角棕黄色，长约为体长的1/2，第1 ~ 2节光洁，余节被金黄色毛。前胸背板棕红色，宽大于长，前缘弧凹，后缘中部拱出，两侧缘在前半部膨出，向后渐收狭，中纵沟细，沿中沟具浅横皱；头部、前胸背板明显窄于鞘翅。鞘翅平坦，肩角宽圆，后端缘凹入明显，后角钝圆，刻点沟深，沟底刻点浅细，行距隆起。足棕黄色，较细。

习性：捕食性昆虫，常捕食鳞翅目幼虫、蛹。

分布：江苏（宜兴）、上海、贵州、黑龙江。

54. 通缘步甲 *Pterostichus* sp.

鉴别特征：体长9.5mm，体宽3.0mm。全身黑色，无金属光泽。眼稍突出。前胸背板圆盘形，基部仅略变窄，前胸基缘仅略窄于鞘翅基部；侧边于中部略圆弧，在后角之前不弯曲；基凹区仅靠近外侧具细刻点；前胸背板基部中央光洁，基凹平坦，略凹陷，隐约可见内外沟。小盾片条沟消失或很短。鞘翅纵沟较深，无刻点。

分布：江苏（宜兴）。

55. 背黑狭胸步甲 *Stenolophus connotatus* Bates, 1873（江苏新记录种）

鉴别特征：体长6.5 ~ 7.7mm。体黄棕色，头顶（有时可扩大至唇基或上颚）黑色，前胸背板中部黑褐色，不达前缘（有时较模糊），后缘中部浅色，鞘翅鞘缝处（不达翅端及基部较窄）褐色至黑褐色。前胸背板后缘略窄于前缘，基部具粗刻点。鞘翅光洁，第3行距端部1/3处具一行毛穴。

分布：江苏（宜兴）、北京、黑龙江、河北、河南、江西、福建、湖北、湖南、广东、云南；朝鲜、韩国、日本、俄罗斯。

56. 五斑狭胸步甲 *Stenolophus quinquepustulatus* (Wiedemann, 1823)

鉴别特征：体长5.5 ~ 6.5mm，体宽2.2 ~ 3.0mm。体棕褐色，具蓝色金属光泽。口器、触角、足、前胸背板侧缘棕黄色。头顶光洁；触角细，到达前胸背板基部。前胸背板前、后缘微向后拱，侧缘向外膨出，弧圆；盘区隆，光洁无刻点；后角宽圆。鞘翅肩斑圆形，橘黄色，位于第5 ~ 7行距，端斑位于第1行距端部，第7 ~ 8行距近端部亦具一个黄斑，但有些个体此斑消失。鞘翅光洁，条沟深，行距平坦，第3行距端部1/5处具一个毛穴。

分布：江苏、浙江、福建、江西、湖北、湖南、广东、广西、海南、四川、贵州、云南、台湾；日本、越南、老挝、柬埔寨、缅甸、泰国、斯里兰卡、马来西亚、菲律宾、印度、巴基斯坦、澳大利亚。

57. 列毛步甲 *Trichotichnus* sp.

鉴别特征：体长6.5mm，体宽2.5mm。头部深褐色，触角、足和前胸背板黄褐色，鞘翅周缘黄褐色，中央具一对大黑斑与前缘相接，而不达后缘，覆盖1 ~ 5行距。头部宽大于长，眼较突出，近眼每侧仅具一根刚毛。前胸背板横型，前后角均钝圆而不突出，基凹浅，基凹间密布明显刻点。鞘翅肩部明显突出，行距平坦，条沟较浅而无刻点。

分布：江苏（宜兴）。

58. 广列毛步甲 *Trichotichnus miser* (Tschitscherine, 1897)（江苏新记录种）

鉴别特征：体长7.3 ~ 10.0mm。体棕黑色。口器、触角、足、前胸背板侧缘、鞘翅侧缘棕黄色。额沟略深，伸向复眼。前胸后角钝圆，无齿突；侧边向后狭收，在后角之前直或略弧形，不内弯；基部具刻点，中间少但不中断，基凹很浅。鞘翅光洁，条沟深，行距微隆，第3行距端部1/4处具一个毛穴。

分布：江苏（宜兴）、浙江、四川以及华中、华南地区。

蝼步甲亚科 Scaritinae

59. 栗小蝼步甲 *Clivina castanea* Westwood, 1837

鉴别特征：体长8.5 ~ 10.0mm，体宽2.5 ~ 2.8mm。体黑色、棕褐色或棕黑色。眼大而突出；唇基宽，前缘微凹，端角钝圆，侧叶圆形，中部凹陷；额光洁，中凹明显；上唇具7根刚毛；触角第2节长明显大于第3节长。前胸背板微隆，表面光洁无刻点，具少量横向皱褶；侧缘圆弧状；后角具齿突；基宽大于端宽。鞘翅长约为宽的2倍；侧边平行；条沟深，沟内具密刻点；行距明显隆起，第3行距具4个毛穴，基部毛穴靠近第2条沟，其他靠近第3条沟；基边向内到达第4条沟。腹部末腹板每侧具2根毛，两毛之间的距离很近。

分布：江苏、浙江、河北、福建、江西、山东、河南、湖北、湖南、广东、广西、海南、四川、贵州、云南、陕西、新疆、台湾；朝鲜、印度、斯里兰卡、澳大利亚以及东南亚。

60. 疑小蝼步甲 *Clivina vulgivaga* Boheman, 1858（江苏新记录种）

鉴别特征：体长6.5 ~ 7.0mm，体宽2.0 ~ 2.2mm。体棕色。眼大而突出；唇基宽，前缘微凹，端角钝圆，侧叶圆形，中部凹陷；额光洁，中凹明显；上唇具7根刚毛；触角第2节长近等于第3节长。前胸背板具少量横褶皱。鞘翅条沟1 ~ 4直接延伸至鞘翅基部，未相交，条沟5 ~ 8则在鞘翅近基部处相交；行距隆起明显，较宽，第3沟距具4根刚毛，其位置靠近第3条沟。腹板光滑，末腹板侧2根刚毛相隔较远。中足近端部具长刺突。

分布：江苏（宜兴）、河南、浙江、广东、海南、广西、四川、云南、香港、台湾；日本、菲律宾。

61. 单齿蝼步甲 *Scarites terricola* Bonelli, 1813

鉴别特征：体长17.0 ~ 21.0mm，体宽5.0mm。体黑色。头部与前胸背板近等宽，方形；眼小，圆形。触角膝状，较短。前胸背板宽大，近六边形，两侧缘近平行，表面光洁。小盾片位于中胸形成的“颈”上。鞘翅长方形，两侧缘近平行，条沟细，行距平坦。腹面黑色。前足挖掘式，棕黑色。

习性：北方常见步甲，平时躲在土层中，下雨天或浇地后爬出来，夜间灯下也能见到。

分布：江苏、河北、黑龙江、辽宁、内蒙古、宁夏、新疆、山西、河南、安徽、湖北、浙江、福建、江西、湖南、广东、贵州、云南；东亚经西亚至欧洲南部、北非。

行步甲亚科 Trechinae

62. 尼罗锥须步甲 *Bembidion niloticum batesi* Putzeys, 1875（江苏新记录种）

鉴别特征：体长3.3 ~ 3.6mm，体宽1.3 ~ 1.4mm。体及鞘翅沥青色，具光泽，背面呈铜绿色。下唇须、触角第1 ~ 4节及足锈褐色。头部隆起，无刻点，眼大。额沟明显，自眼后向前斜伸达唇基，两额沟向唇基处相互接近。唇须末节比其他各节明显细小且呈锥形。前胸背板隆起，比头部略大，前缘略宽于后缘，两侧具镶边，近基角处具不明显的刻点，靠近后缘处折成小矩形的板片与鞘翅相接。鞘翅纵沟明显，具等距的刻点，每一刻点上着生一小绒毛，鞘翅端部外缘具淡黄色的新月形斑。前足胫节自外缘基部至端部呈直线。

分布：江苏（宜兴）、上海、浙江、云南、广东、黑龙江、辽宁、吉林、台湾。

63. 锥须步甲 *Bembidion* sp.

鉴别特征：体长5.5mm，体宽2.0mm。全身黑色，具轻微金属铜光泽，触角与足红棕色。头部长宽近等，复眼突出，触角自第4节之后具额外的刚毛。前胸背板长宽近等，近六边形，最宽处约在中部；前角钝圆，后角近直角，不外突；表面光滑，基凹内外沟深而短，基凹间具明显刻点。鞘翅行距略隆起，纵沟略明显，沟内排列细刻点，第3行距毛穴位于近第3条沟。

分布：江苏（宜兴）。

64. 四斑弯沟步甲 *Tachyura* (*Tachyura*) *gradata* (Bates, 1873)

鉴别特征：体长2.6～2.8mm。体黑色。触角基部4节（有时基部2节）棕色。头部具2条平行的短沟，位于复眼前端的内侧。前胸背板宽明显大于长，两侧缘弧形，后角几乎直角形。体背光滑，没有明显的刻点。鞘翅内侧具3条明显的沟，外缘一条沟长，直达翅端，每鞘翅具2个前后排列的棕斑（内无沟），斑的四周常染有红色。

分布：江苏、北京、天津、山西、上海、浙江、福建、广西；朝鲜、韩国、日本、俄罗斯。

注：又名四斑小步甲。

65.悦弯沟步甲 *Tachyura laetifica* (Bates, 1873)（江苏新记录种）

鉴别特征：体长2.5mm，体宽1.0mm。头部和前胸背板近黑色，鞘翅底色棕红，触角和足黄褐色。头部宽大于长，眼突出。前胸背板宽明显大于长，前后缘平直，前角钝圆不前突，后角钝角，不外突，基凹较浅，基凹间具稀疏刻点，肩部明显。鞘翅行距平坦，条沟较浅，内无刻点，翅基与翅端各具一黄斑，后黄斑较大，翅斑和翅底色反差小，斑的界限比较模糊。

分布：江苏（宜兴）、陕西、天津；日本、朝鲜。

66.弯沟步甲 *Tachyura* sp.

鉴别特征：体长2.5mm，体宽1.0mm。全身黑色，无金属光泽，触角深棕色，前3节颜色较浅，胫节、跗节棕色，各足股节近黑色。头部长宽近等，复眼突出，触角自第4节之后具额外的刚毛。前胸背板横型，宽大于长，前角钝而稍前突，后角钝而稍向外突出，基凹较深，基凹间几乎无刻点。鞘翅纵沟浅，无刻点，第3行距毛穴位于近第3条沟。

分布：江苏（宜兴）。

67. 后绒步甲 *Trechoblemus postilenatus* (Bates, 1873)（江苏新记录种）

鉴别特征：体长5.0mm，体宽1.9mm。体黄褐色，鞘翅半透明（隐约可见后翅），有时复眼间及鞘翅后部具暗褐色纵斑。前胸背板及鞘翅密被短毛。头部短宽，复眼扁小。前胸背板宽大于长，宽长比为1.2，最宽处位于前角稍后，前缘稍内凹，后缘直，侧缘前大部弧形，近基部直线形，与后缘呈直角；侧缘具2根缘毛，分别位于最宽处和后角。鞘翅两侧近于平行，最宽处位于鞘翅5/9处，端沟与第3行相连接，此行近基部和近中部各具一根穴毛。

分布：江苏（宜兴）、北京；日本、俄罗斯。

68. 中华行步甲 *Trechus chinensis* Jeannel, 1920（江苏新记录种）

鉴别特征：体长3.0 ~ 4.2mm，体宽1.1 ~ 1.5mm。全身棕红色。头部宽大于长，眼突出。前胸背板宽明显大于长，前缘稍内凹，后缘平直，前角钝圆稍前突，后角直角而尖锐，稍外突，近基部侧缘稍弯曲；侧缘沟明显，中沟可达前后横沟；基凹较浅，基凹间具纵向皱纹；肩部明显。鞘翅条沟稍浅，内有弱刻点，行距平坦。

分布：江苏（宜兴）、浙江。

叶甲总科 Chrysomeloidea

天牛科 Cerambycidae

天牛亚科 Cerambycinae

1. 桃红颈天牛 *Aromia bungii* (Faldennann, 1835)

鉴别特征：体长26.0～37.0mm，体宽6.0～10.0mm。体漆黑色，光亮。前胸背板棕红色，前缘及后缘蓝黑色，有时前胸背板全黑色。触角及足蓝黑色略带紫色。头部额及颊具稀疏刻点，后头刻点细密，后颊具皱褶。额几乎垂直，具显著中沟。触角长明显大于体长，触角基瘤内侧具锐角状突起，柄节外端呈角状突出。前胸背板宽大于长，侧刺突尖锐，前、后缘缢凹，密布横皱纹；中区具4个光滑瘤突，瘤突之间具不规则细皱纹。鞘翅肩部宽，后端稍狭，外缘角钝圆；翅面光滑，具极细致刻点。足十分长，腿节宽扁。

分布：江苏、浙江、河北、山西、安徽、福建、江西、山东、河南、湖北、湖南、广东、广西、海南、四川、贵州、云南、陕西、甘肃、香港以及东北地区；朝鲜、韩国、德国。

2. 环毛蜡天牛 *Ceresium elongatum* Matsushita, 1933（江苏新记录种）

鉴别特征：体长10.0～14.0mm，体宽2.0～3.0mm。体褐色，密被细白毛。触角长于体长。复眼黑色，周围具淡黄色毛丛。前胸背板长形，略呈鼓状，两侧形成圆括号形灰白色毛丛。小盾片灰白色，半圆形。鞘翅两侧平行，端缘圆形。腿节棒状。

寄主：桑。

分布：江苏（宜兴）、香港、澳门、台湾；日本。

3. 中华蜡天牛 *Ceresium sinicum* White, 1855

鉴别特征：体长9.0 ~ 13.5mm。体较小，褐色至黑褐色。头部和前胸背板色泽较暗，触角、鞘翅和足黄褐色或深褐色。头部、前胸背板和小盾片被黄色绒毛。触角与体等长或稍长。前胸背板长形，略呈圆筒状，胸面刻点粗大，中央具一条平滑的间断纵纹；前胸背板近前缘两侧各具一个淡黄色圆形毛斑，后缘两侧亦各具一个同色长形毛斑，有时毛斑不明显。小盾片半圆形。鞘翅两侧平行，端缘圆形。腿节棒状，中、后足腿节棒状部分超过腿节的1/2。

寄主：水杉、池杉、杉木、桑、柳杉、苦楝、刺槐、梧桐、枫杨、杨、柳、桃、柑橘等。

分布：江苏、陕西、湖南、山东、河南、山西、安徽、河北、北京、贵州、云南、西藏、湖北、江西、上海、浙江、四川、广东、广西、重庆、福建、海南、台湾；日本、泰国。

注：又名华蜡天牛、中华桑天牛、铁色姬天牛。

雄

4. 中华竹紫天牛 *Purpuricenus temminckii sinensis* White, 1853

鉴别特征：体长11.0 ~ 18.0mm。头部、触角、小盾片、体腹面及足黑色；前胸背板及鞘翅朱红色。雌虫触角较短，接近鞘翅后缘；雄虫触角较长，约为体长的1.5倍。前胸背板具5个黑斑排成2排，前排2斑较大而圆，后排3斑较小；两侧缘具一对显著的瘤状侧刺突。鞘翅两侧缘平行，后缘圆形，翅面各具2条纵隆线。

寄主：竹、枣。

分布：江苏、陕西、辽宁、河北、河南、浙江、上海、福建、江西、广东、广西、湖北、湖南、四川、贵州、云南、台湾；朝鲜、韩国、老挝、日本。

注：又名竹红天牛。

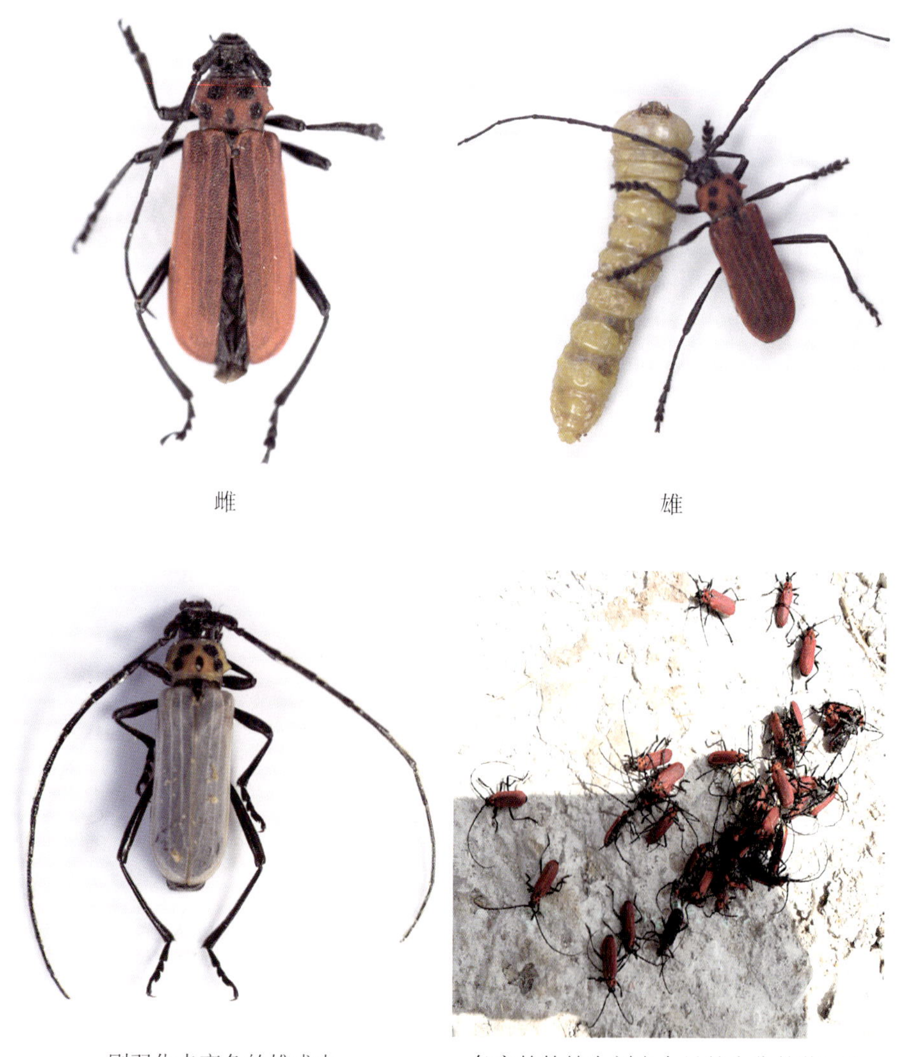

雌　　雄

刚羽化未变色的雄成虫　　危害的竹竿中剖出大量的中华竹紫天牛

中华竹紫天牛的各种虫态

毛竹被中华竹紫天牛危害的症状

5. 四斑狭天牛 *Stenhomalus fenestratus* White, 1855（江苏新记录种）

鉴别特征：体长13.0mm。复眼大，突出，几乎连接在一起。触角与足淡黄色。前胸背板棕色，刻点粗而稀，具一中脊，侧缘中部突出，较钝。鞘翅黄褐色，前后各具一淡黄色毛斑。

分布：江苏（宜兴）、广西、云南；老挝以及圣诞岛。

6. 拟蜡天牛 *Stenygrinum quadrinotatum* Bates, 1873

鉴别特征：体长8.0 ~ 14.0mm。体深红色或赤褐色，头部与前胸深暗，鞘翅具光泽，中间1/3呈黑色或棕黑色，此深色区域具前后2个椭圆形黄色斑。体背面被黄色绒毛及稀疏竖毛，小盾片密被灰色绒毛。雄虫触角与体等长或稍长，雌虫触角较体短，内侧缨毛较多。前胸略呈圆筒形，中央中域具短而微凸的平滑纵纹，背面与两侧刻点较密。

寄主：栎、栗、华山松。

分布：江苏、湖南、湖北、河北、河南、天津、北京、陕西、山东、浙江、江西、重庆、四川、贵州、云南、安徽、甘肃、福建、广西、广东、台湾以及东北地区；越南、老挝、泰国、日本、俄罗斯、朝鲜、缅甸、印度。

注：又名四星栗天牛、四斑拟蜡天牛。

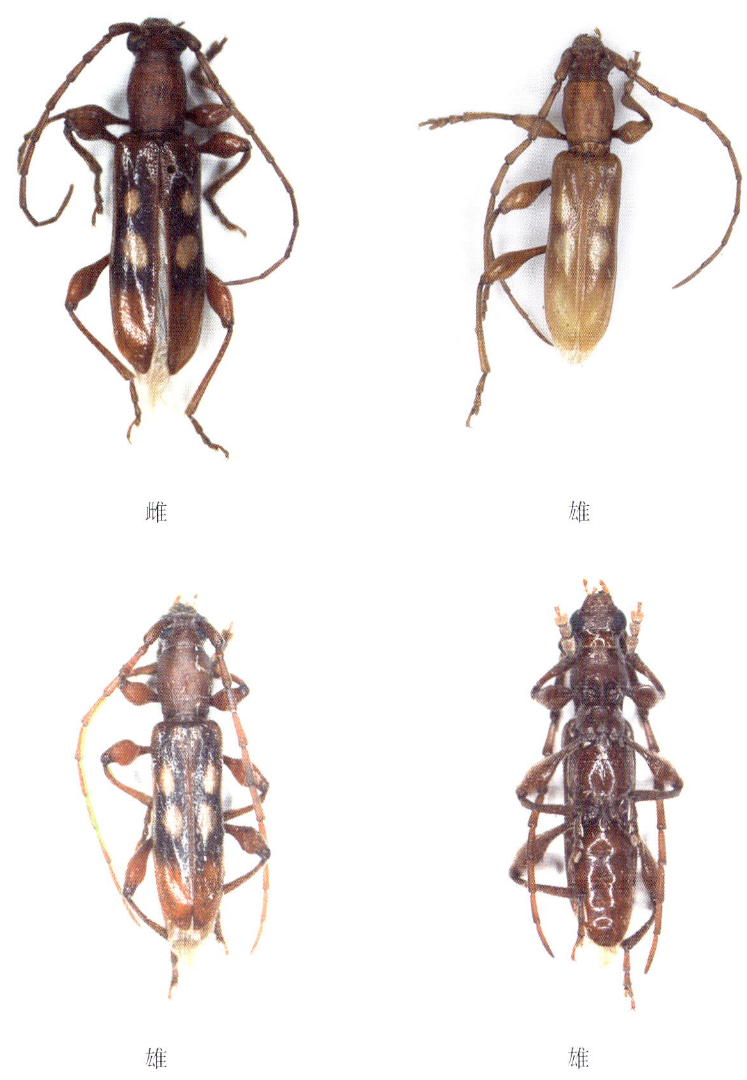

雌　　雄

雄　　雄

7. 天目粗脊天牛 *Trachylophus tianmuensis* Lu, Li et Chen, 2019（江苏新记录种）

鉴别特征：体长26.0 ～ 35.0mm，体宽7.0 ～ 9.0mm。体棕黄色至黑褐色，密被灰黄色具光泽的绒毛，雌虫鞘翅、足及体腹面红褐色。额中央具一条深纵沟，额前端中央两侧各具一深凹陷，头顶中央具一条纵脊纹；雄虫触角略长于虫体，雌虫触角较短，与体约等长，第5 ～ 10节外侧扁平，外端角尖锐。前胸背板宽略胜于长，前端窄，两侧缘中央呈弧形突出，背面具粗褶皱，中央具4条纵脊，中间2条在前端汇合成一条，外侧的2条在前、后端与内侧2条连接呈六角形。鞘翅肩部略宽，两侧近于平行，端部稍狭，端缘略平截，缝角具刺；翅面刻点细密。前胸腹板凸片中央具一条细纵脊，末端具瘤突。

分布：江苏（宜兴）、浙江。

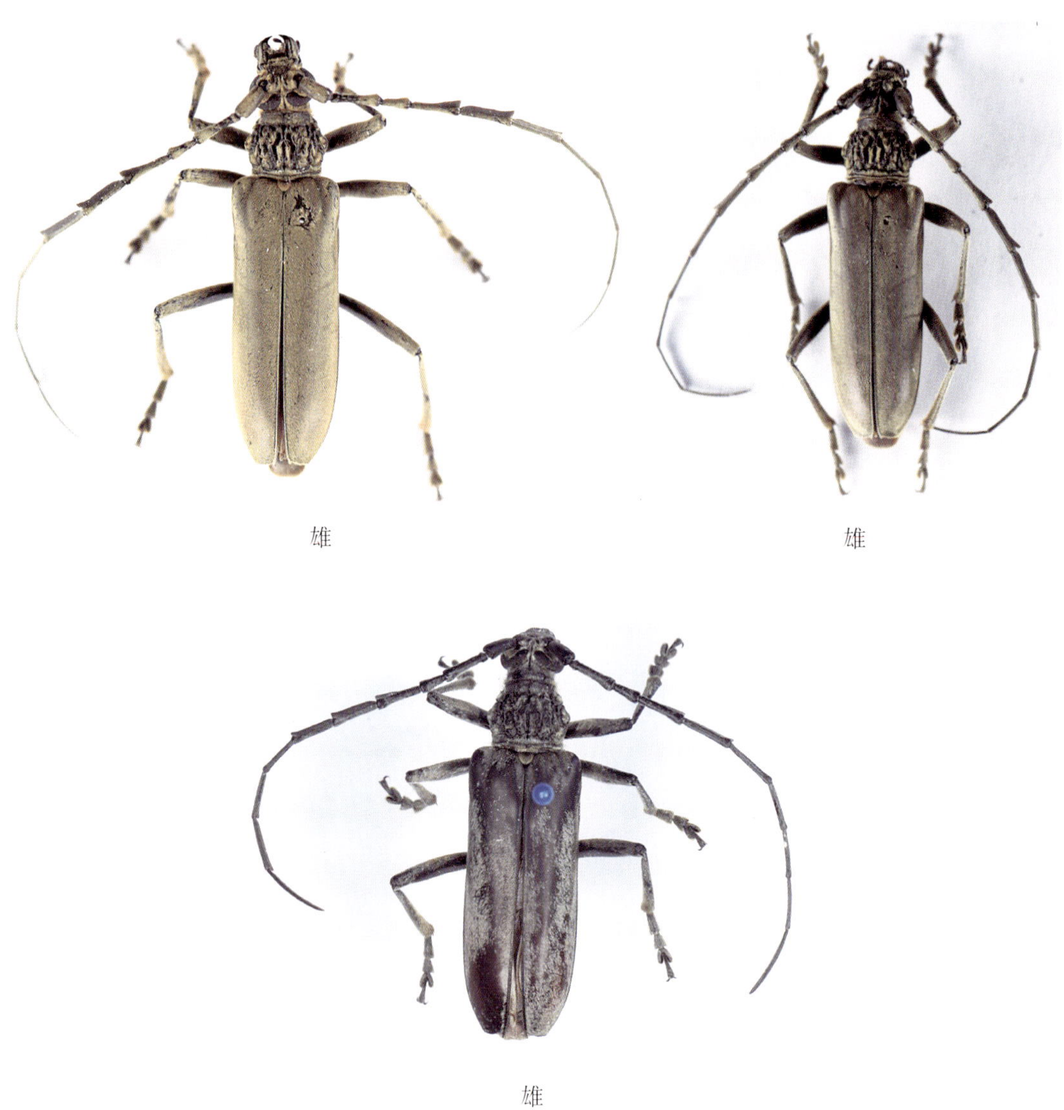

雄　　雄

雄

8. 家茸天牛 *Trichoferus campestris* (Faldermann, 1835)

鉴别特征：体长9.0 ～ 22.0mm。体棕褐色至黑褐色，被覆褐灰色绒毛。雄虫触角不达或勉强达鞘翅端部，雌虫触角稍短。前胸背板宽稍胜于长，两侧缘弧形。鞘翅两侧近于平行，近后端稍窄。

寄主：刺槐、油松、枣、丁香、杨、柳、黄芪、苹果、柚、桦、云杉等。

分布：江苏、北京、陕西、甘肃、青海、新疆、内蒙古、河北、山西、河南、山东、安徽、浙江、湖北、湖南、上海、四川、贵州、云南、西藏以及东北地区；日本、韩国、朝鲜、蒙古以及中亚、欧洲。

雌

沟胫天牛亚科 Lamiinae

9. 双斑锦天牛 *Acalolepta sublusca* (Thomson, 1857)

鉴别特征：体长11.0 ~ 23.0mm。体栗褐色。头部、前胸被棕色绒毛，触角第3 ~ 11节基部2/3被灰色绒毛。鞘翅被淡灰色毛，基部中央具一褐色斑，中后部具一褐色宽斜带，翅端圆形。

寄主：大叶黄杨、算盘子、榆、桑。

分布：江苏、辽宁、陕西、河南、山东、湖北、江西、浙江、福建、湖南、广东、海南、广西、贵州、四川以及华北地区；越南、老挝、柬埔寨、新加坡、马来西亚、日本。

10. 微天牛 *Anaesthetobrium luteipenne* Pic, 1923

鉴别特征：体长5.0 ~ 6.5mm。头部、胸部、腹面及足棕栗色，触角黑褐色或深咖啡色，鞘翅淡棕黄色，有时略带红色。小盾片色彩较鞘翅稍深。本种的主要特征是触角第3节极短，仅及第4节之半或稍长；爪系附齿式；全身被棕黄色短竖毛，尤以体背面较密，并杂有相当密而不显著的灰色卧毛。触角较体略长，下沿具缨毛；自第2节起至末节其粗细约相等；第4节比第3节长一倍，但与柄节或第5节约等长。前胸背板刻点极紧密，排成不规则的直行，每一刻点内生有一根向后竖立的短毛。鞘翅末端圆形。

分布：江苏、浙江、河南、上海；韩国、日本。

11. 中华星天牛 *Anoplophora chinensis* (Forster, 1771)

鉴别特征：体长19.0 ~ 39.0mm。体漆黑色，光亮，头部和体腹面被灰白细毛。雄虫触角超出翅端4 ~ 5节；雌虫触角超出翅端1 ~ 2节。触角3 ~ 11节的基部具浅色环。前胸背板中瘤明显，侧刺突短粗锥状。鞘翅基部最宽，向后渐狭，基部具颗粒状刻点，并具2 ~ 3条纵隆纹；每鞘翅具15 ~ 20个白毛斑，横列5 ~ 6行（行有时不整齐）；翅端圆形。

寄主：柑橘、柠檬、橙、苹果、梨、无花果、樱桃、枇杷、花红、油桐、柳、白杨、桑、苦楝、柳豆、洋槐、木荷、油茶、冬瓜木、柚木、栎、麻栎、榆、悬铃木、核桃、冬青、杏、乌桕、木芙蓉、闽粤石楠。

分布：江苏、河北、河南、山东、山西、陕西、甘肃、湖北、安徽、浙江、江西、福建、湖南、广西、广东、海南、贵州、四川、云南、香港、澳门、台湾以及东北地区；日本、朝鲜、韩国、阿富汗、缅甸以及北美洲、欧洲。

注：又名星天牛。

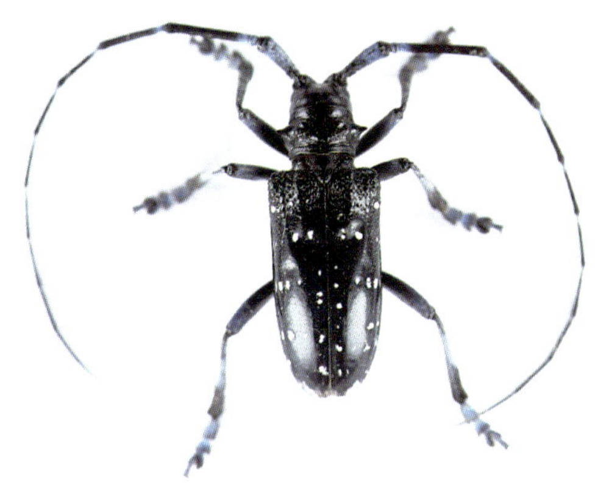

雄

12. 光肩星天牛 *Anoplophora glabripennis* (Motschulsky, 1854)

鉴别特征：体长17.0 ～ 39.0mm。体漆黑色，具光泽，常于黑中带紫铜色，有时微带绿色。触角第3 ～ 11节基部蓝白色；雄虫触角约为体长的2.5倍，雌虫触角约为体长的1.3倍。前胸背板无毛斑，中瘤不显突，侧刺突较尖锐，不弯曲。鞘翅基部光滑，无瘤状颗粒；表面刻点较密，具微细皱纹，无竖毛，肩部刻点较粗大；每鞘翅约具20个白色斑或15个黄色斑。中胸腹板瘤突比较不发达。足及腹面黑色，常密生蓝白色绒毛。

寄主：苹果、梨、李、樱桃、樱花、柳、杨、榆、桑、水杉、槭、桦、青杨。

分布：江苏、北京、天津、河北、山西、宁夏、陕西、甘肃、山东、河南、湖北、安徽、江西、浙江、福建、湖南、广西、贵州、四川、云南、西藏以及东北地区；蒙古、朝鲜、韩国、日本、美国以及欧洲。

注：又名黄斑星天牛。

雄

13. 楝星天牛 *Anoplophora horsfieldi* (Hope, 1842)

鉴别特征：体长31.0～41.0mm。体黑色，光亮。触角自第3节起各节基部被白色绒毛；后头两侧各具一黄色绒毛斑；前胸背板两侧各具一黄色绒毛纵纹；鞘翅具4个大型黄色绒毛斑，翅端圆形。足中等长，具稀疏的细刻点。

分布：江苏、浙江、安徽、福建、江西、河南、湖北、广东、广西、海南、四川、贵州、云南、陕西、台湾；越南、印度。

注：又名黄纹天牛。

雌

14. 瘦瓜天牛 *Apomecyna naevia* Bates, 1873（江苏新记录种）

鉴别特征：体长5.0～9.5mm。体赤褐色至黑褐色。前胸背板中央前后及两侧各具一白毛点。鞘翅具4个斜列白毛点。

寄主：葡萄科白粉藤属以及葫芦科的栝楼。

分布：江苏（宜兴）、北京、台湾；日本、韩国、尼泊尔。

雌

15. 南瓜天牛 *Apomecyna saltator* (Fabricius, 1787)

鉴别特征：体长8.0 ~ 11.0mm。体红褐色至黑褐色，被棕黄色短绒毛。头部、足及腹面散布不规则小白毛斑。触角稍超过体长的1/2，柄节短于第4节，第3节长于第4节。前胸两侧略呈弧形，胸面密布粗糙刻点。前胸背板中区由许多小斑点组成一横弧形白斑纹，中央后部组成一白纵纹。小盾片被黄白色毛。鞘翅两侧近平行，端部显著狭窄，翅端斜切；翅面刻点粗浅，排成整齐的纵列。鞘翅前半部中央由小白斑点组成弧形白斑，后半部中央由2排小白斑点组成横形白斑，端部具3、4个白斑点排成不规则的横斑，近鞘缝及侧缘具排列不规则的更小白斑点。

寄主：水瓜、丝瓜、黄瓜、南瓜、葫芦。

分布：江苏、湖南、浙江、福建、江西、广东、海南、云南、香港、台湾；越南、老挝、印度、斯里兰卡、日本。

注：又名香瓜锈天牛。

雄　　　　雄

雄

16. 皱胸粒肩天牛 *Apriona rugicollis* Chevrolat, 1852

鉴别特征：体长31.0 ~ 47.0mm。体黑色，全身密被绒毛，一般背面青棕色，腹面棕黄色，有时腹面同样青棕色，或背、腹部都呈棕黄色，深淡不一；鞘翅中缝及侧缘、端缘通常具一条青灰色狭边。雌虫触角较体略长，超出体长2 ~ 3节，柄节端疤开放式，从第3节起，每节基部约1/3灰白色。前胸背板前后横沟之间具不规则的横皱或横脊线；中央后方两侧、侧刺突基部及前胸侧面均具黑色光亮的隆起刻点。鞘翅基部密布黑色光亮的瘤状颗粒，占全翅1/4 ~ 1/3的区域；翅端内、外端角均呈刺状突出。

寄主：构。

分布：江苏、辽宁、北京、河北、山西、山东、河南、陕西、甘肃、青海、上海、安徽、浙江、湖北、江西、湖南、福建、广东、海南、广西、四川、贵州、云南、西藏、香港、台湾；俄罗斯、朝鲜、韩国、日本。

注：又名粗粒肩天牛、桑天牛。

雌　　雌

17. 拟角胸天牛 *Arhopaloscelis* sp.

鉴别特征：体长4.0mm。触角较长，超过体长的1.2倍左右。前胸背板长宽略等，侧突较明显。鞘翅基部具2个黑色斑点并排；1/3处具2个较小的黑斑，有时不明显；中部和近尾部具2条带状黑斑。

分布：江苏（宜兴）。

注：与双带拟角胸天牛 *Arhopaloscelis bifasciatus* (Kraatz, 1879) 特征非常接近，只是双带拟角胸天牛鞘翅的肩角处无黑斑。

雌　　　　雌

18. 云斑白条天牛 *Batocera horsfieldi* (Hope, 1839)

鉴别特征：成虫体长32.0 ~ 67.0mm。体黑褐色或黑色，密被灰白色和灰褐色绒毛。触角内下方具稀疏细刺；1 ~ 3节黑色，其余黑褐色。雌虫触角较体略长，雄虫触角超出体长3 ~ 4节。前胸背板中央具一对白色或浅黄色肾形斑纹；侧刺突大而尖锐。鞘翅基部具颗粒，翅肩具短刺；每一鞘翅上约具5个白斑纹，斑纹颜色有时可演变为黄色或橘红色，形状有时可呈云片状，翅末的斑纹为长条形。腹面两侧由复眼后方至腹末各具一条白色宽纵带。

寄主：桑、柳、栗、栎、榕、榆、枇杷、山麻黄、乌桕、女贞、泡桐、山毛榉、胡桃、梨、油橄榄、滇杨、青杨、加杨、响叶杨、核桃、法桐、苹果。

分布：江苏、吉林、辽宁、河北、山东、河南、陕西、山西、湖北、安徽、江西、浙江、福建、广东、湖南、广西、贵州、四川、云南、西藏；越南、朝鲜、印度、缅甸、不丹、尼泊尔。

注：又名多斑白条天牛、云斑天牛。

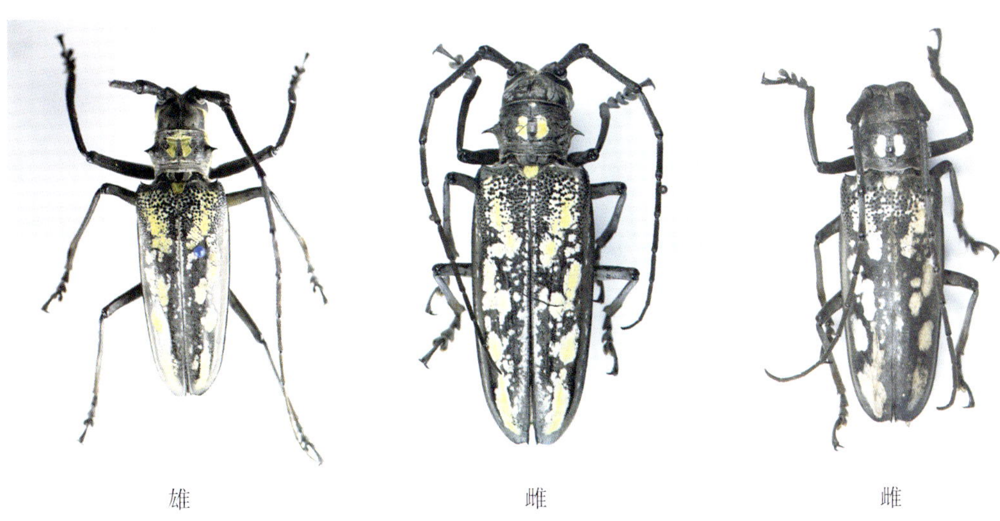

雄　　　　雌　　　　雌

19. 灰天牛 *Blepephaeus succinctor* (Chevrolat, 1852)

鉴别特征：体长13.0 ~ 25.0mm。体黑褐色，密被灰褐色绒毛。触角第3 ~ 11节基部灰色，端部暗棕色；雄虫触角超出翅端约1/2，雌虫触角较体略长。前胸背板中区具2条黑色绒毛宽纵条。鞘翅密被灰褐色绒毛，基部内侧及中部外侧各具一个黑色大绒毛斑，翅端稍斜截。

寄主：桑、海红豆、大叶蛇葡萄、柑橘、核桃、梧桐、泡桐、油桐、秧青、南岭黄檀、楝、槐、台湾相思、榅树、构。

分布：江苏、江西、浙江、河南、广东、海南、湖南、广西、四川、云南、香港、台湾；越南、马来西亚、印度、泰国、老挝。

注：又名深斑灰天牛。

雄

20. 窝天牛 *Desisa subfasciata* (Pascoe, 1862)

鉴别特征：体长9.5 ~ 14.0mm，体黑褐色至黑色。触角被棕褐色绒毛，自第3节起各节基部被灰白色绒毛。雄虫触角长于身体，雌虫触角则达鞘翅端部，柄节末端背面具细皱纹刻点。前胸背板宽显胜于长，两侧缘微弧形，不具侧刺突。小盾片三角形，端角圆形。鞘翅短而宽，基部具少许颗粒状粗深刻点；被黑棕色及棕红色绒毛，中部具一条灰白色横斑，斑纹前后的边缘呈不规则状弯曲。腹面被灰白色绒毛，两侧绒毛棕褐色或棕红色。

寄主：桃、羊蹄甲、粗糠柴、杏。

分布：江苏、河南、湖北、浙江、江西、广东、海南、广西、云南、香港；越南、老挝、柬埔寨、泰国、印度、日本、尼泊尔、印度尼西亚。

注：又名白带窝天牛、宽带小象天牛。

雄　　雄　　雌

21. 显带窝天牛 *Desisa takasagoana* Matsushita, 1933（大陆新记录种）

鉴别特征：体长16.0～16.5mm。体黑色，被白色及赤褐色毛。触角11节，线状。前胸背板具黑褐色及赤褐色毛斑纹，两侧缘微弧形。鞘翅具黑褐色及赤褐色毛斑纹，中部具一白色宽横带。

分布：江苏（宜兴）、台湾。

雄　　雌

22. 弱筒天牛 *Epiglenea comes* Bates, 1884（江苏新记录种）

鉴别特征：体长10.5mm。体小圆筒形，底色黑，全身被黄色绒毛斑纹和灰褐色竖毛。触角与体约等长，雄虫触角稍长。前胸背板刻点较粗密，两侧无侧刺突。前胸背板中线具一条直的黄色绒毛斑，两侧各具一条向外的括弧形的黄色绒毛斑。鞘翅刻点密而乱，端部平切，缘角圆钝。鞘翅从基部到端部共具5个黄毛斑：第1个斑最大而显著，由基缘后到中部呈一长条状；第2个斑在侧面中部，与第1个斑平行；第3、4个斑呈相对的月牙形；第5个斑在翅端缘部，黄绒毛稀而淡。

寄主：漆树。

分布：江苏（宜兴）、辽宁、河南、江西、浙江、福建、湖南、广东、广西、贵州、四川、重庆、云南、台湾；蒙古、朝鲜、韩国、日本、越南。

注：又名黄纹小筒天牛。

雄　　　雄

23. 布兰勾天牛 *Exocentrus blanditus* Holzschuh, 2010（江苏新记录种）

鉴别特征：体长4.3 ~ 5.5mm。体灰褐色。头部黑色，触角大部分黑褐色，第2 ~ 5节基部红褐色。前胸黑色，被灰褐色绒毛，前后缘和侧钩红褐色。小盾片密被灰褐色绒毛。鞘翅中部之后具一个不规则形状的显著黑斑，是由于缺失灰褐色绒毛形成的，翅面其余部分散布小黑点，黑色竖毛粗硬。足大部分黑色，腿节端部和胫节基部颜色较淡，为红褐色，跗节或跗节端部也如此。

寄主：核桃。

分布：江苏（宜兴）、陕西。

24. 黑点象天牛 *Mesosa atrostigma* Gressitt, 1942（江苏新记录种）

鉴别特征：体长14.0 ~ 16.6mm。体黑褐色。触角第3节起基部具白环，其他部分黑色；雄虫触角长于体长，雌虫触角较短，未达翅端。前胸背板具5个黑斑。小盾片舌形。鞘翅两侧近于平行，端缘圆形；鞘翅共具14个较明显的黑斑，其中中缝处仅合并为一个。

分布：江苏（宜兴）、安徽、广西、浙江、福建、台湾。

注：又名粗毛胡麻天牛。

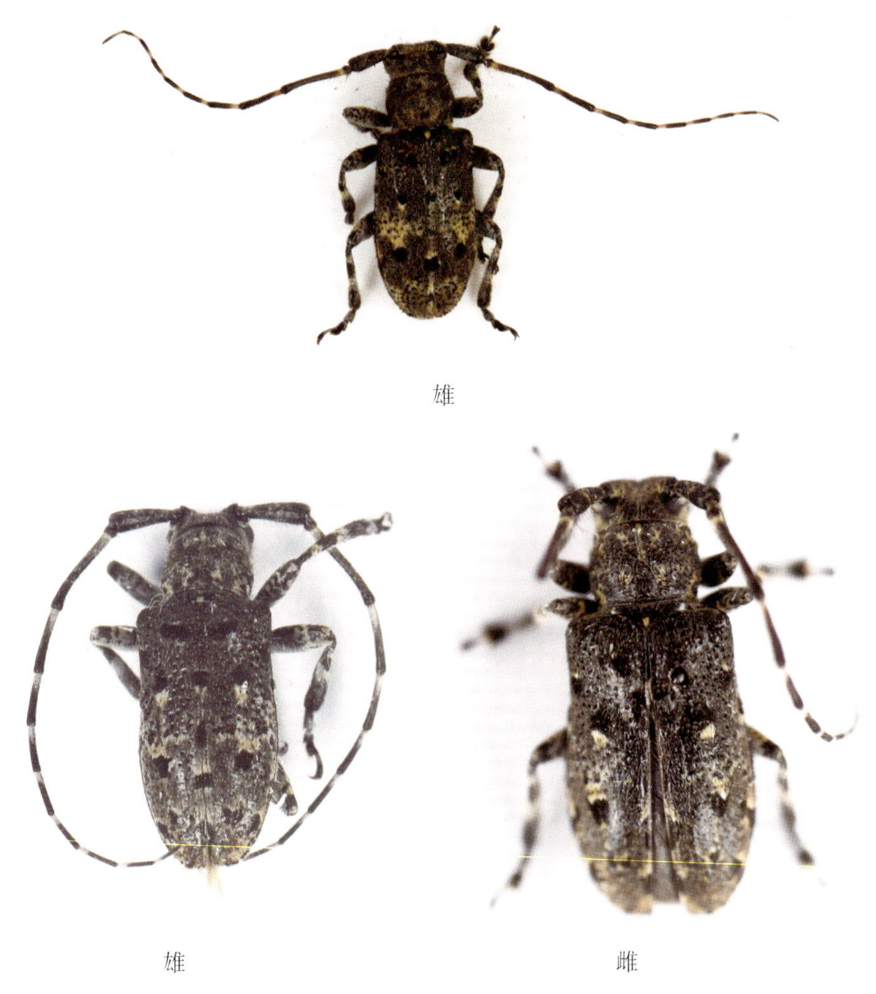

雄

雄　　雌

25. 松墨天牛 *Monochamus alternatus* Hope, 1842

鉴别特征：体长15.0 ~ 28.0mm。体橙黄色至赤褐色。触角棕栗色，雄虫触角超过体长1倍多，雌虫触角超出约1/3。前胸背板宽大于长，刻点粗密，多皱纹，具2条阔橙黄色纵纹，与3条黑纵纹相间，侧刺突大而钝，圆锥形。小盾片密被橙黄色绒毛。每鞘翅具5条纵纹，由方形或长方形的黑色及灰色绒毛斑点相间组成；鞘翅末端近乎平切。

寄主：马尾松、云南松、华山松、卡西亚松、雪松、落叶松、冷杉、云杉、苹果、花红、栎、鸡眼藤、刺柏、油松以及桧属。

分布：江苏、辽宁、北京、河北、陕西、山东、河南、湖北、安徽、江西、浙江、福建、湖南、广东、广西、贵州、四川、云南、西藏、香港、台湾；韩国、朝鲜、日本、老挝、越南。

注：又名松天牛、松褐天牛。

雄　　　　雌　　　　雌

26. 黑点粉天牛 *Olenecamptus clarus* Pascoe, 1859

鉴别特征：体长8.0 ～ 17.0mm。全身被致密的白色或灰色粉毛。触角及足棕黄色或棕红色。触角细长，雄虫触角为体长的2.5倍，雌虫触角为体长的1.2倍，柄节粗短，椭圆形，背面布满粒刺，第3节长3倍于柄节。前胸圆筒形，稍窄于头部，长略胜于宽，前胸背板两侧各具2个卵形小黑斑，中央具一个椭圆形黑斑。小盾片半圆形。鞘翅狭长，明显宽于前胸，两侧平行，端缘稍斜切，鞘翅上具3个黑斑。

寄主：桑、桃以及杨属。

分布：江苏、辽宁、河北、河南、山东、湖北、陕西、安徽、江西、浙江、福建、贵州、四川、台湾；朝鲜、日本以及西伯利亚。

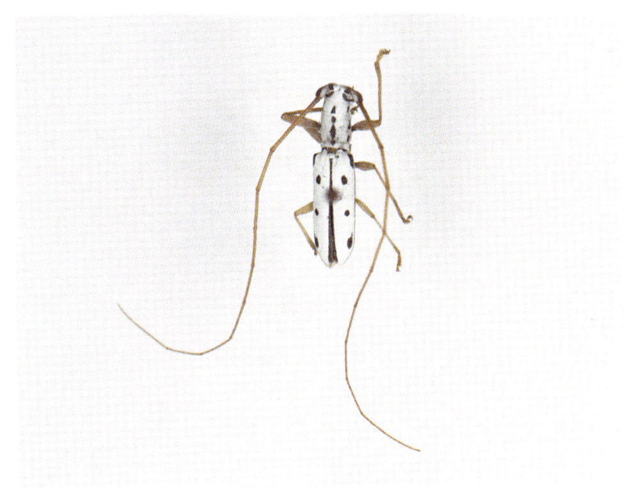

雄

27.斜翅粉天牛 *Olenecamptus subobliteratus* Pic, 1923

鉴别特征：体长13.0 ～ 20.0mm。体黑色，密被白色鳞粉。触角和足红褐色。触角细长。前胸圆筒形，稍窄于头部，长略胜于宽，中央具一个椭圆形黑斑。鞘翅狭长，明显宽于前胸，两侧平行，端缘稍斜切，每个鞘翅具2个黑斑。

寄主：桑、桃以及榅桲属。

分布：江苏、上海、陕西、湖北、江西、浙江、福建、湖南、贵州、四川、云南、台湾以及华北地区；朝鲜、韩国、日本。

注：又名斜翅黑点粉天牛。

雄

雄

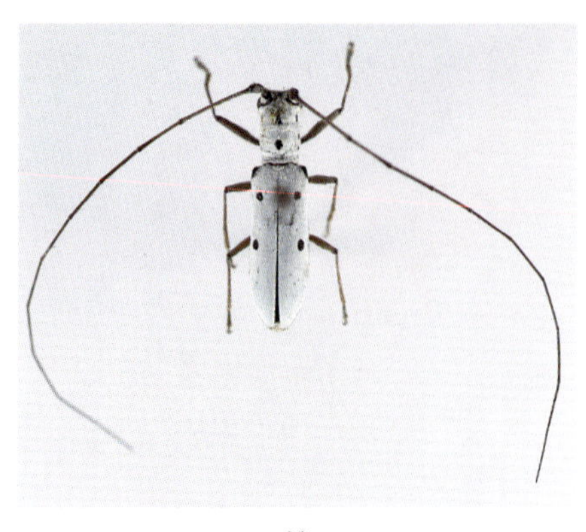

雄

雄

28. 眼斑齿胫天牛 *Paraleprodera diophthalma* (Pascoe, 1857)

鉴别特征：体长17.5 ~ 27.0mm。体黑色，密被灰黄色绒毛，头部、胸部绒毛略红褐色。触角被深褐色毛；雄虫触角超过体长的1.5倍，雌虫触角超过翅端，第3节最长。前胸宽大于长，侧刺突圆锥形。鞘翅两侧端部稍窄，翅端斜切，肩部颗粒较密。每鞘翅基部中央具一眼斑，周缘具一圈黑褐色绒毛，圈内有数个粒状突起被淡黄褐色绒毛；中部外侧具一大型深咖啡色三角形斑，斑纹边缘黑色。

寄主：栗、胡桃、油桐、猕猴桃、四照花。

分布：江苏、辽宁、河北、陕西、河南、湖北、安徽、浙江、江西、福建、湖南、贵州、广西、四川、云南。

雌

29. 黄星天牛 *Psacothea hilaris* (Pascoe, 1857)

鉴别特征：成虫体长15.0 ~ 30.0mm。体黑色，具黄白色小毛斑。触角褐黑色，细长，雄虫触角为体长的2.5倍，雌虫触角为体长的1.8倍。前胸侧刺突极短小；背板两侧各具2个长形毛斑，前后排成一直行。鞘翅毛斑多，大小不一，大斑通常5个，大体呈直线排列。

寄主：桑、无花果、面包树、马桑、油桐、胡桃、杨、松、杉、枫杨。

分布：江苏、北京、吉林、辽宁、河北、河南、陕西、甘肃、湖北、安徽、江西、浙江、福建、湖南、广东、海南、广西、贵州、四川、云南、台湾；越南、日本、朝鲜、韩国。

注：又名桑黄星天牛、黄星桑天牛。

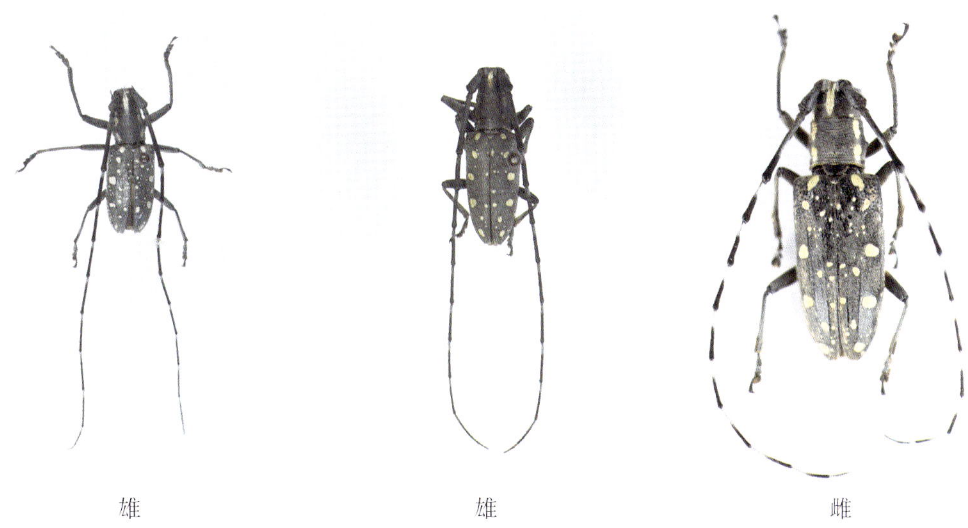

雄　　雄　　雌

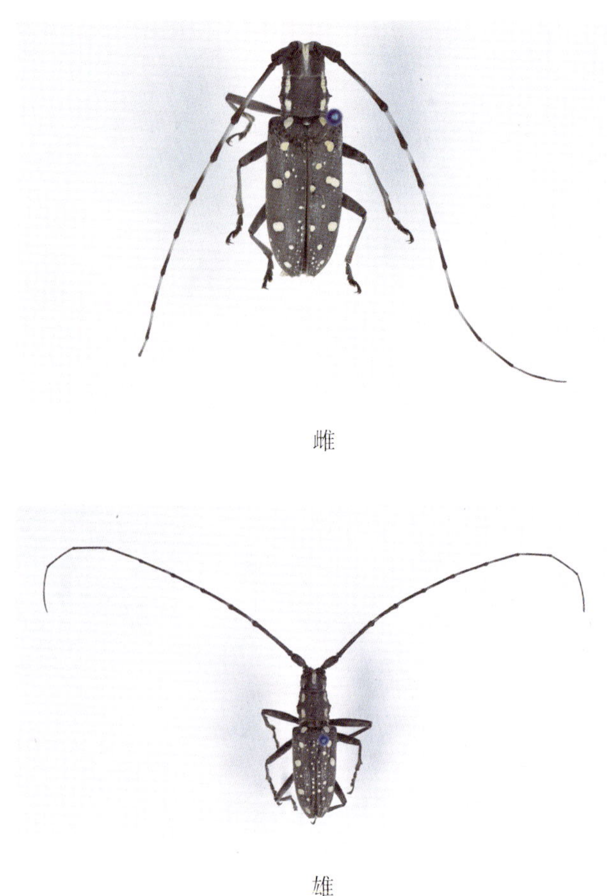

雌

雄

30. 环角坡天牛 *Pterolophia annulata* (Chevrolat, 1845)

鉴别特征：体长9.0～14.5mm。体棕红色，被暗棕色、棕黄色、锈色及灰白色绒毛。触角短于体长，第3节与第4节近乎等长。鞘翅基部及端部锈棕色，两侧灰白色，在后方斜坡顶部具一灰白色斜线，翅端圆形。

寄主：桑、马尾松、桃。

分布：江苏、河北、河南、湖北、陕西、浙江、江西、四川、贵州、湖南、广西、广东、海南、香港、澳门、台湾以及东北地区；朝鲜、韩国、日本、越南、缅甸。

31.金合欢坡天牛 *Pterolophia persimilis* Gahan, 1894（江苏新记录种）

鉴别特征：体长6.5 ~ 7.0mm。体暗棕色，被棕黄色、灰白色及棕黑色绒毛。雄虫触角为体长的2/3，雌虫触角为体长的1/2，柄节短于第3节，第3节后各节基部淡色。鞘翅基部具一突起，中部灰白色带纹向侧缘加宽，翅端稍斜截。

寄主：金合欢、木蓝、厚皮树、李、梨。

分布：江苏（宜兴）、广东、福建、香港；越南、老挝、缅甸、印度。

雄

32.中华缝角天牛 *Ropica chinensis* Breuning, 1964

鉴别特征：体长6.0 ~ 8.0mm。体茶褐色。触角细长，雄虫触角较体长稍长，雌虫触角稍短。前胸背板具一对黄褐色纵纹。鞘翅后部具一白色带纹。

寄主：瓜。

分布：江苏、广东、海南、广西、安徽、贵州、台湾；日本。

注：又名双星锈天牛。

雄

雄

雌　　　　雌

33. 桑缝角天牛 *Ropica subnotata* Pic, 1925

鉴别特征：体长5.0～8.5mm。体红木色，被灰白色、棕黄色或深黄色绒毛。触角第3节稍长于柄节，第7、8节仅基部被白色绒毛；雄虫触角较体长稍长，雌虫触角稍短。前胸背板有时中央具一条较深的纵纹。小盾片三角形。翅基部具一突起，中部具一不规则的灰色带纹向侧缘加宽，翅端圆形。

寄主：桑、槐的枯枝。

分布：江苏、陕西、河北、山西、河南、浙江、湖北、江西、福建、广东、海南、贵州、云南、山东、上海、台湾；日本。

雄　　　　雄

34. 东方散天牛 *Sybra alternans* (Wiedemann, 1823)（江苏新记录种）

雄

鉴别特征：体长6.0～11.0mm。体暗褐色。触角略长于体长。前胸背板近方形，两侧缘向外微拱。小盾片棕色，半圆形。鞘翅具交替排列的棕色、白色及黑色细纵纹。

分布：江苏（宜兴）、台湾；越南、缅甸、老挝、日本、菲律宾、马来西亚、印度尼西亚、美国。

35. 四川毡天牛 *Thylactus analis* Franz, 1954（江苏新记录种）

鉴别特征：体长31.0～38.0mm，体宽8.0～11.5mm。体黑色至黑褐色，全身密布浓厚长绒毛；头部、胸部绒毛黑褐色或棕红色，具光泽，中央具一条浅黄色绒毛纵条纹，由额前缘至前胸背板后缘。头部中央具一条细纵沟。触角基部前4节被淡黄色浓密长绒毛，第4节后半端及以下各节被灰黄色短绒毛。前胸背板宽略胜于长，无侧刺突，两侧缘微弧形；中央具一条细纵沟，不达后缘，胸面微有隆突及具粗刻点。小盾片较宽，舌形。鞘翅较长，两侧近于平行，端部呈斜凹缘，缝角呈钝角突出；鞘翅绒毛呈浅黄色、金黄色、棕褐色及黑褐色，组成不同深浅、色泽相间的细纵条纹，基部色泽较暗，呈棕红色或黑褐色，略带丝光，翅后缘具长缨毛。

分布：江苏（宜兴）、四川。

36. 中华泥色天牛 *Uraecha chinensis* Breuning, 1935

鉴别特征：体长12.5 ~ 20.0mm。体黑色，被棕红色或淡棕灰色绒毛。触角丝状，细长。前胸背板侧刺突短钝；前胸背板中央基部具一条棕红色绒毛纵纹，近前缘两侧及侧刺突内侧具浓密淡棕红色绒毛小斑。小盾片被浓密红棕绒毛。鞘翅狭长，后端收狭，端缘微斜切；鞘翅一般具4个较明显的黑褐色斜斑纹，尤其以中部之后的最大、最显著，基部及端部的黑褐色斜斑纹形状和大小都不稳定。

分布：江苏、陕西、北京、安徽、湖南、福建、浙江、河南、河北。

注：又名中国泥色天牛。

狭胸天牛亚科 Philinae

37. 狭胸天牛 *Philus antennatus* (Gyllenhal, 1817)（江苏新记录种）

鉴别特征：体长20.0 ~ 31.0mm。体棕褐色，被灰黄色短毛。头部分布细密刻点，前额凹下，两眼极大。前胸背板短小，后部较宽扁，两侧边缘明显；表面具细密刻点，前后共具4个微凸而无刻点的光滑小区。鞘翅宽于前胸节，被黄色毛，呈现4条模糊纵脊，末端圆形。腹面刻点细密；腿节内沿有缨毛。雌虫体型较大，触角细短，约伸展至鞘翅中部。雄虫体型较狭小，触角粗长，超过体长，略带锯齿状；鞘翅向后渐狭窄，靠外侧纵脊不明显。

寄主：桑以及柑橘属等。

分布：江苏（宜兴）、河北、山东、河南、陕西、上海、安徽、浙江、湖北、江西、湖南、福建、广东、海南、广西、贵州、香港、台湾；印度。

注：又名橘狭胸天牛。

雄

雌

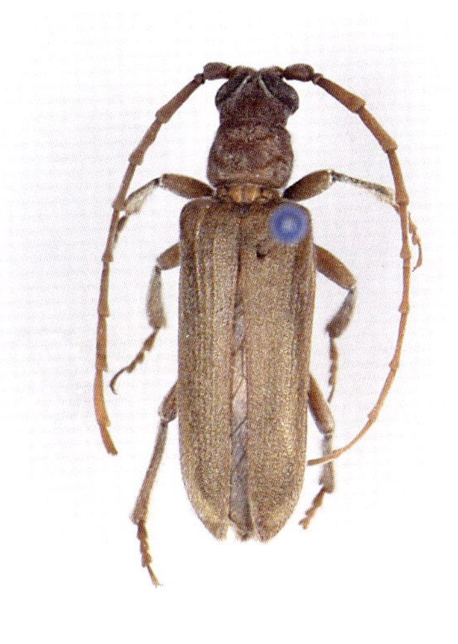
雄

雄

锯天牛亚科 Prioninae

38. 中华裸角天牛 *Aegosoma sinicum* (White, 1853)

鉴别特征：体长30.0～55.0mm。体赤褐色或暗褐色。雄虫触角几乎与体长相等或略超过，第1～5节极粗糙，下面具刺状粒，柄节粗壮，第3节最长；雌虫触角较细短，约伸展至鞘翅后半部，基部5节粗糙程度较弱。前胸背板前端狭窄，基部宽阔，呈梯形，后缘中央两旁稍弯曲，两边仅基部有较清晰的边缘；表面密布颗粒刻点和灰黄色短毛，有时中域被毛较稀。鞘翅具2～3条较清晰的细小纵脊。

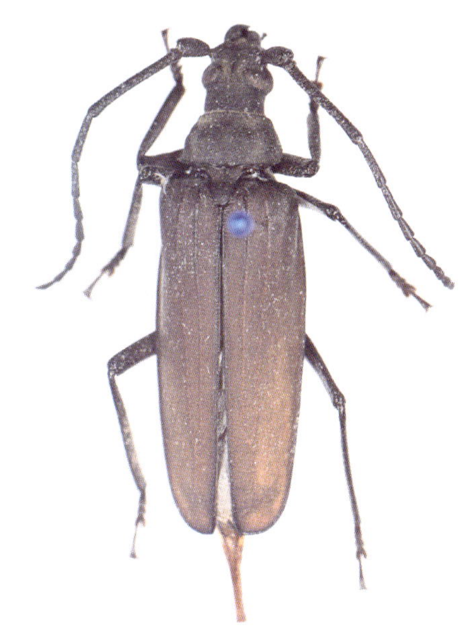
雌

寄主：苹果、枣、栗、核桃、苦楝、泡桐、构、梧桐、桑、榆、野桐、枫、杨、柳、白蜡树、云杉、冷杉、松、卡西亚松、水曲柳。

分布：江苏、内蒙古、北京、天津、河北、山西、山东、河南、陕西、甘肃、上海、湖北、安徽、浙江、江西、福建、海南、湖南、广西、贵州、四川、云南、台湾以及东北地区；越南、老挝、印度、缅甸、泰国、日本、俄罗斯、朝鲜、韩国。

注：又名华薄翅天牛、薄翅天牛、薄翅锯天牛。

39. 沟翅土天牛 *Dorysthenes fossatus* (Pascoe, 1857)（江苏新记录种）

鉴别特征：体长28.0 ~ 42.0mm，体宽13.0 ~ 15.0mm。体黄褐色、棕褐色至黑褐色，头部、前胸背板、触角基部3节棕红色至黑褐色，有时前、中足略带黑褐色。雄虫触角长达鞘翅末端，雌虫触角长达鞘翅的中部。前胸背板短阔，每侧缘具2齿，分别位于前端及中部，前齿较宽大，后角突出；两侧中后部微隆起，表面分布细刻点，两侧刻点较粗糙，中区光亮。小盾片中部具少许刻点。鞘翅两侧近于平行，端部稍狭，外端角圆形，缝角明显；表面密布刻点，较前胸背板刻点为粗，每翅具2 ~ 3条纵脊线，中部纵凹沟明显。

寄主：油茶、栗。

分布：江苏（宜兴）、河南、陕西、青海、浙江、安徽、湖北、江西、湖南、福建、海南、广西、四川、贵州。

雌　　雌

雌

椎天牛亚科 Spondylidinae

40. 赤塞幽天牛 *Cephalallus unicolor* Gahan, 1906

鉴别特征：体长13.0 ~ 28.0mm。体赤褐色，被灰黄色毛。头部额区具一"Y"字形凹沟。雄虫触角稍超过体长，柄节较长，伸至复眼后缘；雌虫触角则伸至鞘翅中部之后，柄节稍短，不达复眼后缘。触角基部5节较粗，以下各节较细，下沿密生缨毛。前胸背板长略胜于宽，两侧缘微圆弧；胸面中央具一个浅的纵凹洼，雌虫凹洼更浅，凹洼后端两侧及后端中央稍隆突，表面密生粗糙刻点。鞘翅具细密皱纹刻点，每个鞘翅显现3条纵脊线，缝角细刺状。

雌

寄主：油茶。

分布：江苏、吉林、辽宁、河南、浙江、福建、广东、陕西、上海、湖北、江西、湖南、四川、贵州、云南、海南、香港、台湾；缅甸、老挝、印度、日本、蒙古、朝鲜、韩国。

注：又名塞幽天牛、赤梗天牛、岛凹胸天牛。

雄　　　雄

41. 短角锥天牛 *Spondylis sinensis* Nonfrid, 1892

鉴别特征：体长15.0 ~ 25.0mm。体黑色，略呈圆柱形。触角短，雌虫约达前胸的2/3，雄虫约达前胸后缘，各节短而宽扁，状如脊椎骨。前胸前端宽，基部窄，两侧圆。鞘翅基部阔，末端稍狭，后缘圆。雄虫翅面除具细小的刻点外尚有大而深的圆点，各鞘翅具2条明显隆起的纵脊纹；雌虫翅面刻点密集，呈波状，脊纹不明显。

寄主：马尾松、华山松、油松、柳杉、日本扁柏、冷杉、云杉、赤松。

分布：江苏、内蒙古、北京、河北、陕西、河南、湖北、安徽、浙江、江西、福建、广东、海南、广西、贵州、四川、云南、香港、台湾以及东北地区。

注：又名椎角幽天牛、短角幽天牛、锥天牛。

雌

叶甲科 Chrysomelidae

跳甲亚科 Alticinae

1. 莲草直胸跳甲 *Agasicles hygrophila* Selman et Vogt, 1971（江苏新记录种）

鉴别特征：体长5.7 ~ 7.0mm。体黑色，两鞘翅上各具一“U”字形黄色纹。触角鞭状，11节，长为体长的1/3。触角各节背面灰黄色，第8节末端黑色。雌虫腹面扁平，末端2个腹节裸露于鞘翅外；雄虫腹部被鞘翅覆盖，腹面末端具一个潜藏外生殖器的椭圆形凹窝。

习性：莲草直胸跳甲是目前控制喜旱莲子草最有效的天敌昆虫。其成虫和幼虫取食叶片和嫩茎，抑制寄主植物的光合作用，而老熟幼虫在其茎秆内化蛹，阻止节间生长，使茎秆折断、腐烂，从而摧毁植株。

分布：江苏（宜兴）、湖南、四川、福建、云南、江西、广西；南美洲。

2. 侧刺跳甲 *Aphthona* sp.

鉴别特征：体长卵形。头顶无刻点，额瘤显突，彼此分离，周缘界限清晰。触角端部常加粗。前胸背板较横宽，宽约为长的 2 倍，前缘直，后缘中部不向后突出，前角增厚，常斜切，基缘之前一般无横凹。鞘翅基部较前胸背板为宽，盘区刻点混乱。前足基节窝开放，后足胫节向端变宽扁，顶端具刺，着生在端缘的外侧。

分布：江苏（宜兴）。

3. 细背侧刺跳甲 *Aphthona strigosa* Baly, 1874（江苏新记录种）

鉴别特征：体长2.0mm。体长卵形。背面金绿色，有时蓝色；腹面黑色，前足、中足及后足胫节、跗节棕黄色，后足腿节棕黑色，触角基部4、5节棕黄色，端节黑色。背面呈极细颗粒状，散布细刻点，使表面有如平绒状。头顶无刻点，额瘤长卵形，其后缘以"八"字形沟与头顶分开。触角丝状，端部不粗，略短于体长，第3节略长于第2节而短于第4节，后者又短于第5节，余节又略长于第5节。前胸背板中部横向隆起，刻点微细。鞘翅刻点较胸部的略深显。

分布：江苏（宜兴）、浙江、湖北、湖南、江西、福建、广东、广西、贵州。

注：又名钝色侧刺叶蚤。

4. 跳甲 *Altica* sp.

鉴别特征：体蓝色，具强烈的金属光泽。触角粗壮，端部较粗。前胸背板盘区较隆起，基部之前具一条深刻横沟，其两端伸达侧缘，中部略弯曲。鞘翅刻点混乱或略呈纵行排列趋势；前足基节向后开放，爪附齿式。雌雄区别主要在前足第1跗节和腹端形状，雄虫前足第1跗节较膨阔，腹末节端缘呈波曲状，雌虫腹端呈圆形拱出。

分布：江苏（宜兴）。

5. 蓝色九节跳甲 *Nonarthra cyaneum* (Baly, 1874)

鉴别特征：体长3.1 ~ 4.0mm，体宽2.0 ~ 2.8mm。体卵圆形。体深蓝色，具金属光泽，腹部黄色。触角褐色，9节，1 ~ 3节稍淡，5 ~ 8节向一侧突出，呈栉齿状。前胸背板、小盾片及额瘤蓝黑色，胸腹面及足棕褐色至褐色。后足腿节深蓝色，极粗壮。腹节黄色，基部2节带棕色。

寄主：甜菜、南瓜、紫花藤、艾、梧桐等。

分布：河北、山西、陕西、甘肃、广东、广西、四川、贵州、云南、台湾以及华东、华中地区；日本以及东南亚地区。

6. 蚤跳甲 *Psylliodes* sp.

鉴别特征：体小型，长椭圆形，前、后稍狭。背面蓝色、绿色及黑色，具金属光泽。头部伸出，头顶稍隆，具刻点或完全没有。眼卵圆形，额唇基在触角间较平或隆起成脊，刻点多在两侧。触角10节，长度超过肩角，基部几节较细，之后渐粗，末节端部狭长。前胸背板横形，宽大于长；前角斜切，斜边宽厚，四角具一毛穴，前毛穴较大，侧缘常在前毛穴处突出成角，后角常钝圆，盘区稍隆，匀被刻点，无明显沟纹。小盾片三角形。鞘翅长卵形，基部较前胸背板稍宽，肩角宽圆，不隆突；刻点排列成行，并有1 ~ 3行细小的刻点列，排列常不规则。前、中足短粗，后足腿节十分膨大。前胸腹板在基节间被刻点，后胸腹板大部光洁。腹节被刻点及毛。

分布：江苏（宜兴）。

豆象亚科 Bruchinae

7. 绿豆象 *Callosobruchus chinensis* (Linnaeus, 1758)

鉴别特征：体长2.0 ~ 3.5mm。体近卵形。雄虫触角栉齿状，雌虫触角锯齿状。前胸背板后缘中央具2个明显的瘤突，每瘤突上具一个椭圆形白毛斑，2个白毛斑多数情况下不融合。腹部第3 ~ 5腹板两侧具浓密的白毛斑。后足腿节腹面的内缘齿钝而直，齿的两侧缘近平行，端部不向后弯曲。

习性：危害绿豆、赤豆、豇豆、鹰嘴豆、兵豆等。

分布：中国大部分省份；世界性分布。

雌

龟甲亚科 Cassidinae

8. 中华叉趾铁甲 *Dactylispa chinensis* Weise, 1922（江苏新记录种）

鉴别特征：体长3.7 ~ 4.8mm，体宽2.0 ~ 2.5mm。体长方形，端部稍阔；背面底色一般棕红色，具黑斑。前胸背板前缘刺每侧各2个；侧缘刺每边3个。鞘翅肩部及外侧具黑斑，背刺及刺基黑色；鞘翅侧缘稍敞出，敞边基端两处较阔，中部稍狭；翅背除具基部粗大的大刺及尖细的小刺外，尚有若干锥形小附刺。胸部腹面大部分黑色，后胸腹板中央红色，足及腹部棕黄色。

寄主：白叶莓。

分布：江苏（宜兴）、湖南、江西、湖北、四川、福建、海南、广西、贵州、云南、台湾；中南半岛。

叶甲亚科 Chrysomelinae

9. 蒿金叶甲 *Chrysolina aurichalcea* (Mannerheim, 1825)（江苏新记录种）

鉴别特征：体长6.2 ~ 9.5mm，体宽4.2 ~ 5.5mm。体背面通常青铜色或蓝色，有时蓝紫色；腹面蓝色或蓝紫色。头部刻点以头顶较稀，唇基较密。触角细长，约为体长的1/2。前胸背板横宽。小盾片三角形，光滑。鞘翅刻点排列不规则，有时双行排列。爪单齿式。

寄主：蒿属。

分布：江苏（宜兴）、陕西、新疆、甘肃、北京、河北、山东、河南、安徽、浙江、湖北、湖南、福建、广西、四川、黑龙江、辽宁、吉林、贵州、云南、台湾；俄罗斯、朝鲜、日本、越南、缅甸。

负泥虫亚科 Criocerinae

10. 蓝负泥虫 *Lema concinnipennis* Baly, 1865

鉴别特征：体长4.3～6.0mm，体宽2.0～3.0mm。体蓝色，具绿色金属光泽，触角、足及体腹面蓝黑色，腹部末3节常为棕黄色。头顶隆起，头部刻点较细较密，头顶呈桃形隆突，中央具一条深纵沟。触角细长，第1节粗壮球形，2～4节递增，第5节较以后各节稍长，为3、4节长度之和，端前节节长为宽的近2倍。前胸背板较平，刻点较细，或粗细混淆。胫节无齿。腹部毛被稀薄，第1腹节两侧毛较稀少、光亮。

寄主：鸭跖草、蓟以及菊属。

分布：江苏、北京、河北、陕西、河南、浙江、湖北、江西、福建、广西、四川、云南、台湾；日本、朝鲜、菲律宾、俄罗斯。

11. 红胸负泥虫 *Lema fortunei* Baly, 1859

鉴别特征：体长6.0 ~ 8.2mm，体宽3.0 ~ 4.0mm。体棕红色；头部、前胸背板和小盾片棕红色。鞘翅及小盾片后部蓝色，具金属光泽。足胫、跗节一般黑色，腿节褐色，具黑斑。前胸背板长大于宽，两侧中部收狭，后横凹不深，表面隆起，基部中央具一凹窝；前胸背板刻点较粗，中央具一对纵列刻点行。小盾片基部较宽，端末较平，被稀短毛。鞘翅基部隆起，其后微凹，无盾片行刻点，刻点行规则，自基部向端部渐细。

寄主：薯蓣属。

分布：江苏、湖南、北京、河北、河南、甘肃、新疆、陕西、山东、浙江、安徽、江西、湖北、四川、福建、广东、广西、贵州、海南、台湾；日本、朝鲜。

12. 皱胸负泥虫 *Lilioceris cheni* Gressitt et Kimoto, 1961（江苏新记录种）

鉴别特征：体长7.0 ~ 11.7mm，体宽4.0 ~ 5.0mm。体棕红色至棕褐色；前胸背板有时带有黑色，触角及足大部分为黑色。体背光洁。触角细长，几乎为体长的1/2。前胸筒形，背板长略大于宽，前缘较平直，后缘中部拱出，两侧在中部凹入；基部中央具一浅凹，凹后具横纹；背面微拱；前部中央具一纵行刻点，在中部及侧凹表面具许多分散的刻点。鞘翅背拱，表面平坦，基部微隆，后横凹不明显；具10行刻点，基半部刻点明显较端半部的粗大，行距平坦，第1、3行距上具细刻点行，分别伸达翅后端及翅后1/4处。

寄主：薯蓣属。

分布：江苏（宜兴）、福建、广东、广西、四川、台湾。

13. 淡足负泥虫 *Oulema dilutipes* (Fairmaire, 1888)

鉴别特征：体长3.7 ~ 4.6mm，体宽1.6 ~ 2.2mm。头部、触角、前胸背板、鞘翅蓝色，并具金属光泽，体腹面一般黑色，足橙黄色。背面光洁无毛，胸部、腹部腹面密布刻点，后胸腹板中部刻点较外侧为疏。头部具刻点，头顶的稀疏，后头的细小，额唇基的刻点分布均匀，触角第1节膨大，球形，第2 ~ 4节较细，第2节最短，第5 ~ 11节粗，较第3、4节长。前胸背板长大于宽，前后接近于平直；两侧前部近于平行，中部之后收窄，基横凹不深，正中央具一短纵沟，横凹前微隆；刻点较密，基凹处更为明显，中纵线具2行排列极不规则的刻点，侧面上有横皱及刻点。小盾片倒梯形，两侧平直，表面无刻点。鞘翅两侧近于平直，密布刻点列，自基部向端部约2/3处的刻点较大，后面的刻点较小。

寄主：禾谷。

分布：江苏。

注：又名双黄足负泥虫、双黄足禾谷负泥虫。

萤叶甲亚科 Galerucinae

14. 旋心异跗萤叶甲 *Apophylia flavovirens* (Fairmaire, 1878)（江苏新记录种）

鉴别特征：体长4.6 ~ 6.0mm，体宽2.5 ~ 3.5mm。体长形，全身披短毛。头部的后半部及小盾片黑色；触角第1 ~ 3节黄褐色，第4 ~ 11节及上唇黑褐色；头部前半部、前胸和足黄褐色，中、后胸腹板和腹部黑褐色至黑色；鞘翅金绿色，有时带蓝紫色。头顶平，额唇基明显隆突。雄虫触角长，几乎达翅端，第3节约为第2节长的2倍，第4节约等于第2、3节长之和；雌虫触角短，达翅中部，第3节稍长于第2节。前胸背板倒梯形，前、后缘微凹，盘区具细密刻点；两侧各具一较深的凹窝。小盾片舌形，密布细刻点和毛。鞘翅两侧平行，翅面刻点极密，较头顶刻点为小。后胸腹板中部明显隆突，雄虫更甚。雄虫腹部末端钟形凹缺。

寄主：玉米、粟、紫苏。

分布：江苏（宜兴）、吉林、河北、山西、安徽、浙江、湖北、江西、湖南、福建、广东、海南、广西、四川、贵州、台湾；朝鲜、越南。

注：又名旋心虫、黄米虫、钻心虫等。

（葛斯琴提供）

15. 中华阿萤叶甲 *Arthrotus chinensis* (Baly, 1879)（江苏新记录种）

鉴别特征：体长6.0 ~ 6.5mm，体宽2.5 ~ 3.0mm。头部黑色；触角1 ~ 3节黄褐色，其余节黑褐色；前胸背板黄色；小盾片黑色；鞘翅蓝黑色；腹面及足橘红色；腹部末端及臀板黑色。头顶具细刻点，中部具一纵沟，近额瘤处较深；额瘤明显，后缘一道横沟，中部一道纵沟；触角稍短于体长，第2、3节最短，长度约相等，第4节长是前2节和的2倍，以后各节长度约相等。前胸背板宽为长的1.5倍，基缘稍突，前缘稍凹，两侧较直；盘区具极疏的刻点。鞘翅基部窄，端部肩角突出，刻点粗大，刻点间距是刻点直径的1/3，刻点基本成行排列；缘折基部宽，到端部逐渐变窄。雄虫腹端浅三叶状，雌虫完整。前足基节窝关闭，爪附齿式。

寄主：核桃。

分布：江苏（宜兴）、陕西、浙江、湖北、湖南、福建、四川、贵州。

16. 黑守瓜 *Aulacophora nigripennis* Motschulsky, 1857

鉴别特征：体长6.0 ~ 7.0mm，体宽3.0 ~ 4.0mm。体光亮。头部、前胸及腹部橙黄色或橙红色；上唇，鞘翅，中、后胸腹板、侧板以及各足均黑色；触角灰黑色；小盾片栗黑色。头顶光滑。前胸背板基部狭窄，两侧在中部之前圆阔，盘区具一直形横沟，几无刻点，仅前缘两侧具较粗深的刻点。小盾片三角形，光滑无刻点。鞘翅肩角较突出，翅面具均匀的刻点。雄虫腹部末端中叶长方形，雌虫腹部末端呈弧形凹缺。

寄主：葫芦科。

分布：江苏、四川、黑龙江、河北、山西、陕西、山东、浙江、江西、福建、台湾；日本、越南。

（葛斯琴提供）　（葛斯琴提供）

17. 褐背小萤叶甲 *Galerucella grisescens* (Joannia, 1866)

鉴别特征：体长3.8～5.5mm，体宽1.8～2.4mm。头部、前胸及鞘翅红褐色，触角及小盾片黑褐色或黑色，腹部及足黑色，腹部末端1～2节红褐色。触角约为体长的1/2，末端渐粗。前胸背板宽大于长，基缘中部向内深凹；盘区刻点粗密，中部具一大块倒三角形无毛区，在前缘伸达两侧；中部两侧各具一个明显的宽凹。鞘翅基部宽于前胸背板，肩角突出，翅面刻点稠密且粗大。

寄主：草莓属、蓼属、酸模属、珍珠梅属等。

分布：江苏、陕西、河北、山东、河南、安徽、浙江、湖北、江西、湖南、福建、广东、海南、广西、四川、贵州、云南、西藏、台湾以及东北地区；俄罗斯、朝鲜、日本、越南。

（葛斯琴提供）

18.睡莲小萤叶甲 *Galerucella nymphaea* (Linnaeus, 1758)（江苏新记录种）

鉴别特征：体长4.0mm～6.2mm。头顶黑色，上唇黄色，前胸背板和鞘翅通常深棕色，鞘翅边缘黄色。胸部腹面深棕色或黑色，腹部及足黄色，胫节、跗节颜色加深，呈棕色。触角长达鞘翅肩角，末端渐粗。前胸背板宽大于长，盘区刻点粗密，盘区两侧各具一个明显的宽凹。鞘翅基部宽于前胸背板，肩角突出，翅面刻点密集且粗大。

分布：江苏（宜兴）、黑龙江、海南；俄罗斯。

注：又名莲守瓜。

（葛斯琴提供）

19. 二纹柱萤叶甲 *Gallerucida bifasciata* Motschulsky, 1860

鉴别特征：体长7.0 ~ 8.5mm。体宽4.0 ~ 5.5mm。体黑褐色至黑色。触角锯齿状，有时红褐色；雄虫触角较长，伸达鞘翅中部之后；雌虫触角较短，伸至鞘翅中部。头顶微凸、具较密细刻点和皱纹。前胸背板宽为长的2倍，两侧缘稍圆。鞘翅黄色、黄褐色或橘红色，具黑色斑纹；基部具2个斑点，中部之前具不规则的横带，未达翅缝和外缘，有时伸达翅缝，侧缘另具一小斑；中部之后一横排具3个长形斑；末端具一个近圆形斑。

寄主：荞麦、桃、酸模、蓼以及大黄属等。

分布：江苏、黑龙江、吉林、辽宁、甘肃、河北、陕西、河南、浙江、湖北、江西、湖南、福建、广西、四川、贵州、云南、台湾；韩国、日本。

（葛斯琴提供）

20. 渐黑日萤叶甲 *Japonitata nigricans* Yang et Li, 1998

鉴别特征：体长4.8 ~ 6.0mm，体宽1.9 ~ 2.6mm。头部、前胸背板黄色，触角第1 ~ 3节黄色，第4 ~ 11节颜色加深，深棕色或黑色。鞘翅深棕色，基部颜色稍浅，足黄色。触角第3节为第2节的2.5 ~ 3倍。前胸背板几乎与头部等宽，盘区具明显宽凹。鞘翅宽于前胸背板，肩角突出，鞘翅侧面具纵向长凹和明显的脊。

分布：江苏、浙江。

注：又名暗黑日萤叶甲。

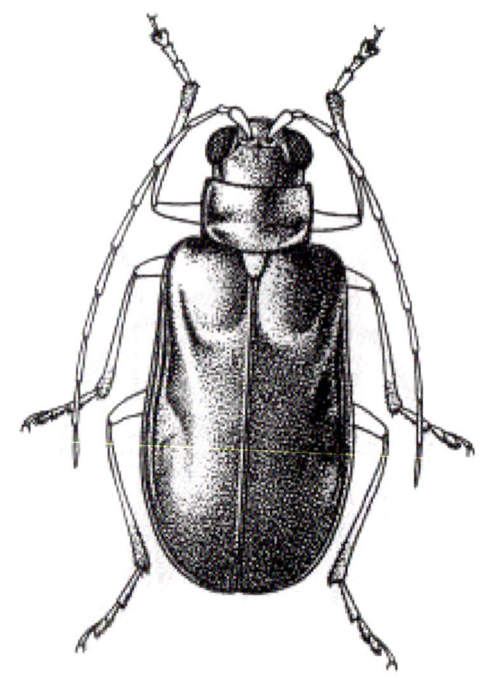

（葛斯琴提供）

21. 四川隶萤叶甲 *Liroetis sichuanensis* (Jiang, 1988)

鉴别特征：体长8.0 ~ 9.6mm。头部、前胸背板、小盾片、鞘翅黄色或棕色，足深棕色，腿节黄棕色，触角深棕色，腹面黑色。触角的长度是身体长度的0.8倍。前胸背板前缘略凹，盘区具细小刻点，侧缘直且近平行。鞘翅肩角突出，长度是宽度的2.5倍，盘区具细小刻点。鞘翅侧缘近平行，中部之后稍膨阔。

分布：江苏、甘肃、陕西、四川。

（葛斯琴提供）

22. 黑条麦萤叶甲 *Medythia nigrobilineata* (Motschulsky, 1861)

（葛斯琴提供）

鉴别特征：体长2.7 ~ 3.5mm，体宽2.0mm。头部、前胸背板、小盾片、鞘翅、腹面及足黄色；触角第1节黄色，第2 ~ 11节浅褐色至褐色。前胸背板基部窄，端部宽；基缘及前缘皆外突；盘区隆起，中部两侧各具一长凹，近基缘具一短凹，两后角不远处各具一凹；盘区具稀疏刻点。小盾片半圆形，无刻点。鞘翅上具2条黑纹。腹部末端圆形。

寄主：大豆。

分布：江苏、黑龙江、河北、陕西、山东、安徽、湖北、湖南、福建、四川、云南、台湾；俄罗斯、朝鲜、日本。

注：又名二条叶甲、黑条罗萤叶甲、二黑条萤叶甲、豆二条萤叶甲、二条黄叶甲、二条金花虫。

23. 长角米萤叶甲 *Mimastra longicornis* (Allard, 1888)

鉴别特征：体长5.9 ~ 7.1mm，体宽2.2 ~ 2.9mm。体黄色至黄褐色，腹板黑色，触角黄褐色至褐色。复眼黑色，突出。头部窄于前胸背板。前胸背板宽大于长，宽约为长的1.5倍。鞘翅宽于前胸背板，鞘翅肩角明显突出，鞘翅长度是宽度的2.5 ~ 3倍，具不规则排列的细小刻点。

分布：江苏、云南；泰国、缅甸。

24. 枫香凹翅萤叶甲 *Paleosepharia liquidambara* Gressitt et Kimoto, 1963（江苏新记录种）

鉴别特征：体长4.5 ~ 5.5mm，体宽2.3 ~ 2.5mm。头部、胸部、足和小盾片橘红色；足胫节和跗节常为褐色至黑褐色；腹部淡黄色，有时末节橘红色，有时整个腹板带有红色；触角暗褐色，基部2节红色；翅黄褐色，中部之后一条横带和四周（包括缘折）及肩部为黑褐色，肩部之后具向内斜伸的黑色短带。头部窄于前胸背板，头顶微凸，刻点极细。触角间具隆脊。前胸背板宽大于长，两侧边中部膨阔，基缘弯曲；盘区中部两侧具浅凹，刻点较密。鞘翅两侧边在中部之前较宽，中部之后变窄，末端平截；缘折在基部1/3颇宽，之后渐渐收窄；翅面隆突，刻点细小，端半部更细。足较长，后足胫节端部具一长刺。

寄主：水杉、柳以及枫香属。

分布：江苏（宜兴）、甘肃、安徽、浙江、湖北、江西、湖南、福建、广东、广西、四川、贵州、云南。

（葛斯琴提供）

25.榆黄毛萤叶甲 *Pyrrhalta maculicollis* (Motschulsky, 1853)

鉴别特征：体长6.0 ~ 7.5mm，体宽3.0 ~ 3.3mm。体长形，黄褐色至褐色，触角大部分及头顶斑黑色，前胸背板具3条黑色纵斑纹，鞘翅肩部、后胸腹板以及腹节两侧均呈黑褐色或黑色。额唇基及触角间隆突颇高，额瘤近方形，表面具刻点；头顶刻点粗密。触角短，不及翅长的1/2，第3节稍长于第2节，以后各节大体等长。前胸背板宽是长的2倍，两侧缘中部膨宽；盘区刻点与头顶相似，中部两侧各一大凹。小盾片近方形，刻点密。鞘翅两侧近于平行，翅面刻点密集，较背板为大。雄虫腹部末端中央呈半圆形凹陷，雌虫呈三角形凹缺，之前是圆形凹洼。足粗壮。

寄主：榆。

分布：江苏、黑龙江、吉林、辽宁、甘肃、河北、山西、山东、陕西、河南、浙江、江西、福建、广东、广西、台湾；朝鲜、日本、俄罗斯。

注：别名榆黄金花虫、榆黄叶甲。

肖叶甲科 Eumolpidae

肖叶甲亚科 Eumolpinae

1.钝角胸肖叶甲 *Basilepta davidi* (Lefèvre, 1877)

鉴别特征：体长3.0 ~ 4.5mm，体宽1.6 ~ 2.4mm。体色变异较大，有深有淡：一般头部、胸部、小盾片和足棕黄色至棕红色，鞘翅黑色或黑褐色，胸部腹面（除前胸前后侧片外）和腹部栗褐色至黑色。触角细长，基部4节淡棕黄色，其余黑色；有的个体除触角端部7节、后胸腹面和腹部为黑色外完全淡棕黄色或棕红色；也有一些个体除触角基部4节淡棕黄色外，身体完全黑色。前胸背板两侧在中部之后基部之前最宽，此处向外扩展呈钝圆形，不具尖角，自中部向前逐渐收狭；盘区光滑无刻点或具十分微细的刻点。小盾片略呈长方形，末端圆钝，中部常具一个浅凹。鞘翅肩胛隆起，在肩胛的内侧也稍隆起，二者之间界有一条具大刻点的纵沟，基部下面具一条横凹，在横凹上和肩胛的下面刻点大而明显，翅面的其余部分，刻点细小或仅留痕迹，成纵行排列。腿节粗壮，腹面各具一个很小的齿。

寄主：杨属、樱桃属、山核桃属。

分布：江苏、浙江、江西、福建、广东、海南、广西、贵州、云南、台湾；朝鲜、越南。

2. 褐足角胸肖叶甲 *Basilepta fulvipes* (Motschulsky, 1860)

鉴别特征：体长3.0 ~ 5.5mm。体色多变，体背铜绿色，或头部和前胸棕色、鞘翅绿色，或体棕红色等。触角丝状，棕红色，端部6 ~ 7节黑色或黑褐色，雌虫触角达体长的1/2，雄虫触角达体长的2/3，第3、4节最细，两者长度相近或第3节稍短于第4节。前胸背板宽不及长的2倍，近六角形，两侧在基部之前突出成较锐或较钝的尖角。

寄主：樱桃、榆叶梅、梨、李、苹果、枫杨、榆、菊花、艾蒿、玉米、大豆、谷子、高粱、大麻、甘草、蓟、旋覆花、香蕉。

分布：江苏、北京、陕西、宁夏、黑龙江、辽宁、河北、山西、山东、浙江、江西、福建、湖北、湖南、广西、四川、贵州、云南、台湾；朝鲜、韩国、俄罗斯。

3. 中华萝藦肖叶甲 *Chrysochus chinensis* Baly, 1859

鉴别特征：体长7.2～13.5mm，体宽4.2～7.0mm。体粗壮，长卵形，金属蓝或蓝绿、蓝紫色。种内变异较大，是一个多型物种。鞘翅基部稍宽于前胸，在基部隆起之后具一条或深或浅的横凹，盘区刻点大小不一，一般在横凹处和肩胛的下面刻点较大，排列成略规则的纵行或不规则列。

寄主：茄、芋、甘薯、蕹菜、地梢瓜、曼陀罗、鹅绒藤、戟叶鹅绒藤以及黄芪属、罗布麻属。

分布：江苏、湖南、甘肃、青海、河北、山西、陕西、山东、河南、浙江以及东北地区；朝鲜、日本、俄罗斯。

4. 玉米鳞斑肖叶甲 *Pachnephorus bretinghami* Baly, 1878

鉴别特征：体长2.2 ~ 3.5mm，体宽1.3 ~ 2.2mm。体长圆柱形，黑褐色或黑色，具金属光泽；体背密被灰白色鳞片，腹面鳞片较疏少；触角淡棕色，末端5节深褐色；足棕红色或黑红色。触角约达鞘翅基部。前胸背板长稍大于宽，侧边直，自基部向前稍向外斜伸，中部之前稍收狭，呈圆柱形；盘区刻点深密，两侧呈皱纹状。鞘翅基部宽于前胸；盘区刻点深，排列成规则纵行，翅端刻点较小；行距较平而光亮，具微细刻点；在翅端和侧面鳞片常组成不规则斑纹。前胸前侧片前缘突出，前、后侧片之间具一条斜凹；前胸腹板长方形，前宽后窄；中胸腹板横宽，方形。爪具附齿。

寄主：玉米、高粱、小麦、花生、柳叶刺蓼、旋覆花、蓟以及豨莶属。

分布：江苏、河北、北京、浙江、湖北、江西、福建、广西、四川、云南、台湾；越南、老挝、柬埔寨、缅甸、泰国、印度、新加坡。

5. 丽扁角肖叶甲 *Platycorynus parryi* Baly, 1864

鉴别特征：体长7.0 ~ 10.0mm，体宽4.0 ~ 5.0mm。体具强烈金属光泽；体背紫金色，前胸背板侧缘、鞘翅侧缘和中缝两侧绿色或蓝绿色；体腹面常具金属蓝、绿、紫三色。前胸背板横宽，中部隆突如球形，两侧边缘弧形，稍敞出；盘区刻点较头部的细密，两侧刻点较大。小盾片舌形，具细小刻点。鞘翅基部宽于前胸，肩胛和内侧的基部均明显圆隆，刻点细小，排列成不规则纵行。

寄主：女贞以及杉木属、锡叶藤属、络石属。

分布：江苏、湖南、浙江、江西、湖北、四川、福建、广东、广西、贵州；朝鲜、越南。

注：又名绿缘扁角叶甲。

距甲科 Megalopodidae

小距甲亚科 Zeugophorinae

小距甲 *Zeugophora* sp.

鉴别特征：头部和前胸黑色，鞘翅棕色，触角黑色，腹面深棕色，足黑色（前中足腿节基部棕色，各足跗节棕色）。触角长过肩胛，第1节长，第2节最短，末节端部狭尖，其余各节短粗。鞘翅肩胛向侧前方突出，盘区略平，鞘翅两侧基部至中部渐膨扩，端部稍圆；鞘翅被密刻点和毛。后足腿节膨粗。

分布：江苏（宜兴）。

郭公虫总科 Cleroidea

郭公虫科 Cleridae

叶郭公虫亚科 Hydnocerinae

新叶郭公 *Neohydnus* sp.

鉴别特征：体长4.0mm。体黑色。复眼突出。触角黄色，念珠状。前胸背板被灰褐色细毛，前宽后窄，背方隆突。鞘翅密布粗刻点，侧缘区被细毛，两鞘翅侧缘平行，肩角钝圆，翅膀不及腹端，端部翅缝处凹陷呈“八”字形。足黄色。

分布：江苏（宜兴）。

拟花萤科 Melyridae

拟花萤亚科 Melyrinae

阿囊花萤 *Attalus* sp.

鉴别特征：体长3.3～3.8mm。体黑色，具光泽。复眼突出。触角3～5节黄褐色，其余节黑色。前胸背板六边形，中部具稀疏刻点，侧缘与前缘区密被灰褐色细毛。鞘翅从基部逐渐变宽，于3/4处达到最宽，然后逐渐收窄于端部，具翅缝，端部黄褐色。足基节黄褐色，前足腿节末端至跗节黄褐色，其余部位黑色；足与腹部具刻点，密被灰白色细毛。

分布：江苏（宜兴）。

细花萤科 Prionoceridae

伊细花萤 *Idgia granulipennis* Fairmaire, 1891（江苏新记录种）

鉴别特征：体长10.0mm。触角线状，前4节黄褐色，其余节褐色。头部黑色，复眼大而黑。前胸背板黄褐色，近方形。鞘翅黑色狭长，长约为宽的2.6倍。足腿节黄褐色，胫节、跗节褐色。

分布：江苏（宜兴）、湖北、贵州。

扁甲总科 Cucujoidea

穴甲科 Bothrideridae

穴甲亚科 Bothriderinae

花绒穴甲 *Dastarcus helophoroides* (Fairmaire, 1881)

鉴别特征：体长5.0 ~ 10.0mm。体深红褐色，具红褐色鳞片。触角11节，短杆状。前胸背板具粗大刻点和众多竖鳞。鞘翅基部、中部之后及端部具明显的鳞片群，形成红褐色斑纹，每鞘翅具4条明显的纵脊。

寄主：黄斑星天牛、光肩星天牛和星天牛。

分布：江苏、北京、陕西、宁夏、甘肃、内蒙古、辽宁、四川、浙江、天津、河北、山西、河南、山东、上海、安徽、湖北、广东、香港；日本、美国。

注：又名花绒坚甲、花绒寄甲、褐绒坚甲、赫绒坚甲、木蜂坚甲。

瓢甲科 Coccinellidae

红瓢虫亚科 Coccidulinae

1. 红环瓢虫 *Rodolia limbata* (Mostchulsky, 1866)

鉴别特征：体长4.0 ~ 6.0mm，体宽3.0 ~ 4.3mm。体长圆形，两侧较平直，弧形拱起；背面及腹面密被黄白色毛。头部黑色，复眼黑色，但常具浅色周缘。前胸背板基色黑色，前缘和肩角至基角部分红色。小盾片黑色。鞘翅基色黑色，其外缘和鞘缝被红色宽环所围绕。足腿节黑色，但末端红色，胫节及跗节红色。

习性：以吹绵蚧、茶硕蚧为食。

分布：江苏、辽宁、吉林、黑龙江、北京、天津、河北、山东、河南、山西、陕西、云南、贵州、四川、浙江、上海、广东、广西；蒙古、朝鲜、日本以及西伯利亚。

瓢虫亚科 Coccinellinae

2. 四斑裸瓢虫 *Calvia muiri* (Timberlake, 1943)（江苏新记录种）

鉴别特征：体长4.0 ~ 5.6mm，体宽3.4 ~ 4.9mm。体短圆形。头部及前胸背板橙褐色，基部具4枚白点，其中外侧的2枚向外斜向与基缘相接。翅鞘橙褐色，各具6枚白斑，近鞘翅肩角及顶角处还各具一不规则小斑。

习性：幼虫、成虫皆以蚜虫为食。

分布：江苏（宜兴）、陕西、山西、河北、河南、福建、广西、四川、贵州、云南、台湾；日本。

雌雄1对

雌雄1对

3. 七星瓢虫 *Coccinella septempunctata* Linnaeus, 1758

鉴别特征：体长5.2～7.0mm，体宽4.0～5.6mm。前胸背板黑色，在其前角上各具一个大型的近于四边形的淡黄色斑，伸展到缘折上形成窄条。鞘翅红色或橙红色，两鞘翅上共具7个黑斑，其中位于小盾片下方的斑被鞘翅中缝分割为两半，其余每一鞘翅上各具3个黑斑。

习性：主要以蚜虫为食，有时还取食小土粒、真菌孢子和一些小型昆虫，秋天还常常取食植物的花粉。

分布：广东、海南、广西、台湾以及东北、西北、西南、华北、华东、华中地区；蒙古、朝鲜、日本、印度以及欧洲、非洲。

注：又名金龟、新媳妇、花大姐、七星瓢蜱、七星花鸡等。

4. 异色瓢虫 *Harmonia axyridis* (Pallas, 1773)

鉴别特征：体长5.4 ~ 8.0mm，体宽3.8 ~ 5.2mm。体卵圆形，突肩形拱起，但外缘向外平展部分较窄。体背面的色泽及斑纹变异较大。头部由橙黄色或橙红色至全为黑色。前胸背板浅色而具一“M”字形黑斑，向深色型的变异时，该黑色部分扩展相连以至中部全为黑色，仅两侧浅色；向浅色型的变异时，该斑黑色部分缩小仅留下4个黑点或2个黑点。小盾片橙黄色至黑色。鞘翅上各具9个黑斑，向深色型变异时，斑点相连而呈网形斑，或鞘翅黑色而各具6个、4个、2个或1个浅色斑，甚至全为黑色；向浅色型的变异时，鞘翅上的黑点部分消失以至全部消失，甚至鞘翅全为橙黄色。本种的鞘翅末端具一个隆起的脊，极少数没有，因此基本可以根据此特征进行鉴定。异色瓢虫的雌雄看唇基，白色为雄虫，具黑斑则为雌虫。

习性：捕食蚜虫类、木虱、粉虱、蚧、叶甲、蛾类幼虫。

分布：江苏、北京、河南、山东、山西、陕西、河北、河南、辽宁、吉林、黑龙江、甘肃、西藏、云南、贵州、四川、湖北、湖南、浙江、江西、福建、广东、广西、海南、台湾；日本、朝鲜、蒙古、美国、俄罗斯。

雌雄1对

雌雄1对

雌雄1对

5. 黄瓢虫 *Illeis koebelei* (Timberlake, 1943)（江苏新记录种）

鉴别特征：体长3.5 ~ 5.1mm，体宽3.0 ~ 4.0mm。体卵圆形，稍扁平，体黄色，背面光滑无毛。头部黄白色，前胸背板黄白色，在其后缘中部两侧各具一圆形黑斑。小盾片和鞘翅黄色，鞘翅无斑纹。虫体腹面中央黄褐色，雄虫第6腹板后缘中央内凹，雌虫第6腹板后缘突出。

习性：主要取食植物白粉病菌。

分布：江苏（宜兴）、陕西、云南、四川、河北、山西、广西、福建、台湾；日本、朝鲜。

注：又名柯氏素菌瓢虫。

雌　　雌

雄　　雄

6. 黄斑盘瓢虫 *Lemnia saucia* (Mulsant, 1850)（江苏新记录种）

鉴别特征：体长5.8 ~ 6.8mm，体宽4.8 ~ 6.0mm。体圆形，呈半球形拱起。前胸背板侧缘弧形弯曲，基角不明显，肩角钝圆，呈钝角。体基色为黑色。雄虫头部为橙黄色，雌虫头部为黑色。前胸背板在两肩角延至后缘各具一橙黄色大斑，有时前缘也为橙黄色。小盾片宽大，三角形，侧缘平直。鞘翅缘折较宽。

习性：以蚜虫为食。

分布：江苏（宜兴）、内蒙古、山东、河南、陕西、甘肃、云南、贵州、四川、湖南、上海、浙江、江西、福建、广东、广西、海南、香港、台湾；日本、印度、菲律宾、尼泊尔、泰国。

7. 六斑月瓢虫 *Menochilus sexmaculatus* (Fabricius, 1781)

鉴别特征：体长4.6 ~ 5.5mm，体宽4.0 ~ 6.2mm。体近圆形，背稍拱起。复眼黑色，额部黄色，唯雌虫黄色前缘中央具黑斑，复眼内侧具黄斑。上唇及口器为黄褐色至黑褐色。前胸背板黑色，唯前缘和前角及侧缘黄色，缘折大部褐色。小盾片及鞘翅黑色，鞘翅共具4个或6个淡色斑。本种是最常见的瓢虫之一，斑纹多变，但前胸背板斑纹固定。

习性：以蚜虫为食。

分布：江苏、山东、河南、陕西、甘肃、重庆、贵州、四川、湖南、云南、浙江、江西、广东、广西、福建、海南、香港、台湾；日本、柬埔寨、印度、斯里兰卡、菲律宾、马来西亚、印度尼西亚、泰国、阿富汗、伊朗、密克罗尼西亚以及新几内亚岛。

8. 龟纹瓢虫 *Propylea japonica* (Thunberg, 1781)

鉴别特征：体长3.4 ~ 4.7mm，体宽2.6 ~ 3.2mm。体长圆形，弧形拱起，表面光滑，不被细毛。前胸背板中央具一大型黑斑。小盾片黑色。鞘翅基色黄色，有龟纹状黑色斑纹，鞘缝黑色。鞘翅上的黑斑常有变异：黑斑扩大相连或黑斑缩小而成独立的斑点，有时甚至黑斑消失或鞘翅全部为黑色。

习性：以蚜虫、木虱、棉铃虫卵、幼虫、叶螨等为食。

分布：江苏、北京、河北、山东、河南、陕西、宁夏、甘肃、新疆、云南、贵州、四川、湖北、湖南、浙江、上海、江西、福建、广东、广西、海南、台湾以及东北地区；日本、印度、朝鲜、越南、不丹、俄罗斯。

9. 黑襟毛瓢虫 *Scymnus* (*Neopullus*) *hoffmanni* Weise, 1879

鉴别特征：体长1.7 ~ 2.2mm，体宽1.4 ~ 1.5mm。体黄棕色至红棕色，被浅黄色毛。前胸背板基部具一个黑斑，此黑斑可扩大，只剩前角棕色。小盾片黑色。鞘翅斑纹多变，或鞘缝处具黑色纵条，伸达鞘翅长的5/6，或斑纹扩大，鞘翅的基部亦为黑色，或鞘翅的侧缘为黑色，每鞘翅的中部具一条棕色纵条。

习性：以棉蚜、大豆蚜、桃蚜、叶螨等为食。

分布：江苏、北京、辽宁、吉林、黑龙江、陕西、河北、山西、河南、山东、浙江、福建、湖南、广东、广西、云南、香港、台湾；朝鲜、韩国、日本、印度。

食植瓢虫亚科 Epilachninae

10. 瓜茄瓢虫 *Epilachna admirabilis* Crotch, 1874

鉴别特征：体长6.6 ~ 8.4mm，体宽5.4 ~ 6.9mm。体近于心形，中部之前最宽，端部收窄。背面棕色至棕红色。头部无黑斑或少数具一黑斑。前胸背板侧缘弧形，基缘两侧内弯，后角突出；前胸背板无黑斑或具一个黑色的中斑，或中斑中央分离而左右成斑。每鞘翅上具6个黑色斑点，在浅色型中，斑点缩小，常为不规则形，或部分斑点消失。

寄主：龙葵、木通、茄、苦瓜、南瓜、冬瓜等。

分布：江苏、北京、湖南、湖北、江西、陕西、云南、四川、浙江、安徽、福建、广西、台湾；日本、印度、缅甸、越南、尼泊尔、孟加拉国、泰国。

11. 中华食植瓢虫 *Epilachna chinensis* (Weise, 1912)（江苏新记录种）

鉴别特征：体长4.2 ~ 5.8mm，体宽3.5 ~ 4.2mm。体卵形，背部拱起。背面棕红色。前胸背板侧缘弧形。前胸背板中央具一黑色横斑。鞘翅上各具5个黑斑，呈2-2-1排列，其中一斑在浅色型中位于小盾片之后，不与鞘缝相连，在深色型中连至鞘缝；2斑位于肩胛上；3斑横置，独立；5斑稍横置，近鞘缝及外缘。

寄主：海金砂、拉拉藤。

分布：江苏（宜兴）、河南、陕西、云南、贵州、湖北、安徽、江西、福建、广东、广西；日本。

雌

雌

隐食甲科 Cryptophagidae

圆隐食甲亚科 Atomariinae

黄圆隐食甲 *Atomaria lewisi* Reitter, 1877（江苏新记录种）

鉴别特征：体长1.4 ~ 2.0mm。体黄褐色，被淡黄色毛。触角棒3节，明显，第1节长约为宽的2倍。前胸背板横长，略呈六角形。鞘翅较短，长不及基部宽的2倍。

习性：危害储粮。

分布：江苏（宜兴）、北京、陕西、甘肃、内蒙古、黑龙江、河北、山东、河南、上海、浙江、福建、湖北、广东、贵州、云南、台湾；日本、印度以及中亚至欧洲、非洲、北美洲。

雌

雌

雄　　雄

伪瓢虫科 Endomychidae

窄须伪瓢虫亚科 Anamorphinae

1. 日本伪瓢虫 *Idiophyes niponensis* (Gorham, 1874)

鉴别特征：体长1.3 ~ 1.8mm。体半球形，背面显著隆起，酷似瓢虫，红褐色至赤褐色，具光泽，被黄褐色直立长毛。触角10节，基部2节长，末3节形成大而松散的触角棒。前胸背板显著横宽，中央隆起，两侧呈翼状平展。鞘翅背面显著隆起，两侧平展。

习性：幼虫取食半知菌等真菌。

分布：江苏、北京、吉林、湖南、内蒙古、河南、福建；俄罗斯、日本。

注：又名日伊美薪甲。

音锉伪瓢虫亚科 Lycoperdininae

2. 北方弯伪瓢虫 *Ancylopus borealior* Strohecker, 1972

鉴别特征：体长5.0mm。体长卵形，具弱光泽。前胸背板、腿节基部、胫节以及鞘翅橘黄色。触角1 ~ 3节橘黄色，其余节黑色。前胸背板刻点较细密，刻点间光亮；基沟深，线形；侧沟深而清晰，线形，延伸至前胸背板中部；前角弱突，较钝；后角近直角。鞘翅密布中等粗糙刻点，刻点间光亮；侧缘弱弧，端部1/3处最宽，此后急剧向末端收缩；鞘翅基部、中部、端部各具一黑斑，翅缝为黑色。

分布：江苏。

3. 方斑弯伪瓢虫指名亚种 *Ancylopus phungi phungi* Pic, 1926（江苏新记录种）

鉴别特征：体长4.0 ~ 5.1mm，体宽2.0 ~ 2.1mm。体卵形，较扁平；鞘翅黑色，具橘黄色鞘翅斑；光滑具光泽。触角细长，约达体长的1/2，棒节3节。前胸背板刻点较细密，刻点间光亮；基沟深，线形；侧沟深而清晰，线形，延伸至前胸背板中部；前角弱突，较钝；后角近直角，尖锐。鞘翅密布中等粗糙刻点，刻点间光亮；侧缘弱弧，端部1/3处最宽，此后急剧向末端收缩；肩部略突；每鞘翅具2个宽大的横斑；端斑位于肩部之后，近矩形，向下倾斜，外侧几达翅缘，内侧远离翅缝；基斑位于基部1/3处，近矩形，向上倾斜，内侧不达翅缘，外侧远离翅缝。

分布：江苏（宜兴）、浙江、河北、安徽、福建、江西、山东、湖南、湖北、海南、西藏、广西。

4. 彩弯伪瓢虫亚洲亚种 *Ancylopus pictus asiaticus* Strohecker, 1972

鉴别特征：体长5.8 ~ 6.0mm。体长卵形，弱隆，具弱光泽。前胸背板、胸部和腹部的腹面、腿节基部以及鞘翅斑橘黄色或棕黄色，头部、鞘翅、中胸侧片和后胸前侧片黑色，触角棕色。前胸背板中部之前最宽；布稠密、细小刻点；前缘饰边显宽，两侧缘窄；基沟发达，弧形，侧沟线形，近平行，长且深；雌虫侧沟端部由一条弯曲的深横沟相连；前角突钝，后角近直角。鞘翅具比前胸背板粗糙且稠密的刻点；基斑与端斑在内侧由一条几乎与翅缝平行的窄带相连，并在端斑后侧围成一个卵形黑色区域。雄虫中足胫节内侧中部与端部之间具一小锐齿，后足胫节内侧具大小不等的一列小齿。雄虫第5可见节腹板后缘弧形缺刻，雌虫宽圆。

分布：江苏、浙江、上海、福建、江西、山东、河南、四川、云南、广西、海南、台湾。

注：引自《天目山动物志》。

雄　雄　雌

雌

5. 蕈伪瓢虫 *Mycetina* sp.

鉴别特征：体长2.8mm。头部黑色。触角黑色，念珠状，11节。前胸背板黑色，具金属光泽；侧缘外翘，中部隆起；前角钝，有弧形，后角为直角。小盾片黄色，三角形。鞘翅黄色，具金属光泽，自基部3/5起强烈收缩到端部。腹板黄色。足黑色，跗节淡黄色。

分布：江苏（宜兴）。

狭跗伪瓢虫亚科 Stenotarsinae

6. 狭跗伪瓢虫 *Stenotarsus* sp.

鉴别特征：体长2.6 ~ 3.3mm。体棕色，卵圆形，具光泽。触角与足均为黑色。前胸背板铃形。小盾片三角形。前胸背板与鞘翅密被黄色细毛。

分布：江苏（宜兴）。

大蕈甲科 Erotylidae

褐隐蕈甲亚科 Cryptophilinae

1.褐蕈甲 *Cryptophilus integer* (Heer, 1841)

鉴别特征：体长2.0 ~ 2.3mm。体棕色至暗褐色，具光泽。触角棒3节，几乎等宽，端节端部稍突出。前胸背板宽大于长，最宽处位于中部稍前，两侧均匀弧形外突，有缘边。鞘翅长，为前胸背板长的3倍；鞘翅面只有一种颇密而直立或近于直立的黄褐色绒毛，不成行。跗节式雌雄均为5-5-5。

习性：取食真菌和霉菌；危害含水量高或开始生霉的稻谷、小麦、玉米等多种储粮及其加工品。

分布：江苏、北京、辽宁、内蒙古、河南、湖北、福建、台湾；朝鲜、韩国、日本以及欧洲、北美洲、大洋洲。

注：又名褐隐蕈甲。

大蕈甲亚科 Erotylinae

2.双斑玉蕈甲 *Amblyopus interruptus* Miwa, 1929（大陆新记录种）

鉴别特征：体长7.5mm，体宽3.0mm。触角黄褐色，末3节膨大呈黑褐色。头部及前胸背板黑色，具刻点。前胸背板很宽，下缘波状，中央突出。翅鞘黑色，翅肩及翅端附近各具一枚橙红色斑，上下斑相连或分离，近翅肩的橙红色斑内侧延伸突出，中间常具一个黑色斑点，有些个体不具黑斑。足黑褐色，腿节和胫节粗短，胫节基部淡褐色。

分布：江苏（宜兴）、台湾。

注：又名间断玉蕈甲。

3.月斑沟蕈甲 *Aulacochilus luniferus* (Guerin-Meneville, 1841)（江苏新记录种）

鉴别特征：体长7.0mm，体宽3.5mm。体长卵形，背面隆起。体黑色，具光泽。触角第3节长约为第4节的2倍。前胸背板前缘直；侧缘基部最宽，饰边显宽，基部仅两侧镶细边。小盾片短舌状。鞘翅两侧饰边完全；刻点列明显，行上刻点粗于行间刻点；行间有不规则的细刻点和短刻线；每个鞘翅具一个红色或红棕色斑，形似角鹿。

分布：江苏（宜兴）、陕西、北京、河北、河南、浙江、广西、四川、云南、西藏；马来西亚、印度尼西亚。

4. 血红恩蕈甲台湾亚种 *Encaustes cruenta formosana* Chujo, 1964（江苏新记录种）

鉴别特征：体长16.0 ~ 25.0mm，体宽6.0 ~ 9.0mm。体黑色，长椭圆形。前胸背板左右两侧各具一对称的“R”字形橘色斑。每鞘翅具2块斑，一块为基部斑，从肩角向后伸出，在第5条刻线外，达基部和侧缘，后缘具2齿，另一块斑在近端部，前缘向后凹，具3个向前的齿，斑的侧缘、鞘翅的侧缘与缝区近平行，后缘具2个向端部的齿；每鞘翅具8条刻点列，行间具不规则的细刻点和细刻线。胫节端部外侧具刺突。

分布：江苏（宜兴）、河北、河南、广西、福建、台湾。

5. 福周艾蕈甲 *Episcapha fortunii* Crotch, 1873（江苏新记录种）

鉴别特征：体长11.0 ～ 12.0mm，体宽4.0 ～ 4.5mm。体黑色。前胸背板中间刻点稀少，前后端各具一个明显的角孔；后缘无饰边，中间弱叶状；前角明显前突，后角锐角。小盾片阔五边形，刻点稀。鞘翅饰边背观完整，镶粗密的刻点，无刻点列；鞘翅具斑，基斑在肩角区具齿，肩角处形成黑色斑，后缘具3个或4个齿。

分布：江苏（宜兴）、河南、湖北；日本、韩国。

6. 格瑞艾蕈甲 *Episcapha gorhami* Lewis, 1879（江苏新记录种）

鉴别特征：体长15.0mm，体宽6.0mm。体黑色。每鞘翅具2个色斑：第1斑位于肩角后，条带状，前缘2齿；第2斑后缘呈不规则波状，向前凹，前缘4齿，后缘4 ～ 5齿。鞘翅宽是长的3.75倍，背观饰边于第1斑后可见；鞘翅具均匀的刻点及直立的短毛。

分布：江苏（宜兴）、云南、湖南、贵州；日本。

注：又名戈氏大蕈甲、戈表大蕈甲。

7. 波鲁莫蕈甲 *Megalodacne bellula* Lewis, 1883（江苏新记录种）

鉴别特征：体长13.0 ～ 14.5mm，体宽4.5 ～ 5.5mm。体黑色。每鞘翅具2个红色斑：第1斑占据肩角，斑内具一个大的黑色点斑；第2斑横宽，位于鞘翅中部之后，前后缘各具3个或4个齿。每鞘翅具7条或8条刻点列，列间刻点稀疏。

分布：江苏（宜兴）、河南、河北、福建、浙江、江西；日本。

注：又名大蕈甲、贝大均跗蕈甲。

珐大蕈甲亚科（珐拟叩甲亚科）Pharaxonothinae

8. 凸斑苏拟叩甲 *Cycadophila* (*Cycadophila*) *discimaculata* (Mader, 1936)（江苏新记录种）

鉴别特征：体长4.0mm。体黄褐色。复眼为接眼式。触角念珠状，黄褐色，11节，末端3节膨大。前胸背板近方形，中部隆起呈球形，且为黑色。两鞘翅中部翅缝处形成一黑色的“凸”字形。足黄褐色。

分布：江苏（宜兴）、浙江、福建。

注：中文名新拟。

薪甲科 Latridiidae

光鞘薪甲亚科 Corticariinae

松木光鞘薪甲 *Corticaria pineti* Lohse, 1960（江苏新记录种）

鉴别特征：体长1.8mm，体宽0.9mm。体长椭圆形，背部稍隆起，两侧近平行；体棕褐色至暗红褐色，体表密被柔毛。头部宽稍大于长，为不规则四边形，头部宽略小于前胸背板。上唇横宽，顶端明显微凹。复眼大，圆形，稍突出，头部隆起部分具明显的刻点。触角11节，触角棒3节。前胸背板明显窄于鞘翅，近四边形，长宽几乎相等，两侧微弱圆弧状，端部1/3处最宽；中区近基部具一明显的圆形凹陷，表面密被圆形小刻点。鞘翅长椭圆形，长约为前胸背板长的3倍，背面稍隆起，肩部突出，翅端钝圆；鞘翅被细小刻点，排成纵列，每一刻点均具一倾斜柔毛。足较短，腿节粗壮，胫节细长。

分布：江苏（宜兴）、陕西；挪威、波兰、法国。

小扁甲科 Monotomidae

怪头扁甲 *Mimemodes monstrosus* Reitter, 1874（江苏新记录种）

鉴别特征：体长2.5 ~ 3.0mm。体扁平，褐色。触角10节，雄虫触角第1节近长方形，端节大，端缘1/3处具毛。唇基前缘内凹。前胸背板宽稍大于长，侧缘具许多小锯齿。鞘翅长稍大于前胸背板长度的2倍，露出腹部末端。

分布：江苏（宜兴）、北京、湖南、广西、四川、台湾；日本、俄罗斯。

露尾甲科 Nitidulidae

谷露尾甲亚科 Carpophilinae

1. 隆胸露尾甲 *Carpophilus obsoletus* Erichson, 1843

鉴别特征：体长2.3 ~ 4.5mm。体长约为宽的3倍，背面褐色至近黑色，具光泽。触角第2节等于或稍长于第3节。鞘翅肩部及前胸背板两侧有时色泽稍淡且带红色。中胸腹板具一条完整的中纵脊，两侧各具一条斜隆线。

习性：危害储藏的大米、小麦、花生、面粉及多种植物种子。

分布：中国大部分省份；欧洲、亚洲、非洲。

（高渊提供）

2. 暗彩尾露尾甲 *Urophorus adumbratus* (Murray, 1864)（江苏新记录种）

鉴别特征：体长4.3mm。体略扁平；黄棕色至红砖色，前胸背板中部具不规则红褐色的中纵斑，革翅肩角具明显红褐色肩斑，沿鞘翅缝具细窄的红褐色条带；无体毛。上唇前缘深凹。前胸背板近方形，前缘微凹，后缘近直线，侧缘于端部达到最宽；刻点稀疏且浅。小盾片近五边形，顶端圆。鞘翅长宽相当，基部略宽于前胸背板基部；肩角明显，较圆；端部倾斜平截，外顶角圆；刻点分布较均匀。前胸腹板隆起；前胸腹板突光滑，顶端平截。后胸腹板盘区光滑，靠近两侧较粗糙。下臀板中央具明显横向的近圆形凹陷。

分布：江苏（宜兴）、浙江、福建、贵州、台湾；印度、菲律宾、马来西亚、印度尼西亚。

3. 隆肩尾露尾甲 *Urophorus humeralis* (Fabricius, 1798)（江苏新记录种）

（高渊提供）

鉴别特征：体长3.0 ～ 5.0mm。体暗栗色至黑色，具光泽，触角基部8节黑褐色，触角棒黑色。前胸背板侧缘前半（不及一半）较厚，约为后半的2倍。鞘翅短，露出腹末3节，鞘翅色泽单一或肩部带黄褐色至红色斑。足黄褐色至黑褐色。

习性：危害谷物、腐败的果实和蔬菜。

分布：江苏（宜兴）、四川、浙江、福建、贵州、云南、广东、广西；美洲、非洲。

注：又名肩优露尾甲。

隐唇露尾甲亚科 Cryptarchinae

4. 四斑露尾甲 *Glischrochilus japonicus* (Motschulsky, 1857)

鉴别特征：体长7.5 ～ 13.5mm。体黑色，触角及跗节红棕色。鞘翅具2对红色斑，前斑呈倒“Y”字形，后斑的前缘外侧呈“U”字形内凹。

习性：成虫见于松散树皮下，取食流出的树液。

分布：江苏、北京、陕西、山西、山东、安徽、湖北、重庆、贵州、云南、香港；日本、俄罗斯、朝鲜、韩国以及东南亚。

长鞘露尾甲亚科 Epuraeinae

5. 伪露尾甲 *Epuraea* (*Haptoncus*) *fallax* (Grouvelle, 1987)（江苏新记录种）

鉴别特征：体长2.2mm，体宽1.1mm。体卵圆形，中度突起，全身棕色，复眼黑色。体表刻点明显，密集，刻点之间表面呈微细网状。体表柔毛不明显。头部微凹，复眼间距大于两复眼合宽，触角棒3节。前胸背板前缘微凹，基部靠鞘翅边缘略显弯曲；边缘弧形；前缘角微圆，后缘角呈钝角；前缘窄于基部。小盾片三角形，顶角近直角。鞘翅边缘弧形，长于两翅合宽，大于前胸背板长度的2倍，顶端平截，两翅合缝处鞘翅呈直角。臀板顶点弧形。前胸腹板突延长，沿前足基节弯曲强烈，顶端稍加宽。

分布：江苏（宜兴）、四川；俄罗斯、印度、日本、韩国。

6. 棉露尾甲 *Epuraea* (*Haptoncus*) *luteolus* Erichson, 1843（江苏新记录种）

鉴别特征：体长1.9mm。体卵圆形，中度突起；黄褐色，体被细柔毛。头部突起，头部背片伸达复眼下方；上唇前缘深凹，颏三角形。前胸背板前缘深凹，后缘平直，侧缘弓形，基部稍窄，前、后角锐，侧缘明显展开。小盾片三角形，顶端尖。鞘翅长大于合宽，顶端斜截。臀板外露。前胸腹板突延长，顶端变宽。中足间距等于前足基节间距，后足基节间距最大；前足跗节膨大，中、后足跗节不膨大。阳茎基呈深“V”字形凹陷，顶端及近顶端处内侧具绒毛。

分布：江苏（宜兴）、浙江、河南、安徽、湖北、江西、福建、广西、四川、台湾；法国、澳大利亚。

7.褐突露尾甲 *Epuraea pallescens* (Stephens, 1835)（江苏新记录种）

鉴别特征：体长2.6mm。体黄棕色，被毛。唇基平直，稍突，上唇前缘中部的缺刻狭而深。复眼后颊短，不达眼侧缘。前胸背板宽为长的2倍，后角向后稍突出。小盾片大，三角形。鞘翅长宽比为1.19，为前胸背板长的2.42倍。跗节基部3节叶形，第4节短小。雄虫中足胫节近端部内侧稍弯曲。

分布：江苏（宜兴）、北京；朝鲜、韩国、日本、蒙古、哈萨克斯坦以及欧洲。

露尾甲亚科 Nitidulinae

8.烂果露尾甲 *Phenolia* (*Lasiodites*) *picta* (MacLeay, 1825)（江苏新记录种）

鉴别特征：体长5.5 ~ 8.5mm。体背褐色或黑褐色。触角红褐色，棒3节暗褐色。前胸背板侧缘红褐色。鞘翅红褐色，具黑褐色、黄褐色斑点和斑纹；翅端2/5处常具黄褐色大斑；鞘翅上的毛排成纵列。足腿节基半部黑色，端半部棕色。

分布：江苏（宜兴）、北京、陕西、河北、海南、香港、台湾；朝鲜、韩国、日本、俄罗斯、巴基斯坦以及东南亚。

锯谷盗科 Silvanidae

长角锯谷盗亚科 Brontinae

1. 三星锯谷盗 *Psammoecus triguttatus* Reitter, 1874（江苏新记录种）

鉴别特征：体长2.3 ~ 3.0mm。体长椭圆形，背面颇扁平。全身被淡褐色毛，表皮黄褐色。触角基部 4节及末节黄色，第 5 ~ 7 节色暗，第 8 ~ 10 节黑色。前胸背板每侧具多个小齿，每一齿上具一根刚毛。每鞘翅中部稍后具一黑斑，鞘翅后半部的翅缝处具一条黑纵纹。

分布：江苏（宜兴）、北京、黑龙江、浙江、福建、湖南、四川、台湾；日本、朝鲜、韩国、越南、不丹、意大利、澳大利亚、巴西、印度、马来西亚、尼泊尔、缅甸、法国、俄罗斯、南非、斯里兰卡、坦桑尼亚、乌干达、马达加斯加以及新几内亚岛。

锯谷盗亚科 Silvaninae

2.米扁虫 *Ahasverus advena* (Waltl, 1834)

鉴别特征：体长1.5 ~ 3.0mm。体长卵圆形，黄褐色或黑褐色，背面着生黄褐色毛。头部略呈三角形，前窄后宽，缩入前胸至眼部；触角棒3节，第1棒节显著窄于第2节，末节呈梨形。前胸背板横宽，前缘比后缘宽，前角呈大而钝圆的瘤突状，侧缘在前角之后着生多个微齿。

寄主：取食潮湿发霉的谷物、油料和其他储藏品。

分布：中国各省份；世界性分布。

象甲总科 Curculionoidea

长角象科 Anthribidae

长角象亚科 Anthribinae

1. 咖啡豆象 *Araecetus fasciculatus* (DeGeer, 1775)

鉴别特征：体长2.5 ~ 4.5mm。体卵圆形，背方隆起，暗褐色或灰黑色。触角11节，前8节红褐色，末3节膨大呈片状，黑色，松散排列。鞘翅行间交替镶嵌着褐色及黄色方形毛斑。腹末外露（腹末由于下弯、由背方往往不可见）。

习性：危害咖啡豆、玉米、甘薯干、干果及中药材等。

分布：中国大部分省份；世界性分布。

2. 日本瘤角长角象 *Ozotomerus japonicus* Sharp, 1891（江苏新记录种）

鉴别特征：体长5.0 ~ 7.5mm。体灰褐色，具黑褐色斑。触角短，第6 ~ 8节很短，棒节3节，粗壮，端部尖；雄虫触角第4节球形膨大，而雌虫不膨大。唇基中央弧形内凹。前胸背板侧缘具脊，直，不达前缘，仅达2/3处。鞘翅近端部1/3处具黑褐色宽横带，带的前方及后方具灰色区域，内具众多小黑褐色斑点。

习性：幼虫取食树干或朽木的木质部。

分布：江苏（宜兴）、北京、安徽、陕西、台湾；朝鲜、韩国、日本、俄罗斯。

雄　雄　雄

雄　雌　雌

3.瘤皮长角象 *Phloeobius gibbosus* Roelofs, 1879（江苏新记录种）

鉴别特征：体长8.0～10.0mm。体褐绿色，筒形，略宽。触角长，末3节呈栉齿状。前胸背板具4枚白斑，左右各2枚。翅鞘斑驳状，近基部内侧左右各具一枚黑色斑点，近翅端附近具不明显的白斑，有些个体无白斑，翅端灰白色，不具黑斑。

分布：江苏（宜兴）、陕西、山西、甘肃、四川、台湾；日本。

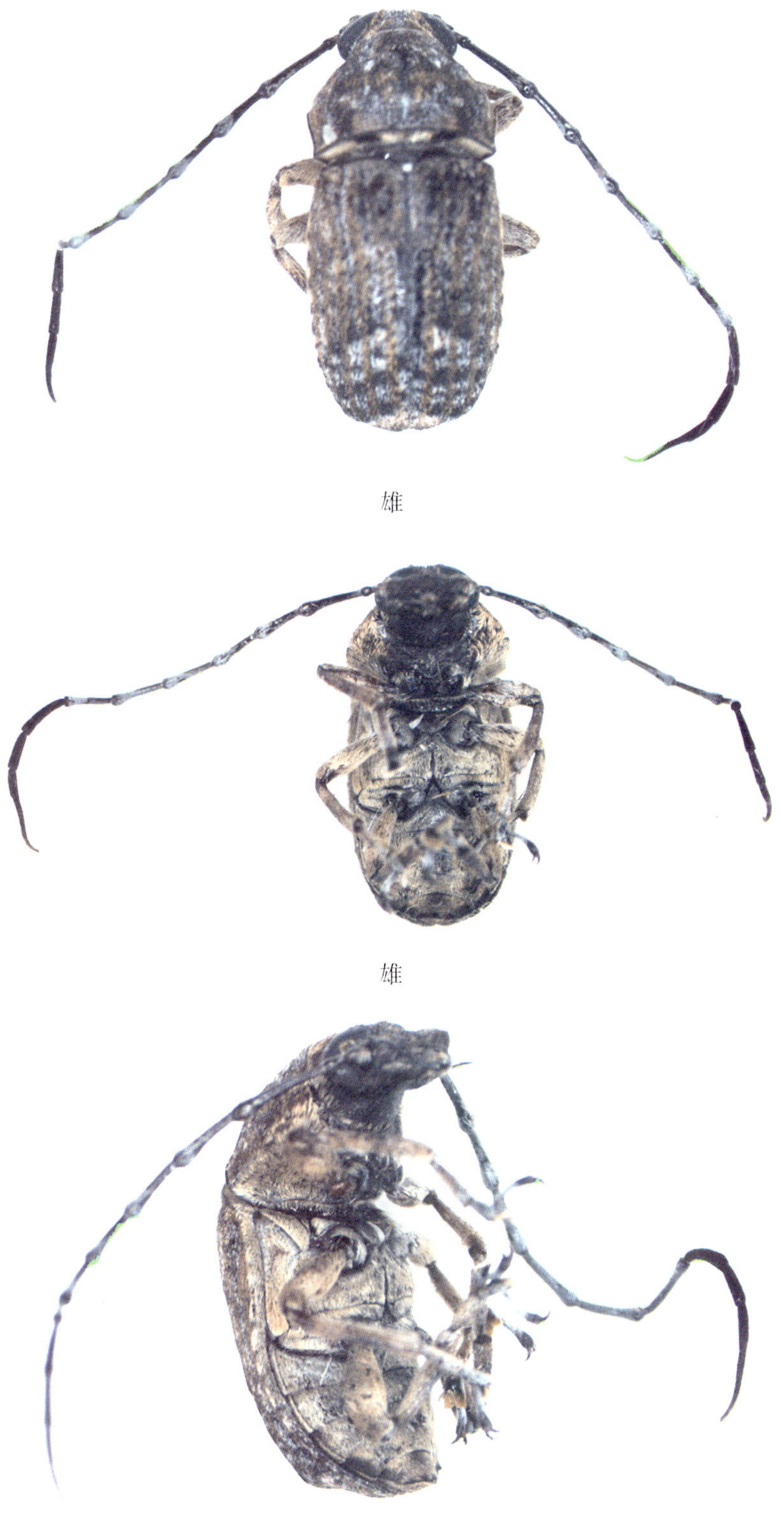

雄

雄

雄

4. 雷氏三齿长角象 *Rawasia ritsemae* Roelofs, 1880（大陆新记录种）

鉴别特征：体长6.8 ~ 13.9mm。体红棕色至黑棕色。触角11节，触角棒4节。前胸和鞘翅具灰白毛斑。头部和喙具方形刻点，两边或多或少纵向汇合，被灰白色毛。喙两侧平行。前胸背板长宽相等，基部宽，端部窄，具不规则刻点。小盾片横椭圆形，密被灰毛。鞘翅扁平，两边平行，刻点沟具明显刻点，沟间部无颗粒。

分布：江苏（宜兴）、台湾；日本。

雄　雄　雌

雄　雄　雌

雄　　　　雄

5. 日本额眼长角象 *Rhaphitropis japonicus* Shibata, 1978（中国新记录种）

鉴别特征：体长2.9～3.9mm。触角丝状，触角棒节细长，每节明显长大于宽，第9节与第8节近相等。前胸后缘不与鞘翅基缘平行。翅黑色，具灰色毛斑，鞘翅基缘截断状，鞘翅沿中缝具连续的纵毛带。跗节第1节等于其余各节之和；中足腿节沿外腹面具一隆线。

分布：江苏（宜兴）；日本、叙利亚以及俄罗斯远东地区。

注：中文名新拟。

卷象科 Attelabidae

卷象亚科 Attelabinae

1.勒切卷象 *Euops lespedezae* Sharp, 1889（江苏新记录种）

鉴别特征：体长7.5 ~ 7.7mm。体光亮，深蓝色。头部延长，眼后收缩。雄虫眼分开，接近于一点。雌虫额间具纵凹线。前胸背板具漩涡状刻点，近中后部具横皱；前胸具明显金属色泽；前胸背板中部和两侧有突起，部分有褶皱。鞘翅长约为宽的1.5倍，刻线正常；鞘翅肩宽而明显，基部中央在小盾片后具一角形凹陷；后角宽圆，后缘直。前4节腹片中部具纵向毛束。足黑色，腿节粗壮，前足胫节延长，中足胫节有褶压层。

分布：江苏（宜兴）、吉林、黑龙江；日本、韩国、俄罗斯。

2. 帕瘤卷象 *Phymatapoderus pavens* Voss, 1926（江苏新记录种）

鉴别特征：体长5.5～5.8mm。体黑色，具光泽。触角黄褐色，念珠状。头部呈六边形，复眼大而突出。前胸背板呈铃形，中部具一瘤状突起。每鞘翅基部具2个瘤状突起，肩角部的较大，靠近翅缝的较小，背中央具一个明显的瘤状突起；每鞘翅具8条刻点线，靠近鞘翅端部的刻点较小。足为黄褐色，后足腿节点为黑色，各足胫节末端具一距。

寄主：王母草、麻黄。

分布：江苏（宜兴）、江西；日本、韩国、俄罗斯、缅甸。

锥象科 Brentidae

梨象亚科 Apioninae

日本寡毛象甲 *Piezotrachelus (Piezotrachelus) japonicus* (Roelofs, 1874)（江苏新记录种）

鉴别特征：体长3.3mm。头部及前胸背板黑色，密布圆形刻点。喙细长，触角着生于喙中间。前胸背板具凹陷的纵沟。鞘翅蓝黑色，具金属光泽；翅面有明显的行纹，行间光亮无毛。腹部膨大，末端弧圆。各足黑色。

分布：江苏（宜兴）、山东、台湾；日本、韩国。

象甲科 Curculionidae

龟象亚科 Ceutorhynchinae

1. 龟象 *Ceutorrhynchus* sp.

鉴别特征：体长2.1mm。体黑色。前胸背板与头部密布刻点。头部与前胸背板前半部被黄褐色细毛，前胸背板侧端部与鞘翅被灰白色短毛。小盾片三角形。鞘翅整体呈铲状，肩角钝圆，每鞘翅具9条刻点沟。

分布：江苏（宜兴）。

朽木象亚科 Cossoninae

2. 跗锥跗象 *Conarthrus tarsalis* Wollaston, 1873（江苏新记录种）

鉴别特征：体长1.9～2.4mm。头部和前胸黑色，具许多小刻点。触角膝状，红棕色，触角棒黄褐色。额与喙基部等宽，喙长是宽的1.5倍。鞘翅黑色至红棕色，翅缝处黑色，具多条刻点线。侧面观，中胸腹板与后胸腹板处同一水平，中胸间突远宽于前胸间突。足红棕色，腿节粗壮，前足胫节显著二波状，跗节3完整，不呈二叶状。

习性：危害衰败的毛竹。

分布：江苏（宜兴）、云南、台湾；日本。

雌

雌

雌

雌

雄

雌

毛竹被跗锥跗象危害的症状

隐喙象亚科 Cryptorhynchinae

3. 黑点尖尾象 *Aechmura subtuberculata* (Voss, 1941)（江苏新记录种）

鉴别特征：体长6.7mm。体黑色，触角和爪沥青褐色。头部扁，喙宽是喙厚的1.5倍，长2倍于基部之宽，从基部向端部略放宽。前胸背板中间具一黑色大斑点，宽远大于长，向前扩张到或不到前缘，小盾片周围黑色，前胸背板前缘鳞片黑色，直立。鞘翅奇数行间散布鳞片组成的小瘤；鞘翅略宽于前胸背板，肩角尖锐，翅瘤钝，顶端缩成短喙状；行纹被鳞片挤成线形。腿节无齿，不呈棒状。

分布：江苏（宜兴）、浙江、福建。

4. 臭椿沟眶象 *Eucryptorrhynchus brandti* (Harold, 1881)

鉴别特征：体长9.0 ~ 11.5mm。体黑色，前胸背板大部、鞘翅肩角及翅端1/4 ~ 1/3密被白色鳞片，散布少量赭色和白色鳞片。

寄主：臭椿、千头椿。

分布：江苏、北京、陕西、宁夏、甘肃、黑龙江、辽宁、河北、山西、河南、山东、上海、安徽、湖北、四川；朝鲜、韩国、日本、俄罗斯。

5. 皱胸长沟象 *Monaulax rugicollis* (Roelofs, 1875)（大陆新记录种）

鉴别特征：体长4.2 ~ 7.7mm。前胸背板的刻点粗长，呈网状。静止时，喙与中足基节接触；胸沟两侧在前足基节窝后方形成叶突，前中足基节间距大；后足腿节棒状；喙的接受器伸达或超过中足基节后缘。

寄主：梨、栗。

分布：江苏（宜兴）、台湾；日本。

注：又名皱枚基象、皱单象甲。

6. 红黄毛棒象 *Rhadinopus confinis* (Voss, 1958)（江苏新记录种）

鉴别特征：体长4.4 ～ 5.2mm。体被覆鲜艳的红色和黄色鳞片。喙略较短，中隆线延长到眼的后缘，并扩充呈横纹，使隆线变成“T”字形。触角位于喙的中间，棒卵圆，长约为宽的2倍。前胸背板基部明显缩圆，有时具中隆线。末一腹板具宽而扁的凹洼。中后足胫节外缘明显呈波纹状。行间宽等于或略宽于行纹。

分布：江苏（宜兴）、福建、湖南、广西、贵州。

7. 圆锥毛棒象 *Rhadinopus subornatus* (Voss, 1958)（江苏新记录种）

鉴别特征：体长3.4 ~ 4.5mm。体黑褐色，触角淡红色，鞘翅鳞片红褐色，具黄色和黑色的斑点，黄色鳞片的一部分密集成短带。前胸背板宽明显大于长，基部宽大于长的2倍，中间向小盾片突出呈锐角，两侧向前喙猛烈缩窄，呈圆锥形，密布大刻点；在前胸背板中间两侧各具一直立的黑色鳞片束。鞘翅长约为宽的1.5倍，几乎呈三角形；鞘翅行间3具3个直立的黑色鳞片束，行间5基部和肩各具一束同样的鳞片；翅瘤明显，行纹发达。腿节略呈棒状，具小齿。

寄主：不详。

分布：江苏（宜兴）、福建。

8. 马尾松角胫象 *Shirahoshizo flavonotatus* (Voss, 1937)

鉴别特征：体长5.5～6.2mm。体暗红褐色，被覆红褐色、白色和直立的黑褐色鳞片；黑褐色鳞片在前胸背板比较浓密，白色鳞片在前胸背板、鞘翅和足集成斑点。前胸背板两侧圆，前缘宽等于基部的1/2，基部中间向小盾片突出，呈截断形，刻点发达，中间具细中隆线；前胸背板中线两侧各具2个白斑。鞘翅长约为宽的1.5倍，基部一半两侧平行，从中间到翅瘤缩圆，顶端连成圆形；鞘翅行间4、5紧靠中间各具一个白斑。行纹发达，刻点方形，刻点间具明显的横纹。

寄主：黄山松、马尾松。

分布：江苏、上海、湖南、江西、湖北、四川、云南、福建、广西。

9. 红鳞角胫象 *Shirahoshizo rufescens* (Roelofs, 1875)（中国新记录种）

鉴别特征：体长5.5～8.2mm。小盾片具中隆线。前胸后半部两侧平行。鞘翅第1沟间部具成列的小颗粒。腹部第3、4节具2排粗糙的刻点，后排的相互融合。后足腿节宽，其基部狭而呈直条状。

寄主：松属植物。

分布：江苏（宜兴）；朝鲜、韩国、日本。

象甲亚科 Curculioninae

10. 柞栎象 *Curculio arakawai* Matsumura et Kono, 1928（江苏新记录种）

鉴别特征：体长5.5 ~ 10.0mm。体长卵形，黑色，鞘翅锈赤色；喙、触角、足红色，被灰白色鳞片。雌虫的喙很细，长与体长之比为1 ∶ 1.2，在中间以前较弯；雄虫的喙长约为体长的1/2。触角长，着生于喙基部的1/3处。柄节长等于索节头4节之和。前胸背板宽大于长，两侧圆。小盾片舌状。鞘翅行纹沟状，具一行细鳞片，行间具皱纹。腿节下侧明显具齿。

寄主：桦木属、栎属、柳属以及蔷薇科。

分布：江苏（宜兴）、辽宁、吉林、黑龙江、北京、河北、山东、陕西、河南、浙江；日本。

11. 山茶象 *Curculio chinensis* (Chevrolat, 1878)

鉴别特征：体长6.0 ~ 11.0mm。体黑色或黑褐色，具金属光泽，全身疏生白色鳞片。喙细长，略向内弯曲。雌虫喙长9.0 ~ 11.0mm，雄虫喙长6.0 ~ 8.0mm。雌虫触角着生于喙端部的1/3处，雄虫触角则在喙的1/2处。鞘翅具纵刻点沟和由白色鳞片排成的白斑或横带。中胸两侧的白斑较明显。小盾片上具圆点状的白色绒毛丛。各腿节末端具一短刺。

寄主：油茶、茶以及山茶属。

分布：江苏、上海、安徽、浙江、江西、湖北、湖南、福建、广东、广西、四川、贵州、云南。

注：又名中华象。

12. 稻红象 *Dorytomus roelofsi* Faust, 1882（江苏新记录种）

鉴别特征：体长4.0 ~ 5.5mm。体具稀疏的毛和斑点，黄褐色至红褐色。触角着生于喙前部较宽处。前胸背板横向宽，最宽部分在中央略前。小盾片很小。前翅比前胸背板稍宽，两侧平行，具稀疏微绒毛。

寄主：柳。

分布：江苏（宜兴）、山西；韩国、日本、俄罗斯。

13. 剑纹恩象 *Endaeus striatipennis* Kojima et Zhu, 2018

鉴别特征：体长3.5mm，体宽1.6mm。体橘黄色；鞘翅的翅缝具黑褐色条，第4、6沟间部全长和第5沟间部基部的1/5具黑色条，形如剑刃；小盾片、足及体腹面黑色为主。体具细短柔毛。头部在眼后稍横凹，额在眼间的宽为喙基宽的1/3。眼突出，喙短于前胸（约3 ∶ 5），触角着生于喙中部稍前，柄节达眼的中部，长于梗节；棒节长约为宽的2倍，稍短于梗节。前胸长为宽的1.3倍，两侧圆弧形，中部最宽，前方稍缢缩，顶部稍突起，基缘平截状；具刻点，其间又具微刻痕；前胸的基部及两侧具倒伏的柔毛，腹面两侧在前缘之后具显著的凹窝，充满了密集的金黄色短毛。鞘翅长约为宽的1.5倍，中部最宽，后部具微弱的胝；鞘翅的行凹陷较弱，上具密刻点；沟间部宽，具细倒伏毛。

分布：江苏（宜兴）。

雌

雌

雌

雌

孢喙象亚科 Cyclominae

14. 蔬菜象 *Listroderes costirostris* Schoenherr, 1826（江苏新记录种）

鉴别特征：体长7.2 ~ 10.5mm，体宽3.0 ~ 4.0mm。体扁平，体背及头部黑褐色，腹面棕色。头部小，半球形。喙较短粗，触角肘状，11节。前胸背板略呈六边形，上生黑色鳞片和柔毛，中央具一灰白色纵线。鞘翅具10条刻点沟纹，行间平坦杂生黑棕色、灰白色鳞片、鳞毛及黑褐色向后伏生的硬毛，基部各具3个灰白色小斑，与盾片的斑排成一列；在近翅基1/3处有斜纹，呈"八"字形。各足腿节近端部均环生灰白色细毛形成的斑纹及黑褐色硬毛。

寄主：白菜、洋葱、甘蓝型油菜变种、甘蓝、花椰菜、意大利甘蓝、抱子甘蓝、羽衣甘蓝、蒜、落花生、甜菜、青菜、胡萝卜、辣椒、茼蒿、栽培菊苣、紫茎泽兰、野老鹳草、红凤菜、堆心菊、莴苣、桑、烟草、柳穿鱼、欧防风、矮牵牛、欧芹、番茄、茄子、马铃薯、繁缕、蚊母草、野萝卜、菠菜、马鞭草、萝卜、芥菜、白菜型油菜以及醉鱼草属、酢浆草属、锦葵属、夹竹桃属、车前属、酸模属、苦苣菜属、黄芩属。

分布：江苏（宜兴）、贵州、台湾；日本、韩国、美国、澳大利亚、新西兰、西班牙、南非、智利、法国、葡萄牙、以色列、摩洛哥、阿根廷、巴西、乌拉圭、玻利维亚、委内瑞拉以及诺福克岛。

注：又名菜里斯象、番茄象。

粗喙象亚科 Entimininae

15. 日本粗喙象 *Canoixus japonicus* Roelofs, 1873（大陆新记录种）

鉴别特征：体长7.4 ~ 8.0mm。体暗褐色。喙具深褐色鳞片，喙触角基瘤前突。触角窝互相接近，背面隆脊向内弯曲；触角棒特别小。前胸具3条深色纵带，翅中部具不明显的灰白色斜带。

寄主：花椒、柿。

分布：江苏（宜兴）、台湾；日本。

注：又名日本阔嘴象。

16. 圆窝斜脊象 *Phrixopogon walkeri* Marshall, 1948

鉴别特征：体长6.5 ～ 7.0mm，体宽3.0 ～ 3.2mm。体壁沥青色，被覆绿色至铜色鳞片。头部与喙位于同一平面；喙长等于宽，端部相当放宽；背面前端具浅洼，中隆线扁，比口上片或背侧隆线低得多，背侧隆线端部稍向外弯；颏毛4根；触角柄节从基部至端部逐渐放宽，但不扁，具倒伏毛和少数绿色窄鳞片，索节4、8等长；额扁平，密被鳞片；眼大而扁。前胸基部一半两侧平行，从此至端部逐渐缩窄，基部弯曲颇浅，背面突出（横），中间以后两侧各具一圆窝，花纹被鳞片遮蔽。鞘翅中间以后稍放宽，端部分别缩圆；行纹窄，透过鳞片仍然看得见；行间散布倒伏短毛，无颗粒。足被覆相当密的鳞片和倒伏毛，前足背缘直，腹面基部弯。

寄主：桃。

分布：江苏、上海、浙江。

17. 棉尖象 *Phytoscaphus gossypii* (Chao, 1974)

鉴别特征：体长3.9 ~ 4.5mm。体长椭圆形，红褐色，密被淡绿色而略发金光的鳞片。头部略窄于前胸。触角沟内缘具一小而钝的齿；触角细长，索1节长于索2节，明显长于其他索节，索3 ~ 6节长大致相等，索7节长于索6节；棒节长卵形。前胸宽稍大于长，远窄于鞘翅。鞘翅两侧平行，端部1/3处弧形收窄，行间具一列刚毛。足腿节近端部各具一小齿。

寄主：棉花、玉米、小麦、大豆、大麻、酸枣、茄子、甘薯、桃、杨等。

分布：江苏、陕西、辽宁、内蒙古、甘肃、北京、河北、山东、河南、安徽。

18. 尖象 *Phytoscaphus triangularis* Olivier, 1807（江苏新记录种）

鉴别特征：体长6.5mm，体宽2.9mm。体红褐色，被覆褐色、白色、黑褐色鳞片。额等于喙背面的宽，中间有沟。前胸很隆，宽为长的1.5倍，两侧圆凸，中间后最宽，向基部略狭窄，近前端缩呈领状；前胸具3条暗纹。鞘翅中间前、后各具一条白色的带，鞘翅行间基部有白纵纹。前足腿节粗，棒状，均具一钝齿，胫节端部内缘均具刺。

寄主：西洋梨、枣。

分布：江苏（宜兴）、福建、江西、广东、广西、四川、云南；越南、柬埔寨、缅甸、马来西亚、印度尼西亚、孟加拉国。

19. 斜纹普托象 *Ptochus obliquesignatus* Reitter, 1906

鉴别特征：体长6.0 ~ 7.0mm。体黑色，被覆白色或灰色鳞片，鞘翅有2 ~ 3条斜的暗褐色鳞片带。头加眼的宽几乎等于前胸前端之宽；喙长等于宽，略缩呈圆锥形，具3条纵隆线；触角细而长，棒卵形，褐色；额具明显的中沟，眼略突出。前胸背板宽约大于长的1/4 ~ 1/3，前端两侧和中间不明显凹，基部截断形，两侧几乎不扩圆，背面隆，具横皱纹，基部前中间两侧各具一窝。小盾片方圆形。鞘翅远宽于前胸背板，肩明显突出，中间以后最宽，刻点行细，行间扁，一样宽，奇数行间在翅坡之后略高于其他行间，行间散布成行的很短而倒伏的毛。腹面被覆白色鳞片，发银光。足细，腿节具一小齿。

分布：江苏、甘肃、山西以及东北地区。

注：又名斜纹圆筒象。

20. 柑橘灰象 *Sympiezomias citri* Chao, 1977（江苏新记录种）

鉴别特征：体长7.9 ~ 10.5mm，体宽3.6 ~ 4.7mm。前胸宽大于长，后缘宽于前缘，中沟深而宽，中纹褐色，顶区散布粗大颗粒。鞘翅背面密被白色和淡褐色至褐色略发光的鳞片，行纹较粗，刻点始终清晰，行间扁平，各具一行较短而近于倒伏的毛；雌虫鞘翅端部较长，灰色或淡褐色。

寄主：柑橘、茶。

分布：江苏（宜兴）、安徽、福建、江西、湖南、广东。

雌

沼泽象亚科 Erirhininae

21. 红萍象 *Stenopelmus rufinasus* Gyllenhal, 1835(中国新记录种)

鉴别特征：体长1.7 ~ 2.0mm。体灰黑色，具红色、黑色和白色鳞片，以红色鳞片为主，特别是前胸两侧较为密集，红色鳞片下方是白色鳞片。小盾片白色。鞘翅明显宽于前胸，两肩明显，其上具一簇白色鳞片。

寄主：满江红。

分布：江苏（宜兴）；美国、日本、南非、伊朗以及欧洲。

注：中文名新拟。

叶象亚科 Hyperinae

22. 苜蓿叶象 *Hypera postica* (Gyllenhai, 1813)

鉴别特征：体长5.0 ~ 6.0mm、体宽2.0 ~ 3.0mm。体褐色。头部延长呈管状。触角着生在头管前端，膝状，端部膨大。前胸背板与鞘翅上密布深浅相间的条刻，排列成8条纵行，且前胸背板和鞘翅中央均具一条深色条纹带，前胸背板深色条纹带中间具一条粗细不等的浅色线。足细长，腿节稍粗，上具小齿。

寄主：苜蓿、紫云英、苕子、金花菜、白三叶草、三叶草、车轴草。

分布：江苏、新疆、内蒙古、甘肃。

注：又名车轴草叶象。

筒喙象亚科 Lixininae

23. 甜菜筒喙象 *Lixus* (*Phillixus*) *subtilis* Boheman, 1835

鉴别特征：体长9.0 ~ 12.0mm。体黄褐色至黑紫色，被黄色鳞粉，鞘翅上散布不明显的灰色毛斑，触角和足跗节锈赤色。雄虫喙长约为前胸的2/3，雌虫喙长约为前胸的4/5。触角索1节长于索2节。鞘翅具短而钝的翅端，两翅端部略开裂。

寄主：甜菜、苋菜、藜、地肤等。

分布：江苏、北京、河南、山西、河北、陕西、甘肃、上海、安徽、浙江、江西、湖南、四川、新疆以及东北地区；日本、叙利亚、伊朗以及欧洲。

魔喙象亚科 Molytinae

24. 白腹锐缘象 *Acicnemis palliata* Pascoe, 1872（江苏新记录种）

鉴别特征：体长5.0 ~ 6.9mm。体土棕色，密被鳞片。头部前端延伸成喙，深红棕色，扁圆柱形。前胸背板中部和鞘翅中部有黑色区，翅上黑色区中央末端尖。腹部第2节两侧具明显的黑斑。足土棕色，密被鳞片和刚毛。

寄主：紫藤。

分布：江苏（宜兴）、浙江、上海；日本、韩国。

注：又名紫藤阿西克象甲。

25. 筛孔二节象 *Aclees cribratus* Gyllenhyl, 1835（江苏新记录种）

鉴别特征：体长13.0 ~ 17.5mm。体黑色，发光，背面散布细黄毛。触角索节明显短于柄节，索7节和棒2节密被灰色绵毛；额中具小窝。前胸基部呈强二波状，密布皱而大的刻点，眼叶不明显。翅肩的胝明显，行纹刻点坑状，行间隆起，具横皱纹。

分布：江苏（宜兴）、浙江、福建、四川、广西、云南。

26. 多瘤雪片象 *Niphades verrucosus* (Voss, 1932)（江苏新记录种）

鉴别特征：体长8.5mm。体黑褐色。头部散布显著的坑状刻点，刻点排列于纵沟内。触角棒卵形，长为宽的1.5 倍。前胸背板长略大于宽，两侧平行，散布显著的圆锥形瘤，背面散布圆形瘤。鞘翅长为宽的1.75倍，从行间3开始，奇数行间具圆形大瘤，偶数行间的瘤小得多。鞘翅具锈赤色和白色鳞片状毛斑，行间的瘤顶端被覆直立锈赤色鳞片，基部和端部行间的瘤密布雪白的鳞片状毛斑。腹板 1、2的刻点明显而稀疏，末一腹板刻点较密。腿节具齿，腿节近端部具白色鳞片状毛环。

寄主：马尾松。

分布：江苏（宜兴）、上海、福建、江西、湖南、四川；日本。

27. 多孔横沟象 *Pimelocerus perforatus* (Roelofs, 1873)（江苏新记录种）

鉴别特征：体长13.0 ～ 14.5mm。体黑褐色，前胸背板两侧、鞘翅肩角处及鞘翅端部斜面具白色或金黄色鳞毛。喙粗，略短于前胸背板；触角着生于喙的前端，索2节明显短于索1节。前胸背板前端 1/5 颗粒小，明显收缩，最宽处约在2/5处，此后稍收缩，表面具粗大分离的颗粒，中央前端具一宽的纵隆起（长卵形大瘤突）。鞘翅长宽比约为1.67，第3、5行间高于其他行间，第5行间近端部具一个瘤突。足腿节棒状。

寄主：油橄榄、美国红栌、日本女贞、黄檗、暴马丁香、水蜡、女贞、栗、香椿、桃、松等。

分布：江苏（宜兴）、北京、陕西、甘肃、山西、山东、湖北、湖南、广东、广西、四川、云南、福建、台湾；朝鲜、韩国、日本、俄罗斯。

28. 天目山塞吕象 *Seleuca tienmuschanica* Voss, 1958（江苏新记录种）

鉴别特征：体长 4 .0mm。体黑褐色。喙的基部强烈弯曲，背面具刻点。前胸刻点均匀而稠密，鞘翅的刻点更加粗糙，形成沟状，沟间部具瘤突，翅末呈胝状，缝角尖突。

分布：江苏（宜兴）、浙江。

小蠹亚科 Scolytinae

29. 红颈菌材小蠹 *Ambrosiodmus rubricollis* (Eichhoff, 1875)

鉴别特征：体长2.3 ~ 2.5mm。体圆柱形。体红棕色，鞘翅颜色深，适度覆盖着白色的毛。额区粗糙，口上具细长毛和纤毛。前胸背板具颗瘤，无刻点；鞘翅平截，与前胸背板的基部同宽，表面除了基部具有不规则的刻点外，几乎无凹陷的规则刻点沟刻点，尤其在端部，沟间部仅具有2列规则的微小刻点，斜面凸，第1沟间部稍宽，所有沟间部具微小颗瘤；沟间部的微毛直立，明显长于刻点上的微毛。

寄主：冷杉、千果榄仁、黄槐、杉木、美洲黑核桃、桑以及紫慧豆属、李属、栎属、盐麸木属、金合欢属、板栗属、山核桃属、山茱萸属、樟属、冬青属等。

分布：河北、山西、山东、安徽、浙江、福建、湖南、四川、西藏；日本、印度、韩国、马来西亚、泰国、越南、澳大利亚、美国、意大利。

30. 削尾材小蠹 *Cnestus mutilatus* (Blandford, 1894)（江苏新记录种）

鉴别特征：体长3.7 ～ 4.3mm。体形极其短阔。老熟成虫黑色，略被绒毛。眼长椭圆形，其前缘的缺刻甚小，小眼面微小细致。触角锤状，基部为角质区，端部为毛缝区；锤外面的毛缝呈环形，环环相套，聚在一削面状的圆面里，圆面的直径小于角质区的纵长。额面略凸，遍生粗大刻点。背面观前胸背板前圆后方，呈盾形；背板前缘中部前突，突出部分着生2个前缘齿；侧面观前胸背板突起甚高；背板的背顶（最高处）横向，位于背板纵长的后2/3处；刻点区中的刻点圆大稠密；背板基缘中部生有竖立的稠密绒毛，好像一道篱笆，横排在虫体中部。鞘翅斜面发生于翅长的前部，翅背长度为斜面长度的1/3；斜面呈截面状，表面微凸，在翅后和后侧有缘边。

寄主：盐麸木、栗、山鸡椒、肉桂等。

分布：江苏（宜兴）、陕西、安徽、浙江、湖北、湖南、福建、广西、贵州、云南、西藏；日本。

注：又名削尾缘胸小蠹。

31. 日本梢小蠹 *Cryphalus piceae* (Ratzeburg, 1837)（江苏新记录种）

鉴别特征：体长1.1 ～ 1.8mm。体黑色，被白毛。触角黄褐色。前胸背板近半圆形，前缘具瘤突。小盾片三角形。鞘翅长宽比约为5 ∶ 3，侧缘平行。

寄主：银白杨、云杉、奥地利黑松、马其顿松、苏格兰松。

分布：江苏（宜兴）以及东北地区；日本、德国。

注：又名广布梢小蠹。

32. 黄翅额毛小蠹 *Cyrtogenius luteus* (Blandford, 1894)

鉴别特征：体长 1.7 ～ 2.3mm。体黄色至褐色。前胸背板前缘弓突呈狭窄的圆弧，前半部具波浪形颗瘤，后半部具刻点，刻点圆大且浅。鞘翅刻点沟宽阔，排列紧密；沟间部狭窄平坦，具一列圆的、小且浅的刻点；鞘翅斜面沟间具颗瘤；斜面下半部有缘边，缘边上排列着颗瘤；体表毛疏短，鞘翅的鬃毛主要分布在斜面上。

寄主：高山松、卡西亚松、马尾松、油松、云南松。

分布：江苏、山西、河南、湖南、江西、四川、云南、福建、广东、广西；日本、缅甸、韩国、菲律宾以及南美洲。

注：又名黄曲毛小蠹。

33. 褐小蠹 *Hypothenemus* sp.

鉴别特征：体黑褐色，体表多毛鳞。触角鞭节5节。额面平而微凸，额底面细网状，遍布细小而形状不规整的刻点，额毛柔细且不长。体长与体宽的比值为2.5；前胸背板长与宽的比值为0.81；鞘翅长与宽的比值为1.8。

分布：江苏（宜兴）。

34. 油松四眼小蠹 *Polygraphus sinensis* Eggers, 1933（江苏新记录种）

鉴别特征：体长2.4～3.4mm。体深褐色，不甚光亮。触角鞭节6节，触角棒较大。前胸背板有鳞片和毛状鬃间生，以鳞片为主。鞘翅刻点沟刻点远大于沟间部刻点。

寄主：华山松、油松。

分布：江苏（宜兴）、山西、陕西、四川。

35. 小粒绒盾小蠹 *Xyleborinus saxeseni* (Ratzeburg, 1837)（江苏新记录种）

鉴别特征：体长2.0 ~ 2.3mm。体深褐色。前胸背板长大于宽，侧面观前胸背板前部瘤区弯曲上升，后部刻点区平直下倾，顶点位于前胸背板中部靠前；刻点区平坦，底面具微弱的印纹，暗淡无光，刻点小，均匀散布，具有光滑无刻点的背中线；前胸背板前部瘤区具鬃毛，金黄色。鞘翅长为前胸背板长的1.7倍，为翅宽的1.8倍；鞘翅背盘占鞘翅长的3/4，斜面为翅长的1/4；鞘翅背盘刻点沟未凹陷，刻点正常大小，颜色深；沟间部刻点颜色浅，排列略疏，大小与刻点沟刻点相一致；斜面从前缘开始，沟间部的刻点变为颗粒，由前往后逐渐变大；第2沟间部凹陷，其上无颗瘤，且光秃平滑；鞘翅沟间部上具短直平齐的毛，沟间部2无鬃毛。

寄主：铁杉、云杉、红松、华山松、杨、栎、无花果、桢楠、苹果、椴树、朝鲜冷杉、日本桤木、白桦、日本栗、大花四照花、日本柳杉、北美翠柏、红楠、杨梅、日本鱼鳞云杉、刚松、北美乔松、窄叶杨、杏、野樱桃、花旗松、美洲椴木以及冷杉属、水青冈属、落叶松属、野牡丹属、铁心木属、铁杉属、榆属、松属、杨属、桉属、槭属、云杉属、漆树属、桦木属。

分布：江苏（宜兴）、黑龙江、吉林、河北、山西、宁夏、浙江、江西、陕西、安徽、福建、广西、四川、贵州、湖南、云南、西藏、台湾；阿尔及利亚、喀麦隆、埃及、利比亚、摩洛哥、突尼斯、南非、印度、伊朗、以色列、日本、韩国、叙利亚、土耳其、越南、澳大利亚、巴布亚新几内亚、新西兰、菲律宾、乌克兰、奥地利、比利时、捷克、斯洛伐克、丹麦、英国、法国、德国、匈牙利、意大利、卢森堡、荷兰、挪威、波兰、葡萄牙、罗马尼亚、西班牙、瑞典、瑞士、俄罗斯、马耳他、加拿大、美国、墨西哥、阿根廷、巴西、智利、巴拉圭、厄瓜多尔、乌拉圭以及亚速尔群岛、加那利群岛、马德拉群岛、萨摩亚群岛、关岛、撒丁岛、巴尔干半岛。

注：又名小粒材小蠹、小粒盾材小蠹。

36. 秃尾足距小蠹 *Xylosandrus amputatus* (Blandford, 1894)（江苏新记录种）

鉴别特征：体长2.7 ~ 2.9mm，体长为体宽的2.5倍。体型细长，额具刻点。前胸背板的侧面具缘，但没有脊。鞘翅斜面边缘的隆脊延伸超过第7沟间部，形成一圆形斜环；鞘翅斜面上可见4条刻点沟；鞘翅斜面刻点沟具一列小刻点，排列近直线形，无鬃；斜面沟间部具密而小的颗瘤和刻点，无鬃。

寄主：银叶桂、桢楠、天竺葵、槭、酸枣、枣、木荷以及槭属、樟属、润楠属。

分布：江苏（宜兴）、福建、湖南、四川；日本。

注：又名秃尾材小蠹、安塞小蠹。

隐颏象科 Dryophthoridae

隐颏象亚科 Dryophthorinae

1. 笋直锥大象 *Cyrtotrachelus thompsoni* Alonso-Zarazaga et Lyal, 1999

鉴别特征：体长18.0 ~ 35.0mm。体红褐色至褐色，光滑。头部半圆形，喙直，短于前胸。触角位于喙基部。前胸盾形，前缘缢缩，后缘有窄隆线，基部中央具一不规则的大黑斑，直至前胸中部。翅基、肩、翅缝和端部为黑色；行纹1 ~ 5明显，6 ~ 10较浅；行间平，刻点不明显。

寄主：箣竹属、绿竹属、牡竹属和苦竹属等较细的竹笋。

分布：江苏、陕西、河南、浙江、湖北、江西、湖南、福建、广东、广西、四川、贵州、云南、香港、台湾；日本、越南、柬埔寨、印度尼西亚、印度以及非洲。

注：又名竹直锥象、竹大象、竹笋大象虫、长足弯颈象。

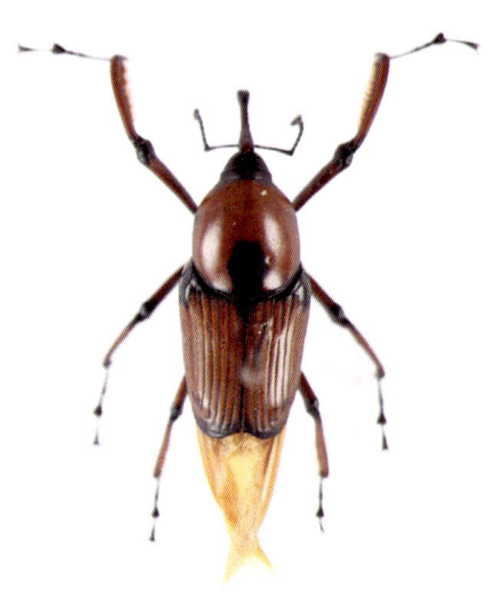

2. 玉米象 *Sitophilus zeamais* Motschulsky, 1855

鉴别特征：体长2.9～4.2mm。体暗褐色，鞘翅常具4个橙红色椭圆形斑。喙长，除端部外，密被细刻点。触角位于喙基部之前，柄节长，索节6节，触角棒节间缝不明显。前胸背板前端缩窄，后端约等于鞘翅之宽，背面刻点圆形，沿中线刻点多于20个。鞘翅行间窄于行纹刻点。前胸和鞘翅刻点上均具一短鳞毛。雄虫阳茎背面具两纵沟，雌虫“Y”字形骨片两臂较尖。

习性：危害多种谷物及加工品、豆类、油料、干果、药材等。

分布：中国各省份；世界大多数国家和地区。

注：又名米牛、铁嘴。

3. 猎长喙象 *Sphenophorus venatus vestitus* Chittenden, 1904

鉴别特征：体长6.9 ~ 9.9mm。体色变化大，灰色至黑色，部分虫体有时呈红棕色。喙细长，约与前胸背板等长。触角膝状，柄节棒状。前胸背板中央具"Y"字形隆线，两侧各具一条近平行的隆线。小盾片近乎三角形，端部钝圆。鞘翅近卵形，行纹细缝状，行间微隆起，具小刻点，奇数行间宽于偶数行间；左右鞘翅第6行间端部扁平状隆起，与第5、第7行间末端相接。

寄主：日本结缕草、矮生百慕大。

分布：江苏、上海、海南；美国、日本、墨西哥以及中东、东南亚等地区。

注：又名结缕草象甲、台湾尖隐喙象多毛亚种。

雌　雄　雌　雌

雄　雄　上雄下雌

直喙象亚科 Orthognathinae

4. 松瘤象 *Sipalinus gigas* (Fabricius, 1775)

鉴别特征：体长15.0～25.0mm。体壁坚硬，黑色，具黑褐色斑纹。头部呈小半球状，散布稀疏刻点；喙较长，向下弯曲，基部1/3较粗，灰褐色，粗糙无光泽；端部2/3平滑，黑色，具光泽。触角沟位于喙的腹面，基部位于喙基部1/3处。前胸背板长大于宽，具粗大的瘤状突起，中央具一条光滑纵纹。小盾片极小。鞘翅基部比前胸基部宽，鞘翅行间具稀疏而交互着生的小瘤突。足胫节末端具一锐钩。

寄主：马尾松、赤松、扁柏、柳杉、冷杉、铁杉、云杉、花柏、榆、枹、槠、栗。

分布：江苏、辽宁、吉林、黑龙江、福建、江西、湖南、广东、台湾；朝鲜、日本。

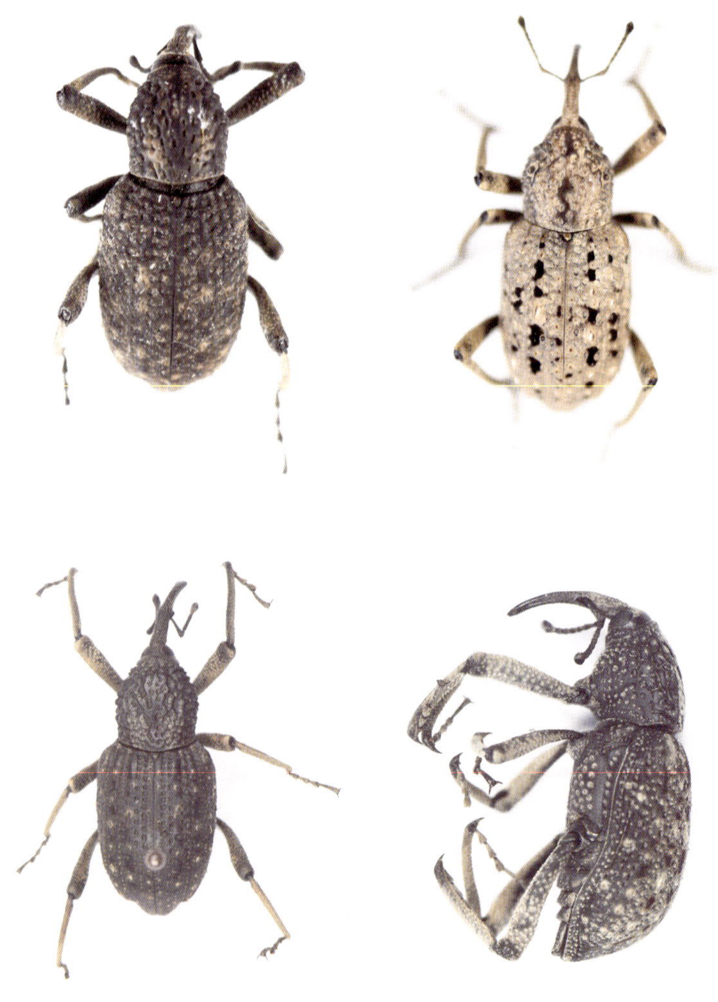

龙虱总科 Dytiscoidea

龙虱科 Dytiscidae

端毛龙虱亚科 Agabinae

1. 耶氏短胸龙虱 *Platynectes rihai* Šťastný, 2003

鉴别特征：体长5.7 ~ 6.0mm，体长卵圆形，适当隆拱。头部橙黄色，复眼之间的额区具黑色三角形斑；前胸背板黑色，前角橙黄色；鞘翅黑色，基部具黄色横带，在近侧缘断裂，侧缘在中部后具不明显的黄色条状斑纹，有时在近端部有短断裂，端部前具一中等大小的黄斑。雄虫第6腹节两侧近侧缘处具深纵沟，中间无纵沟，密布细刻点。雌虫背面网纹更深更密，在鞘翅上纵向拉长；第6腹节近侧缘无深纵沟。

分布：江苏、山东。

（贾凤龙提供）

切眼龙虱亚科 Colymbetinae

2. 小雀斑龙虱 *Rhantus suturalis* (MacLeay, 1825)

鉴别特征：体长10.0 ~ 12.0mm。体、翅黄褐色；额及头顶黑色，复眼间具一个或大或小的黄褐色斑，并常与前方浅色区相通；前胸背板中央或前后缘具黑色或黑褐色斑，有时两侧具黑褐色圆斑；小盾片黑色；鞘翅除侧缘外，满布微小的黑褐色斑点，相连呈云纹状，鞘翅近末端处常具一个小黑斑。

习性：水生，捕食水中小动物。

分布：全国广布；印度、菲律宾、澳大利亚、新西兰以及欧洲北部、亚洲北部、非洲北部、所罗门群岛、波利尼西亚群岛。

注：又名异爪麻点龙虱。

（贾凤龙提供）

刻翅龙虱亚科 Copelatinae

3. 刻翅龙虱 *Copelatus* sp.

鉴别特征：体长4.9 ~ 5.5mm。体长卵圆形。头部深棕色，唇基红棕色；前胸背板深棕色，侧缘具略宽棕黄色部分；鞘翅深棕色至黑色，基部通常具窄的不规则浅色横带，部分个体鞘翅基部无浅色横带。前胸背板侧后方具许多短纵条纹。每片鞘翅表面具有6条纵刻线和一条亚缘刻线：第1条刻线起始于基部略靠后位置；第2 ~ 6条刻线起始于近基部；第1和第4条刻线在近端部结束；第2 ~ 3和第5条刻线结束位置略靠前；第6条刻线最短，在端部1/4处结束；亚缘刻线起始于鞘翅中部前，在端部1/4处结束。

分布：江苏（宜兴）。

龙虱亚科 Dytiscinae

4. 三刻真龙虱（侧亚种）*Cybister tripunctatus lateralis* (Fabricius, 1798)

鉴别特征：体长24.0 ~ 28.0mm。体长卵形，前端略窄。上唇及唇基黄色；翅缘黄色，中间黑色或墨绿色；翅缘黄边基部明显宽于前胸背板，黄边末端钩状；腹部黑色或深棕色，前胸腹突黑，腹面有黄、黑两色。鞘翅不具瘤突及刻痕。

习性：生活在池塘、沼泽或污染少的水田中。

分布：江苏、西藏、湖北、四川、云南、浙江、福建、湖南、广东、海南、台湾以及东北、华北地区；朝鲜、韩国、日本、越南、柬埔寨以及东南亚、俄罗斯远东地区。

5. 灰齿缘龙虱 *Eretes griseus* (Fabricius, 1781)

鉴别特征：体长11.7 ~ 15.0mm。体浅黄褐色，近头顶中央具黑色椭圆形横斑，其后具较宽黑色横斑。前胸背板基部中部具一对细长横带，中间可相连（雄），或此对斑上方尚有黑斑，常常在两侧扩大（雌）。鞘翅具密集的黑色小斑，每鞘翅具3列大黑点，外侧一列较短，或不明显；中部之后常具明显或不明显的波形横带，翅侧缘中部、横带侧缘及近末端各具一个较大斑，有时端斑较小，中斑与横带相连。

习性：水生，捕食小型水生动物。

分布：江苏、北京、辽宁、吉林、黑龙江、陕西、甘肃、河北、河南、山东、山西、上海、浙江、福建、湖北、湖南、海南、四川、云南、福建、台湾；日本、俄罗斯以及东南亚至澳大利亚北部、南亚至欧洲南部、非洲。

注：又名齿缘龙虱。

雄
（贾凤龙提供）

6. 宽缝斑龙虱 *Hydaticus grammicus* (Germar, 1827)

鉴别特征：体长9.5～10.8mm。体淡褐色。头部后缘黑色。前胸背板前缘或后缘中部有时具黑褐色斑。小盾片黑色，三角形。鞘翅除侧缘外具小黑点组成的条纹，近鞘缝时黑点密，呈黑色，无黑点处呈明显的淡褐色纵纹。

分布：江苏、北京、陕西、甘肃、河北、辽宁、吉林、黑龙江、湖北、海南、四川、云南；朝鲜、韩国、日本、伊朗以及中亚、欧洲。

习性：水生，捕食昆虫（包括孑孓）及其他小动物，成虫具趋光性。

注：又名点线龙虱。

7. 毛茎斑龙虱 *Hydaticus rhantoides* Sharp, 1882

鉴别特征：体长11.5～11.8mm，体宽5.0～5.7mm。头部及前胸背板黄色或棕黄色；鞘翅黄色，具十分密集的小黑斑或棕黑斑，内侧黑斑常相连，沿鞘缝具深褐色纵带，有时此带较浅。唇基前缘内凹，色深；额唇基两侧具刻陷；额区沿复眼具不明显的刻点及刻陷；头部具大小不一的密集浅刻点，无网纹。前胸背板前后角均较尖，侧缘略弧形，前部略狭于后部，刻点与头部相似。鞘翅缘折色略深；刻点列较明显，小刻点与前胸背板相似，无网纹。前胸腹板突近端部略宽，末端钝尖圆形。后足基节刻线较密，网纹清晰；后足胫节基部具几个大长形刻点及一些小长形刻点。

分布：江苏、浙江、上海、湖北、福建、海南、广东、广西、四川、贵州、云南、香港、台湾。

8.混宽龙虱 *Sandracottus mixtus* (Blanchard, 1843)

鉴别特征：体长12.0 ~ 14.0mm。体卵圆形，背面隆起。头部黄色；前胸背板黄色，基缘、前缘及中缝黑色；鞘翅黄色，沿翅缝处黑色，中部及中后部具黑色波浪条纹，条纹间具3列黑色纵向稀疏刻点列。后胸腹板侧翼前缘弧形。中足腿节后缘具长纤毛。

分布：江苏、四川以及中国北部。

注：又名杂弧龙虱、混宽弧龙虱。

沼梭科 Haliplidae

1. 瑞氏沼梭 *Haliplus regimbarti* Zaitzev, 1908

鉴别特征：体长2.4 ~ 3.0mm。体卵形，向后渐窄，最宽处在中间偏后。头部深褐色，刻点中等强度。前胸背板黄色至黄褐色。基部纵褶正对鞘翅第5主刻点列，长约为前胸背板的1/3。鞘翅黄色至黄褐色，主刻点列上具不连续的黑线，有时列间具模糊的黑斑连接相邻两列主刻点列。主刻点列中等强度，第1列较密集，具大约30个刻点。刻点深色。雌虫鞘翅上通常不被微刻点覆盖。后足基节板延伸至第4可见腹板，后缘具一排短刚毛。

分布：江苏、山东、河南、陕西、安徽、浙江、湖北、湖南、福建、广东、广西、贵州、云南、台湾；日本。

（贾凤龙提供）

2. 中华水梭 *Peltodytes sinensis* (Hope, 1845)

鉴别特征：体长3.6 ~ 3.8mm。体椭圆形，端狭钝，暗黄褐色。头部具2个黑纹。前胸背板后缘、小盾片上方两侧各具一个黑斑。鞘翅基部1/3处最宽，向后渐狭，缝角呈锐角状；鞘翅面刻点深大，刻点沟列整齐，行距稍凸；鞘缝具宽黑带，紧挨鞘缝中部两侧，各具一个短暗斑，鞘翅中后部侧缘，沿缘具上下2条弧状细暗带。

分布：江苏、吉林、辽宁、北京、天津、河北、山东、河南、陕西、上海、安徽、江西、福建、广东、海南、广西、重庆、四川、贵州、云南、台湾；朝鲜、韩国、日本、越南、菲律宾。

注：又名中华巨基小头水虫、华小泅龙虱。

伪龙虱科 Noteridae

1.黑背毛伪龙虱 *Canthydrus nitidulus* Sharp, 1882

鉴别特征：体长3.2 ~ 3.7mm。体梭形，较细长，背面中度隆突，最宽处位于前胸背板基部，向后强烈窄缩。虫体表面被明显的微网纹覆盖，网眼圆形。头部、腹板、足和鞘翅缘折黄色至黄褐色，伪龙虱板黄褐色至红褐色，腹部黑色。前胸背板黄色至黄褐色，前缘和后缘中间具2块黑色横向大斑块，2个斑块皆不延伸至侧缘。鞘翅黑色，每个鞘翅近基部内缘和外缘，以及中部靠后的位置分别各具一个黄色至黄褐色大斑块，端部无浅色斑块；鞘翅表面具2列不规则刻点以及少数散乱分布的刻点。腹面明显内凹。伪龙虱板表面具密集的短刚毛，端部外缘具一簇稍长的短刚毛。

分布：江苏、北京、上海、浙江、湖北、江西、湖南、福建、广东、海南、四川、云南、香港、台湾；日本、越南、韩国、柬埔寨。

2. 日本伪龙虱 *Noterus japonicus* Sharp, 1873

鉴别特征：体长3.7 ~ 4.7mm，体宽1.8 ~ 2.3mm。体卵形，背面光滑发亮，体色变化较大，黄色至深红褐色，中度隆突，最宽处位于鞘翅距基部1/4处，向后强烈窄缩。虫体表面被明显的微网纹覆盖。雌虫触角细长，雄虫触角第5 ~ 10节变宽，第6 ~ 10节向外缘拓展，第5节明显向内缘拓展，第6节宽小于长。前胸背板前缘和后缘中间具一行深色斑块。侧缘向前弧形窄缩，缘边较宽，正背面观可见。鞘翅表面具2列不规则刻点以及少数散乱分布的刻点。雄虫腹面黑色；雌虫腹面黄红色，稍凹。伪龙虱板表面光滑无毛。前胸腹板中部明显隆突，中间具明显的隆脊，向前延伸至前缘形成一个向下的齿状突起。

分布：江苏、山东、陕西、青海、上海、浙江、江西、湖北、湖南、四川、贵州、福建、广东、海南、广西、云南、香港、台湾以及东北、华北地区；俄罗斯、韩国、日本。

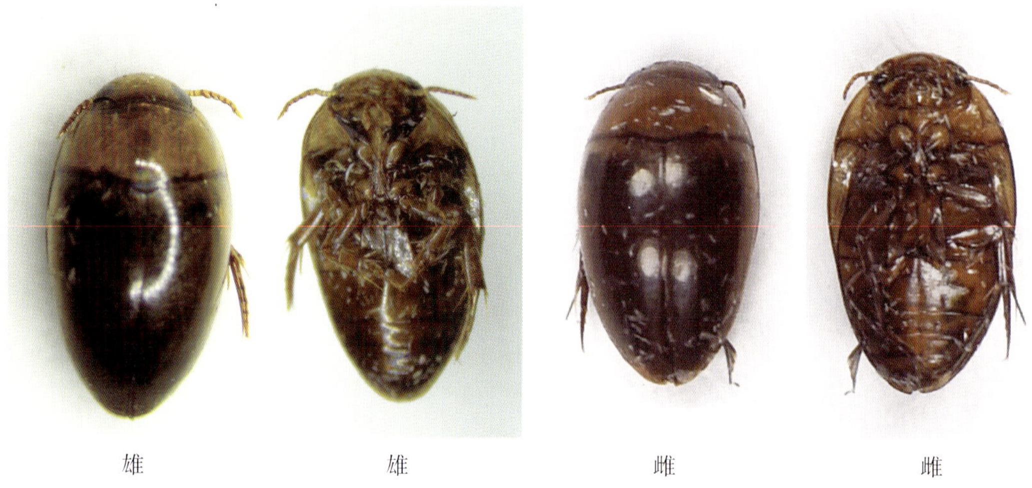
雄　雄　雌　雌

叩甲总科 Elateroidea

花萤科 Cantharidae

花萤亚科 Cantharinae

1. 异花萤 *Lycocerus* sp.

鉴别特征：体长8.9mm。触角丝状，基节黄棕色，其余黑棕色。前胸背板近方形，黄棕色。鞘翅狭长，长约为宽的3倍，黑棕色，微带光泽，密被短软毛。足黑棕色。

分布：江苏（宜兴）。

2. 九江圆胸花萤 *Prothemus kiukianganus* (Gorham, 1889)（江苏新记录种）

鉴别特征：体长9.5 ~ 11.0mm，体宽2.0 ~ 2.5mm。头部、口器黑色；触角黑色，前2节棕黄色；前胸背板棕黄色，盘区具一纵黑斑；鞘翅黑色；足棕黄色，胫节、跗节黑色。头部近圆形，两眼间距与前胸背板前缘约等宽。前胸背板近圆形，前缘、前角与两侧缘相连为一平滑圆弧，后缘近平直，后角钝圆。鞘翅两侧近似平行，长约为肩部宽的3.5倍，为前胸背板长的4倍。

分布：江苏（宜兴）、浙江、江西。

3. 狭胸花萤 *Stenothemus* sp.

鉴别特征：体长7.2mm。体小型，多数混杂深棕色、黑色或棕黄色斑。触角丝状，第1节棕黄色，其余节褐色。前胸背板棕黄色，近方形，后角稍突起。足棕黄色，跗爪单齿状。

分布：江苏（宜兴）。

4. 里奇丽花萤 *Themus (Themus) leechianus* (Gorham, 1889)（江苏新记录种）

鉴别特征：体长15.0 ~ 20.0mm，体宽3.5 ~ 5.5mm。头部金属绿色，额部橙色，触角橙色，前胸背板橙色，盘区中央具一大黑斑，鞘翅金属绿色，足黑色，腿节基部、胫节端部和跗节橙色，体腹面完全橙色。触角丝状，雄虫中央节具光滑细凹陷，雌虫无。雌、雄虫跗节均简单。

分布：江苏（宜兴）、湖南、浙江、江西、福建。

注：又名利氏丽花萤。

丽艳花萤亚科 Chauliognathinae

5. 短翅花萤 *Ichthyurus* sp.

鉴别特征：体长10.0mm。复眼大而黑，触角线状，第1节淡褐色，其余节黑色。前胸背板黑色，侧缘与后缘橘黄色。小盾片橘黄色。鞘翅黑色，末端橘黄色，鞘翅长度约为体长的1/3；膜翅黑色，具紫、绿色光泽。腹部黄褐色，第8腹板后缘呈锯齿状，强烈分叉。足从基节到腿节接近末端为淡褐色，其余部分为黑色。

分布：江苏（宜兴）。

6. 宛氏短翅花萤 *Ichthyurus vandepolli* Gestro, 1892

鉴别特征：体长10.0 ~ 11.0mm。复眼黑色，较大。触角膝状，11节，第1节黄褐色，其余各节黑色。前胸背板黑色，铃形，后缘与后侧缘淡黄色；后侧角突出。小盾片淡黄色。鞘翅黑色，约为体长的1/3，鞘翅近基部淡褐色；膜翅黑色，具蓝绿色光泽。腹部黑色，各腹节末端淡黄色，第8腹板后缘呈锯齿状，强烈分叉。足黑色。

分布：江苏、浙江、湖南、安徽、江西、福建。

注：中文名新拟。

雌　雌　雄

雄　雄　雄

雄　雄　雌

叩甲科 Elateridae

槽缝叩甲亚科 Agrypninae

1. 绵叩甲 *Adelocera* sp.

鉴别特征：体长8.5～8.7mm，体宽3.2～3.4mm。体小；栗色，前胸背板后侧角和触角黄褐色，密被褐色和白色混合鳞毛，鞘翅具若干白色鳞毛簇。额前缘平截；触角第1节长，其余锯齿状。前胸背板近梯形，前缘两侧明显缢缩，后侧角方形。鞘翅短，密被刻点和鳞毛。足短，收于腹面。

分布：江苏（宜兴）。

注：该种与*Adelocera*（*Brachylacon*）*omotoensis* Ôhira，1978外形非常相近，只是前胸背板侧缘形状不同。

2. 角斑贫脊叩甲 *Aeoloderma agnatus* (Candèze, 1873)（江苏新记录种）

鉴别特征：体长4.5mm，体宽1.3mm。体小，整体近黄色；头部黑色；前胸背板中域具黑色纵线；鞘翅基部和中部具三角状黑色斑，端半部具一异形黑色斑。触角达前胸背板后角，近丝状。前胸背板长宽近相等，侧缘稍突出，后侧角短小，端部钝。鞘翅短，两侧平行，自中部后变狭，刻点行明显，行间稍突出。

寄主：水稻、大豆、小麦以及蔬菜。

分布：江苏（宜兴）、辽宁、甘肃、湖北、江西；俄罗斯、韩国、朝鲜、日本。

雌

3. 暗色槽缝叩甲 *Agrypnus musculus* Candèze, 1973

鉴别特征：体长9.0 ~ 10.0mm，宽 3.7 ~ 3.9mm。体黑褐色，稍扁平，长卵形，表面粗糙，被短鳞毛。触角4 ~ 10节，锯齿状。头部密具刻点。前胸背板宽大于长，两侧圆拱，边缘不平整，中部最宽，后缘近平截，后侧角短，斜截。鞘翅短宽，端部钝圆，刻点行明显，行间平坦。

寄主：甘蔗、高粱、棉花、大豆、玉米、水稻、甘薯以及麦类。

分布：江苏、陕西、甘肃、浙江、湖北、江西、四川、福建、广东、海南、香港；日本。

注：又名槽缝叩甲、暗栗叩头虫、焦小叩头虫、甘薯黑叩头虫。

雄　　　雄

山叩甲亚科 Dendrometrinae

4. 丽叩甲 *Campsosternus auratus* (Drury, 1773)（江苏新记录种）

鉴别特征：体长37.5 ~ 43.0mm，体宽12.0 ~ 14.0mm。体大型，楔形，具强金属光泽，通常黄绿色至蓝绿色，前胸背板和鞘翅两侧通常具铜红色光泽。触角达前胸背板基部，不超过后角。前胸背板近三角形，向后侧角逐渐加宽，后角呈三角状突出。鞘翅基部与前胸略等宽，自中部向后变狭，顶端相当突出，肩胛内侧明显低凹；鞘翅狭长，端部尖锐，刻点行不明显，表面被细刻点。

寄主：松、杉。

分布：江苏（宜兴）、河南、上海、浙江、湖北、江西、湖南、福建、广东、重庆、广西、海南、四川、云南、贵州、香港、台湾；越南、老挝、柬埔寨、日本。

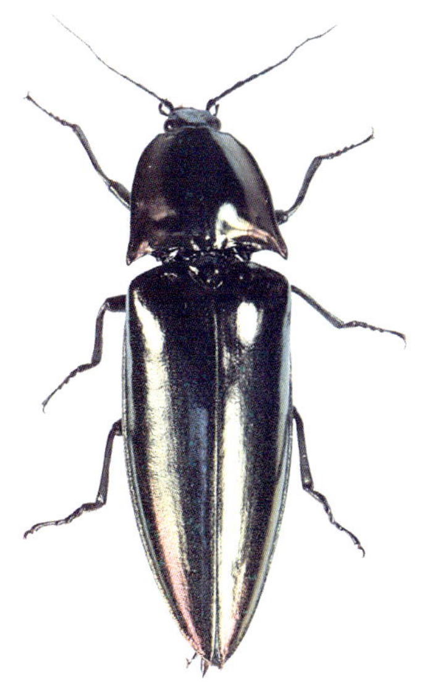

雄

5. 朱肩丽叩甲 *Campsosternus gemma* Candèze, 1857

鉴别特征：体长35.0～36.0mm，体宽10.0～11.5mm。体椭圆形，光亮，无毛。前胸背板中央和周缘及后角、前胸侧板周缘、前胸腹板、中后胸腹板、腹部中央、足均为金蓝色；鞘翅金绿色，具铜色闪光；前胸背板两侧（不包括周缘和后角）、前胸侧板（不包括周缘）、腹部两侧及最后2节节间膜均为朱红色；复眼和爪为栗褐色。前胸背板宽明显大于长，侧缘边凸，仅前端微弱内弯；中央密布微弱刻点；两侧密布细颗粒，无光泽；后角宽，边缘隆起，端部下弯，指向后方，不分叉。小盾片横宽，横椭圆形，无刻点。鞘翅与前胸等宽，自中部向后逐渐变狭，侧缘上卷，端部锐尖；表面凸，散布微弱刻点，具微弱条痕。

分布：江苏、浙江、上海、安徽、福建、江西、湖北、湖南、广东、重庆、四川、贵州。

雌

6. 木棉梳角叩甲 *Pectocera fortunei* Candèze, 1873

鉴别特征：体长24.0 ~ 28.0mm。体狭长，扁平；褐色，被灰黄色绒毛，鞘翅上绒毛常聚集成斑。雌雄异型。雄虫体通常较狭小，触角第3 ~ 11节明显长梳状，达鞘翅中部；雌虫体通常较大，触角普通锯齿状，超过前胸背板后角。头部具三角形凹陷。前胸背板近梯形，中央纵向隆起，两侧低凹，具刻点，后角斜突出，尖锐。鞘翅具弱刻点行，端部尖锐。

分布：江苏、安徽、重庆、广东、陕西、浙江、湖北、江西、福建、海南、四川；日本、韩国、朝鲜、越南。

雄　　　　雌

叩甲亚科 Elaterinae

7. 锥尾叩甲 *Agriotes* sp.

鉴别特征：体长12.0 ~ 12.2mm，体宽2.5 ~ 2.6mm。体狭长，黄褐色，中域褐色。触角细，向后延伸至前胸背板后角，自第3节起锯齿状；头顶平，刻点密。前胸背板长大于宽，表面隆突，两侧缘近平截，前缘钝圆，后角长而尖。鞘翅狭长，向末端收狭；鞘翅刻点沟纹深显。足细长，跗节基部4节依次渐短，爪简单。

分布：江苏（宜兴）。

8. 迷形长胸叩甲 *Aphanobius alaomorphus* Candèze, 1863

鉴别特征：体长21.0 ~ 30.0mm，体宽5.0 ~ 7.0mm。体狭长，深褐色，密被短毛。触角细长，伸达前胸背板基部；头顶中央略凹，密布粗深刻点。前胸背板长大于宽，两侧近平行，后角尖，顶端向外扩。鞘翅明显狭长，具细刻点行，行间平坦。

寄主：山核桃等。

分布：江苏、河南、浙江、江西、湖南、福建、云南；印度、柬埔寨、缅甸、马来西亚。

雄

雌

9. 筛胸梳爪叩甲 *Melanotus* (*Spheniscosomus*) *cribricollis* (Faldermann, 1835)

鉴别特征：体长16.0 ~ 18.0mm。体黑色或栗黑色，被灰白色短细毛。额前缘平，两侧略凹，密布筛孔状刻点。前胸背板长大于宽，具孔状刻点，两侧刻点密，中间由前向后变稀，侧缘弧凸，向前渐狭；后角伸向后方，具锐脊，端部平截。小盾片近正方形。鞘翅与前胸等宽，两侧平行，后部变狭；翅端连合，具深沟状刻点行，沟间凸，略有横皱。爪梳齿状。

寄主：竹笋等。

分布：江苏、辽宁、内蒙古、北京、河北、山西、山东、陕西、甘肃、上海、浙江、湖北、江西、福建、广东、重庆、贵州、云南、四川、台湾；日本、韩国、朝鲜。

雌

10. 梳爪叩甲 *Melanotus* sp.1

鉴别特征：体长17.0mm。体褐色，被灰色短细毛。额前缘平，两侧略凹，密布刻点。前胸背板长大于宽，具孔状刻点，侧缘弧凸，向前明显收狭；后角伸向后方，端部平截。鞘翅基部与前胸等宽，狭长，两侧平行，后部变狭；翅端连合，具深沟状刻点行，沟间凸。爪梳齿状。

分布：江苏（宜兴）。

11. 梳爪叩甲 *Melanotus* sp.2

鉴别特征：体长12.0mm。体短，褐色，体表密被鲜黄色毛。触角明显长于前胸背板后侧角，自第4节起呈锯齿状。前胸背板宽大于长，两侧向前渐狭，侧缘边在中部前向下弓弯，后角平截。鞘翅向端部渐细，刻点纵沟纹清晰，行间具细刻点。足粗壮，爪梳齿状。

分布：江苏（宜兴）。

12. 利角弓背叩甲 *Priopus angulatus* (Candèze, 1860)

鉴别特征：体长12.0 ~ 16.0mm，体宽3.0 ~ 4.5mm。体狭长，红褐色，被黄色毛。头顶平，刻点细密；额脊完整，前缘弧拱。触角长，向后延伸达前胸背板后角，从第4节开始呈明显锯齿状。前胸背板狭长，两侧直，向端部逐渐变窄，后角尖锐，具双脊。鞘翅狭长，顶端稍平截，具小突起。爪锯齿状。

分布：江苏、河南、陕西、甘肃、浙江、湖北、江西、湖南、福建、广东、海南、广西、重庆、四川、贵州、云南、香港、台湾；越南、老挝、柬埔寨、泰国、马来西亚、新加坡。

注：又名刺角弓背叩甲。

雄

13.截额叩甲 *Silesis* sp.

鉴别特征：体长5.0mm，体宽1.7mm。体小型，黑褐色。触角细，达前胸背板后角，自第3节起锯齿状；头顶平，刻点密。前胸背板长宽近似，表面隆突，两侧缘近平截，前缘钝圆，后角长，平截。鞘翅狭长，向末端收狭；鞘翅刻点沟纹深。足细长，爪具锯齿。

分布：江苏（宜兴）。

雄　　雄　　雌　　雌

14. 土叩甲 *Xanthopenthes* sp.

鉴别特征：体长12.0mm，体宽3.0mm。体壮硕，背面拱凸；体暗栗褐色，触角深棕红色，足黄色，体表密被鲜黄色毛。触角短，向后伸达前胸背板基部，自第4节起呈锯齿状。前胸背板长大于宽，两侧近平行，向前渐狭，后角尖锐；背面中央具一锐利纵脊。鞘翅刻点行明显，行间平，具细刻点。足粗壮，跗节渐细，爪简单。

分布：江苏（宜兴）。

15. 散布土叩甲 *Xanthopenthes vagus* Schimmel, 1999（江苏新记录种）

鉴别特征：体长7.5～15.2mm，体宽1.8～3.2mm。体黄色至红褐色，狭长。头部密具刻点，前缘隆起，触角末3节超过前胸背板后角。前胸背板狭长，密具粗大刻点，被金黄色短毛。后侧角稍外扩，具2个隆脊，在末端交融，呈"V"字形。

分布：江苏（宜兴）、山西、广东、四川；越南。

雄

胖叩甲亚科 Hypnoidinae

16. 平额叩甲 *Homotechnes* sp.

鉴别特征：体长13.0mm，体宽3.5mm。体扁平，头部、触角、鞘翅、小盾片、足黑色，其余红褐色，略光亮，全身被黑色绒毛。触角第2节小，第3、4节相等；额平，多皱，额脊完全。前胸背板狭长，后角具长脊。鞘翅具刻点行，行间隙突出，具刻点。

分布：江苏（宜兴）。

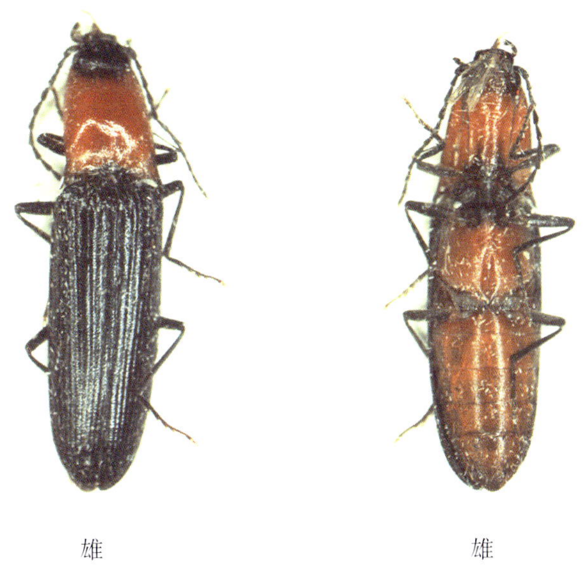

雄　　雄

萤科 Lampyridae

萤亚科 Lampyrinae

1. 橙萤 *Diaphanes citrinus* Olivier, 1911（江苏新记录种）

鉴别特征：雌雄二型性。雄虫体长12.3 ~ 15.5mm。头部黑色，完全缩进前胸背板。触角黑色，丝状，11节，第1节较长且膨大。复眼非常发达，几乎占据整个头部。前胸背板橙黄色，宽大，半圆形；前缘前方具一对大型月牙形透明斑，后缘稍内凹，后缘角圆滑。鞘翅橙黄色。胸部腹面黄褐色，腹部黑色。各足基节及腿节黄褐色，胫节及跗节黑褐色。发光器2节，乳白色，带状，位于第6及7腹节。雌虫体长23.0 ~ 27.1mm。体淡黄色。完全无翅。发光器2节，带状，乳白色，位于第7及8腹节腹板。

分布：江苏（宜兴）、海南、云南、香港、台湾。

雄　　雄　　雄　　雄

2. 短角窗萤 *Diaphanes* sp.

鉴别特征：头部黄色，完全缩进前胸背板。复眼黑色，较发达。鞘翅及腹背面黄褐色。

分布：江苏（宜兴）。

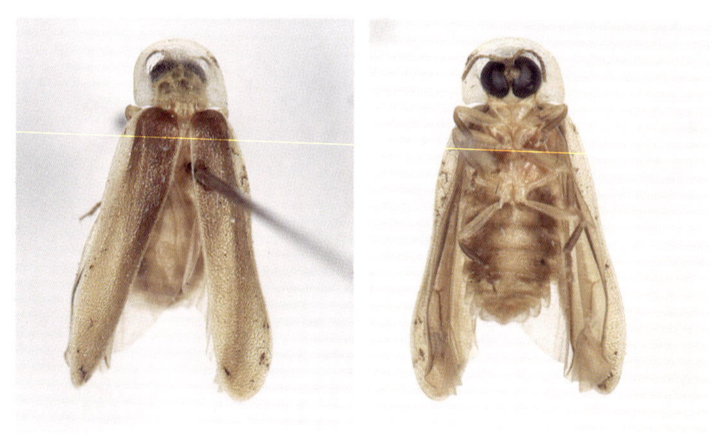

3. 胸窗萤 *Pyrocoelia pectoralis* (Olivier, 1883)（江苏新记录种）

鉴别特征：雌雄二型性。雄虫体长14.0 ～ 19.0mm。头部黑色，完全缩进前胸背板。触角黑色，锯齿状，11节，第2节短小。复眼较发达。前胸背板橙黄色，宽大，钟形；前缘前方具一对大型月牙形透明斑，后缘稍内凹，后缘角圆滑。鞘翅黑色。胸部腹面橙黄色。足黑色。腹部黑色。发光器2节，乳白色，带状，位于第6及7腹节。

分布：江苏（宜兴）、湖北、北京、山东、浙江。

雄

雄

熠萤亚科 Luciolinae

4. 大端黑萤 *Abscondita anceyi* (Olivier, 1883)（江苏新记录种）

鉴别特征：体长14.0 ~ 18.0mm。雄虫头部黑色，未能完全缩进前胸背板。触角黑色，丝状，11节。复眼发达。前胸背板橙黄色，后缘角尖锐。鞘翅橙黄色，鞘翅末端具大型黑斑，密布细小绒毛。胸部腹面橙黄色。各足基节及腿节基部黄褐色，其余部位黑褐色。腹部橙黄色。发光器2节，乳白色，第1节带状，位于第6腹节腹板；第2节半圆形，位于第7腹节腹板，不全部占据第7腹节腹板。雌虫体色与雄虫相同。发光器一节，乳白色，带状，位于第6腹节。

分布：江苏（宜兴）、浙江、福建、广东、广西、湖北、四川、台湾。

雌

雌

5. 棘手萤 *Abscondita* sp.

鉴别特征：体长12.2mm。体淡黄褐色。触角褐色线状。前胸背板铃形。足褐色。

分布：江苏（宜兴）。

6. 黄脉翅萤 *Curtos costipennis* (Gorham, 1880)

鉴别特征：体长4.5 ~ 8.0mm。雄虫头部黑色，未能完全缩进前胸背板。触角黑色，丝状，11节。复眼发达，几乎占据整个头部。前胸背板橙黄色，近长方形；前缘略呈弧形，后缘近平直，后缘角突出。鞘翅橙黄色，鞘翅末端黑褐色，具一条显著隆脊，自肩角延伸至鞘翅中部。胸部腹面黄褐色。各足除基节及腿节基部为黄褐色外，均为黑褐色。腹部第2 ~ 5节黑褐色。发光器2节，乳白色，带状，位于第6及7腹节。雌虫体色与雄虫相同。发光器一节，乳白色，带状，位于第6腹节。

分布：江苏、浙江、上海、福建、湖南、湖北、北京、四川、江西、台湾；日本。

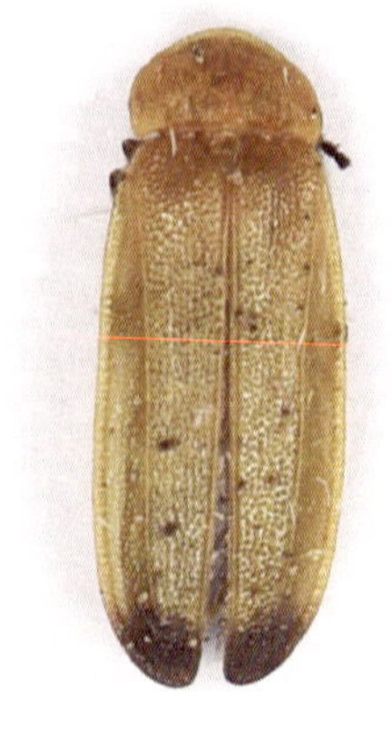

雄

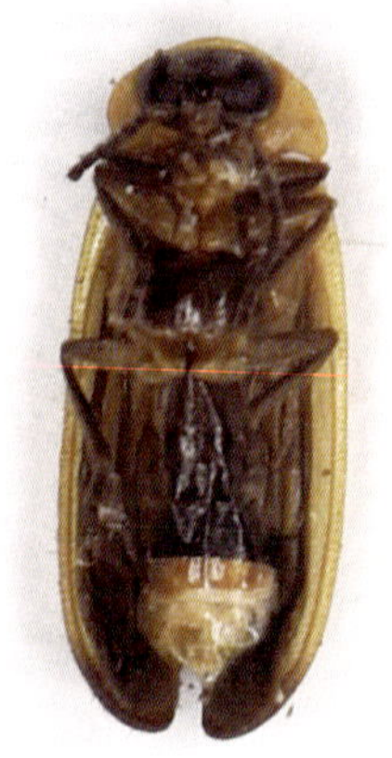

雄

7. 脉翅萤 *Curtos* sp.

鉴别特征：体长7.5 ～ 8.0mm。头部黑色，未能完全缩进前胸背板。复眼黑色，较发达。触角黑色，丝状。前胸背板淡红色。鞘翅黑色，具2纵条纹。足黑色。

分布：江苏（宜兴）。

8. 熠萤 *Luciola* sp.

鉴别特征：体长5.5 ～ 6.8mm。头部黑色，未能完全缩进前胸背板。复眼黑色，较发达。触角黑色，丝状。前胸背板淡红色。鞘翅黑色。足黑色。发光器乳白色。

分布：江苏（宜兴）。

红萤科 Lycidae

红萤亚科 Lycinae

短沟红萤 *Plateros*.sp.

鉴别特征：体长8.6mm。触角黑色线状。复眼大而黑。前胸背板铃形，黑色，前缘与侧缘暗红色。鞘翅狭长，两侧缘向后稍加宽，长约为宽的2.8倍，暗红色，具纵纹。足黑色。

分布：江苏（宜兴）。

阎甲总科 Histeroidea

阎甲科 Histeridae

阎甲亚科 Histerinae

菌株阎甲 *Margarinotus boleti* (Lewis, 1884)（江苏新记录种）

鉴别特征：体长5.6 ~ 8.5mm。体黑褐色，具光泽。前胸背板具2条侧线：外侧线沿前胸背板前角弯曲；内侧线内侧无刻点群，前缘部分明显弯曲。鞘翅第1 ~ 3背线完全，第4、5背线基半部消失。前足胫节外缘刻点明显。

分布：江苏（宜兴）、辽宁、台湾；日本。

注：又名博氏歧阎甲。

牙甲总科 Hydrophiloidea

鼓甲科 Gyrinidae

圆鞘隐盾豉甲 *Dineutus mellyi* (Régimbart, 1882)（江苏新记录种）

鉴别特征：体长18.0mm。体宽卵圆形，近于圆形。体躯背面光滑，具光泽，中央青铜黑色，两侧深蓝色；前胸背板及鞘翅具一条宽的暗色亚缘带。

分布：江苏（宜兴）、山东、湖北、浙江、江西、湖南、广东、重庆、四川、贵州、福建、云南。

牙甲科 Hydrophilidae

须牙甲亚科 Acidocerinae

1. 平行丽阳牙甲 *Helochares pallens* (MacLeay, 1825)

鉴别特征：体长2.5～3.5mm。体长卵圆形，黄褐色。下颚须远长于触角，长于头宽，第2节向内明显弯曲，末端不膨大。中胸腹板无明显的隆突。鞘翅无纵向刻点列与鞘缝线。中、后足跗节背面无游泳毛。

分布：江苏、陕西、湖北、江西、湖南、福建、广东、海南、广西、重庆、四川、贵州、云南、西藏、香港、澳门、台湾；日本、韩国、印度、塞浦路斯、澳大利亚以及西亚、非洲。

注：又名伪条丽阳牙甲。

苍白牙甲亚科 Enochrinae

2. 刻纹苍白牙甲 *Enochrus simulans* (Sharp, 1873)（江苏新记录种）

鉴别特征：体长4.5 ~ 6.0mm。体暗褐色或棕褐色，前胸背板和鞘翅边缘苍白色。每鞘翅具10条刻点列，第3、5、7行距被粗刻点。中胸腹板呈薄片状纵隆起。

分布：江苏（宜兴）、陕西、天津、河北、山西、上海、湖北、四川、山东、河南、台湾以及东北地区；朝鲜、韩国、日本、俄罗斯。

注：又名乌苏苍白牙甲、拟苍边水龟虫。

3. 斑苍白牙甲 *Enochrus subsignatus* (Harold, 1877)

鉴别特征：体长4.8 ~ 5.0mm。体暗褐色，具光泽，前胸背板和鞘翅边缘苍白色。鞘翅刻点稠密，具不明显纵沟列。中胸腹板呈板状隆起，前角齿状。

分布：江苏、辽宁、北京、福建、湖北、云南、台湾；日本。

注：又名次护苍边水龟虫。

雌

雌

牙甲亚科 Hydrophilinae

4. 长贝牙甲 *Berosus elongatulus* Jordan, 1894

鉴别特征：体长4.5 ~ 7.0mm。体梭形，黄褐色，背面具密集黑色大刻点。复眼明显突出。触角7节。中胸腹板具有发达的纵隆基，后胸腹板隆起的中部具纵沟纹。小盾片长明显大于宽。各鞘翅具10条深色刻点沟纹，鞘翅上具5个由黑点组成的黑斑，鞘翅末端两侧具刺突。足细长，跗节5节，雄虫前足跗节4节，基部3节膨大；中、后足跗节背面具长游泳毛；腹部第5节端部具凹口。

分布：江苏、江西、福建、广东、广西、云南、香港、台湾；日本、阿富汗、越南、泰国、斯里兰卡、马来西亚、印度尼西亚以及非洲。

注：又名长茎刺鞘牙甲。

（贾凤龙提供）

5.微小陆牙甲 *Cryptopleurum subtile* Sharp, 1844（江苏新记录种）

鉴别特征：体长1.7 ~ 2.0mm。体棕色，头部黑色，有时前胸背板及鞘翅大部黑褐色，腹面中后胸腹板及腹基黑褐色。触角9节，基部3节触角棒颜色稍深，基节粗长，稍长于后5节之和，棒节3节，粗大。前胸背板缘折突前端具一凹陷，为头部触角沟的延伸。前胸腹板六角形，后缘中部凹入。中胸腹板五角形，前缘具尖角。后胸腹板具基节线。

分布：江苏（宜兴）、北京、河北、浙江、江西、台湾；日本、吉尔吉斯斯坦、印度、尼泊尔以及欧洲、北美洲。

6.双线牙甲 *Hydrophilus bilineatus caschmirensis* Kollar et Redtenbacher, 1844（江苏新记录种）

（贾凤龙提供）

鉴别特征：体长21.0～32.0mm。体红褐色至黑色，具绿色光泽。触角红褐色，第6节黑色或黑褐色。鞘翅侧缘深红褐色。头部刻点细小而疏，点间具网纹。前胸背板刻点及网纹与头部相似，具大刻点；侧缘镶边宽，至多达后角，不弯向后缘；后缘波曲。鞘翅刻点不及头部和前胸背板清晰，具不规则的、有时不甚清晰的横短刻纹；系统刻点大，排列成5列，边缘列成双排状，故似6列，除边缘列外，每一列系统刻点两侧及鞘缝间距具明显的小刻点列；外端角弧形，端部几乎平截，内角具一小刺突，偶有刺突不明显者。中足腿节具大而密的刻点，后足腿节刻点小而疏；跗节长于胫节，背面具长游泳毛，第1节很小，在腹面可见，好似第2跗节基附叶。

分布：江苏（宜兴）、辽宁、吉林、黑龙江、陕西、湖北、四川、江西、湖南、浙江、云南、广西、广东、海南、福建、香港、台湾；缅甸、柬埔寨、印度、印度尼西亚、马来西亚、斯里兰卡、泰国、越南、日本、韩国、澳大利亚、斐济。

7. 哈氏长节牙甲 *Laccobius hammondi* Gentili, 1984（江苏新记录种）

鉴别特征：体长2.1 ～ 2.5mm，体宽1.3 ～ 1.6mm。体卵圆形，拱起。头部黑色，在"Y"字形额缝前端具一个黄色斑点，额基部具相对较大的刻点。前胸背板黑色，两侧淡黄色，表面光滑发亮；刻点相对较大，与头部近似，主要集中在背部，稀疏分布，两侧几乎无刻点分布。鞘翅黑色，边缘淡黄色；约20条清晰可见的刻点列交替出现，第1 ～ 10刻点列上的刻点规则，排列成直线，其他刻点列上的刻点则排列不整齐。前胸腹板中央具纵脊。中胸腹板隆脊明显，前端呈箭头状。后胸腹板隆起，不形成脊状，除中央具一块光滑无毛区域外，其他区域密布拒水绒毛。

分布：江苏（宜兴）、陕西、辽宁、山东、甘肃、安徽、浙江、湖南、福建、广东、四川、贵州、台湾。

8. 红脊胸牙甲 *Sternolophus rufipes* (Fabricius, 1792)

鉴别特征：体长9.0 ～ 11.0mm。体黑红褐色至黑色。触角红褐色，锤部黑色。头部刻点细密，具系统刻点。前胸背板刻点与头部相似，均一；前胸隆脊后端具一小三角形缺刻；具大系统刻点；侧缘镶边细，窄于鞘翅系统刻点直径。小盾片长三角形。鞘翅刻点与前胸背板相似，均一。股节腹面具较稀疏刻点及密斜纹；跗节背面具长游泳毛。

分布：江苏、北京、西藏、浙江、湖南、福建、广东、云南；日本、韩国、俄罗斯、印度以及东南亚。

（贾凤龙提供）

陆牙甲亚科 Sphaeridiinae

9. 汉森梭腹牙甲 *Cercyon* (*Clinocercyon*) *hanseni* Jia, Fikácek et Ryndevich, 2011

鉴别特征：体长1.4 ~ 1.8mm。体椭圆形。触角褐色。头部黑色，密被大量小刻点。前胸背板黑色，侧缘黄褐色，密被大量小刻点。鞘翅黄褐色，翅缝黑色，每鞘翅具8行刻点，每鞘翅侧缘前端具一黑斑，黑斑覆盖4条刻点行。腹板黑色。足黄褐色。

分布：江苏、浙江、广东、贵州、江西。

10. 疑梭腹牙甲 *Cercyon (Clinocercyon) incretus* Orchymont, 1941（江苏新记录种）

鉴别特征：体长1.5 ~ 2.0mm。头部与前胸背板黑褐色，密布细小刻点。鞘翅倒卵圆形，黑色，端部黑褐色，每鞘翅具10条刻点行。腹板暗褐色。足棕褐色。

分布：江苏（宜兴）、浙江、福建、台湾。

11. 梭腹牙甲 *Cercyon* sp.1

鉴别特征：体长1.5mm。体椭圆形。触角黄褐色，触角棒黑褐色。头部黑色，密被大量小刻点。前胸背板黑色，侧缘黄褐色，密被大量小刻点。鞘翅黄褐色，翅缝黑色，每鞘翅具8行刻点，每侧缘前端具一黑斑，黑斑覆盖4条刻点行，鞘翅基中部具一黑斑。足基节、腿节黑色，胫节与跗节黄褐色，胫节外缘具许多刺。

分布：江苏（宜兴）。

12. 梭腹牙甲 *Cercyon* sp.2

鉴别特征：体长1.2mm。体椭圆形。头部黑色。前胸背板黑色，侧缘黄褐色，密被大量粗刻点。鞘翅黄褐色，具刻点行。足棕褐色。

分布：江苏（宜兴）。

金龟总科 Scarabaeoidea

粪金龟科 Geotrupidae

隆金龟亚科 Bolboceratinae

戴锤角粪金龟 *Bolbotrypes davidis* (Fairmaire, 1891)

鉴别特征：体长8.0 ~ 13.0mm，体宽5.8 ~ 9.5mm。体小型到中型，短阔，背面十分圆隆，近半球形。体黄褐色至棕红色，头部、胸部着色略深，鞘翅光亮。前胸背板布粗大刻点，四缘具边框，后侧圆弧形。小盾片近三角形。鞘翅圆拱，腹部密被绒毛。

习性：成虫、幼虫均以畜粪为食，成虫有趋光性。

分布：河南以及华北、华东、东北地区；蒙古、越南、老挝、柬埔寨、朝鲜、韩国、俄罗斯。

注：又名大卫隆金龟。

雄　　雌

驼金龟科 Hybosoridae

暗驼金龟 *Phaeochrous* sp.

鉴别特征：体长10.2mm，体宽4.8mm。体卵圆形，极扁。唇基前缘中部浅凹陷，额唇基沟缺乏，触角10节。头部和前胸背板盘区具较稀疏小刻点，前胸背板侧区具粗密刻点。鞘翅刻点列变异明显，该标本较规则，鞘翅边缘具极密的长毛；鞘翅刻点较规则。前足右、左胫节分别具16个和18个齿突，其中3个较大，近基部者显著小于段部二者，中后足密被长毛，各足爪简单。长阳基侧突基部具一深凹陷，短阳基侧突圆。

分布：江苏（宜兴）。

注：该标本最为接近*Phaeochrous pseudointemedius* Kuijten，1978，但雄外生殖器与Kuijten原始描述尚有差异。

雄
（赵明智拍摄）

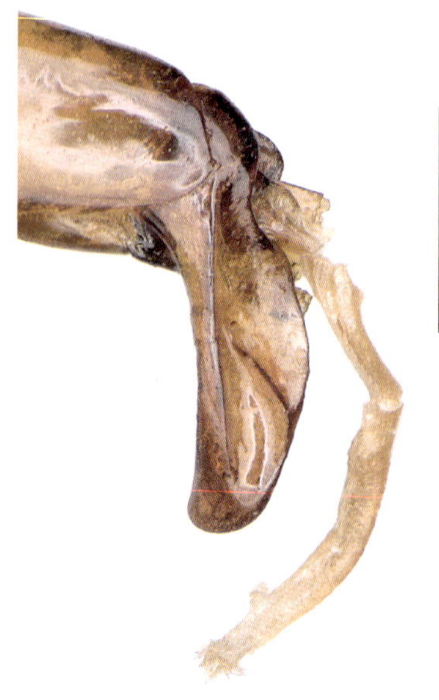

雄外生殖器
（赵明智拍摄）

锹甲科 Lucanidae

锹甲亚科 Lucaninae

1. 亮颈盾锹甲 *Aegus laevicollis* Saunders, 1854

鉴别特征：雄虫体长12.5 ～ 28.5mm，雌虫体长13.0 ～ 18.0mm。雄虫整体身型较为细长厚实，大颚较粗且有较强内弯，头部前方两侧无前棱突，前胸背板前角完整无切口，具光泽。小盾片为倒三角形。后足胫节内侧末端具黄色细毛。

分布：江苏、福建、湖南、安徽、四川、湖北、江西、河南、浙江。

注：又名方胸肥角锹甲。

雄（中） 雄（中） 雄（大）

雄（大） 雌 雌

2. 中华奥锹甲 *Odontolabis sinensis* (Westwood, 1848)（江苏新记录种）

鉴别特征：雄虫体长34.0 ~ 79.0mm，雌虫体长34.0 ~ 48.0mm。雄虫有大、中、小颚3种型；雄虫体色除鞘翅外缘红褐色外均为深黑色。上颚、头部、前胸背板具细小颗粒，头部四边形，前胸背板具2个尖刺；鞘翅黑色，光亮，具红褐色边缘。雌虫上颚短，其余特征与雄虫相似。

习性：幼虫以朽木为食。

分布：江苏（宜兴）、福建、江西、广东、广西、贵州、湖南、湖北、陕西、云南、浙江、海南；越南。

雄（小）

3. 扁齿奥锹甲 *Odontolabis platynota* (Hope et Westwood, 1845)（江苏新记录种）

鉴别特征：雄虫体长31.0mm，雌虫体长26.0mm。雄虫体黑褐色，较黯淡。额、上颚基部间的区域呈近半圆形的凹陷。头顶较平，眼的前部各具一个明显的脊状隆突；眼眦缘片较宽，近半圆形；眼后缘向外拓宽延展，形成宽钝的三角形角突且向下倾斜。上颚向内弯曲，约是头部长的一倍；上颚基部具一个宽钝的大齿，且齿的端缘具2个微小的钝齿；上颚端部具3个尖锐的小齿均匀排列。前胸背板中央隆突，前缘波曲状，中部突出，后缘呈较平缓的波曲状，侧缘近弧形，在约占侧缘总长的1/4，靠近后缘处向内微有凹陷。鞘翅光滑，小盾片黑色，心形。前足胫节端部宽扁，侧缘具4 ~ 6个尖锐的小齿，中、后足胫节无齿。雌虫头部小而较扁平；眼眦缘片宽而呈较尖锐的三角形；眼后缘短而平直，无角突；上颚宽扁且短小，短于头部长；上颚无显著的大齿，从基部至端部具4 ~ 6个小钝齿，呈锯齿状排列。前足胫节相当宽扁，侧缘具6 ~ 7个较钝的小齿，中、后足胫节侧缘无小齿。

分布：江苏（宜兴）、福建、江西、浙江、广东、广西、海南、四川、贵州。

雄（小）　　　　雌

4. 细颚扁锹甲 *Serrognathus gracilis* (Saunders, 1854)（江苏新记录种）

鉴别特征：体长18.0～52.0mm（包括上颚）。体较狭长，暗褐色，鞘翅一般呈褐色，腹面褐红色，几无光泽。雄虫大颚细长，外缘呈弧形，内缘具一枚大齿突（位于大颚中点上方），近端部内齿较钝或者消失，端部尖端内缘呈钝角状弯折。头部较为平坦。鞘翅肩后最宽。后足胫节通常无刺突。

习性：幼虫喜食发酵的木屑。

分布：江苏（宜兴）、浙江、江西、四川、重庆、湖南、云南、广东、广西、福建；越南。

注：又名狭长前锹甲。

雄（大）　　　　雄（中）　　　　雄（中）

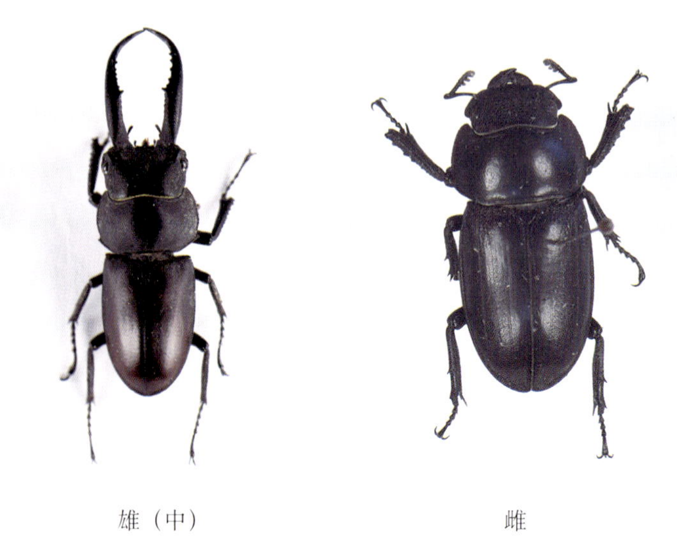

雄（中）　　雌

5. 中华大扁 *Serrognathus titanus platymelus* (Saunders, 1854)

鉴别特征：体型中到大型。雄虫体长普遍在30.0 ~ 75.0mm，极限个体能到90.0mm，体黑褐色，具光泽，体型较宽扁。大型雄虫大颚发达且内侧具较长的锯齿状区域，大颚近末端具较长的齿突，小型则无。雌虫体长多见于25.0 ~ 40.0mm，鞘翅具光泽，头部具凹凸的刻点。

习性：成虫以吸食树液或熟透的果实为主；幼虫生活在朽木中，以其为食。

分布：江苏、浙江、上海、福建、安徽、江西、湖南、湖北、河南、陕西、四川、重庆、广东、广西。

注：又名大扁锹甲华南亚种、泰坦扁锹甲华南亚种、中国扁锹甲。

雄（大）　　雄（大）　　雄（中）

雄（中） 雄（中） 雄（中）

雄（中） 雄（小） 雌

雌 雌 雌

金龟科 Scarabaeidae

蜉金龟亚科 Aphodiinae

1. 扁蜉金龟 *Platyderides* sp.

鉴别特征：体长9.0mm，体宽3.6mm。体近圆柱形。唇基前缘略凹陷。前胸背板侧缘显著上卷，基部显著宽于鞘翅基部。鞘翅于端部1/3处最宽，刻点行规则，刻点细密，行间弱隆起，无显著刻点。足细长。

分布：江苏（宜兴）。

2. 柱蜉金龟 *Labarrus* sp.

鉴别特征：体长4.0mm，体宽1.7mm。体圆柱形，黄褐色，头部、前胸背板和鞘翅斑纹以及各腹板边缘暗褐色。唇基前缘中部微凹，前角弧形，额顶部具一宽短突起。头部和前胸背板表面具较为稀疏的大刻点。鞘翅基部最宽，刻点行规则，刻点细密，行间弱隆起，无刻点。足短粗。

分布：江苏（宜兴）。

3. 秽蜉金龟 *Rhyparus* sp.（江苏新记录属）

鉴别特征：体长3.8 ~ 4.2mm。体黑色或棕黑色。体近筒形。头部近六角形，唇基前缘略上卷，中部微凹，唇基表面具一大瘤突，额表面具4条宽且强烈隆起的纵脊。前胸背板正方形，一侧由外到内各具4条弯曲纵脊，其中纵脊2仅在末端1/3处出现，但不达末端，与纵脊3交会处两侧各有一具黄色绒毛的深凹坑，两纵脊4之间具少数粗大刻点，侧缘末端2/3处2次强烈突出。鞘翅两侧平行，向末端逐渐收狭，由鞘缝至外缘各具5条纵脊，脊间具排列规则的粗大刻点，末端强烈凹陷并具黄色绒毛。足细长，中、后足胫节显著弯曲。

分布：江苏（宜兴）。

花金龟亚科 Cetoniinae

1. 黄粉鹿花金龟 *Dicronocephalus wallichii* Pascoe, 1836

鉴别特征：体长19.0 ~ 25.0mm，体宽10.0 ~ 13.0mm。体黄绿色，唇基、前胸背板2条肋、鞘翅上的肩突和后突、腿节部分、胫节和跗节均呈栗色或栗红色。雌雄异型，雄虫唇基两侧似鹿角形前伸，顶端2个角向上弯翘。前胸背板近椭圆形，中央2条纵肋短。背板周缘边框栗色。鞘翅近长方形，肩部最宽，两侧向后稍窄，缝角不突出，肩突肋纹近三角形。

寄主：梨、栗以及栎属等植物的花。

分布：江苏、辽宁、河北、河南、山东、江西、广东、四川、贵州、云南、湖南、浙江、湖北。

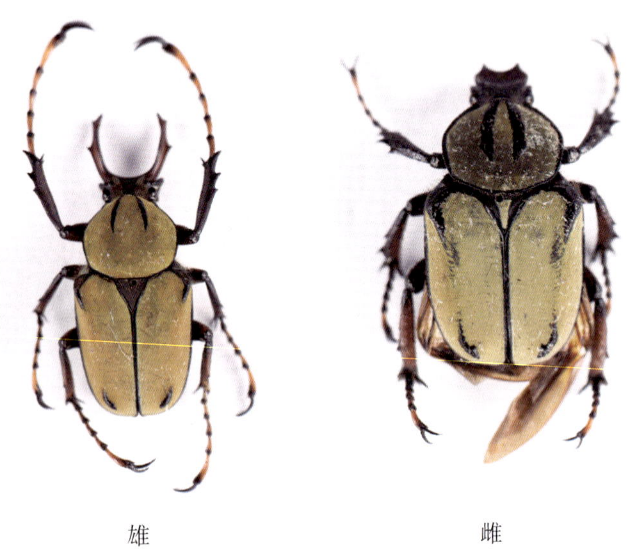

雄　　　　雌

2.斑青花金龟 *Gametis bealiae* (Gory et Percheron, 1833)

鉴别特征：体长11.7～14.4mm，体宽6.8～8.2mm。体倒卵圆形。体表无毛，密布点刻。头部黑色。前胸背板半椭圆形，前窄后宽，栗褐色至橘黄色，两侧各具一个斜阔暗古铜色大斑，大斑中央具一个小白绒斑，背面绿色至暗绿色。鞘翅暗青铜色，中段具一个茶黄色近方形大斑，两翅上的黄褐斑构成较宽的倒"八"字形，在黄褐斑外缘下角垫具一楔形黄斑，端部具3个小白绒斑。

习性：主要危害草莓、茄子、苹果、梨、柑橘、罗汉果、棉花、玉米、栗等多种农作物的花器。

分布：江苏、浙江、江西、福建、广东、广西、云南、四川、贵州、湖南、山西、西藏、安徽、湖北、海南；印度、越南。

3. 白星花金龟 *Protaetia brevitarsis* Lewis, 1879

鉴别特征：体长18.0 ~ 22.0mm，体宽11.0 ~ 12.5mm。体长椭圆形。体色多型，有青铜型、绿色型、青腹型、六斑型等。前胸背板、鞘翅布有众多的白色绒斑。前胸背板前狭后阔，前边无框，侧边略呈“S”字形弯，密布刻纹，多乳白色绒斑，有时沿侧缘呈带状白纵斑。鞘翅肩后内弯，表面多绒斑。臀板具6个绒斑。前足胫节外缘3齿。

分布：江苏、贵州、河北、山西、陕西、山东、河南、安徽、浙江、江西、湖南、福建、四川、新疆以及东北地区；蒙古、朝鲜、韩国、日本、俄罗斯。

犀金龟亚科 Dynastinae

4. 双叉犀金龟 *Allomyrina dichotoma* (Linnaeus, 1771)

鉴别特征：体长35.1 ~ 60.2mm，体宽19.6 ~ 32.5mm。性二态。体红棕色、深褐色至黑褐色。背覆柔软绒毛。雄虫因刻点微细绒毛多蹭掉而显光亮；雌虫因刻点粗皱绒毛较粗而晦暗。鞘翅肩突、端突发达，纵肋略可辨。雄虫头部上面具一个强大双分叉角突，分叉部缓缓向后上方弯指；前胸背板中央具一短状、端部燕尾状分叉地指向前方的角突。雌虫无角突。

寄主：桑、榆、无花果等树木的嫩枝与主干，瓜类的花器。

分布：国内广布于除新疆、西藏外的各地区；朝鲜、日本。

注：又名独角仙、独角蜣螂虫。图中的幼虫由梁照文带回实验室培养成成虫后进行了种类验证。

雄　　　　雌

幼虫形态

树木被双叉犀金龟危害的症状

5. 中华晓扁犀金龟 *Eophileurus chinensis* (Faldermann, 1835)

鉴别特征：体长18.0 ~ 27.0mm，体宽8.4 ~ 12.0mm。体狭长椭圆形，背腹扁阔，体多黑色，光亮。雄虫头部中央具一个竖生圆锥形角突；雌虫则为一个短锥突。上颚大而端尖，向上弯翘。雄虫在盘区具略呈五角形的凹坑；雌虫则具一个宽浅纵凹。鞘翅长，侧缘平行，每鞘翅具6对平行的刻点沟。

习性：幼虫栖居于朽木、植物性肥料堆中，一般不取食植物的地下部分；成虫捕食其他昆虫。

分布：辽宁、云南以及华北、华中、华东、华南地区；缅甸、朝鲜、韩国、日本、不丹。

雄　　　　雌

鳃金龟亚科 Melolonthinae

6. 黑阿鳃金龟 *Apogonia cupreoviridis* Kolbe, 1886

鉴别特征：体长8.0 ~ 11.0mm，体宽4.6 ~ 6.2mm。体亮黑褐色或红褐色，密布刻点、横皱，边缘翘折。额唇基缝下陷，中段后弯，头顶不平坦，沿额唇基缝陡隆，前中部凹陷。触角10节，鳃片部3节短小。前胸背板前角锐，后角钝；盘区布脐形刻点。小盾片三角形。鞘翅平坦，缝肋及4条纵肋清晰。雄外生殖器不对称，阳基侧突末端形状复杂。

习性：幼虫危害大田作物、苗木的地下部分；成虫取食各种作物、树木、杂草等的叶片。

分布：江苏、天津、上海、黑龙江、北京、福建、辽宁、广东、广西、山东、陕西、山西、河北、河南、安徽、浙江、江西、甘肃、贵州、湖北、湖南、四川、云南；朝鲜、韩国、日本、俄罗斯。

雄
（赵明智拍摄）

7. 大等鳃金龟 *Exolontha serrulata* (Gyllenhal, 1817)（江苏新记录种）

鉴别特征：体长26.2～31.5mm，体宽12.7～16.7mm。体淡栗褐色，头面色最深；体较扁阔，长椭圆形，全身匀密被有纤短绒毛。头部宽大，唇基短阔。前胸背板短阔，布致密刻点，前方明显收狭，侧缘后段近平行，后缘微见双波形。鞘翅4条纵肋纹雌强雄弱，肩突、端突不发达。雄虫臀板近倒梯形，端部阔，端缘有明显凹缺；雌虫臀板近半圆形，端部隆突似额，末端微凹缺。

习性：幼虫危害甘蔗、花生、豆类、甘薯、马铃薯、蕉类及草本植物的根。

分布：江苏（宜兴）、广东、福建、海南、湖南、江西、浙江、香港；越南。

注：又名黄褐色蔗龟、齿缘鳃金龟。

8. 影等鳃金龟 *Exolontha umbraculata* (Burmeister, 1855)（江苏新记录种）

鉴别特征：体长25.0 ~ 26.0mm，体宽13.0 ~ 14.0mm。体长椭圆形，浅褐色。头部口器为唇基遮盖，背面不可见。前胸稍狭于或等于翅基之宽，中胸后侧片于背面不可见。小盾片显著，呈半圆状。鞘翅缝肋发达。

寄主：幼虫对多种农作物、花卉、苗木等根及幼苗危害大。

分布：江苏（宜兴）、重庆、浙江、湖北、湖南、福建、江西、广西、贵州、香港。

9. 锯缘鳞鳃金龟 *Lepidiota praecellens* Bates, 1871（江苏新记录种）

鉴别特征：体长17.0 ～ 22.0mm，体宽9.0 ～ 11.5mm。体长卵形，黑色或黑褐色绒毛状，无光泽。头部大，唇基前缘微中凹，头顶微拱。前胸背板横宽，最宽处在侧缘中部后；前缘具沿并布有褐色边缘毛，后缘无沿；前角钝，后角直；盘区密布刻点，具宽亮中纵带。小盾片近半圆形。鞘翅后方稍扩，每侧具4条明显纵肋。前足胫端3外齿，中齿明显靠近端齿。

分布：江苏（宜兴）、上海、四川。

10. 丝茎玛绢金龟 *Maladera filigraniforceps* Ahrens, Fabrizi et Liu, 2021（江苏新记录种）

鉴别特征：体长17.0 ~ 22.0mm，宽9.0 ~ 11.5mm。体长卵形，黑色或黑褐色绒毛状，无光泽。头部大，唇基前缘微中凹，头顶微拱。前胸背板横宽，最宽处在侧缘中部后；前缘具沿并布有褐色边缘毛，后缘无沿；前角钝，后角直；盘区密布刻点，具宽亮中纵带。小盾片近半圆形。鞘翅后方稍扩，每侧具4条明显纵肋。前足胫端3外齿，中齿明显靠近端齿。

分布：江苏（宜兴）、福建、广东、湖北、四川；老挝、越南。

注：中文名新拟。

雄

（赵明智拍摄）

11. 片茎玛绢金龟 *Maladera* (*Omaladera*) *fusca* (Frey, 1972)

鉴别特征：体长约9.0mm，体宽约6.2mm。体卵圆形，全身红棕色。前胸背板梯形，基部最宽，侧缘缓突；前角尖突，后角钝圆；前缘沟线完整，后缘沟线消失；前背缘折近基部具显著的脊；表面密布细小刻点。鞘翅在基部1/3处最宽；刻点沟弱凹，密布小刻点。雄外生殖器高度不对称，左阳基侧突细弯，右阳基侧突片状内卷。

分布：江苏、福建、广东、广西、河南、湖北、湖南、江西；越南。

注：又名棕色玛绢金龟，本种中文名新拟。棕色玛绢金龟在《武夷山金龟志》已有记载，fusca是棕色的意思，但棕色的玛绢金龟很多，赵明智先生认为其阳茎上的阳基侧突是片状的，所以中文名用生殖器这个特征更好。

雄
（赵明智拍摄）

12. 克里玛绢金龟 *Maladera kreyenbergi* (Moser, 1918)（江苏新记录种）

鉴别特征：体长7.5mm，体宽5.0mm。体卵圆形，全身暗棕色。前胸背板梯形，基部最宽，侧缘缓突；前角尖突，后角钝圆。鞘翅在基部1/3处最宽；刻点沟弱凹，密布小刻点。前足胫节短，具3齿，基齿弱小；正面边缘旁具一条平行的锯齿状线条。雄外生殖器高度不对称，左阳基侧突近端部凹陷，右阳基侧突向基部伸展膨大，再向前翻转逐渐变尖细，末端弯钩状。

分布：江苏（宜兴）、福建、贵州、湖北、湖南、江西。

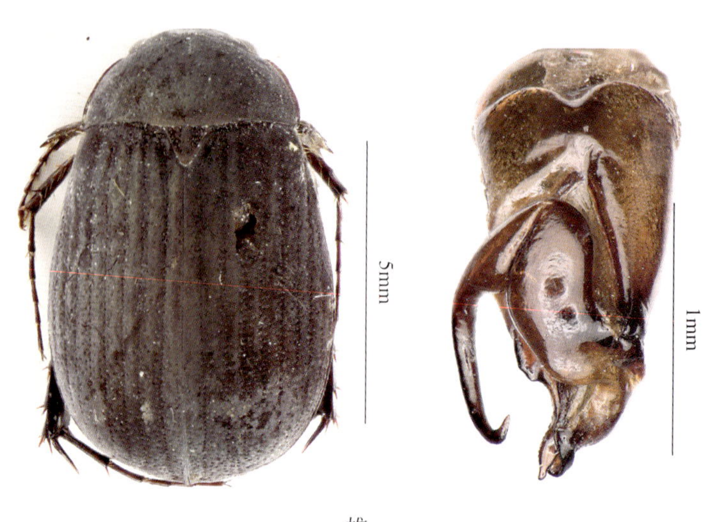

雄
（赵明智拍摄）

13. 木色玛绢金龟 *Maladera* (*Omaladera*) *lignicolor* (Fairmaire, 1887)

鉴别特征：体长10.0mm，体宽6.1mm。体卵圆形，棕黑色，足暗红褐色。前胸背板梯形，基部最宽，侧缘缓突；前角尖突，后角钝；前缘沟线完整，后缘沟线消失；前背缘折近基部具显著的脊；表面密布细小刻点。鞘翅在基部1/3处最宽；刻点沟弱凹，密布小刻点。前足胫节短，末端具2齿。雄外生殖器阳基侧突不对称，左阳基侧突基部膨大，末端弯钩状，右阳基侧突外缘略凹，末端圆钝。

分布：江苏、安徽、北京、福建、广东、贵州、湖北、湖南、江西、辽宁、四川、浙江；朝鲜、韩国。

雄

（赵明智拍摄）

14. 东玛绢金龟 *Maladera orientails* (Motschulsky, 1857)

鉴别特征：体长6.2 ~ 9.0mm，体宽3.5 ~ 5.2mm。体卵圆形，前狭后宽，黑色或黑褐色，有丝绒状闪光。前胸背板横宽，两边中段外凸，侧边列生褐色刺毛，盘区密布细刻点。鞘翅侧边微弧形，边缘具稀短细毛，每侧具9条刻点沟，沟间微拱，散布刻点。臀板宽大三角形，密布粗大刻点。前足胫端2外齿，后足胫节较狭厚，布少量刻点，胫端2距，分生于跗基两侧，爪具齿。

习性：成虫食性杂，可取食杨、柳、榆、苹果、桑、杏、枣、梅等45科、116属、149种植物叶片。

分布：江苏、河南、山东、安徽以及东北、华北、西北地区；蒙古、俄罗斯、朝鲜、韩国、日本。

注：又名黑绒金龟、黑绒鳃金龟。

15. 分离玛绢金龟 *Maladera* (*Aserica*) *secreta* (Brenske, 1897)（江苏新记录种）

鉴别特征：体长10.0mm，体宽5.9mm。体卵圆形，棕黑色。前胸背板前角尖突，后角钝；前缘沟线完整，后缘沟线消失；前背缘折近基部具显著的脊。鞘翅在中部最宽；刻点沟弱凹，具不甚密的小刻点。前足胫节短，末端具2齿。雄外生殖器阳基侧突强烈不对称，左阳基侧突基部向中间强烈弯入，右阳基侧突基部较正常，两阳基侧突末端扩展，形状相近，阳茎正面末端中间具一显著前伸的突起。

分布：江苏（宜兴）、福建、广西、贵州、湖北、江西、陕西、浙江；日本、越南。

雄

（赵明智拍摄）

16. 阔胫玛绢金龟 *Maladera verticalis* (Fairmaire, 1888)

鉴别特征：体长6.7 ~ 9.0mm。体卵圆形，浅棕色或棕红色，有丝绒状闪光。前胸背板短阔，侧边后段直，后边无边框。小盾片长三角形。每鞘翅具9条刻点沟，沟间弧隆，布少量刻点，后侧缘有明显折角。前足胫端具2外齿，后足胫节十分扁阔，表面光滑几无刻点，2端距着点在跗基两侧。

习性：一年一代，幼虫越冬。幼虫取食植物的地下部分；成虫取食榆、杨、梨、苹果等叶片。

分布：江苏、安徽、北京、辽宁、吉林、黑龙江、福建、云南、甘肃、山东、河南、广东、河北、湖北、湖南、江西、山西、陕西、上海、四川、贵州、天津、浙江、台湾；俄罗斯、蒙古、朝鲜、韩国。

注：又名阔胫玛绒金龟。

雄

（赵明智拍摄）

17. 截端玛绢金龟 *Maladera* (*Omaladera*) *weni* Ahrens, Fabrizi et Liu, 2021（江苏新记录种）

鉴别特征：体长8.0mm，体宽5.0mm。体卵圆形，全身暗红褐色。前胸背板前角尖突，后角钝；前缘沟线完整，后缘沟线消失；前背缘折近基部具显著的脊；表面密布细小刻点。小盾片三角形。鞘翅在基部1/3处最宽；刻点沟弱凹，密布小刻点。前足胫节短，末端具2齿。雄外生殖器阳基侧突不对称，左阳基侧突向末端逐渐变窄，外缘显著凹入，末端平截，右阳基侧突外缘近直。

分布：江苏（宜兴）、安徽、湖北、江西。

注：中文名新拟。

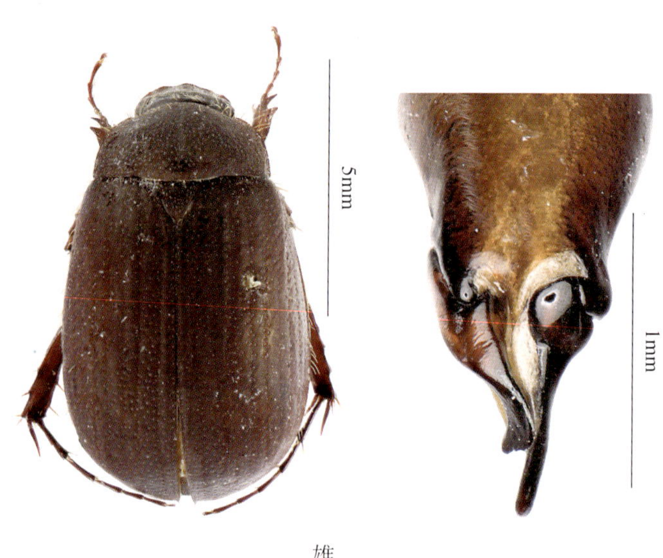

雄

（赵明智拍摄）

18. 中华鳃金龟 *Melolontha chinensis* Guérin-Méneville, 1838（江苏新记录种）

鉴别特征：体长32.0 ~ 37.0mm，体宽14.0 ~ 16.0mm。体长椭圆形，背面密被具针尖形黄褐鳞片的刻点。头部、前胸背板及小盾片黑褐色，具金绿色光泽，鞘翅背面大部栗褐色，外侧及腹面、臀板黑褐色。前胸背板阔而弧拱。小盾片短阔，近半圆形。鞘翅后方略收狭，4条纵肋狭，纵肋1最弱但可辨，缘折圆匀。臀板近三角形，末端横截。前4腹板或5腹板两侧具常模糊的乳白色三角形斑。足壮，前胫外缘3齿，齿距近等。

分布：江苏（宜兴）、广东、湖南、江西、四川；越南。

雄

19. 鲜黄鳃金龟 *Metabolus tumidifrons* Fairmaire, 1887

鉴别特征：体长11.0 ~ 14.0mm，宽6.0 ~ 8.0mm。体隆拱，向后略扩，光滑无毛。除头部、复眼周围为黑褐色外，体背皆为黄褐色。前胸背板横长方形，具框，侧缘具大小不等的齿，齿间具黄毛。小盾片半球形。每鞘翅具2条纵肋。前足胫端外具3个齿。爪为双爪式，爪齿与爪平行，爪齿下缘与爪基下缘呈直角状。

寄主：小麦、棉花以及禾本科、豆科等。

分布：江苏、辽宁、湖南、河北、山东、河南、浙江、江西；朝鲜。

20. 中华脊头鳃金龟 *Miridiba chinensis* (Hope, 1842)（江苏新记录种）

鉴别特征：体长19.5 ～ 23.0mm，体宽9.8 ～ 11.8mm。体长椭圆形。体棕红色或棕褐色，头部、前胸背板、鞘翅基部及各足基节褐色至黑褐色。前胸背板宽大，密布刻点，点间呈纵皱，两侧各具一个深色小坑。小盾片近半圆形，密布刻点。鞘翅具4条由刻点列勾出的纵肋。前足胫节外缘3齿。雄虫阳基侧突背面具很大的近方形"天窗"。

寄主：枫、漆树、盐麸木、荔枝等。

分布：江苏（宜兴）、浙江、广东、广西、福建、湖北、湖南、江西、四川、香港、台湾；越南。

21. 毛黄脊鳃金龟 *Miridiba trichophora* (Fairmaire, 1891)（江苏新记录种）

鉴别特征：体长14.2 ~ 16.6mm，宽7.6 ~ 9.5mm。体棕褐色或浅褐色，头部、前胸背板和小盾片略深。头部较小；唇基前缘双波状，侧缘短直；额具横脊；触角9节，鳃片部3节。前胸背板疏布刻点，被长毛；前缘边框横脊状，侧缘基半部微锯齿形；前侧角钝角，后侧角弧圆。小盾片短宽三角形。鞘翅布具毛刻点，基部毛最长，缝肋清晰，缺纵肋。胸部腹面密被长毛。臀板短宽三角形。

习性：幼虫取食高粱、小麦、谷子、花生、玉米、蔬菜等农作物嫩根；成虫不取食。

分布：江苏（宜兴）、河北、北京、山西、山东、河南、湖北、四川。

22. 暗黑鳃金龟 *Pedinotrichia parallela* (Motschulsky, 1854)

鉴别特征：体长17.0 ~ 22.0mm，体宽9.0 ~ 11.5mm。体长卵形，黑色或黑褐色绒毛状，无光泽。头部大，唇基前缘微中凹，头顶微拱。前胸背板横宽，最宽处在侧缘中部后；前缘具沿并布有褐色边缘毛，后缘无沿；前角钝，后角直；盘区密布刻点，具宽亮中纵带。小盾片近半圆形。鞘翅后方稍扩，每侧具4条明显纵肋。前足胫端3外齿，中齿显近端齿。

习性：食性杂，危害树木、作物。

分布：江苏、北京、辽宁、吉林、黑龙江、山东、湖南、甘肃、青海、河北、山西、陕西、河南、浙江、安徽、湖北、四川；朝鲜、日本、俄罗斯。

23. 黑斑绢金龟 *Serica nigroguttata* Brenske, 1897（江苏新记录种）

鉴别特征：体长8.3mm，体宽4.6mm。体卵圆形，黄褐色。前胸背板色稍深，头部墨绿色。前胸背板梯形，基部最宽；前角强烈尖突，后角尖。鞘翅具不规则棕黑色斑纹，鞘翅近末端各具一大黑斑，体表被米黄色毛；鞘翅在中部最宽。前足胫节短，末端具2齿。雄外生殖器不对称，2个阳基侧突底面由膜质连接，左阳基侧突基部分叉，右阳基侧突简单。

分布：江苏（宜兴）、福建、广东、江西、四川、浙江、香港、台湾；老挝、越南。

（赵明智拍摄）

24. 海索鳃金龟 *Sophrops heydeni* (Brenske, 1892)（江苏新记录种）

鉴别特征：体长12.5mm，体宽6.3mm。体近圆柱形，黄褐色，具光泽，头部通常为黑色，唇基和前胸背板深红棕色。前胸背板在基部1/3处最宽，侧缘缓弯，前半段具多个小的缺刻；前角圆，后角近直角，不突出；前胸背板表面略皱，密布大刻点，后缘沟线处着生一列刻点。鞘翅具4条细弱纵脊，其余行间不隆起，表面密布大刻点，近基部刻点稍小。臀板密布粗大刻点。前胫3齿。

分布：江苏（宜兴）、黑龙江、辽宁、山西；朝鲜、韩国以及俄罗斯远东地区。

（赵明智拍摄）

25. 平背索鳃金龟 *Sophrops planicollis* (Burmeister, 1855)(江苏新记录种)

鉴别特征：体长19.4mm，体宽9.7mm。体近圆柱形，前胸背板后半部和鞘翅正表面平。体铅黑色。前胸背板表面略皱，具极密的大刻点，后缘沟线处着生一列刻点。鞘翅具4条纵脊，其余行间不隆起，纵脊2在末端1/3处显著加宽；鞘翅面密布粗大刻点，近基部刻点显著变小。臀板密布粗大刻点。前胫3齿，各足小爪与大爪近乎等长。

分布：江苏（宜兴）、江西、浙江、香港；老挝、泰国、越南。

(赵明智拍摄)

丽金龟亚科 Rutelinae

26. 毛喙丽金龟 *Adoretus hirsutus* Ohaus, 1914(江苏新记录种)

鉴别特征：体长8.5 ~ 11.0mm，体宽4.5 ~ 5.5mm。体长卵圆形，后部微扩阔。体淡褐色，头面色最深，近棕褐色，鞘翅最淡，淡茶黄色。全身匀被细长针尖状毛。前胸背板甚短阔，宽为长的2.3 ~ 3.0倍。鞘翅狭长，可见4条狭直纵肋。臀板隆拱，被毛更密更长。腹部侧端圆弧形，不呈纵脊。足较弱，前足胫节外缘3齿，内缘距正常，跗节部短于胫节；后足胫节粗壮膨大，略似纺锤形。

寄主：大豆、苜蓿、榆等。

分布：江苏（宜兴）、山西、河北、山东、河南、福建、台湾。

27. 中喙丽金龟 *Adoretus sinicus* Burmeister, 1855

鉴别特征：体长9.0 ～ 11.0mm，体宽4.5 ～ 5.5mm。体长椭圆形，褐色或棕褐色，被针形乳白色绒毛。小盾片近三角形。鞘翅缘折向后陡然变窄，鞘翅上具数条微隆起的线，端部可见一明显白斑，翅端的2条线较明显。后足胫节外侧缘具2个齿突。

寄主：樱、梅、湖北海棠、榆、榉树、白栎、梧桐、山核桃、胡桃、南酸枣、红豆树、鸡爪槭、欧榛等。

分布：江苏、山东、陕西、浙江、安徽、江西、湖北、湖南、广东、广西、福建、上海、重庆、香港、台湾；日本、韩国、朝鲜、印度、印度尼西亚、柬埔寨、老挝、新加坡、泰国、越南以及马里亚纳群岛、夏威夷群岛等。

注：又名中华喙丽金龟、中华褐金龟。

雄　　　　雄

28. 斑喙丽金龟 *Adoretus tenuimaculatus* Waterhouse, 1875

鉴别特征：体长9.4 ～ 10.5mm，体宽4.7 ～ 5.3mm。体长椭圆形。体褐色，全身密被乳白色披针形鳞片。前胸背板甚短阔，前、后缘近平行。鞘翅具3条纵肋可辨，在纵肋1、纵肋2上常有3 ～ 4处鳞片多而聚成的成列白斑，端突上鳞片紧挨而成最大最显的白斑，其外侧尚具一个小白斑。臀板短阔三角形，雄虫于端缘边框扩大成一个三角形裸片。腹部侧端呈纵脊状。前足胫节外缘3齿，内缘距正常，后足胫节后缘具一个小齿突。

寄主：葡萄、刺槐、栗、玉米、丝瓜、菜豆、芝麻、黄麻、棉花、榆、梧桐、枫杨、梨、苹果、杏、柿、李、樱桃等。

分布：江苏、山西、辽宁、河北、陕西、山东、河南、安徽、浙江、湖北、江西、湖南、广西、四川、贵州、云南；朝鲜、日本、美国。

注：又名斑点喙丽金龟、茶色金龟子。

29. 哑斑异丽金龟 *Anomala acutangula* Ohaus, 1914（江苏新记录种）

鉴别特征：体长13.0 ～ 14.0mm，体宽7.0 ～ 7.5mm。背腹黄褐色，带漆光；头部暗红褐色，前胸背板2个大斑、小盾片周缘、鞘缝、肩突和端突黑褐色，有时近侧缘一纵条、臀板基部中央一大斑黑褐色。前胸背板刻点浓密而淡，雌虫前胸背板有时表面沙革状，全黑色，中纵沟深显，通常不达基部，后角直角形。后足瘦长，后胫强纺锤形。雄虫触角鳃片与其余各节总长约相等，雌虫触角鳃片与其前5节总长约相等。

分布：江苏（宜兴）、广东；越南。

雄　　　　雄

30. 铜绿异丽金龟 *Anomala corpulenta* Motschulsky, 1853

鉴别特征：体长18.0～21.0mm，体宽8.0～12.0mm。头部、胸部、鞘翅均呈铜绿色光泽，前胸背板两侧边缘具黄褐色条斑。鞘翅具明显的4条纵隆线，每一体节的侧缘具一黑斑。臀板三角形，黄褐色，常具1～3个形状多变的铜绿色或古铜色斑。前足胫节外缘2齿，内缘距发达。前足、中足2爪大小不等，大爪端部分叉，后足大爪不分叉。

习性：成虫是林木、果树之大害，嗜食苹果、杨、柳、核桃、梨、榆、杏、葡萄及海棠等的叶片，也危害花生、豆类、向日葵的叶片。幼虫危害玉米、高粱、花生、薯类等的地下根茎。

分布：江苏、山西、宁夏、甘肃、河北、陕西、山东、河南、安徽、浙江、湖北、江西、湖南、四川、福建、贵州、上海、西藏以及东北地区；蒙古、朝鲜。

注：又名铜绿丽金龟。

31. 毛边异丽金龟 *Anomala coxalis* Bates, 1891

鉴别特征：体长16.0～23.0mm，体宽9.3～13.3mm。体宽椭圆形。体背草绿色，带强漆光，臀板强金属绿色，通常两侧具或宽或窄的红褐色斑。腹面和足通常强金属绿色。前胸背板密布刻点，饰边完整，在后缘后弯处中断。鞘翅均匀浓布粗深刻点，缝肋可见，纵肋模糊。臀板宽三角形，刻点密。腹部每节具一排短毛，侧缘除末节外被长白毛。雄虫腹板末节末端前弯，雌虫正常前足胫节外缘具2齿。

分布：江苏、陕西、安徽、福建、广东、贵州、广西、海南、湖北、湖南、江西、四川、上海、山西、云南、浙江、台湾；越南。

注：又名深绿异丽金龟。

32. 光沟异丽金龟 *Anomala laevisulcata* Fairmaire, 1888（江苏新记录种）

鉴别特征：体长10.0 ~ 13.0mm，体宽5.5 ~ 7.5mm。体长椭圆形。体浅黄褐色，有时臀板、腹面和足浅红褐色或红褐色，前胸背板有时具不甚明显的不定形略暗斑。前胸背板刻点浓密略粗，后缘沟线全缺。鞘翅表面均匀密布粗横刻纹和刻点；背面具6条深沟行，行2不达端部，行距圆脊状隆起，缘膜发达。臀板长。腹部侧缘4节具强脊边。

分布：江苏（宜兴）、江西、湖南、福建、浙江、广东、广西、海南、重庆、北京。

注：又名乳白异丽金龟。

33. 蓝盾异丽金龟 *Anomala semicastanea* Fairmaire, 1888

鉴别特征：体长12.5 ~ 16.0mm，体宽7.0 ~ 10.0mm。背和腹面红棕色，有时色深；头部、小盾片、胸部和足深蓝色，有时全部或部分栗色，极少数黑绿色；后足跗节和后足胫节有时具金属绿色光泽；前胸背板或多或少具蓝紫色泽，有时深蓝色，很少黑绿色。唇基短，横宽，前缘强烈上卷。雄外生殖器的阳基侧突形状简单，在末端突然向两侧外折形成尖短的末端。

寄主：杉木。

分布：江苏、陕西、安徽、湖北、浙江、四川、广东、广西、江西、湖南、福建、香港。

雄　　　　雌　　　　雌

34. 三型异丽金龟 *Anomala triformis* Prokofiev, 2021（中国新记录种）

鉴别特征：体长14.0 ~ 16.0mm，体宽8.0 ~ 8.5mm。体卵圆形，两头窄，较隆拱。体色多变，通常绿色。前胸背板边缘及鞘翅上一横列波折斑点黄色，有时除鞘翅斑点外全体蓝黑色；有时体黄褐色为主，额、前胸背板（除两侧外）、鞘翅上不规则区域以及足绿色。鞘翅行间规则隆起，第一双数行间最宽，具2条隆脊。足细长，前足大爪基部强烈弯曲，其余部分近直，末端分裂。

分布：江苏（宜兴）；老挝、越南、缅甸。

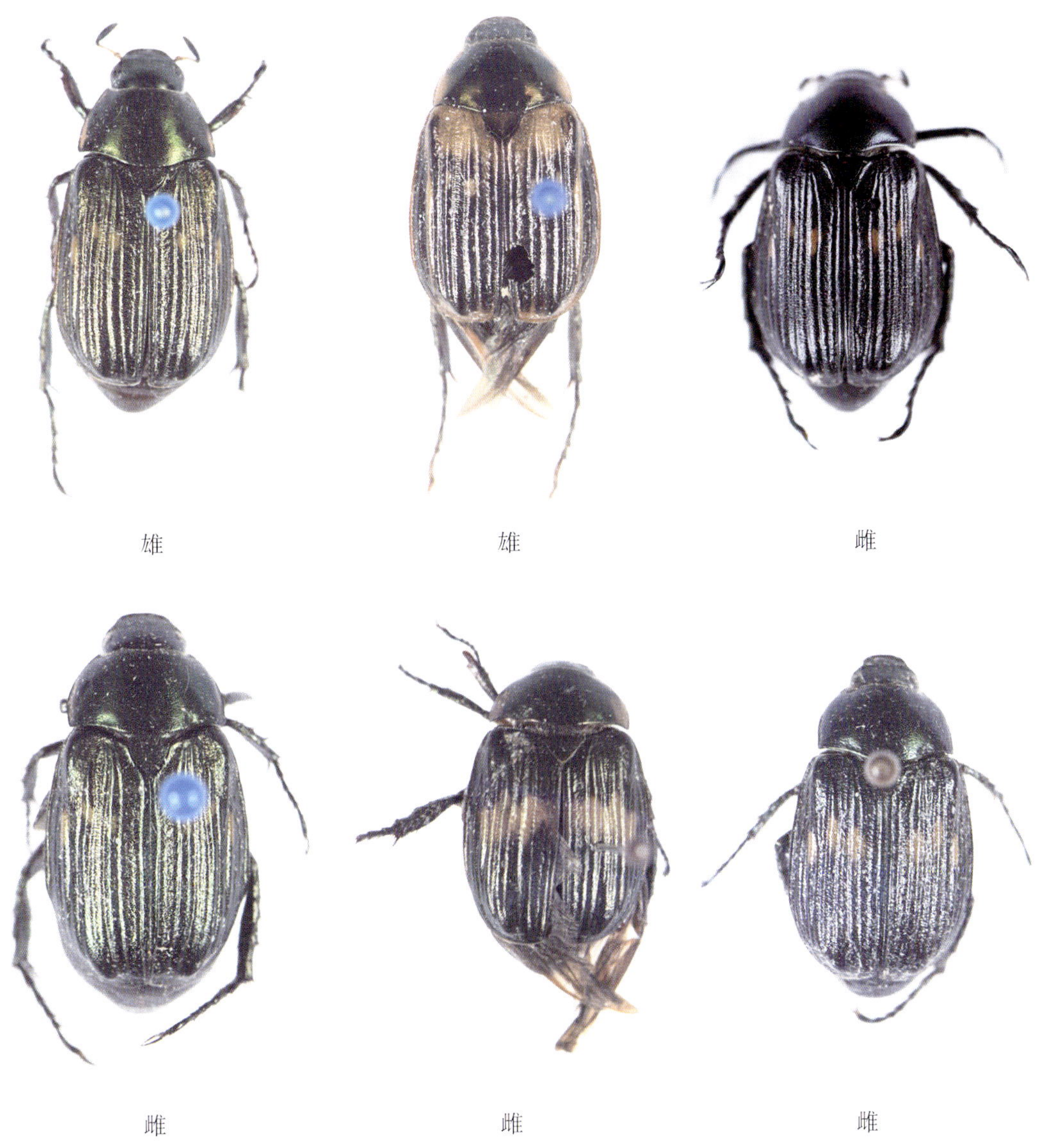

雄　雄　雌

雌　雌　雌

35. 大绿异丽金龟 *Anomala virens* Lin, 1996（江苏新记录种）

鉴别特征：体长21.0 ~ 26.0mm，体宽12.0 ~ 16.0mm。背面、鞘翅和各足基节强金属绿色，腹面各节基缘泛蓝色光泽，胫、跗节蓝黑色。前胸背板刻点细密，两侧更密，后角圆，后缘沟线宽、中断。鞘翅刻点细而颇密，刻点行隐约可辨认。臀板布浓密细横刻纹。腹部基部2节侧缘角状。

分布：江苏（宜兴）、北京、陕西、山东、河南、湖北、浙江、江西、湖南、福建、广东、海南、广西、四川、贵州、云南、重庆、山西；越南。

36. 脊纹异丽金龟 *Anomala viridicostata* Nonfried, 1892（江苏新记录种）

鉴别特征：体长14.5 ~ 18.0mm，体宽7.5 ~ 10.0mm。头部、前胸背板、有时小盾片和臀板基部墨绿色；唇基、前胸背板宽侧边、臀板、胸部腹面和各足股节浅黄褐色；鞘翅单数窄行距、肩突和端突及侧缘宽纵条暗褐色；各足胫、跗节红褐色，后足的色深；腹部红褐色，有时各腹节基部黑褐色，两侧和端部浅黄褐色；有时鞘翅墨绿色，在第3、5、7窄行距中部各具一浅黄斑，外侧斑长形。

寄主：马尾松。

分布：江苏（宜兴）、福建、湖南、浙江、湖北、江西、福建、广东、广西、四川、贵州、安徽、云南。

37. 圆脊异丽金龟 *Anomala viridisericea* Ohaus, 1905（江苏新记录种）

鉴别特征：体长8.0 ~ 15.0mm，体宽4.5 ~ 7.0mm。体浅黄褐色至褐色，有时浅红褐色，少数暗褐色，或仅鞘翅色深，前胸背板通常具2个或小或大、或浅或深的色斑，头顶部偶有2个暗色小斑。前胸背板匀布浅细而密刻点，常具浅或深窄中纵沟，后角内侧常具一斜陷线，后缘沟线完整。鞘翅布颇密细刻点，鞘翅至肩突内侧之间具6条刻点深沟行，行距窄脊状隆起，布颇密细横皱。

分布：江苏（宜兴）、江西、广东、福建、海南；老挝、越南。

38. 东方平丽金龟 *Exomala orientalis* (Waterhouse, 1875)（江苏新记录种）

鉴别特征：体长8.0 ~ 13.5mm。体卵圆形，较扁。具弱的铜色光泽，色彩变异大。浅色个体黄褐色，头部除唇基外黑色，前胸背板和鞘翅具对称的黑色花纹，通常前胸背板两侧各具一大斑；深色个体黑色为主，头部、前胸背板和鞘翅具黄色花纹，有时全身黑色。体背布细密刻点，鞘翅刻点行间隆起。前足胫节末端2齿。

分布：江苏（宜兴）、辽宁、吉林、黑龙江；朝鲜、韩国、日本以及北美、俄罗斯远东地区。

注：又名东方藜丽金龟、东方斑丽金龟、东方丽金龟、东方异丽金龟、东方勃鳃金龟。

39. 拱背彩丽金龟 *Mimela confucious* Hope, 1836（江苏新记录种）

鉴别特征：体长19.5 ~ 22.0mm，体宽11.0 ~ 12.8mm。体宽椭圆形，后部较宽，背面甚隆拱。体背墨绿色，具强烈金属光泽，腹面和足红褐色至深褐色。头部大；唇基表面隆拱；前缘略弯突，上卷弱，皱刻细。前胸背板宽横，刻点细而颇密；侧缘中部稍后弯突，后角圆；后缘沟线弱，中断，有时近消失。鞘翅甚隆拱，粗刻点行明晰；双数行距宽平，刻点粗密；侧缘后半部刺毛列有时十分发达，粗硬而密；后缘通常直，有时圆。

分布：江苏（宜兴）、河北、陕西、安徽、浙江、湖北、江西、湖南、福建、广东、广西、四川、贵州、云南、台湾。

雄

40. 墨绿彩丽金龟 *Mimela splendens* (Gyllenhal, 1817)

鉴别特征：体长17.0 ～ 20.5mm，体宽10.0 ～ 11.5mm。体卵圆形。全身墨绿色至深铜绿色，有金黄色闪光，表面光洁，光泽强烈，触角色浅，呈黄褐色至深褐色。前胸背板短，匀称散布刻点；中纵沟细狭，两侧中部各具一个显著小圆坑，圆坑后侧具一个斜凹；四缘具边框；前角锐角，十分前伸；后角钝角。前、中足2爪中的大爪端部分叉。

寄主：栎、油桐、李。

分布：江苏、辽宁、吉林、黑龙江、江西、湖南、河北、陕西、山东、浙江、安徽、湖北、四川、贵州、云南、广西、广东、福建、台湾；朝鲜、日本、越南、缅甸。

注：又名亮绿彩丽金龟。

雄　　雌

雌　　雌

41. 黄闪彩丽金龟 *Mimela testaceoviridis* Blanchard, 1850

鉴别特征：体长14.0～18.0mm，体宽8.2～10.4mm。体卵圆形，后方扩阔，全身甚光亮。背面浅黄色。腹面褐色，鞘翅每纵肋两侧具刻点列夹围。

习性：成虫取食苹果、葡萄、杨、榆、蓝莓、榆及绿肥叶片。

分布：江苏、河南、山东、贵州。

注：又名浅褐彩丽金龟、黄闪丽金龟、黄彩丽金龟。

42. 棉花弧丽金龟 *Popillia mutans* Newman, 1838

鉴别特征：体长9.0～14.0mm，体宽6.0～8.0mm。体椭圆形，光泽强。体蓝黑色、墨绿色、蓝色、深蓝色，有紫色闪光。前胸背板隆拱，侧缘强度弧凸，前角前伸端锐，后角圆钝，斜边沟甚短；盘区和后部光滑无刻点，两侧及前侧刻点密大。每鞘翅具6条粗刻点沟列，第2沟列基部刻点散乱，远未达端部。小盾片后具一个深横陷。臀板隆拱密布粗横刻纹，无毛斑。中、后足胫节中部强度膨扩。

寄主：棉花、葡萄、柿、玉米、高粱、木槿以及豆类等。

分布：江苏、湖南、山西、辽宁、甘肃、河北、陕西、山东、河南、浙江、四川、广东、云南、安徽、福建、贵州、台湾；朝鲜、日本、越南。

注：又名豆蓝丽金龟、棉墨绿金龟、无斑弧丽金龟等。

43. 曲带弧丽金龟 *Popillia pustulata* Fairmaire, 1887

鉴别特征：体长7.0 ~ 11.0mm，体宽4.5 ~ 6.5mm。体长椭圆形。体深铜绿色，具强烈金属光泽；鞘翅黑褐色或赤褐色，中部有黄褐色或红褐色折曲横带，横带有时断为2个黄斑，有时斑不明显或无斑。臀板基部具一对横大白色毛斑，斑距与斑宽接近。腹部1 ~ 5腹板侧端具白色毛斑。前胸背板十分拱弧。鞘翅短，后方收狭，背面较平，具6条深显刻点沟。臀板短阔，密布刻点，中部刻点较稀。

寄主：栎属。

分布：江苏、湖南、陕西、山东、浙江、江西、湖北、四川、贵州、云南、广西、广东、福建；越南。

蜣螂亚科 Scarabaeinae

44.神农洁蜣螂 *Catharsius molossus* (Linnaeus, 1758)

鉴别特征：体长27.0 ~ 32.5mm，体宽17.0 ~ 19.0mm。体短阔，椭圆形，背面十分圆隆。体黑色或黑褐色。前部（唇基与眼上刺突）扇面形。雄虫唇基后中部具一发达后弯角突，角突基部后侧具一对小突起；雌虫头面中部十分隆起，上端部横脊状，中点稍微突起。雄虫前胸背板于中点稍后具一高锐横脊，横脊侧端呈强大齿突；雌虫前胸背板在前部具一道平缓横脊。无小盾片。

习性：粪食性。

分布：江苏、山西、贵州、河北、山东、河南、安徽、浙江、湖北、江西、湖南、福建、广东、广西、四川、云南、西藏、台湾；朝鲜、日本、越南、老挝、缅甸、泰国、印度、尼泊尔、斯里兰卡、印度尼西亚、阿富汗。

注：又名屎克螂、蜣螂。

雄　　雄

雌　　雌

45. 疣侧裸蜣螂 *Gymnopleurus brahmina* Waterhouse, 1890

鉴别特征：体长19.0 ~ 20.0mm，体宽11.0 ~ 13.0mm。体椭圆形，全身黑色，光泽较暗。头部、胸部密布疣突似鲨皮，鞘翅疣突略粗疏。唇基前缘2齿形，触角鳃片部橘黄色。前胸背板甚隆拱，侧缘明显钝角形扩出，后侧角直角形。腹部两侧端连成纵脊，臀板表面似鞘翅。前足胫节外缘端部3齿巨大，后部锯齿形，前股节前缘距端部1/4处具一齿突，中胫具2端距，内侧之端距十分微小。

分布：江苏、贵州、重庆、安徽、浙江、福建、江西、湖北、湖南、广东、广西、海南、四川、云南、西藏、台湾。

雄　　　雌

46. 近小粪蜣螂 *Microcopris propinquus* (Felsche, 1910)（江苏新记录种）

鉴别特征：体长7.0 ~ 11.0mm，体宽4.0 ~ 5.5mm。体长椭圆形，拱起。体黑色，稍具金属光泽。唇基前缘具浅凹和2个尖锐小齿，头部中央具一小角突。前胸背板无角突，简单，圆拱。鞘翅刻点行明显，行间光滑。足短粗，跗节渐细。

分布：江苏（宜兴）、浙江、福建、四川、云南、台湾；老挝。

雄

47. 巴氏驼嗡蜣螂 *Onthophagus* (*Gibbonthophagus*) *balthasari* Všetecka, 1939

鉴别特征：体长6.2mm，体宽3.0mm。体小，深褐色，足、前胸背板侧缘、鞘翅黄褐色，被褐色毛。头部近圆形，具2横脊。前胸背板被粗糙刻点，无角突。鞘翅行明显，且颜色加深，行间具深色刻点。足短粗。

分布：江苏、浙江、上海、云南。

48.冷氏司嗡蜣螂 *Onthophagus*（*Strandius*）*lenzii* Harold, 1874

鉴别特征：体长8.0 ~ 12.0mm，体宽5.0 ~ 7.1mm。体椭圆形，背腹厚实，背较平，腹弧拱，体黑褐色至黑色，光泽较强。头部长且大，前部半圆形，边缘弯翘。前胸背板甚隆拱，密布圆大刻点，隆拱面的后侧呈斜脊形向侧敞出，前后端常呈齿突。小盾片缺失。鞘翅短阔，表面微皱，散布刻点，7条刻点沟明显。臀板近三角形。雄虫前足胫节外缘具4齿，端部具一锐刺。

习性：食畜、人粪，有趋光性。

分布：江苏、山西、辽宁、河北、河南、江西、浙江、福建；朝鲜、韩国、日本、俄罗斯。

注：又名婪嗡蜣螂。

雌　　雌　　雌

雌　　　雌　　　雌

49. 三瘤嗡蜣螂 *Onthophagus* (*Paraphanaeomorphus*) *trituber* (Wiedemann, 1823)（江苏新记录种）

鉴别特征：体长4.2mm，体宽2.7mm。前胸背板黑色，前方具3枚横裂的小瘤突。翅鞘黑色，具大块黄褐色斑纹。

分布：江苏（宜兴）、上海、广东、云南、香港、台湾；日本、韩国、印度、新加坡、印度尼西亚。

雌

50. 三角帕蜣螂 *Parascatonomus tricornis* (Wiedemann, 1823)（江苏新记录种）

鉴别特征：体长13.0 ~ 18.0mm，体宽4.0 ~ 5.0mm。体椭圆形，相当隆起。体黑色，触角橘黄色，被黄色毛。雄虫唇基具小突起，头基部具2个角突。前胸背板隆起，密被规则小瘤突，雄虫前缘中域具一突起。鞘翅行较细，行间平坦，密具小刻点。足短粗。雌虫近似雄虫，但头基部突起和前胸背板突起常不明显。

分布：江苏（宜兴）、上海、浙江、湖北、江西、福建、云南、广西、广东、台湾；日本、越南、孟加拉国、印度尼西亚。

雄　　雄

雄　　雌

皮金龟科 Trogidae

皮金龟 *Trox* sp.

鉴别特征：体长5.0 ~ 5.6mm，体宽2.8 ~ 3.0mm。体黑褐色，长椭圆形。唇基圆弧形，表面粗皱且具刻点。前胸背板黄褐色，横阔，表面具粗深刻点，近后缘中部具一四边形凹陷，两侧分别具一圆形凹陷；中部具3个四边形凹陷；侧缘密布黄褐色短毛。小盾片圆三角形。鞘翅侧缘微凹陷，密布大小不一的锈斑，每个鞘翅表面在肩突与鞘缝间具7条刻点行，刻点着生微小的黄毛，行间暗哑，近末端具灰白色短毛簇，端部圆弧形向下弯折，缘折阔。臀板全被鞘翅覆盖。前足与中足胫节外缘锯齿形，内缘均具一距；各足跗节较细弱，爪成对，简单。

分布：江苏（宜兴）。

隐翅虫总科 Staphylinoidea

葬甲科 Silphidae

覆葬甲亚科 Nicrophorinae

1. 黑覆葬甲 *Nicrophorus concolor* Kraatz, 1877

鉴别特征：体长24.0 ~ 45.0mm。体黑色，狭长，后方略膨阔。触角末3节橙色，余黑色。前胸背板宽大于长，中央明显隆拱，边沿宽平呈帽状。小盾片大三角形。鞘翅完全黑色，肩部偶具微小红斑；鞘翅平滑，纵肋几不可辨，后部近1/3处微向下弯折呈坡形。后足胫节弯曲较显，后半部明显扩大。雄虫前足1 ~ 4跗节向两侧扩大。

分布：湖南以及东北、华北、华东、华南和西南地区；朝鲜、蒙古、日本。

注：又名黑负葬甲、大黑葬甲、黑葬甲、大黑埋葬虫。

2. 前星覆葬甲 *Nicrophorus maculifrons* Kraatz, 1877

鉴别特征：体长13.5 ~ 25.0mm。头部黑色，额区具一小红斑。触角末端3节为橘黄色，基部黑色。前胸背板光裸无毛，后胸腹板密被金黄色刚毛。鞘翅斑纹边缘深波状，左右不接连，鞘翅基部的斑纹中具一黑色小圆斑，端部的斑纹中不具这样的斑点。腹部腹板光裸，仅端缘具一排黑色刚毛。后足胫节笔直。腹板光裸，仅在端缘处具一排黑色刚毛。

分布：江苏、上海、北京、河北、福建、广西、陕西、辽宁、吉林、黑龙江、甘肃。

注：又名斑额食尸葬甲、花葬甲、额斑埋葬甲、前纹埋葬甲。

雌　　雄　　雄

雄　　雄　　雄

3.尼［泊尔］覆葬甲 *Nicrophorus nepalensis* Hope, 1831

鉴别特征：体长15.0～24.0mm。头部黑色，额区具一小红斑。触角末端3节为橘黄色，膨大。前胸背板隆起，被横向和纵向的沟分割成6块，均光裸无毛。鞘翅基部和端部各具2条橘黄色条纹，两侧条纹独立，在中缝处不相连；基部和端部的条纹中各具一黑斑，或被包含于条纹内，或末端开口融入鞘翅的黑色之中。后胸腹板被较密的暗褐色长毛。后足转节具一短小的齿突。腹部各节端部具有并不明显的刚毛。

分布：江苏、浙江、安徽、辽宁、黑龙江、吉林、北京、天津、河北、山西、内蒙古、福建、江西、山东、河南、湖北、湖南、广东、广西、海南、四川、重庆、贵州、云南、西藏、陕西、甘肃、青海、宁夏、新疆、台湾。

注：又名尼负葬甲、橙斑埋葬虫。

葬甲亚科 Silphinae

4. 二点盾葬甲 *Diamesus bimaculatus* Portevin, 1914（大陆新记录种）

鉴别特征：体长30.0 ~ 40.0mm。体黑色。触角端锤部分由末端4节组成，末节为淡橘色。前胸背板较圆，雄虫前胸背板粗糙，密布不均匀的大刻点；雌虫前胸背板较光滑，刻点较细腻而均匀。鞘翅无条状斑纹，每片鞘翅端部于外缘的2条肋之间（可能略微越过外缘肋）具一个圆形橘红色斑点。雄虫小盾片中央的纵脊末端平钝，前胸背板整体形状近圆，端角圆弧状而不显。腹部背板被黑色柔毛。臀板和前臀板端缘具棕黄色较长刚毛。

分布：江苏（宜兴）、台湾。

注：又名双斑埋葬虫。

隐翅虫科 Staphylinidae

前角隐翅虫亚科 Aleocharinae

1. 蚁巢隐翅虫 *Zyras* sp.1

鉴别特征：头部黑色。触角念珠状，11节，前2节黄褐色，其余节暗褐色；第1节端部膨大，第2节极短且短于第3节。前胸背板红棕色，长与宽近等长，刻点密而深。鞘翅棕褐色，略宽于前胸，基部凹陷，刻点比前胸的小而密。腹部黑色，与鞘翅肩部等宽。足红棕色。

分布：江苏（宜兴）。

2. 蚁巢隐翅虫 *Zyras* sp.2

鉴别特征：体黄褐色。头部黑色。触角黄褐色，念珠状，11节，第1节端部膨大，第2节极短且短于第3节。前胸背板长与宽近等长，刻点密而深。鞘翅略宽于前胸，刻点比前胸的小而密。腹部与鞘翅肩部等宽。

分布：江苏（宜兴）。

异形隐翅虫亚科 Oxytelinae

3. 光滑花盾隐翅虫 *Anotylus subsericeus* (Bernhauer, 1938)

鉴别特征：体长4.5mm。头部红棕色，横宽，前缘平截，前额下陷，呈六边形；上颚黄褐色。触角黄色，念珠状，密被细毛。前胸背板红棕色，横宽，表面具3条沟，中沟狭长，侧沟较浅。鞘翅褐黄色，宽大于长，比前胸背板略长。腹部棕褐色。足为黄色。

分布：江苏（宜兴、镇江）。

注：又名亚丝异颈隐翅甲、近丝安隐翅虫、丝盾冠隐翅虫、亚丝脊胸隐翅虫。

4. 中华布里隐翅虫 *Bledius chinensis* Bernhauer, 1928（江苏新记录种）

鉴别特征：体长6.3 ~ 6.8mm。体黑色，触角口器、前胸背板角和腹部末端暗红褐色，鞘翅侧后部、足红褐色。前胸背板角的长度多稍长于或等于（有时短于）前胸背板，背面具沟，直达背板后缘，沟的两侧具较窄的无粗大刻点区。雄虫头部触角上脊短角状，前端不达触角第1节端；雌虫头胸部无角突。

分布：江苏（宜兴）、北京、陕西、新疆、内蒙古、黑龙江、辽宁、河北、山西、河南；蒙古。

雄　　　　雄

5. 镇江布里隐翅虫 *Bledius chinkiangensis* Bernhauer, 1938

鉴别特征：体长9.0mm。体黑色。触角红棕色，基节棒状，较长，约占触角总长的1/3，从第2节起呈念珠状，第2、3节长明显大于宽。前胸背板角和腹部末端暗红褐色，鞘翅侧后部、足红褐色。前胸背板具大量刻点，被细毛；前胸背板角的长度多稍长于或等于（有时短于）前胸背板，背面具沟，直达背板后缘。鞘翅密被细密刻点。足红棕色。雄虫头部触角上脊短角状，前端不达触角第1节端；雌虫头胸部无角突。

分布：江苏（宜兴、镇江）。

雄

雄

6. 游果隐翅虫 *Carpelimus vagus* (Sharp, 1889)（江苏新记录种）

鉴别特征：体长1.2～1.4mm。体黑色。触角、足、腹部末端黄褐色。触角念珠状，基节较长。前胸背板鼓形，中部具2个圆形凹陷，密被细密刻点。鞘翅近方形，肩角钝圆，密被细密刻点，侧端部密被灰白色细毛。

分布：江苏（宜兴）、辽宁、吉林、黑龙江、北京、河北、重庆、四川、云南、台湾；韩国、日本。

注：又名荡果隐翅甲、游突隐翅虫。

毒隐翅虫亚科 Paederinae

7. 粗鞭隐翅虫 *Lithocharis* sp.

鉴别特征：头部棕红色；触角、前胸背板、鞘翅与足黄褐色；腹部棕褐色。触角念珠状。前胸背板近长方形，两侧缘具细毛。鞘翅长略大于宽，肩角钝圆，侧缘被短毛；从翅缝起具4列粗刻点行，刻点间相连，第2刻点行最宽，刻点行外侧具稀疏的小刻点。腹部密被黄褐色细毛。

分布：江苏（宜兴）。

8. 梭毒隐翅虫 *Paederus fuscipes* Curtis, 1823

鉴别特征：体长6.5 ~ 7.5mm。头部扁圆形，具黄褐色的颈。口器黄褐色，下颚须3节，黄褐色，末节片状。触角11节，丝状，末端稍膨大，着生于复眼间额的侧缘，基节3节黄褐色，其余各节褐色。前胸较长，呈椭圆形。鞘翅短，蓝色，具光泽，仅能盖住第1腹节，近后缘处翅面散生刻点。足黄褐色，后足腿节末端及各足第5跗节黑色，腿节稍膨大。

寄主：棉蚜、棉铃虫、小造桥虫、棉叶蝉、棉红蜘蛛。

分布：江苏、天津、河北、山东、河南、湖北、四川、湖南、福建、广东、广西、贵州、云南、江西、山西、陕西、重庆、香港、台湾；朝鲜、韩国、日本、印度、尼泊尔、不丹、巴基斯坦、阿富汗、伊朗、塔吉克斯坦、乌兹别克斯坦、土库曼斯坦、吉尔吉斯斯坦、哈萨克斯坦、土耳其、阿塞拜疆、格鲁吉亚、沙特阿拉伯、叙利亚、亚美尼亚、伊拉克、以色列、约旦以及西伯利亚、欧洲、非洲、大洋洲。

注：又名青翅毒隐翅虫、青翅蚁形隐翅虫、毒隐翅虫、黄足毒隐翅虫、黄足蚁形隐翅虫。

9. 切须隐翅虫 *Pinophilus* sp.

鉴别特征：体长4.8mm。体黑色，全身密布刻点，密被黄褐色细毛。触角与足黄褐色。前胸背板近方形，两侧缘中区具2个椭圆形凹陷。鞘翅侧缘与后缘棕红色，肩角钝圆。

分布：江苏（宜兴）。

10.神户窄胸隐翅虫 *Pseudobium kobense* (Sharp, 1874)（江苏新记录种）

鉴别特征：体长2.7mm。触角黄色，念珠状，基节较长。头部黑色，具刻点，被细毛。前胸背板棕褐色，近长方形，具4列粗刻点，侧缘具细毛。鞘翅棕褐色，两侧端部黑褐色。腹部暗褐色，密被黄褐色细毛。足黄褐色。

分布：江苏（宜兴）、安徽、湖北、湖南；日本。

注：又名柯隆线隐翅虫。

11. 丝伪线隐翅虫 *Pseudolathra* (*Allolathra*) *lineata* Herman, 2003

鉴别特征：体长2.8 ~ 3.2mm。触角黄色，念珠状。头部黑色，具细长毛。前胸背板黄褐色，近长方形，具稀疏的大刻点，侧缘具细毛。鞘翅黄褐色，两侧端部棕褐色至黑褐色。腹部棕褐色，密被黄褐色细毛。足黄褐色。

分布：江苏、江西、上海、四川、台湾；日本。

注：又名黑纹伪隆线隐翅虫。

12. 皱纹隐翅虫 *Rugilus* sp.1

鉴别特征：体长4.8mm。头部和前胸暗褐色，鞘翅黄褐色，端缘黄褐色，腹部黑色，触角与足黄褐色。前胸背板五角形，具大量细密刻点。鞘翅长宽相近，刻点细密，另具几个粗大的刻点，被灰色短细毛，基部与翅缝形成黑色倒钝角三角形区域。

分布：江苏（宜兴）。

13. 皱纹隐翅虫 *Rugilus* sp.2

鉴别特征：体长4.3mm。头部和前胸赤褐色，鞘翅黑褐色，端缘黄褐色，腹部黑色，触角与足黄褐色。触角念珠状。前胸背板近球形，中部凹陷。鞘翅长略大于宽，刻点细密，被灰色短细毛，基部与翅缝形成暗棕色“T”字形斑。

分布：江苏（宜兴）。

14. 皱纹隐翅虫 *Rugilus* sp.3

鉴别特征：体长3.8mm。头部黑色，呈六边形。触角黄褐色，念珠状，基节较长。前胸背板棕褐色，椭圆形。鞘翅密被细毛，基半部黑色，侧端部及靠近端部的翅缝棕褐色。腹部黑色。足黄褐色。

分布：江苏（宜兴）。

15. 常跗隐翅虫 *Sunius* sp.

鉴别特征：体长4.4mm。头部、前胸背板与腹部红棕色，触角、鞘翅与足黄褐色。触角念珠状。头部呈六边形，侧缘具细毛。前胸背板呈圆四边形。鞘翅长略大于宽，密被细密刻点与细毛。

分布：江苏（宜兴）。

隐翅虫亚科 Staphylininae

16. 中华齿缘隐翅虫 *Hypnogyra sinica* Bordoni, 2013

鉴别特征：体长15.0mm。触角褐色，基节棒状，较长，约占触角总长的1/3，从第2节起呈念珠状。头部与前胸背板黑色，前胸背板具大粗刻点。鞘翅黄褐色，密布大量粗刻点，两鞘翅后缘中间形成弧形浅凹入，后角钝圆。腹部黑色，各腹节末端呈棕褐色。足黄褐色，各足胫节与跗节具毛刺。

分布：江苏（宜兴、淮安）。

17. 直缝隐翅虫 *Othius* sp.

鉴别特征：体长3.2mm。体黑色。触角黑褐色。基节粗壮，较长，2、3节棒状，从第4节起呈微念珠状。前胸背板光洁，侧缘具毛。鞘翅密布小刻点，两鞘翅后缘中间形成弧形浅凹入，后角钝圆。

分布：江苏（宜兴）。

18. 并缝隐翅虫 *Phacophallus* sp.

鉴别特征：体长3.8～4.5mm。体黑褐色，头部黑色，前胸及鞘翅暗褐色，鞘翅翅缝及端部黄褐色，触角及足棕红色。头部长大于宽，向前稍变窄。复眼小，扁平。触角短，基节粗壮，第2、3节长大于宽，第4～6节近圆形，第7～10节长小于宽，从第4节起呈念珠状。前胸背板稍向后收窄，两侧各具一列粗刻点，侧缘具细毛。鞘翅被毛，具几列粗刻点。腹部被大量灰色细毛。

分布：江苏（宜兴）。

19. 菲隐翅虫 *Philonthus* sp.1

鉴别特征：体长12.0mm。体黑色，具光泽。触角黄褐色，念珠状。前胸背板黑色，侧缘具数根刚毛，中部具4条刻点行，外侧2行的刻点较大。鞘翅宽于前胸背板，表面密布微细刻点，饰有黄褐色毛。腹部具微小刻点与黄褐色毛。足黄褐色。

分布：江苏（宜兴）。

20. 菲隐翅虫 *Philonthus* sp.2

鉴别特征：体长9.0mm。体黑色。口器、触角及足黑褐色。头部、胸部被稀疏长刚毛，鞘翅及腹部被黄褐色短毛。头额在复眼中部连线之间具4个大刻点，近头顶还有些大刻点。触角第1节较长，第2、3节长明显大于宽，第4～10节较短，后几节宽大于长。前胸背板长方形，与头部宽相近，中侧部具5对刻点。鞘翅接近正方形，密被大量细毛。腹部密被大量细毛。各足胫节与跗节具许多小刺，中足与后足胫节内缘各具一距。

分布：江苏（宜兴）。

21. 普拉隐翅虫 *Platydracus* sp.1

鉴别特征：体长18.2mm。头顶呈黄褐色。触角11节，第2、3节与末节为黄褐色，其余节为暗褐色。前胸背板黑褐色，中间具2条棕褐色纵带，左右侧缘具黄褐色三角形区域。小盾片黑色。鞘翅黄褐色，密被细绒毛，靠近侧缘具不规则褐色区域。两鞘翅后缘中间形成弧形浅凹入，后角钝圆。腹板黑褐色；腹部黑色；侧背板略带红棕色。足黄褐色。

分布：江苏（宜兴）。

22. 普拉隐翅虫 *Platydracus* sp.2

鉴别特征：体长18.4mm。头部、鞘翅与腹板黑褐色；前胸背板与足褐色。全身密被细毛。头部亚梯形。前胸背板六边形，两侧缘与前缘微弧形。两鞘翅后缘中间形成弧形浅凹入，后角钝圆。足的胫节与跗节外缘具许多小刺，后足胫节内缘具一距。

分布：江苏（宜兴）。

23. 普拉隐翅虫 *Platydracus* sp.3

鉴别特征：体长17.6mm。体被白色细毛。触角褐色。头部呈倒等腰梯形。前胸背板褐色，近球形。鞘翅黄褐色，从基部向后逐渐变宽，两鞘翅后缘中间形成弧形浅凹入，前角与后角钝圆。腹板黑褐色，各腹节末端棕红色。足黄褐色，胫节与跗节外缘具许多小刺，中足与后足胫节内缘各具一距。

分布：江苏（宜兴）。

尖腹隐翅虫亚科 Tachyporinae

24. 圆胸隐翅虫 *Tachinus* sp.

鉴别特征：体长4.5mm。体黑色，具光泽。触角黑褐色；前胸背板侧缘和后缘棕黄色；腹部每节后缘及足呈浅棕黄色。头部明显横宽，窄于前胸背板，表面具稀疏小刻点，密布微刻纹；复眼较大；触角较长。前胸背板横宽，近基部处最宽，侧缘弓形，后缘不明显弧形突出，后角钝圆，刻点和刻纹与头部相似。鞘翅较前胸背板长；两鞘翅后缘形成浅弧形凹入，后角钝圆，刻点和刻纹与前胸背板相似。腹部由基部向端部渐变，表面具细小刻点和刻纹，且具密集柔毛。

分布：江苏（宜兴）。

拟步甲总科 Tenebrionoidea

蚁形甲科 Anthicidae

蚁形甲亚科 Anthicinae

1. 直齿蚁形甲指名亚种 *Anthelephila bramina bramina* (LaFerté-Sénectère, 1849)（江苏新记录种）

鉴别特征：体长3.8mm。体长椭圆形。头部黑色，触角末端3～4节黑褐色，其余黄褐色。前胸背板红棕色，近圆形。鞘翅大部黑色，具蓝色金属光泽，被灰白色长毛，基部偏下具一黄褐色横带。足红棕色，前足胫节上的刺突为棍棒状，顶端黑色。

分布：江苏（宜兴）、云南；日本。

2. 蚁谷蚁形甲 *Omonadus formicarius* (Goeze, 1777)（江苏新记录种）

鉴别特征：体长2.7 ~ 3.3mm。头部棕黑色，心形，最宽处在复眼之后；头部的后缘近中部具一稍宽的中纵沟；触角棕黄色，端部色稍深；11触角小节最长，长度约为1小节的1.10倍；10触角小节最宽，宽度约为1小节的1.08倍。前胸背板近梯形，棕黄色，基部橙色；前胸背板长约为宽的1.2倍，最宽处在近端部位置。小盾片近三角形。鞘翅棕黑色至黑色，鞘翅近基部至基部1/3处具棕黄色斑带。腿节棕黄色，棒状，前足更为明显；胫节棕黄，刚毛密而明显。

分布：江苏（宜兴）、北京、河北、山西、河南、陕西、甘肃、宁夏、新疆、江西、上海、浙江、福建、广东、海南、四川、云南、台湾以及东北地区；哈萨克斯坦、阿富汗、日本、土库曼斯坦、乌兹别克斯坦、塞浦路斯、伊朗、以色列、黎巴嫩、阿曼、沙特、约旦、巴基斯坦、尼泊尔、印度、阿尔巴尼亚、阿塞拜疆、亚美尼亚、奥地利、比利时、克罗地亚、丹麦、芬兰、俄罗斯、法国、德国、希腊、匈牙利、爱尔兰、意大利、拉脱维亚、马耳他、荷兰、挪威、波兰、葡萄牙、斯洛文尼亚、西班牙、瑞典、瑞士、土耳其、乌克兰、阿尔及利亚、埃及、利比亚、摩洛哥、突尼斯等。

3. 马氏萨蚁形甲 *Sapintus marseuli* (Pic, 1892)（江苏新记录种）

鉴别特征：体长3.5 ~ 4.2mm。头部棕红色至深棕色，近五边形，最宽处在近基部；触角大多为橙黄色。前胸背板长与宽的比值约为1.05，前半部圆润，近球形，两侧向后平行收窄，在端部之前稍微扩张，最宽部位于前胸背板近端部1/3处。小盾片小，梯形，端部截断。鞘翅长卵圆形，最宽处位于近中部，鞘翅黑色，每个鞘翅在近基部1/3、2/3处分别具一橙色斑纹，橙斑向外延伸至鞘翅侧缘，向内在缝线处被黑色鞘翅缝打断。足橙黄色，色同鞘翅橙色斑。

分布：江苏（宜兴）、福建、浙江、广西、广东、海南、台湾；日本、越南、泰国、尼泊尔。

芫菁科 Meloidae

芫菁亚科 Meloinae

短翅豆芫菁 *Epicauta aptera* Kaszab, 1952（江苏新记录种）

鉴别特征：体长11.0 ~ 14.0mm。雄虫体黑色。体被黑毛，前足腿节内侧偶被灰白毛，下颚须、触角（除末端4节）、各足基节窝周围、前足腿节基半部下方和胫节外侧、后胸腹板和腹部近中央两侧被直立的黑长毛。触角第3 ~ 7节略扁，第3节长约为第2节的2倍，第4节短于第3节长的1/3。前胸背板盘区具一非常浅的中纵线，基部具一三角形凹，两侧近基部1/3处各具一圆凹。后胸短，约与中足基节等长。后翅短，展开时至多与鞘翅等长。前足第1跗节柱状；前足胫节具一内端距。雌虫不被长毛，触角丝状，前足胫节2端距。

分布：江苏（宜兴）、浙江、河南、陕西、甘肃、安徽、湖北、江西、湖南、福建、广东、海南、广西、重庆、四川、贵州、云南。

小蕈甲科 Mycetophagidae

小蕈甲亚科 Mycetophaginae

波纹蕈甲 *Mycetophagus hillerianus* Reitter, 1877

鉴别特征：体长4.0 ~ 5.0mm。体长椭圆形，暗褐色。触角11节，棒4节，末节圆锥形。鞘翅上具多条黄色纵纹，其中在端部1/3处具一“W”字形黄色斑纹。

习性：取食霉菌、霉粮。

分布：中国大部分省份；日本、俄罗斯。

拟天牛科 Oedemeridae

拟天牛亚科 Oedemerina

拱弯纳拟天牛 *Nacerdes* (*Xanthochroa*) *arcuata* Tian, Ren et Li, 2014（江苏新记录种）

鉴别特征：体长10.3 ~ 12.7mm，体宽2.1 ~ 2.7mm。头部黑色，被稀疏黄色短柔毛；复眼突起；触角黑色，线形，11节，略超过鞘翅长度的1/2。前胸背板橘黄色至红褐色，被稀疏黄柔毛，略呈心形，前缘平直，前角圆形，侧缘中度弯曲，后角钝圆，后缘较平直。鞘翅橘黄色至红褐色，边缘近平行，长约为宽的4倍，被稀疏的细刻点和黄色毛，无光泽，仅鞘翅端部具暗蓝金属光泽斑。足细长，腿节橘黄色，胫节和跗节深褐色。

分布：江苏（宜兴）、安徽、浙江。

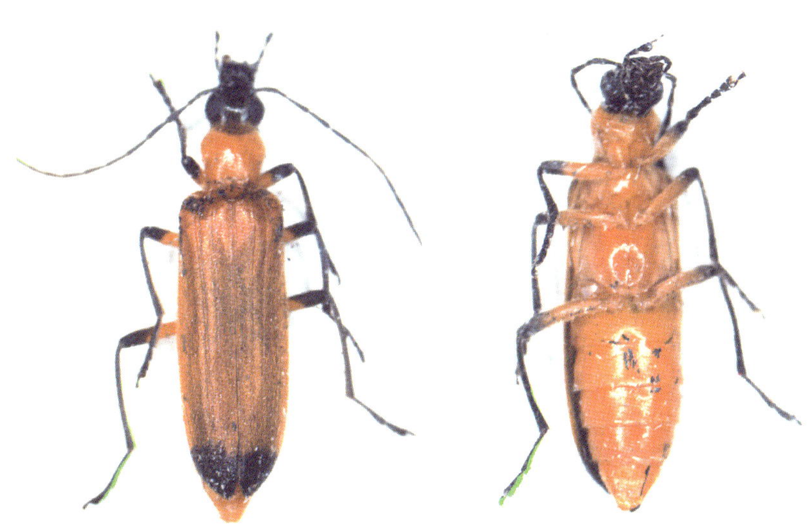

拟花蚤科 Scraptiidae

拟花蚤 *Scraptia* sp.

鉴别特征：体黄褐色，密被白色细毛。前胸背板近铃形。小盾片三角形。鞘翅近长方形，肩角钝圆，两侧缘平行，末端钝圆，具翅缝。该种与*Scraptia cribriceps*相似，但触角第3节明显长于第2节。

分布：江苏（宜兴）。

拟步甲科 Tenebrionidae

菌甲亚科 Diaperinae

1.皮下甲 *Corticeus* sp.

鉴别特征：触角黄褐色，11节，后7节膨大。前胸背板红棕色，近方形，密被刻点，前缘弧形，两侧缘微弧形。鞘翅黄褐色，密被刻点，从基部开始，3/4侧缘近平行，端部弧形；每个鞘翅从基部开始到端部形成一倒“S”字形曲线。腹面红棕色。足黄褐色。

分布：江苏（宜兴）。

2. 刘氏菌甲 *Diaperis lewisi lewisi* Bates, 1873（江苏新记录种）

鉴别特征：体长6.0 ～ 8.0mm，体宽3.5 ～ 4.5mm。头部近半球形，黑色，光亮。触角端部向后至前胸背板中部。前胸背板宽为长的1.67倍。小盾片三角形，具稀疏的小刻点。鞘翅长为宽的1.5倍，底色红色，中部、基部具2条黑色条带，前、后缘均为不规则齿状，且基部黑带宽阔，被分为数个大小不等的黑斑，中、基部条带于鞘翅缝处前后贯通，翅缝黑色。

习性：菌食性，避光。

分布：江苏（宜兴）、陕西、海南、云南、广西、贵州、浙江、安徽、河南、湖北、山东、香港、台湾；日本、越南、老挝、缅甸。

伪叶甲亚科 Lagriinae

3. 穆氏艾垫甲 *Anaedus mroczkowskii* Kaszab, 1968（江苏新记录种）

鉴别特征：体长9.0 ～ 11.0mm。体棕色至黑色，体表布稠密的不规则刻点、直立和半直立长毛。前胸背板横阔，宽是长的1.3倍，中部最宽；前缘深弧凹，中部近直；侧缘强烈弧形，于后角前显著收窄；前角圆钝，显突；后角略尖；盘区显隆，具稠密粗刻点和直立长毛，中线突起且光滑无刻点。前胸腹板突端部略尖。鞘翅基部1/3处最宽，长是宽的1.5倍；基部宽于前胸背板，肩角弧形；侧缘基部1/4锯齿状。

分布：江苏（宜兴）、浙江、辽宁、河南、陕西、湖北、海南、四川、贵州、西藏。

4. 黑胸伪叶甲 *Lagria nigircollis* Hope, 1843（江苏新记录种）

鉴别特征：体长6.5 ~ 9.0mm。体密被长黄色绒毛；头部、胸部亮黑色；鞘翅褐黄色，其缘折窄于后胸侧片的3倍宽。雄虫触角丝状，端节与其前5节之和等长；后足胫节无细齿。

寄主：榆、月季、苎麻、油茶、桑、玉米、小麦、柳等。

分布：江苏（宜兴）、北京、陕西、青海、宁夏、新疆、河北、河南、山西、福建、浙江、安徽、湖北、湖南、重庆、辽宁、吉林、黑龙江、贵州、四川；日本、俄罗斯、朝鲜。

5.眼伪叶甲 *Lagria ophthalmica* Fairmaire, 1891（江苏新记录种）

鉴别特征：体长6.5 ~ 8.4mm。体黑色，鞘翅黄褐色，具光泽。雄虫复眼大，突出，前缘凹入深，两复眼间距稍短于复眼凹入处最短横径，触角端节直，与前6节或等长或稍长，伸达鞘翅基部1/3处；雌虫复眼略小，正面观眼距约为头部宽的1/3，触角端节约为前3节之和。鞘翅具金黄色毛。

分布：江苏（宜兴）、北京、陕西、宁夏、甘肃、黑龙江、河北、河南、湖北、湖南、四川、贵州、云南。

6. 东方垫甲 *Lyprops orientalis* (Motschulsky, 1868)

鉴别特征：体长8.0～9.5mm，体宽3.5～4.0mm。体细长，倒卵形，深赤褐色，具光泽，被细绒毛。头部具大刻点。触角11节，向端部渐变宽，第5节开始呈短圆锥形，末节卵形。前胸背板长方形，具明显刻点，前端宽而圆，后端狭缩，后缘有细边。小盾片半圆形。鞘翅宽于前胸背板，末端扩展呈圆形，背面具不明显的刻点。足粗，跗节腹面生有黄色毛。

寄主：甘薯。

分布：江苏、湖南、河北、浙江、四川、湖北、安徽、贵州、广西、云南以及东北地区；朝鲜、日本。

注：中华垫甲 *Lyprops sinensis* Marseul，1876是该种的次异名。

树甲亚科 Stenochiinae

7. 淡堇德轴甲 *Derosphaerus subviolaceus* (Motschulsky, 1860)（江苏新记录种）

鉴别特征：体长13.0～17.6mm。体黑色，具红紫色至蓝绿色光泽。额唇基沟平直，额较唇基高；复眼内缘深凹；触角末6节略膨大呈棒状。前胸背板隆起，布粗糙刻点，前缘中央1/2无饰边，侧缘饰边细。鞘翅刻点行深，其上刻点小且密，行间不太隆起。各足胫节内缘中央微凸。

分布：江苏（宜兴）、黑龙江、吉林；朝鲜、韩国、日本以及俄罗斯远东地区。

8. 完美类轴甲 *Euhemicera pulchra* (Hope, 1842)

鉴别特征：体长8.2～11.5mm，体宽4.6～6.3mm。体椭圆形，具光泽。头部宽是长的1.4倍，黑色。前胸背板梯形，宽约是长的1.65倍，紫色。鞘翅椭圆形，紫色，每个鞘翅的肩部和端部各具一横带和4个斑块。点条线深，第1和第2点条线在基部连接，第1和第9点条线在端部连接。前胸腹板端部中间尖锐；前胸腹突舟形，窄，两侧饰边厚。中胸腹板具“V”字形脊，侧面观圆。后足腿节靠近基部内侧，具椭圆形毛簇。

分布：江苏、上海、四川、广东、福建、台湾；日本。

9.端凹窄树甲 *Stenochinus apiciconcavus* Yuan et Ren, 2014（江苏新记录种）

鉴别特征：体长10.0 ~ 10.5mm。体近圆柱形。头部、鞘翅和足深红棕色，触角红棕色，前胸背板深棕色。体覆盖浅金黄色鳞片状毛。头部密布刻点。触角棒状。前胸背板中部最宽，两侧在后角前呈波状；前缘中间具一明显凹刻，盘区密布粗糙的网状深刻点。小盾片近长方形，光滑。鞘翅端部1/3处最宽；盘区具近方形点条沟，在前部更大且深，每个刻点在两侧上缘各具一颗粒；间区具少量横向皱纹，在侧面形成微弱的脊，鳞片状毛较前胸背板的短。

分布：江苏（宜兴）、浙江、湖北、陕西。

10. 基股树甲 *Strongylium basifemoratum* Mäklin, 1864（江苏新记录种）

鉴别特征：体长17.0 ~ 21.5mm。体圆筒形。体漆黑色，腿节基部2/3棕黄色至深红棕色，腹部两侧部分黄色。头部密布刻点；唇基沟不明显线状；额陡降，复眼前具一凹痕；复眼大。触角丝状，向后伸达鞘翅基部1/4处。前胸背板圆筒形，基部宽；前角圆，后角尖并向后伸出；盘区中度隆起，刻点粗密，基部两侧各具一浅凹。小盾片近舌形，具浅凹。鞘翅两侧近平行，端部1/4圆缩；盘上刻点行深，前面的细密，向外变为粗疏，向后变为浅细。腹部肛节端部具凹痕，顶端近横截。后足胫节轻微扭曲。

分布：江苏（宜兴）、浙江、上海、湖北、湖南、福建、广东、广西。

11. 刀嵴树甲指名亚种 *Strongylium cultellatum cultellatum* Mäklin, 1864（江苏新记录种）

鉴别特征：体长10.5 ~ 12.5mm。体两侧近平行，纵向较隆起。体黑棕色；触角颜色稍浅，末节浅棕色；鞘翅具丝状光泽。头部密布粗糙刻点；唇基沟微弧形；额具“T”字形细脊，后半部具浅凹痕；复眼非常大，极靠近。触角丝状，向后伸达鞘翅基部1/5处。前胸背板中部最宽；侧缘饰边完整，中间具侧向小突起；盘区具不规则隆起，具强烈密集的大刻点，中线处具纵凹痕，两侧近基部具弱凹。鞘翅盘区具方形刻点行，每刻点两侧上缘具一颗粒；奇数间区具锐棱；翅尖钝尖。腹部肛节端缘近于横截。

分布：江苏（宜兴）、浙江、江西、福建、广西、海南、香港；朝鲜、韩国、日本、印度、尼泊尔、越南、老挝、斯里兰卡、马来西亚、美国。

注：又名刀形树甲。

拟步甲亚科 Tenebrioninae

12. 黑粉甲 *Alphitobius diaperinus* (Panzer, 1796)

鉴别特征：体长5.5 ~ 7.2mm。体扁长卵形，黑色或褐色，具油脂状光泽。复眼肾形，下部较上部粗。触角端部棍棒状，第5节末端内侧略凸。前胸背板具稀小刻点，两侧较大且清晰；端部收缩较为强烈，后角前或中部之后最宽；基部中叶向后圆形突出，两侧浅凹，后角尖直角形。鞘翅具9条刻点沟，沟的端部均凹。腹部第4腹板很窄。前、中足胫节由基部向端部较强变宽，端部外缘圆。雄虫仅中足胫节具一对弯端距，其余端距直；雌虫中足胫节端距直。

分布：江苏、浙江、黑龙江、辽宁、内蒙古、天津、河北、山西、陕西、宁夏、安徽、湖北、江西、湖南、福建、广东、海南、广西、四川、云南、香港、台湾；俄罗斯、蒙古、朝鲜、韩国、日本、土库曼斯坦、哈萨克斯坦、不丹、尼泊尔、伊拉克、以色列、沙特阿拉伯、巴林、也门、阿富汗、埃及以及北非、欧洲。

注：又名黑菌虫。

13. 弯背烁甲 *Amarygmus curvus* Marseul, 1876（江苏新记录种）

鉴别特征：体长8.0 ~ 8.5mm。体长卵形。体深铜绿色，前胸背板和小盾片具紫色光泽，触角、足和腹面棕褐色。头部宽于前胸背板。触角伸达鞘翅基部1/5处。前胸背板宽梯形，宽是长的1.7倍；中部稍后最宽，向前强缩；前角尖直，后角圆钝。小盾片近等边三角形，小盾片线长达翅基部1/5处。鞘翅长卵形，基部最宽，侧缘近平行，翅端尖；刻点行深，刻点线明显相连。足中等大小，棍棒状。雄虫前足胫节较明显向端部加粗，后足胫节端部2/3加粗且微弯。

分布：江苏（宜兴）、浙江、甘肃、台湾；韩国、日本。

14. 中国烁甲 *Amarygmus sinensis* Pic, 1922（江苏新记录种）

鉴别特征：体长7.5 ~ 8.2mm。体卵形，强烈隆起。背面深红色至棕褐色，腹面棕色，前胸背板偶具蓝色光泽，鞘翅稍具绿色光泽。额窄，布清晰细小刻点；颊极小而翘；额唇基缝中间细长，成槽；眼大，眼间距窄。触角短，伸达鞘翅基部1/3处。前胸背板宽短，横向均匀拱起，纵向略拱，宽约是长的2倍；基部最宽，向前圆缩。鞘翅卵圆形，长是宽的1.3倍，是前胸背板长的3.7倍。足短、较细，雄虫前足跗节不变宽。

分布：江苏（宜兴）、浙江、福建、云南、香港。

15. 锈赤扁谷盗 *Cryptolestes ferrugineus* (Stephens, 1831)

鉴别特征：体长1.7 ~ 2.4mm。体红褐色，具光泽。头部后方无横沟。雄虫触角长约等于体长的1/2，雌虫触角略短。雄虫上颚近基部具一外缘齿。前胸背板两侧向基部方向较显著狭缩。鞘翅长为两翅合宽的1.6 ~ 1.9倍；第1、2行间各具4纵列刚毛。

习性：危害破损的谷物、油料、豆类、干果等。

分布：中国各省份；广布于全球温带和热带区。

16. 科氏朽木甲 *Doranalia klapperichi* (Pic, 1955)（江苏新记录种）

鉴别特征：体长约6.6mm。体型大，窄长。光泽明显，被黄色长毛和稀疏刻点；头后部、前胸背板、鞘翅和小盾片黑色，体腹面棕黑色。复眼大，眼间距较宽。触角线状，超过体长3/4；第2节最短，第3节最长。前胸背板近正方形，基部明显窄于鞘翅，近前1/3处最宽。鞘翅两侧近平行，末端圆；缘折明显，窄且两侧平行，具大刻点和微粒；翅面刻点行明显，其上刻点大且深，行间凸。足窄长；前足胫节端部微弯；前、中足第3、4跗节及后足第3跗节具叶瓣；爪具密齿。

分布：江苏（宜兴）、浙江、福建。

17. 污背土甲 *Gonocephalum coenosum* Kaszab, 1952

鉴别特征：体长7.5 ~ 9.0mm。体短宽，暗黑色。触角粗而短，向后超过前胸背板中部。前胸背板前缘深凹，中央宽直；侧缘最宽处位于中部；前角尖角形，后角略直角形；盘区纵向较强拱起，外侧的颗粒具很短的微毛。鞘翅两侧不平行；肩明显钝角形；侧缘饰边窄降，布小而稠密的颗粒，从背面可见其中后部；刻点行较密，中间行的刻点小而深并稠密。足较短；前足胫节直，端部扩展，宽等于第1、2跗节之和；所有跗节的末跗节短于其余节之和，跗节下侧具长毛。

分布：江苏、浙江、新疆、湖北、福建、广东、四川、香港、台湾；韩国、日本。

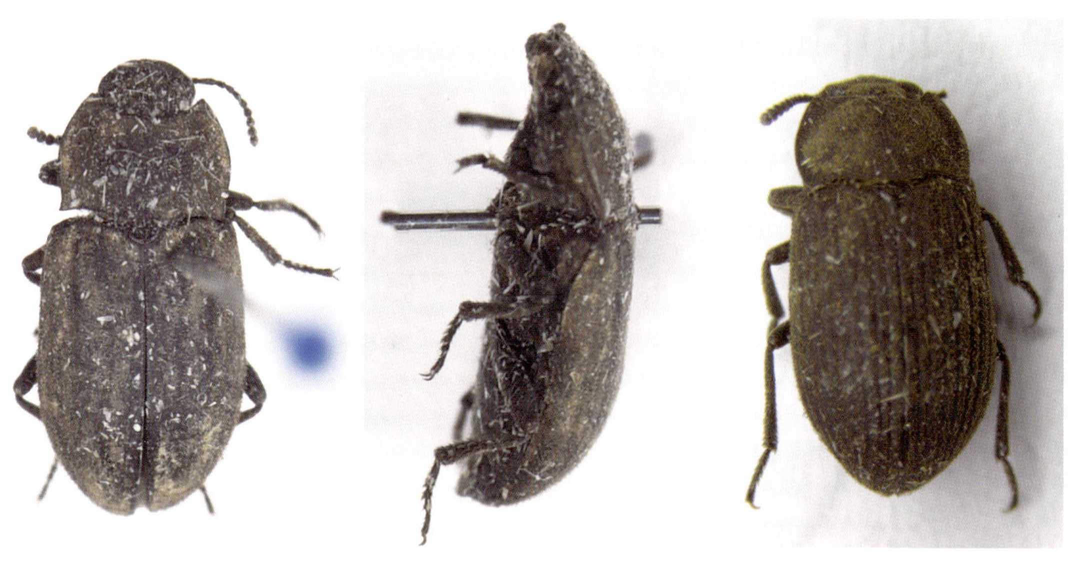

18. 隆线异土甲 *Heterotarsus carinula* Marseul, 1876

鉴别特征：体长9.0 ~ 11.6mm。前胸背板前角尖形突出，前缘弧凹深，具饰边，侧缘在中部偏后处最宽，后角近于直，基部中间略突出，背面具明显皱纹状粗点。鞘翅无毛，所有行间均明显拱隆起，第3行间基部不拱直，第1、2行间在基部相连，第8行间在中部之后有光滑脊突，其底部具小暗粒。

习性：杂食性，具趋光性，成虫于春夏多见于田间地头。

分布：江苏、陕西、山东、甘肃、安徽、浙江、湖北、福建、海南、四川、贵州、台湾；俄罗斯、日本、朝鲜、韩国。

19. 瘤翅异土甲 *Heterotarsus pustulifer* Fairmaire, 1889

鉴别特征：体长9.8 ~ 11.0mm。体黑色或褐色。头部和前胸背板具粗大皱纹状刻点。前胸背板前缘深凹，中央宽直，仅两侧具饰边；侧缘从前向后弯曲，在中间形成钝角，向前比向后收缩强烈；基部中间宽弯，对着小盾片的一段微凹，后角内侧显凹；前角尖突，后角钝三角形。鞘翅行间光裸无毛，具不同粗卵粒形成的脊突，故行间全都不等宽；侧缘从前向后弧形弯曲，中间最宽。

分布：江苏、浙江、甘肃、安徽、福建；东洋区。

20. 长头谷盗 *Latheticus oryzae* Waterhouse, 1880

鉴别特征：体长2.0 ~ 3.0mm。体瘦长，近长椭圆形。体黄褐色，具弱光泽。头部宽大，近正方形，基部较前胸背板略窄；复眼圆，黑色。触角较短粗，端部5节膨大构成触角棒，末节小而近方形。前胸背板倒梯形，近端部最宽；前缘较平直，侧缘由端部向基部弧形收缩，后缘中央向后略突出；前角钝圆，后角近直角形；盘区微隆，密布粗刻点。鞘翅长卵形，基部与前胸背板基部近等宽，两侧近平行；盘区微隆，具7条由小刻点构成的刻点行，行间无刻点。

分布：江苏、浙江、河北、山西、河南、陕西、湖北、江西、广东、广西、四川、台湾以及东北地区；俄罗斯、蒙古、朝鲜、韩国、日本、土库曼斯坦、哈萨克斯坦、伊朗、伊拉克、以色列、沙特阿拉伯、也门以及欧洲、北非。

21. 中型邻烁甲 *Plesiophthalmus spectabilis* Harold, 1875（江苏新记录种）

鉴别特征：体长15.0 ~ 20.0mm。体椭圆形，亮黑色。触角红褐色，触角向后伸达鞘翅基部1/3处。前胸背板梯形，基部1/3处最宽，向端部圆缩，向基部微弱变窄。鞘翅长为宽的1.6倍；盘区刻点线细而清晰；行间宽扁，微隆起，具小刻点和横纹；两侧端部2/5处最宽，向基部逐渐变窄，向端部圆缩。前足腿节端部1/4处具齿；雄虫前足胫节基半部微弯，内侧端部4/7处变粗并被密毛；中足胫节端半部具金黄色密毛，跗节红棕色。雄虫肛节端部直截。

分布：江苏（宜兴）、浙江、北京、河北、内蒙古、辽宁、河南、台湾；日本、韩国。

22. 赤拟谷盗 *Tribolium castaneum* (Herbst, 1797)

鉴别特征：体长2.3 ~ 4.4mm。体红棕色，有时暗红棕色，具光泽，较扁。触角末端3节明显膨大。前胸背板近长方形，两侧缘中部稍突出，后缘明显后突。鞘翅光滑无毛，左右鞘翅愈合，无后翅。

分布：江苏、北京、陕西、宁夏、内蒙古、吉林、辽宁、河北、山西、河南、山东、安徽、浙江、福建、湖北、湖南、广东、广西、重庆、四川、贵州、云南、台湾；世界广布。

23. 窄齿甲 *Uloma contracta* Fairmaire, 1882（江苏新记录种）

鉴别特征：体长6.5 ~ 7.0mm，体宽3.0 ~ 3.5mm。雄虫体小，长卵形，具较强光泽；体棕黑色至黑色，触角、口须、足和体腹面红棕色。头部横椭圆形；复眼较横向。触角较长，达前胸背板基部近1/3处。前胸背板宽约为长的1.35倍；前角钝角形，后角宽钝角形。鞘翅具清晰的刻点行，行内刻点大。前胸侧板具相当粗大的纵纹状刻点。雄虫阳基侧突背观基部宽，向端部渐收缩，而后略膨大，再变窄，顶端微圆，近端部处两侧平行；腹观有一短宽凹；侧观阳基侧突略弯。雌虫前足胫节端内侧不尖突。

分布：江苏（宜兴）、广西、海南、云南；印度尼西亚、老挝。

24. 四突齿甲指名亚种 *Uloma excisa excisa* Gebien, 1914（江苏新记录种）

鉴别特征：体长8.0 ~ 8.5mm。体深棕色。颏近心形，中部具“V”字形隆起，两侧具少量横纹。触角达前胸背板基部2/3处，末节半球形。前胸背板基部2/3处最宽，盘区具一小浅凹，浅凹两侧和后缘各具一对小突起；前缘仅两侧具窄饰边，两侧基半部近平行，向前显缩，饰边窄。前胸腹板突侧观末端圆。前足胫节端部显宽，基内侧强凹，端内尖突，2枚端距等长，外侧10枚尖齿。后足第1跗节略长于末节。雌虫前胸背板无前凹，前足胫节端内侧正常，肛节具端沟。

分布：江苏（宜兴）、浙江、福建、广西、台湾；韩国、日本、越南以及东洋区。

双翅目

Diptera

食虫虻总科 Asiloidea

蜂虻科 Bombyliidae

蜂虻亚科 Bombyliinae

1. 大蜂虻 *Bombylius major* Linnaeus, 1758（江苏新记录种）

鉴别特征：体长7.0～11.0mm。体黑色，密被淡黄色长毛。额宽约为头部宽的1/3，混被黑色毛。雄虫额部多为复眼所遮盖；颜在头部前方显著突出，密被黑色及黄色长毛；触角黑色细长，第1节棒状，余节中部稍粗，向末端逐渐变细，端芒基部具一个近球状结节；口器黑色。胸部背板混被黑色毛，侧板密被白色长毛，但其上缘为褐色毛；翅狭长，前半部黑褐色，后半部透明。腹部短粗，尾端和侧缘的中央混被黑色毛。足细长，赤褐色，基部略呈褐色。

习性：捕食蚜虫、叶蝉以及鳞翅目、膜翅目幼虫。

分布：江苏（宜兴）、辽宁、吉林、陕西、北京、天津、河北、浙江、福建、山东、江西、甘肃、青海、新疆、河南；日本、印度、泰国、尼泊尔、巴基斯坦、哈萨克斯坦、塔吉克斯坦、土库曼斯坦、乌兹别克斯坦以及欧洲、北美洲、非洲。

2. 麦氏姬蜂虻 *Systropus melli* (Enderlein, 1926)（江苏新记录种）

鉴别特征：体长21.0 ~ 23.0mm，翅长13.0 ~ 15.0mm。头部红黑色，下额、颜和颊浅黄色，单眼瘤深褐色，触角柄节、梗节黄色，具短黄褐色毛。胸部黑色，具黄色斑；前胸侧板浅黄色；中胸背板具3个黄色侧斑，前斑与中斑以一条宽度为前斑宽度1/4 ~ 1/3的暗褐色带相连，前斑横向，呈稍不规则的矩形，中斑呈葱头状，后斑呈不规则楔形，并横向延伸，左右2个后斑几近相接，中斑与后斑以一条宽度为中斑宽度1/6的黄褐色带相连；后胸腹板黑色，褶皱较少，具长白毛，自中间到后缘具一处黄色"V"字形区域。后足胫节1/5 ~ 4/5黑色，其余黄色，后足胫节上具3排刺状黑鬃。腹部第1背板黑色，前缘宽于小盾片，向后收缩呈倒三角形，其余各背板皆具暗褐色中斑，第2 ~ 4腹节及第5腹节前半部构成腹柄，第5 ~ 8腹节膨大呈棒状。

分布：江苏（宜兴）、陕西、浙江、福建、贵州。

毛蚊总科 Bibionoidea

毛蚊科 Bibionidae

叉毛蚊亚科 Penthetriinae

泛叉毛蚊 *Penthetria japonica* Wiedemann, 1830（江苏新记录种）

鉴别特征：体长7.2 ~ 9.3mm，雄虫头部和复眼为黑棕色。触角12节，黑色，呈锥状。胸部侧板为黑棕色，背板前半部黑色，后半部红黄色。小盾片黑色。翅呈烟棕色，翅痣不明显。足黑棕色，后足腿节端半部和胫节端部明显膨大，基跗节膨大。雌虫与雄虫特征近似，但后足没有膨大现象。

分布：江苏（宜兴）、陕西、浙江；日本、印度、尼泊尔。

注：又名日本毛蚋。

狂蝇总科 Oestroidea

寄蝇科 Tachinidae

追寄蝇亚科 Exoristinae

1. 三角寄蝇 *Trigonospila* sp.1

雌

鉴别特征：头部黑色，覆银白色粉被；触角黑色；复眼暗红色。胸部黑色，覆浓厚白色粉被，沟前盾片具2条黑纵带，纵带外侧各具一近三角形斑，沟后盾片大部分黑色。小盾片黑色。足黑色。腹部除第2、3节背板前半部灰黄色、第5节背板灰色外，其余黑褐色。

分布：江苏（宜兴）。

2. 三角寄蝇 *Trigonospila* sp.2

鉴别特征：头部黑色，覆银白色粉被；触角黑色；复眼暗红色。胸部黑色，覆浓厚白色粉被，沟前盾片具4条黑纵带，沟后盾片中部黑色，其两侧各具一黑色纵条。小盾片黑色。足黑褐色。腹部除第2、3节背板前半部灰褐色、其余黑褐色。

分布：江苏（宜兴）。

雄

麻蝇总科 Sarcophagoidea

丽蝇科 Calliphoridae

丽蝇亚科 Calliphorinae

亮绿蝇 *Lucilia illustris* (Meigen, 1826)

鉴别特征：体长5.0～10.0mm。雄虫额宽约与2个后单眼外缘间距等宽，间额暗红棕色，最窄处不宽于前单眼横径。触角黑色，第3节具灰色粉被，其长度稍长于第2节的3倍，芒红棕色。胸部呈金属绿色，具蓝铜色光泽。平衡棒大部分红棕色。后足胫节具一列短小前背鬃列。腹部颜色如同胸部，第3背板无中缘鬃，第4、5背板缘鬃发达，第5背板上缘鬃较多，各腹板毛均黑色，第9背板较小，呈黑色，侧尾叶末端细，向前方弯曲不分叉。雌虫额宽稍宽于一个复眼的宽度，间额黑色，两侧略平行；下腋瓣黄白色；侧颜比侧额宽；第6背板不驼起，整个后缘都具缘鬃；第8腹板与第8背板几乎等长。

分布：江苏、陕西、河北、山西、河南、甘肃、青海、新疆、浙江、湖北、江西、湖南、四川、辽宁、吉林、黑龙江、贵州；俄罗斯、朝鲜、日本、缅甸、印度、德国、澳大利亚、新西兰以及格陵兰岛。

水虻总科 Stratiomyoidea

水虻科 Stratiomyidae

瘦腹水虻亚科 Sarginae

1. 金黄指突水虻 *Ptecticus aurifer* (Walker, 1854)

鉴别特征：体长15.0 ~ 24.0mm，翅长14.0 ~ 22.0mm。头部黑色；复眼接眼式，仅在额与单眼瘤之间接触一小点；额橘黄色，下额白色，隆起；触角红黄色，第1、2节被棕毛，第2节内侧呈指突状，第3节盘形，具2条波状纹，端部具一长鬃状芒；颜淡黄色，下颜大部分膜质；下颚须淡黄色；喙红黄色。胸部红黄色，被黄毛。翅前半部棕黄色，端部黑色，后缘稍变浅。小盾无盾刺，红黄色，背面被黑色毛。平衡棒黄色。腹扁平、细长、橘黄色，被黑毛，第3 ~ 5腹板各具大块椭圆形黑斑。

习性：捕食鳞翅目幼虫。

分布：江苏、湖南、贵州、北京、陕西、安徽、浙江、四川、吉林、内蒙古、河北、山西、江西、湖北、福建、云南、广东、广西、西藏、台湾；日本、俄罗斯、印度、印度尼西亚、马来西亚、越南。

2. 克氏指突水虻 *Ptecticus kerteszi* Meijere, 1924（江苏新记录种）

鉴别特征：体长15.3mm，翅长11.3mm。头部黄色，上额暗黄色，单眼瘤黑色，后头除中央骨片外黑色；头部毛黄色，额和头顶主要被黑毛。复眼黑褐色，裸，窄分离。触角黄色，触角芒浅黑色，基部黄色；柄节和梗节被黄毛和黑毛，鞭节几乎裸；触角各节长比为1 ∶ 0.5 ∶ 1.2 ∶ 3。喙黄色，被黄毛。胸部黄色，背面颜色稍暗；胸部毛黄色，肩胛裸。足黄色，后足基节稍带黑色，前中足第4 ~ 5跗节、后足胫节和跗节褐色；足上毛黄色，前中足跗节端部以及后足胫节和跗节被黑毛。翅黄色，端部和后缘浅灰色。平衡棒黄色。腹部黄色至黄褐色，第1 ~ 5背板具黑色横斑；腹部主要被黑毛。

分布：江苏（宜兴）、浙江；印度尼西亚。

食蚜蝇总科 Syrphoidea

食蚜蝇科 Syrphidae

食蚜蝇亚科 Syrphinae

1.黑带蚜蝇 *Episyrphus balteatus* (De Geer, 1776)

鉴别特征：体长10.0mm。头顶三角形，灰黑色，具棕黄色毛。额灰黑色，新月片之上黄色，具小黑斑。额及触角两侧部分被黑毛。颜橘黄色，被黄粉及黄色细长毛，中突上下不对称。触角橘红色，芒裸。胸部背板具灰色狭长中条纹，两侧灰条纹较宽，背板两侧自肩胛向后被黄粉宽条纹，背板被黄毛。小盾片暗黄色，大部分被黑色长毛，盾下缘缨黄色。胸部侧板大部分被黄粉。翅透明，翅面密被微毛。足橘黄色；后足胫节及跗节色深，后足跗节背面近黑色；足主要被黄毛。腹部第2～3背板沿后缘具一条黑色横带，宽度约为背板宽度的1/4；第4背板后缘黄色，亚端部具一条黑色横带；第2背板基部中央具倒置的箭头状黑斑；第3～4背板亚基部具黑色细横带，横带从中央向两端逐渐变细，不达背板侧缘；第5背板中部具小黑斑。

分布：江苏、陕西、河北、甘肃、浙江、湖北、江西、湖南、辽宁、吉林、黑龙江、福建、广东、广西、四川、云南、西藏；蒙古、日本、阿富汗、澳大利亚以及欧洲、东洋区。

2. 凹带优食蚜蝇 *Eupeodes nitens* (Zetterstedt, 1843)

鉴别特征：体长10.0 ~ 11.0mm。雄虫头顶亮黑色，毛黑色；额黄色，毛黑色；颜黄色，口缘及中突黑色。触角棕褐色至棕黑色，第3节基部下侧有时棕黄色。中胸背板蓝黑色，被黄毛。小盾片黄色，大部毛黑色，仅边缘毛黄色。翅前部较暗。腹部黑色，第2背板中部具一对近三角形黄斑，其外缘前角达背板侧缘；第3、4背板具波形黄色横带，其前缘中央有时浅凹，后缘中央深凹，外端前角常达背板侧缘，第4、5背板后缘黄色狭。足大部黄色，前、中足腿节基部约1/3及后足腿节基部3/5黑色，前、中足跗节中部3节及后足跗节端部4节褐色。雌虫头顶略具紫色光泽；额正中具倒“Y”字形狭黑斑，触角基部上方具一对棕色斑。

寄主：蚜虫。

分布：江苏、北京、河北、内蒙古、吉林、黑龙江、浙江、福建、江西、广西、四川、云南、西藏、陕西、甘肃、宁夏、新疆；蒙古、朝鲜、日本、阿富汗以及欧洲。

实蝇总科 Tephritoidea

蜣蝇科 Pyrgotidae

红鬃真蜣蝇 *Eupyrgota rufosetosa* Chen, 1947

鉴别特征：体长7.3 ~ 13.5mm。体以红褐色为主；头胸部具黄色区域，有时胸侧具黑褐色纹；小盾片黄色，两侧红褐色，或小盾片全为红褐色；体表的刚毛、鬃等均为黄色或红棕色。触角沟较短，约为颜长的2/3；颊高约为复眼长的1/3；触角下方基部中位具一黑点，口缘处具2条黑线（有时不明显）；颊在复眼的下方具一黑褐色斑；触角第3节长于第2节，向端部稍收窄。前胸腹板中央具一对指形叶突。腿节下方具2列短鬃，雌虫中足腿节没有无毛的区域。体背的毛列有变化，如小盾片缘鬃3 ~ 4对（甚至9根）。雌虫腹部第1、2节长度之和与后4节长度之和相近，生殖节端前腹面两侧各具一黑色钩状突。雄虫腹部第1、2节长度之和与后3节长度之和相近。

分布：江苏、北京、河北、浙江、四川、云南；朝鲜、韩国。

雄　　　　雌

实蝇科 Tephritidae

寡毛实蝇亚科 Dacinae

1. 橘小实蝇 *Bactrocera dorsalis* (Hendel, 1912)

鉴别特征：体长7.0 ~ 8.0mm。体深黑色和黄色相间。胸部背面大部分黑色，但黄色的“U”字形斑纹十分明显。腹部黄色，第1、2节背面各具一条黑色横带，从第3节开始中央具一条黑色的纵带直抵腹端，构成一个明显的“T”字形斑纹。翅透明，翅脉黄褐色，具三角形翅痣。

寄主：番石榴、芒果、桃、杨桃、香蕉、苹果、番荔枝、甜橙、橘、柚、柠檬、枇杷、葡萄、鳄梨、无花果、胡桃、黄皮、榴莲、咖啡、西瓜、辣椒、番茄、番木瓜、茄子等。

分布：江苏、四川、湖南、台湾以及华南地区；印度、斯里兰卡、尼泊尔、不丹、缅甸、泰国、老挝、越南、柬埔寨、毛里求斯、瑙鲁以及夏威夷群岛、关岛等。

注：又名东方果实蝇、橘小寡鬃实蝇、柑橘小实蝇。

2. 具条实蝇 *Bactrocera scutellata* (Hendel, 1912)

鉴别特征：体长7.5 ～ 9.0mm。体黑色与黄色相间。中胸背板黑色，缝后侧黄色条终于内着生处或其之后处，缝后中黄色条梭形或线形。肩胛和背侧板胛黄色，横缝两侧具黄色斑，伸向中部。小盾片黄色，具黑色端斑。第2 ～ 4节腹背板黑色基横带宽，但第4背板和第5背板的基横带中部有时分离；第3 ～ 5节腹背板具黑褐色中纵带，该带有时在各节的端部处中断；第5腹背板具椭圆形腺斑。

寄主：栝楼以及南瓜属植物。

分布：江苏、上海、安徽、浙江、湖北、江西、湖南、广东、广西、福建、四川、贵州、云南、台湾；日本、韩国、泰国、马来西亚。

大蚊总科 Tipuloidea

大蚊科 Tipulidae

大蚊亚科 Tipulinae

1. 离斑指突短柄大蚊 *Nephrotoma scalaris terminalis* (Wiedemann, 1830)

鉴别特征：体长16.0～22.0mm。头部黄色，具褐色中纵带；下颚须末节细长，是前3节的2倍；触角丝状，13节，各鞭节基部轮生刚毛。雄虫触角长，超过前翅基部；雌虫触角短粗，不达前翅基部。中胸背板黄色"V"字形缝明显，上具暗褐色宽纵带。翅黄色，翅脉、翅痣明显。翅长10.0～15.0mm，棕黄色。腹部背、腹中央及两侧均具黑纵斑。雄虫腹部棒状，雌虫腹部纺锤形。足黄色，各节顶端变暗，双爪。

习性：幼虫危害高粱、玉米、小麦、花生以及蔬菜等。

分布：江苏以及东北、华北、西北地区。

注：又名黄斑大蚊、谷类大蚊。

2. 斑点大蚊 *Tipula coquilletti* Enderlein, 1912（江苏新记录种）

鉴别特征：体长28.0 ~ 40.0mm。体暗褐色，腹部基部黄褐色，仅两侧为黑褐色。头部淡褐色，复眼黑色，两复眼间隆起，中央具一纵沟；口器突出；下颚须黑色；触角淡褐色，13节。前胸背板淡褐色；前盾片中央具暗褐色纵条，两侧各具一条黑色纵带；盾片两侧各具2个黑纹。翅灰色，透明，翅脉黑褐色，翅前缘具2个显著的暗斑。足深褐色，胫、跗节色渐浓。

习性：成虫产卵于土中，幼虫危害植物的根。

分布：江苏（宜兴）、辽宁、台湾；俄罗斯、日本、朝鲜、韩国。

半翅目 Hemiptera

异翅亚目 Heteroptera

缘蝽总科 Coreoidea

蛛缘蝽科 Alydidae

微翅缘蝽亚科 Micrelytrinae

中稻缘蝽 *Leptocorisa chinensis* Dallas, 1852

鉴别特征：体长17.0 ~ 18.0mm。体深草黄色。触角第1节末端及外侧黑色，第1节较短，与第2节长度之比小于3 ：2，第4节短于头部及前胸背板之和。后足胫节最基部及顶端黑色。

寄主：水稻、玉米、粟、小麦、大麦、高粱。

分布：江苏、天津、安徽、浙江、江西、湖北、福建、广东、广西、云南。

注：又名华稻缘蝽。

缘蝽科 Coreidae

缘蝽亚科 Coreinae

1. 瘤缘蝽 *Acanthocoris scaber* (Linnaeus, 1763)

鉴别特征：体长10.5 ~ 13.5mm，体宽4.0 ~ 5.1mm。体褐色。触角具粗硬毛。喙达中足基节。前胸背板具显著的瘤突。侧接缘各节的基部棕黄色。膜片基部黑色。胫节近基端具一浅色环斑；后足股节膨大，内缘具小齿或短刺。

寄主：马铃薯、番茄、茄子、蚕豆、辣椒、牵牛、商陆、旋花以及瓜类等。

分布：江苏、山东、江西、安徽、湖北、浙江、四川、福建、广西、广东、海南、云南、甘肃、贵州、西藏、台湾；印度、马来西亚、日本、朝鲜。

2. 宽棘缘蝽 *Cletus schmidti* Kiritshenko, 1916

鉴别特征：体长9.0 ~ 11.3mm。体背暗棕色，腹面污黄色。触角4节，基部3节暗红色，第1节腹面外侧具一列显著的黑色小颗粒。前胸背板前后明显不同颜色，前部与头部颜色较浅；前胸背板两侧具尖细的角，黑色，略指向前侧方。腹部背面基部及两侧黑色，侧缘及前翅前缘基半部淡黄色。雌虫第2载瓣片后缘呈弧状，内角宽圆。

分布：江苏、北京、陕西、河北、山东、安徽、浙江、江西；日本、朝鲜。

3.稻棘缘蝽 *Cletus punctiger* (Dallas, 1852)

鉴别特征：体长9.5～12.0mm，体宽3.0～5.0mm。体黄褐色，狭长，刻点密布。头顶中央具短纵沟，头顶及前胸背板前缘具黑色小粒点，触角第1节较粗，向外略弯，显著长于第3节，第4节纺锤形。复眼褐红色，眼后具一黑色纵纹，单眼红色，周围有黑圈。喙伸达中足基节间，末端黑。前胸背板多为同色，有时侧角间后区色较深，侧角细长，稍向上翘，末端黑，稍向前指，侧角后缘向内弯曲，具小颗粒突起，有时呈不规则齿状突。前翅革片侧缘浅色，近顶端的翅室内具一浅色斑点。膜片淡褐色，透明。腹部腹板每节后缘具6个小黑点列成一横排，每节前缘也横列若干小黑点。

寄主：桑、茶、粟、稗、水稻、玉米、棉花、苹果、柑橘、高粱、小麦、苘麻、马唐、大麦、游草、狗尾草、看麦娘、千金子、早熟禾、牛筋草、双穗雀稗以及豆类。

分布：江苏、甘肃、西藏、上海、浙江、安徽、河南、四川、重庆、贵州、湖北、湖南、福建、江西、广东、广西；印度。

注：又名稻针缘蝽、黑棘缘蝽。

4.长肩棘缘蝽 *Cletus trigonus* (Thunberg, 1783)

鉴别特征：体长7.5～8.8mm，体宽2.5～3.0mm。前胸背板侧角间宽4.0～5.0mm，浅褐色，具暗紫色泽，前半色较浅，侧角呈细长刺状向两侧伸出，黑色。革片内角翅室的白斑清晰。

寄主：刺苋、绿苋、莲子草、土荆芥。

分布：江苏、上海、广东、云南；菲律宾、印度尼西亚、斯里兰卡、孟加拉国。

5. 长角岗缘蝽 *Gonocerus longicornis* Hsiao, 1964

鉴别特征：体长13.5 ～ 14.5mm。体梭状，草黄色。触角基部3节、眼、前胸背板后部两侧及侧角、革片内侧和爪片以及各足跗节均为红色；触角第4节为黄褐色。小盾片近顶端处及中胸和后胸侧板的中央各具一个黑色圆点。腹部背面橙黄色，身体腹面中央常具浅色宽阔纵走带纹；由头部直达第3腹节具宽浅纵沟。雌虫第7腹板后缘平直。雄虫生殖节后缘中央呈兔唇状突出。

分布：江苏、浙江、江西、湖南、福建、广西、广东、四川。

注：本书展示的图是刚蜕皮而未成熟的蝽，所以触角基部3节颜色并未显示红色。

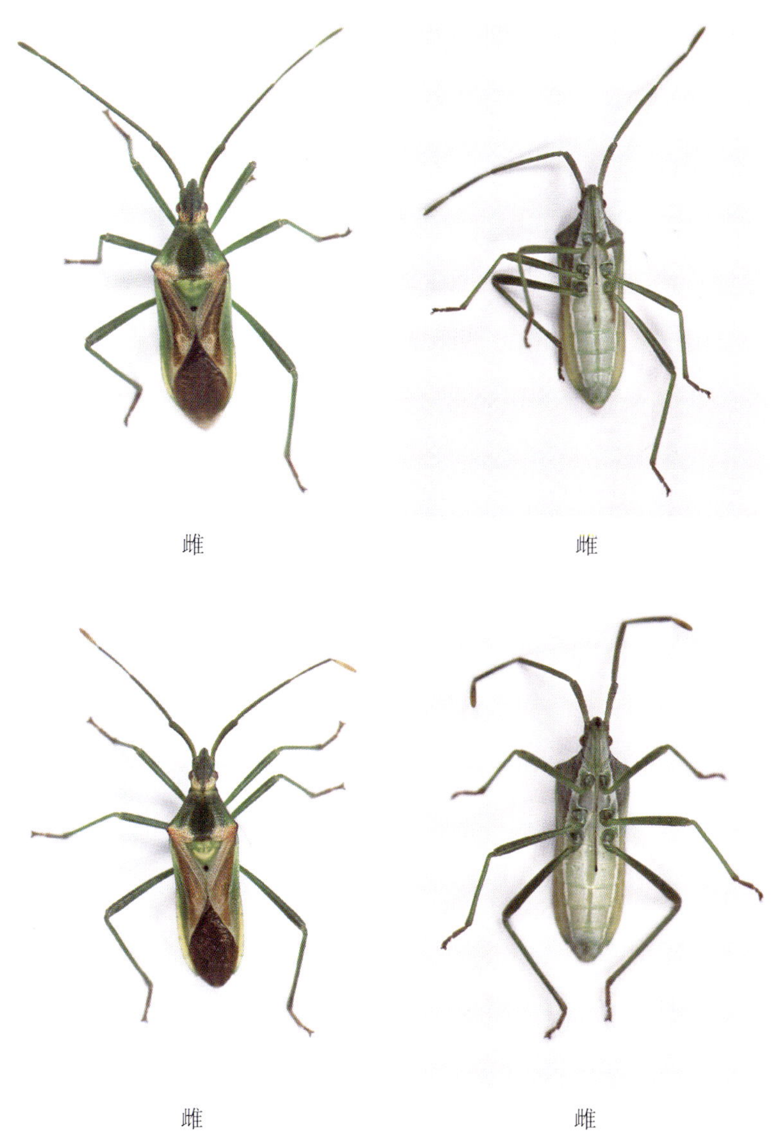

雌　　雌

雌　　雌

6. 纹须同缘蝽 *Homoeocerus striicornis* Scott, 1874

鉴别特征：体长18.0 ~ 21.0mm。体淡草绿色或淡黄褐色。触角浅栗褐色，第1、2节外侧具一条纵走黑纹，第4节淡黄色，端半部烟褐色，第1、2节几乎等长，第3节最短，稍短于第4节。前胸背板长，侧缘黑色，侧角呈显著的锐角。小盾片草绿色，微具皱纹。前翅革片烟褐色，亚前缘及爪片内缘黑色。膜片烟褐色，透明。足细长，中后足胫节常呈淡红褐色。

寄主：柑橘、合欢、紫穗槐以及茄科、豆科。

分布：江苏、陕西、湖南、河北、北京、甘肃、浙江、湖北、福建、江西、广东、广西、四川、云南、海南、台湾；日本、印度、斯里兰卡。

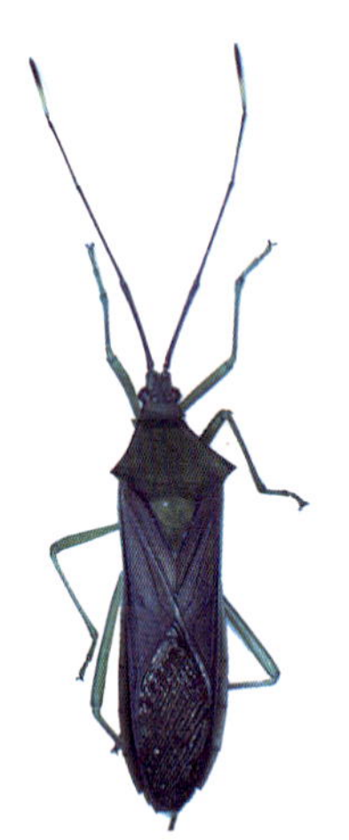

7. 暗黑缘蝽 *Hygia opaca* (Uhler, 1860)

鉴别特征：体长8.5 ~ 10.0mm，体宽2.5 ~ 4.0mm。体背褐色，体表粗糙。触角4节，基节与鞭节呈角度弯曲，末节前端为橙红色。前胸背板侧缘无棘突。小盾板与革质翅颜色一致，膜质翅颜色较浅，翅脉明显露出，腹端长及翅。各足黑褐色，无斑。

寄主：蚕豆、南瓜、野桐、棱果榕、悬钩子、马尾松以及竹类。

分布：江苏、陕西、甘肃、山西、浙江、安徽、河南、四川、贵州、湖北、湖南、福建、江西、广西、台湾；日本。

注：又名黑缘蝽、黑缘椿象。

8. 刺副黛缘蝽 *Paradasynus spinosus* Hsiao, 1963（江苏新记录种）

鉴别特征：体长16.0 ～ 20.0mm，体宽4.2 ～ 5.5mm。体草黄色，背面略带红棕色，刻点浅褐色。前胸背板侧缘平直，侧角突出呈长刺状，并向前向上翘起。中胸及后胸侧板中央、腹部各节两侧的圆斑点及前翅膜片黑色。喙显著超过第2腹节的基部。腹部基端中央具浅纵沟。雄虫生殖节后缘中央呈窄舌状突出。

寄主：山槐、木荷以及蔷薇科。

分布：江苏（宜兴）、福建、广东、海南。

9. 黑胫侎缘蝽 *Mictis fuscipes* Hsiao, 1963

鉴别特征：体长27.0 ~ 30.0mm。体深棕褐色。触角第4节及各足跗节棕黄色。前胸背板中央具一条纵走浅刻纹，侧角稍扩展。腹部第3腹板后缘两侧各具一短刺突，第3腹板与第4腹板相交处中央形成分叉状巨突。

寄主：蚕豆、广玉兰。

分布：江苏、浙江、安徽、云南、江西、四川、福建、广东、广西。

10. 褐莫缘蝽 *Molipteryx fuliginosa* (Uhler, 1860)

鉴别特征：体长23.0 ~ 25.0mm。体深褐色。前胸背板侧缘具齿，侧角后缘凹陷不平，但不呈齿状，侧角稍向前倾，但不达前胸背板的前端。前、中足胫节外侧适度扩展；雄虫后足胫节腹面中部稍呈角状扩展，雌虫后足胫节内外两侧均稍扩展。

分布：江苏、黑龙江、甘肃、浙江、江西、福建；朝鲜、日本。

划蝽总科 Corixoidea

划蝽科 Corixidae

划蝽亚科 Corixinae

似纹迹烁划蝽 *Sigara* (*Tropocorixa*) *substriata* (Uhler, 1897)（江苏新记录种）

鉴别特征：体长6.0mm，体宽2.0mm。体近长筒形。复眼黑色。前胸背板上具5～6条黑色横纹。前翅密布不规则的黑色刻点和条纹。

习性：生活在池塘、湖湾、水田等浅水底层；趋光性强。

分布：江苏（宜兴）、黑龙江；韩国、日本。

小划蝽科 Micronectidae

萨棘小划蝽 *Micronecta sahlbergii* (Jakovlev, 1881)

鉴别特征：体长2.2 ~ 3.1mm。体褐色。头部新月状，顶部淡褐色；复眼大，黑褐色，呈牛角状。前胸背板深褐色，前缘中央向前弧状突出，两侧顶端圆滑；后缘呈大弧形。小盾片褐色，三角形，顶角尖。前翅具 4 条暗褐色纵纹，隐约可见，常间断分布。爪片和革片分界线明显，较直，分界线两侧颜色稍深。膜片有些种类不明显，边缘形状略有变化。自膜片和革片交接缝处开始沿革片内缘至膜片处有一个透明的棒状区。足白色透明。腹面整体苍白色，节与节相连处色暗；第8背板自由叶片状，末端尖，表面具长毛。

分布：江苏、黑龙江、内蒙古、天津、河北、山西、山东、河南、陕西、安徽、湖北、浙江、江西、湖南、广东、海南、四川、贵州、云南、台湾；俄罗斯、韩国、日本、伊朗。

黾蝽总科 Gerroidea

黾蝽科 Gerridae

黾蝽亚科 Gerrinae

圆臀大黾蝽 *Aquarius paludum* (Fabricius, 1794)

鉴别特征：体长14.0 ~ 16.0mm。体黑色，被覆银白色微毛组成的拒水毛。头部黑色，头顶后缘处具一个黄褐色“V”字形斑；触角褐色，细长。前胸背板黑色，后叶有时呈红褐色，其两侧边缘黄色，后叶前、后缘黑色；前叶中纵线处呈一个黄色细纵条。前翅黑褐色或黑色。腿节基部浅黄色，端部黑色。腹部黑色，侧接缘黄褐色。头部宽大于长。前胸背板有变异，后叶前缘、后缘略弯曲，中纵线明显可见。前足腿节较粗，中后足极细长，向侧方伸开。腹面呈脊柱隆起。雄虫具有长而明显的侧接缘刺突，超过腹部末端；雌虫侧接缘刺突亦超过腹部末端且常弯曲。

分布：中国各省份；俄罗斯、朝鲜、日本、越南、泰国、缅甸、印度。

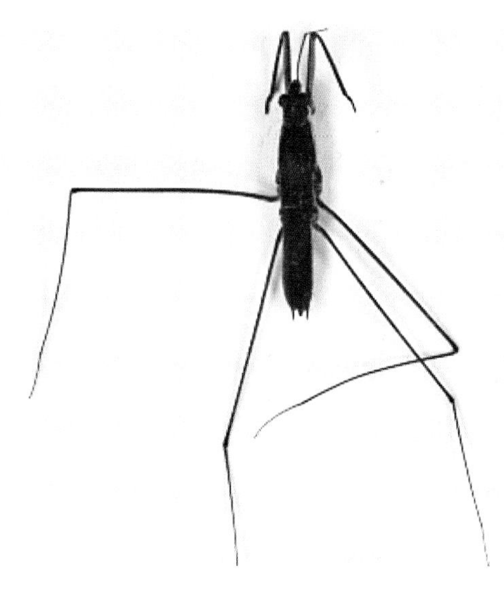

宽肩蝽科 Veliidae

荷氏偏小宽肩蝽 *Microvelia horvathi* Lundblad, 1933

鉴别特征：体长1.6 ~ 1.8mm。体较宽短。体灰色，头部灰色，背板第1 ~ 2节两端被稀疏银白色毛被。前足及中足胫节具攫握栉，腹部第8节大，突出于腹部末端，浅黄色。腹面前缘中间具凹形小切口，背面后缘中部微凹，端半部黄褐色，被致密斜直立短刚毛，生殖囊呈不规则形状，腹面后部被稀疏直立短刚毛，载肛突端部圆钝，被直立短刚毛。左阳基侧突退化，右阳基侧突发达，基部具一簇直立长刚毛，中部呈直角弯曲，端半部渐细，呈镰刀状，端部尖锐。

分布：江苏、山东、安徽、浙江、湖北、湖南、江西、福建、广东、广西、贵州、云南、海南、台湾；日本、韩国。

长蝽总科 Lygaeoidea

杆长蝽科 Blissidae

竹后刺长蝽 *Pirkimerus japonicus* (Hidaka, 1961)

鉴别特征：体长7.5 ~ 9.3mm，体宽1.7 ~ 2.6mm。头部、触角、胸部、足、前翅基部及腹侧均具淡黄色长绒毛。触角4节，第1 ~ 2节黄褐色，第3节深棕色，第4节黑褐色且最长。前胸背板正中凹陷，后部稍隆起，密布大小不一的刻点，后缘向前弯曲呈弧形。前翅黑色，翅基部为三角形的黄白色斑，雄虫翅中为一较宽的横带，雌虫翅中为2个黄白色斑。腹部黑色。足淡黄色，各足胫节末端为淡黑色；后足腿节下方具2列刺。

寄主：毛竹、罗汉竹、斑竹、白夹竹、寿竹、白哺鸡竹、绿竹笋、角竹、淡竹、实心竹、强竹、红竹、金竹、紫竹、石竹、旱竹、刚竹、篌竹、黄纹竹等。

分布：江苏、浙江、四川、湖南、福建、江西；日本、越南。

注：又名竹斑长蝽。

雄　　雄　　雄

长蝽科 Lygaeidae

红长蝽亚科 Lygaeinae

斑脊长蝽 *Tropidothorax cruciger* (Motschulsky, 1860)

鉴别特征：体长8.0 ～ 11.0mm，体宽3.1 ～ 4.3mm。体长椭圆形。体赤黄色至红色，具黑斑纹，密被白色毛，头部、触角和足黑色。头部背面凸圆，小颊长，赤黄色。前胸背板具刻点，中部赤黄色至红色，纵脊由前缘直达后缘，侧缘直而隆起，后缘中部稍向前凹，后部纵脊两侧各具一近方形的大黑斑。小盾片三角形，黑色。前翅爪片除基部和端部为橘红色外，基本上全为黑色。革片和缘片中域具一黑斑。膜质部黑色，基部近小盾片末端具一白斑，其后缘和外缘白色。后翅灰色，前缘基部赤黄色。腹部第3可见腹节以后的背板均具黑色横斑，各节腹板亦具红黑相间的横带。雌虫前翅膜片略短于腹末，雄虫前翅膜片则稍超过腹末。

寄主：萝藦、黄檀、垂柳、刺槐、花椒、小麦、油菜、千金藤、牛皮消、长叶冻绿、加拿大蓬。

分布：江苏、北京、天津、浙江、河南、四川、云南、江西、广东、广西、台湾；日本。

注：又名大斑脊长蝽。

雄　　雄

地长蝽科 Rhyparochromidae

地长蝽亚科 Rhyparochrominae

1. 白边刺胫长蝽 *Horridipamera lateralis* (Scott, 1874)（江苏新记录种）

鉴别特征：雄虫体长5.5 ～ 5.8mm，雌虫体长5.8 ～ 7.3mm。体黑色，具浅色部分；有时触角第3节几乎全黑褐色，或中足胫节端部褐色斑不明显；前翅基半部两侧淡黄色，膜区的脉纹浅色。前胸长，前叶明显长于后叶，但窄于后叶。前足腿节粗大，雄虫前足胫节中部具1 ～ 2枚大齿，近端部具一枚小齿，雌虫无大齿。

分布：江苏（宜兴）、北京、陕西、天津、河南、浙江、江西、湖北、广西、贵州；日本、朝鲜、俄罗斯。

2. 短翅迅足长蝽 *Metochu abbreviatus* Scott, 1874

鉴别特征：体长10.7 ～ 11.2mm。前胸背板黑褐色，具“M”字形黄褐斑，中央被略隆起的中脊穿过；前叶侧边具极细的细锯齿，二叶交界处侧缘略缢入，后缘微前凹。小盾片黑色，无光泽，中央具一对小褐斑，末端黄白色。革片及爪片底色黑，爪片近基部具一斑，爪片缝缘黄白色。革片前缘基半部为淡色，顶角、端缘黑色。顶角前端具一近似三角形的白色斑，此斑前具一较宽的黑色带。膜片黑褐色，端部淡灰色，以不整齐的“M”字形淡色纹与前方的黑色分开。翅短，常露出第7腹节，第5 ～ 6节侧接缘各具一黄斑。

分布：江苏、湖南、浙江、广西、四川、台湾；日本、印度 。

3. 东亚毛肩长蝽 *Neolethaeus dallasi* (Scott, 1874)

鉴别特征：体长5.8 ~ 8.1mm。头部黑色或深黑褐色。触角褐色至黑褐色。头部下方具粗糙刻点。前胸背板深褐色至黑褐色，胝区色深，领、侧缘及后角处斑纹黄色，肩角处各具一根长刚毛，侧缘中部略凹。小盾片黑褐色，具"V"字形脊，刻点稀少。爪片黄褐色，内缘色较深。革片中部具一黑斑，顶角及端缘色亦较深。前翅前缘不直，略弯。膜片淡烟色，脉略深。

寄主：黄荆。

分布：江苏、陕西、内蒙古、北京、天津、河北、山西、河南、山东、甘肃、安徽、浙江、湖北、江西、湖南、福建、广东、广西、四川、重庆、贵州、云南、台湾；韩国、日本。

盲蝽总科 Miroidea

盲蝽科 Miridae

齿爪盲蝽亚科 Deraeocorinae

1.红褐环盲蝽 *Cimicicapsus* sp.

鉴别特征：体连翅长6.0mm。体红褐色，被密毛。触角第2节端部黑褐色，触角第1节近基部收窄，具细长毛，长于触角直径。喙端节端半部褐色，伸达中足基节。前翅楔片一色。

分布：江苏（宜兴）。

注：与朝鲜环盲蝽*Cimicicapsus koreanus*（Linnavuori，1963）相近，但本种触角第1～3节黑色，第4节黄褐色，小盾片两侧无浅色斑。

2. 斑楔齿爪盲蝽 *Deraeocoris ater* (Jakovlev, 1889)

鉴别特征：体长8.8 ~ 9.2mm，体宽3.4 ~ 3.5mm。体椭圆形，橙色至黑褐色，光亮无毛，具褐色深刻点。触角浅色，被半直立短毛。前胸背板黑褐色，密被褐色深刻点，光亮，被稀疏浅色短毛，侧缘直。小盾片黑色，具刻点。革片、爪片、缘片黑色，密布刻点。膜片淡黑色，具浅色斑。足及腹面色黑，胫节端半部色浅。

分布：江苏、陕西、黑龙江、北京、山西、青海、甘肃、宁夏、内蒙古、湖北、四川；朝鲜、蒙古、俄罗斯、日本。

3. 宽齿爪盲蝽 *Deraeocoris josifovi* Kerzhner, 1988（江苏新记录种）

鉴别特征：体连翅长7.0mm；前胸背板宽2.4mm。体淡黄褐色；前胸背板颜色稍深；前翅染有红色；触角及足淡黄白色，触角第1节近基部褐色；喙端节端半部黑褐色，伸达中足基节间；腹部淡红色；足淡黄白色，腿节染有红色，后足上尤其明显，呈环斑。小盾片无明显刻点，褐色，两侧缘象牙白色，窄。前翅楔片与膜片一色，淡黄褐色，翅脉染有血红色。

分布：江苏（宜兴）、北京；日本、朝鲜、俄罗斯。

盲蝽亚科 Mirinae

4. 狭领纹唇盲蝽 *Charagochilus angusticollis* Linnavuori, 1961（江苏新记录种）

鉴别特征：体长2.8～4.0mm，体宽1.5～2.2mm。体黑色或黑褐色，领黑色。体椭圆形，厚实，密被半平伏短毛。头顶两侧各具一小黄斑。触角第1节黄色，最基部黑色，黑色部分的范围以外侧较大；第2节淡色，两端黑色，或基部及端部1/4黑色；第3、4节黑色，第3节最基部黄白色。前胸背板梯形，下倾，领粗，后叶较饱满，刻点深大。小盾片末端黄白色。前翅革片基部小斑、端缘处外侧及中央2个小斑、革片内角以及楔片端角黄白色。膜片暗色，基外角一斑及脉白色。腿节具2～3个白环，后足胫节基部3/4及末端黑褐色，其余黄白色。

分布：江苏（宜兴）、河南、河北、北京、山西、陕西、湖南、安徽、浙江、福建、江西、广东、海南、广西、贵州、四川、云南；日本、朝鲜、俄罗斯。

5. 长毛刻爪盲蝽 *Tolongia pilosa* (Yasunaga, 1991)（江苏新记录种）

鉴别特征：体长8.0 ~ 10.2mm，体宽2.3 ~ 3.3mm。体淡污褐色。头部背面光泽较强，淡黄褐色、淡污褐色或淡褐色。触角第1节污锈褐色或红褐色，第2节基半部至基部3/5红褐色，端半部或端部2/5中的基半部不同程度地加深，呈淡黑褐色至黑色，其余部分则为黄白色；第3节基半部黄白色，端半部黑色；第4节黑色，最基部白色。前胸背板侧缘黑色，终于后侧角的后缘；后缘前方多不加深，少数个体呈黑色横带状；领毛淡色；盘域毛密，淡色。小盾片端角淡黄色，刚毛状毛长密，淡色，明显长于前胸背板及革片的刚毛状毛。革片刚毛状毛略长于前胸背板的刚毛状毛。膜片淡烟色，脉淡红色。足及体下黄褐色；后足股节端部具2个红褐色环；足毛淡色，后足胫节毛长者略长于该胫节直径。

分布：江苏（宜兴）、广东、广西、云南；日本、印度。

蝎蝽总科 Nepoidea

负蝽科 Belostomatidae

负蝽亚科 Belostomatinae

艾氏负子蝽 *Diplonychus esakii* Miyamoto et Lee, 1966

鉴别特征：体长15.0 ~ 16.0mm，体宽约9.0mm。体褐色，近椭圆形。头部呈三角形，头顶被刻点，具光泽；头后缘弧形向后突出。前胸背板及小盾片具黄褐色线。小盾片三角形，长稍短于宽，顶端较尖锐，中央区域稍凹陷。前翅具斜向不明显的条纹；前翅膜片退化，呈一狭窄的条状，其上翅脉不可见；膜片与革片结合处具一淡黄色毛斑。前足腿节膨大，中足胫节背侧面具一列刺，后足胫节具4列刺；中、后足均具2爪。

分布：江苏、浙江、湖北、江西、福建、广东、海南、广西、四川、贵州、云南、台湾；韩国、日本。

仰蝽总科 Notonectoidea

仰蝽科 Notonectidae

小仰蝽亚科 Anisopinae

南小仰蝽 *Anisops exiguus* Horváth, 1919（江苏新记录种）

鉴别特征：体小，近纺锤形。体亮白色；头部和前胸背板淡黄色；复眼褐色；足淡黄色；腹部腹面黑褐色；腹中脊和侧接缘淡黄色。头部前缘弧形，宽是前胸背板宽的4/5，是复眼前间距的6倍；复眼后间距狭窄，是复眼前间距的1/6 ~ 1/5；头部长与前胸背板几乎等长；上唇短，基部宽度约为其中纵长的1.25倍；顶端平截。喙突较第3喙节短，顶端圆钝。前胸背板宽是长的2倍多，后缘中央凹入；发音梳10齿，位于中央的齿较长，向两侧渐短。

分布：江苏（宜兴）、福建、广东、海南、云南；印度、马来西亚、印度尼西亚以及新几内岛。

蝽总科 Pentatomoidea

土蝽科 Cydnidae

土蝽亚科 Cydninae

1. 大鳖土蝽 *Adrisa magna* (Uhler, 1860)（江苏新记录种）

鉴别特征：体长15.0 ~ 17.0mm，体宽8.5 ~ 9.0mm。体黑色，刻点显著，具光泽。头部前端宽圆，具粗皱纹及刻点，侧叶略长于中叶，在中叶前相接，小颊后缘宽阔，后角突出；触角褐色，第4、5节色较浅。前胸背板刻点粗而稀，前部中央及后缘处光平，侧缘稍外拱，具狭翘边，前角前缘处具一列很密的短刚毛。小盾片刻点粗而稀，末端光滑，尖削。前翅革质部刻点小而密，膜片烟黑色，散布浅色斑点，稍长过腹末。侧接缘、足及腹部腹面同体色。

分布：江苏（宜兴）、湖南、北京、江西、四川、广东、云南；印度、越南、缅甸。

注：又名大田负蝽、大田鳖、水知了、钳蝽、鳖蝽、大水虫、水中霸王、咬趾虫。

2. 圆革土蝽 *Macroscytus fraterculus* Horváth, 1919

鉴别特征：体长7.1 ~ 9.2mm，体宽4.2 ~ 5.2mm。体椭圆形，略圆鼓，栗色、黑栗色至黑色。头部背面具刻点或不具刻点。前胸背板中央不具横刻痕，前缘头部后方具少许刻点，前侧缘密布刻点，胝后方具刻点，较稀疏，后侧缘刻点较稀疏，各侧缘具5 ~ 7根刚毛，前胸侧板凹陷处具刻点，前部和后部突起处不具刻点。小盾片密布刻点，基部和端部不具刻点。革片具明显刻点，爪片具一条完整的刻痕和2条不完整的刻痕；内革片具2条平行于内革片和爪片缝的刻痕，密被刻点；外革片刻点均匀，刻点相对内革片较小，前缘脉较窄，具2根刚毛，从内革片前端4/5处分出。雄虫后足腿节背面侧缘具较小的突起，胫节基部具小突起，雌虫后足腹面侧缘具少数刚毛，胫节基部不具突起。

分布：江苏、北京、上海、浙江、福建、河北、河南、山东、湖北；日本。

雄　　　　雄

3. 拟领土蝽 *Parachilocoris semialbidus* (Walker, 1867)（江苏新记录种）

鉴别特征：体长3.6mm。体长圆形。触角4节，褐色。头部背面呈栗黑色或栗色，头端部圆滑，边缘颜色较浅，各侧叶边缘具4根刚毛，其中2根较长，2根较短，中叶边缘具2根不明显短刚毛。复眼较大，复眼之间具少数刻点。前胸背板颜色同头背面，或略浅，前缘具领状结构，背板背面具横向凹痕，但未达侧缘，凹痕处密被刻点，领后中央具短纵凹痕，纵痕较短，未达横向凹痕，前侧缘及后缘具少数稀疏刻点，刻点明显，各侧缘具2根刚毛。前胸侧板凹陷处具少数明显刻点。小盾呈等边三角形。革片呈黄褐色或浅褐色，有时仅内革片呈浅褐色；革片具爪片，分为内革片和外革片，爪片具2条刻痕，其中一条完整平行于爪片与革片的缝，另一条断断续续，较短。

分布：江苏（宜兴）、四川、福建、云南、台湾；印度、印度尼西亚。

兜蝽科 Dinidoridae

瓜蝽亚科 Megymeninae

细角瓜蝽 *Megymenum gracilicorne* Dallas, 1851

鉴别特征：体长12.0 ~ 15.5mm，体宽6.0 ~ 8.0mm。体黑褐色，常具铜色光泽，翅膜片淡黄褐色。触角4节，基部3节黑色，第4节除基端为棕褐色外，绝大部分为黄色或棕黄色。前胸背板粗糙不平，胝间具一近圆形的瘤状突起，侧缘凹凸不平，前侧缘前端凹陷较深，前角尖刺状，前伸而内弯，呈牛角形，侧角和前侧缘呈钝角状，显著突出。

足同体色，腿节腹面具刺，胫节外侧具浅沟。雌虫后足胫节基部内侧胀大，胀大部分稍内凹，肾形。侧接缘每节具一个粗大的锯齿状突起。

寄主：南瓜、苦瓜、黄瓜以及豆类。

分布：江苏、陕西、北京、山东、上海、浙江、四川、贵州、湖南、湖北、福建、江西、广东、广西；日本。

注：又名锯齿蝽。

蝽科 Pentatomidae

蝽亚科 Pentatominae

1.宽缘伊蝽 *Aenaria pinchii* Yang, 1934

鉴别特征：体长11.0 ~ 13.0mm，体宽5.0 ~ 6.0mm。体淡黄绿色，刻点黑。头部侧叶长于中叶，并在中叶前会合。触角除第1节基部大半淡黄褐色及第5节端部大半黑色外，其余淡褐色。前胸背板胝区周缘光滑，内具刻点；前侧缘微外拱，其内侧具淡黄白色宽边，侧角圆钝，端部淡黄棕白色。前翅革质部暗棕褐色，外域淡黄色，膜片无色，脉纹淡烟褐色，长过腹末。侧接缘淡黄白色。足淡黄褐色，各足腿节下方近端处具一小黑点。腹部腹面淡黄白色，微带黄绿色。

寄主：毛竹。

分布：江苏、湖南、河南、浙江、安徽、江西、湖北、四川、福建、广东、广西、贵州。

注：又名竹宽缘伊蝽。

2. 薄蝽 *Brachymna tenuis* Stål, 1861

鉴别特征：体长14.0 ~ 16.0mm，体宽5.5 ~ 7.0mm。体砖红色，刻点暗棕褐色。头部侧叶长于中叶，并在中叶前分开呈一小缺口；触角棕红色，第4节（除两端外）及第5节端半部黑色。前胸背板前侧缘稍内凹，基部大半具黑色锯齿，其内侧为黑色狭边；侧角钝圆；末端短小，指状外伸，其后缘具2个低锯齿，前方具一小缺刻。小盾片两基角处各具一黑色小凹陷斑，基部中央具4个不明显黑点，排成2列。前翅膜片色淡，稍长过腹末。侧接缘同体色。足暗棕红色，腿节基部大半色淡，散生黑色小圆斑。

寄主：竹。

分布：江苏、湖南、河南、浙江、安徽、江西、四川、福建、贵州、云南。

3. 斑须蝽 *Dolycoris baccarum* (Linnaeus, 1758)

鉴别特征：体长8.0 ~ 13.5mm，体宽5.5 ~ 6.5mm。体黄褐色或紫褐色。头部中叶略短于侧叶，前缘稍凹入。复眼褐色。触角黑色，各节基、端部淡黄色。前胸背板近梯形，后缘略外突，前侧缘淡黄色，后部呈暗红色。小盾片末端圆钝而光滑，黄白色。前翅革片淡红褐色或暗红褐色，膜片黄褐色。体侧接缘外露，黑黄相间。足黄褐色。

寄主：棉花、烟草、亚麻、桃、梨、柳以及多种禾谷类、豆类、蔬菜。

分布：全国广布。

4. 麻皮蝽 *Erthesina fullo* (Thunberg, 1783)

鉴别特征：体长21.0 ~ 25.0mm，体宽10.0mm。体背黑色，散布不规则的黄色斑纹。头部突出，背面具4条黄白色纵纹，从中线顶端向后延伸至小盾片基部。触角黑色。前胸背板及小盾片黑色，具粗刻点及散生的黄白色小斑点。侧接缘黑白相间或稍带红色。

寄主：枣、榆、梓、杨、柳、竹、桑、柿、桃、李、梨、杏、槐、樟、构树、香椿、臭椿、刺槐、檫木、泡桐、梧桐、合欢、枫杨、厚朴、枫香、油桐、乌桕、苹果、梅花、樱花、腊梅、石榴、女贞、桂花、含笑、玉兰、山茶、沙果、海棠、山楂、油菜、甜菜、烟草、水杉、栗、悬铃木、马褂木、南酸枣、鸡冠花、马缨丹、天竺葵、深山含笑、黄山玉兰。

分布：江苏、辽宁、内蒙古、新疆、甘肃、宁夏、北京、天津、河北、安徽、河南、重庆、湖南、湖北、山西、陕西、山东、浙江、福建、江西、广西、广东、四川、贵州、云南、海南、澳门、台湾；日本、印度、斯里兰卡、马来西亚、印度尼西亚、缅甸。

注：又名黄斑椿象。

5. 菜蝽 *Eurydema dominulus* (Scopoli, 1763)

鉴别特征：体长6.0 ~ 9.0mm。体橙红色或橙黄色，具黑色斑纹。头部黑色，侧缘上卷，橙色或橙红色。前胸背板上具6个大黑斑，略呈2排，前排2个，后排4个。小盾片基部具一个三角形大黑斑，近端部两侧各具一个较小黑斑，小盾片橙红色，部分呈“Y”字形，交会处缢缩。翅革片具橙黄色或橙红色曲纹，在翅外缘形成2个黑斑；膜片黑色，具白边。足黄黑相间。腹部腹面黄白色，具4纵列黑斑。

寄主：甘蓝、花椰菜、白菜、萝卜、油菜、芥菜等。

分布：全国广泛分布；欧洲。

注：又名河北菜蝽。

6. 广二星蝽 *Eysarcoris ventralis* (Westwood, 1837)

鉴别特征：体长4.0 ~ 5.5mm，体宽3.2 ~ 4.5mm。体卵圆形，长宽近相等，虫体大小变异较大，体黄褐色或黑褐色。头部上面及单、复眼均为黑色，头部中侧片等长。触角黄褐色，末节黑褐色。喙黄褐色，末节黑色，长达腹下基部。前盾片两侧角稍突出，但不尖；前侧缘稍有卷起的狭边；小盾片宽大，呈倒钟形，小盾片2个基角上，各有一个玉白点。翅达或稍长于腹末，几乎全盖腹侧。

寄主：水稻、小麦、高粱、大豆、玉米、甘薯、茄、棉、无花果、桑、榕树。

分布：江苏、河北、山东、浙江、江西、四川、贵州、福建、广东、广西、台湾；日本、越南、缅甸、印度。

7.茶翅蝽 *Halyomorpha halys* (Stål, 1855)

鉴别特征：体长14.0 ～ 16.5mm，体宽7.0 ～ 8.0mm。体棕褐色、半金绿色或全金绿色；腹面黄色或橙红色。头腹面两侧具若干金绿色小碎斑。小盾片三角形，宽大于长，基角具黄褐色小圆斑，基缘中央有时具一个小黄斑，侧缘基部3/4较平直，端部圆钝。革片刻点分布较为均匀，略带红褐色。膜片烟褐色，膜片端部超过腹末。

寄主：苹果、梨、桃、樱桃、杏、海棠、山楂、李、胡桃、榛、草莓、葡萄、大豆、菜豆、甜菜、芦笋、番茄、辣椒、黄瓜、茄子、甜玉米、菊花、玫瑰、百日菊、向日葵、榆树、梧桐、枸杞、唐棣、火棘、荚蒾、金银花、泡桐、柿、枫、椴木、枫香、紫荆、美国冬青等。

分布：江苏、陕西、河北、山西、河南、安徽、浙江、湖北、江西、湖南、福建、广东、广西、四川、贵州、云南、西藏、台湾以及东北地区；朝鲜、日本。

注：又名臭椿象、臭板虫、臭妮子、臭大姐等。

8. 卵圆蝽 *Hippotiscus dorsalis* (Stål, 1870)

鉴别特征：体长13.5～15.5mm，体宽7.5～8.0mm。背面隆起颇高。初羽化成虫为乳黄色，经3～4天为灰青色，略具光泽，后变为灰黄色、灰褐色、青褐色，密布黑色刻点，被白粉。头部为钝三角形，前端缺口式，中叶短于侧叶；复眼暗红色，内侧具一无刻点光滑小区；触角5节黄褐色至黑褐色，末节基半部黄白色。前胸背板前侧缘稍向外伸，呈弓形，黑色，胝深乳黄色，刻点少。小盾片末端具黄白色月牙形斑，无刻点。前翅膜翅片淡黑色，革翅片基部黑色。体腹面黄色，气门黑色。足淡黄色。

寄主：竹。

分布：江苏、湖南、河南、浙江、安徽、江西、四川、福建、广西、贵州、西藏；印度。

注：又名竹卵圆蝽。

成虫

若虫

成虫

9.稻绿蝽*Nezara viridula* (Linnaeus, 1758)

鉴别特征：成虫有多种变型，各生物型间常彼此交配繁殖，所以在形态上产生多变。

（1）全绿型：体长12.0 ~ 16.0mm，体宽6.0 ~ 8.0mm，椭圆形，体、足鲜绿色。头部近三角形，触角第3节末及第4、5节端半部黑色，其余青绿色。单眼红色，复眼黑色。前胸背板角钝圆，前侧缘多具黄色狭边。小盾片长三角形，末端狭圆，基缘具3个小白点，两侧角外各具一个小黑点。腹面色淡，腹部背板绿色。

（2）点斑型（如点绿蝽）：体长13.0 ~ 14.5mm，体宽6.5 ~ 8.5mm。体背面橙黄色至橙绿色，单眼区域各具一个小黑点，一般情况下不太清晰。前胸背板具3个绿点，居中的最大，常为菱形。小盾片基缘具3个绿点，中间的最大，近圆形，其末端及翅革质部靠后端各具一个绿色斑。

（3）黄肩型（如黄肩绿蝽）：体长12.5 ~ 15.0mm，体宽6.5 ~ 8.0mm。与稻绿蝽代表型很相似，但头部及前胸背板前半部为黄色，前胸背板黄色区域有时橙红色、橘红色或棕红色，后缘波浪形。前胸与翅芽散布黑色斑点，外缘橘红色，腹缘具半圆形红色斑或褐色斑。足赤褐色，跗节和触角端部黑色。卵环状，初产时浅褐黄色；卵顶端具一环白色齿突。若虫共5龄，形似成虫，绿色或黄绿色。

寄主/习性：除了危害柑橘外，还危害水稻、玉米、花生、棉花、油菜、芝麻、茄子、辣椒、马铃薯、桃、李、梨、苹果以及豆科、十字花科等。成虫、若虫危害烟株，刺吸顶部嫩叶、嫩茎等汁液，常在叶片被刺吸部位先出现水渍状萎蔫，随后干枯，严重时上部叶片或烟株顶梢萎蔫。

分布：江苏、山东、宁夏、陕西、河北、山西、河南、北京、安徽、浙江、湖北、湖南、江西、四川、贵州、福建、广东、广西、云南、西藏、海南；世界广布。

全绿型

10. 珀蝽 *Plautia crossota* (Dallas, 1851)

鉴别特征：体长8.0～11.5mm，体宽5.0～6.5mm。体鲜黄绿色，触角端3节的端部黑褐色，小盾片端染有黄色，前翅革片大部（除侧缘）暗红色，各腹节后侧角具一小黑斑。

寄主：泡桐、马尾松、樟树、枫杨、茶、梨、桃、柿、李、杉、水稻、大豆、菜豆、玉米、芝麻、苎麻、柑橘、泡桐、枫杨、龙眼、银杏、黑莓、盐麸木、马尾松。

分布：江苏、北京、河北、河南、浙江、安徽、福建、江西、湖南、湖北、广东、广西、海南、贵州、四川、云南、西藏；日本以及南亚、东南亚、非洲。

注：又名朱绿蝽、克罗蝽。

11. 斯氏珀蝽 *Plautia stali* Scott, 1874

鉴别特征：体长9.5～12.5mm，与珀蝽相近，体呈光亮的翠绿色，前胸背板前侧缘具黑褐色细纹，体无明显的黄色斑。

分布：江苏、北京、陕西、甘肃、吉林、辽宁、河北、山西、河南、山东、浙江、江西、福建、湖南、湖北、广东、广西、四川；日本。

12. 弯刺黑蝽 *Scotinophara horvathi* Distant, 1883（江苏新记录种）

鉴别特征：体长8.0 ~ 10.0mm。头部黑色，前端呈小缺刻状。前胸背板、小盾片及前翅的爪片、革片暗黄色。后足胫节中部黄褐色，身体其余部分黑色。前胸背板中央具一条淡黄褐色的细纵线；前胸背板前角尖长而略弯，指向前方，其侧角伸出体外，端部略向下弯。小盾片2个基角各具一小黄斑点。

习性：成虫及若虫善爬行，具假死和负趋光性。

分布：江苏（宜兴）、福建、四川。

龟蝽科 Plataspidae

筛豆龟蝽 *Megacopta cribraria* (Fabricius, 1798)

鉴别特征：体长4.3～5.4mm，体宽3.8～4.5mm。体近卵圆形，淡黄褐色或黄绿色，微带绿光，密布黑褐色小刻点。复眼红褐色。前胸背板具一列刻点组成的横线。小盾片基胼两端色淡，显灰白色；侧胼无刻点。各足胫节背面全长具纵沟。腹部腹面两侧具辐射状黄色宽带纹。雄虫小盾片后缘向内凹陷，露出生殖节。

寄主：桑、桃、杏、槐、东京银背藤、紫藤、刺槐、文旦、大豆、菜豆、绿豆、豌豆、扁豆、臭椿、水稻、柑橘、广玉兰、花榈木、灯台树、黄山玉兰、薄皮山核桃、美丽胡枝子、香花鸡血藤等。

分布：江苏、广东、广西、湖北、湖南、河北、北京、山东、陕西、上海、西藏、山西、浙江、安徽、河南、四川、重庆、天津、云南、贵州、福建、江西、海南、香港、澳门、台湾；朝鲜、韩国、日本、泰国、越南、缅甸、马来西亚、尼泊尔、印度、斯里兰卡、巴基斯坦、印度尼西亚、澳大利亚、美国。

注：又名豆圆蝽、豆平腹蝽。

盾蝽科 Scutelleridae

盾蝽亚科 Scutellerinae.

桑宽盾蝽 *Poecilocoris druraei* (Linnaeus, 1771)（江苏新记录种）

鉴别特征：体长15.5 ~ 18.0mm，体宽9.5 ~ 11.5mm。体宽椭圆形，黄褐色或红褐色。头部黑色。前胸背板中部一对黑斑，或全无黑斑。小盾片上的黑斑达13个，亦可互相连接，亦有全无黑斑的个体，变异较大。触角及足蓝黑色。腹下黑，中区黄褐色或红褐色。

寄主：桑、油茶。

分布：江苏（宜兴）、四川、贵州、广东、广西、云南、台湾；缅甸、印度。

注：又名桑龟蝽。

红蝽总科 Pyrrhocoroidea

大红蝽科 Largidae

斑红蝽亚科 Physopeltinae

1.小背斑红蝽 *Physopelta cincticollis* Stål, 1863

鉴别特征：体长11.5 ~ 14.5mm。体窄长圆形。头部暗棕色，三角形状，密被较短柔毛及较长细毛。触角黑褐色，第4节基半部显著，为黄白色。喙伸达后足基节间。前胸背板梯形，被半直立浓密细毛，黑褐色，前叶刻点稀少，后叶刻点粗大明显，前胸背板前缘和侧缘棕红色。小盾片黑褐色。前翅刻点显著，爪片、革片内侧暗棕色，革片中央具一个大黑圆斑，其顶角具一个小黑斑，翅膜片黑褐色，革片前缘棕红色。胸侧板及腹部腹面暗棕色。腹部腹面节缝棕黑色，侧接缘棕红色。

寄主：毛竹、油茶、白背桐、油桐、柑橘等。

分布：江苏、陕西、湖北、湖南、浙江、江西、四川、广东、台湾；印度。

注：又名姬大星蝽、二点红蝽。

2. 突背斑红蝽 *Physopelta gutta* (Burmeister, 1834)

鉴别特征：体长14.0 ~ 19.0mm，体宽3.5 ~ 5.5mm。体延伸，两侧略平行。体常棕黄色，被平伏短毛；头顶、前胸背板中部、前翅膜片、胸腹面及足暗棕褐色；前胸背板侧缘腹面及足基部通常红色；触角（除第1、4节基部黄褐色）、复眼、小盾片、革片中央2个大斑及顶角亚三角形斑棕黑色；腹部腹面棕红色，有时黄褐色，腹部腹面侧方节缝处具3个显著新月形棕黑色斑。触角4节，第3节最短。喙棕褐色，其末端伸达后足基节。雄虫前胸背板前叶极隆起，后叶中央、小盾片、爪片及革片内侧具棕黑色粗刻点。

寄主：香榧、柑橘、油橄榄、红花烟草、栗以及竹类。

分布：江苏、甘肃、西藏、山东、四川、云南、广东、广西、香港、台湾；印度、孟加拉国、缅甸、斯里兰卡、日本、印度尼西亚、澳大利亚。

注：又名大星蝽。

红蝽科 Pyrrhocoridae

红蝽亚科 Pyrrhocorinae

1. 直红蝽 *Pyrrhopeplus carduelis* (Stål, 1863)

鉴别特征：体长11.0 ~ 14.0mm。前胸背板宽3.0 ~ 4.5mm。体椭圆形，朱红色；头部中叶前端、头顶基部中央、触角、喙、头腹面中央和其基部、前胸背板胝部、小盾片大部、革片中央椭圆形斑、前翅膜片、胸腹面、足及各腹节腹板基半部黑色；前胸背板前缘背、腹面，各胸侧板后缘及各腹节腹板后半部常黄白色。头顶较低平。前胸背板后叶、革片（除前缘光滑外）具粗刻点，小盾片基部具稀少细刻点，其顶端几乎光滑。

寄主：茶、苎麻。

分布：江苏、河南、湖南、安徽、浙江、江西、福建、广东以及东南沿海岛屿。

2. 曲缘红蝽 *Pyrrhocoris sinuaticollis* Reuter, 1885

鉴别特征：体长约8.8mm。体暗褐色，具黑褐色刻点。头部黑色，中叶具稍浅色的纵纹。前胸背板侧缘中部稍内凹，具粗大刻点；前胸背板侧缘黑色。腹部侧接缘各节后角淡黄色或淡红色。

分布：江苏、北京、河南、浙江、湖北、湖南；日本、朝鲜、俄罗斯。

猎蝽总科 Reduvioidea

猎蝽科 Reduviidae

光猎蝽亚科 Ectrichodiinae

1. 黑光猎蝽 *Ectrychotes andreae* (Thunberg, 1784)

鉴别特征：体长14.5 ~ 15.5mm。体黑色，具蓝色光泽；前翅基部、前足股节内侧端半部纵条、胫节内、外两侧纵纹、腹部侧接缘、气门周缘均为黄色；各足转节，前、中足股节基部，后足股节基半部，腹部腹面（除黑色斑带外）均为红色。前胸背板圆鼓，前半部具横缢，其横缢中间中断，前叶后部及后叶前半部中央具纵沟，后缘弧形；前胸背板前叶显著短于后叶，并窄于后叶。前翅稍超过腹部末端。

寄主：水稻、棉花。

分布：江苏、辽宁、北京、河北、甘肃、上海、浙江、湖南、湖北、四川、福建、广东、广西、云南。

注：又名黑足光猎蝽。

盗猎蝽亚科 Peiratinae

2. 红股隶猎蝽 *Lestomerus femoralis* Walker, 1873

鉴别特征：体长19.0 ~ 25.0mm，体宽5.0 ~ 6.0mm。体深黑色或黑褐色，被黄色细毛。头部短，眼前部分略向下倾，长于眼后部分，复眼大而隆出，单眼红色。触角褐色，具毛，第1节粗短，其余各节细长。喙粗短，黑色，末端深黄色，第2节最长。前胸背板及小盾片具蓝黑色光泽；前胸背板前叶长于后叶，前叶前部两侧各具一个深凹窝，两侧具斜行深沟；中央凹沟深，呈“十”字形；后叶皱纹显著，向后逐渐消失。小盾片三角形，厚实。各足腿节红色或红褐色，端部黑色，胫节与跗节黑色或黑褐色，具长而较密的棕褐色毛，前足腿节粗大，端部细缩，腹面两侧各具一列小刺，胫节海绵窝短小，约占该节长度的1/3。腹部黑色，被灰黄细毛。

分布：江苏、浙江、湖北、江西、福建、广东、四川、贵州；印度、缅甸、印度尼西亚。

3. 日月盗猎蝽 *Peirates arcuatus* (Stål, 1871)

鉴别特征：体长10.0 ~ 11.3mm，体宽2.2 ~ 2.9mm。体黑色。喙之末节、触角、各足胫节端部、跗节褐色至黑褐色，前胸背板、小盾片、爪片及革片基半部黄棕色至暗褐色，雄虫色较雌虫色深；前翅膜区基部横斑及亚端部的圆斑淡黄色至暗黄色，亚端部的圆斑形状变化较大，有的个体不甚规则。前胸背板前叶较后叶色深，有的个体前叶为暗褐色至黑色。各足基节（除基部的一小部分）、中足及后足股节基部、侧接缘各节基部部分黄色，各足转节黄褐色。

分布：江苏、江西、湖北、河南、贵州、陕西、浙江、四川、重庆、湖南、福建、广东、广西、云南、海南、台湾；菲律宾、缅甸、斯里兰卡、日本、印度尼西亚、印度。

注：又名日月猎蝽。

4. 黄纹盗猎蝽 *Peirates atromaculatus* (Stål, 1871)

鉴别特征：体长12.5 ~ 14.5mm，体宽3.4 ~ 3.6mm。体黑色。触角第1节超过头部前缘，其他3节长度相近。前翅革片中部具黄褐色纵纹，膜片内具一小斑，外室内具一大斑，均为深黑色，膜片端颜色较浅。雄虫多为长翅型，前翅一般超过腹末；雌虫多为短翅型，前翅不达腹末。

分布：江苏、北京、陕西、甘肃、内蒙古、河北、天津、山西、河南、山东、浙江、江西、福建、湖北、湖南、广西、海南、四川、贵州、云南；日本以及南亚、东南亚。

雄　雄

雄　雄

5. 圆腹盗猎蝽 *Peirates cinctiventris* Horváth, 1879（大陆新记录种）

鉴别特征：体长约11.0mm，体宽约3.5mm。体棕黑色，具棕色绒毛；胸腹部、头部、足均为黑色及棕黑色；前翅棕色，革区基部及基部外侧浅黄色，分界模糊，中央具模糊的黑色斑点；侧接缘完全浅黄色。头部短于前胸背板的前叶，眼前部分向下弯曲，其长度不及眼后部分的3倍；复眼大，向下延伸至头部腹面；单眼着生于隆起的眼柄上；触角着生处靠近眼的前缘，第1节超过头部的前端。前胸背板具黑色领，横缢裂清晰。小盾片末端指状，中央具一凹坑。前翅和后翅均长于腹部末端。前足及中足股节腹面无小刺，近椭圆状，不侧扁；前足胫节不弯曲，海绵窝占胫节约1/2。

分布：江苏（宜兴）、台湾；日本、韩国。

注：中文名新拟。

6. 污黑盗猎蝽 *Peirates turpis* Walker, 1873

鉴别特征：体长13.0 ~ 15.0mm。体黑色，具光泽，具白色及黄色细短毛。复眼半球形，其间具"T"字形沟。前胸背板前叶长于后叶，前叶具纵隆脊，而后叶无。前翅革片大部分黄褐色，革片上的黄斑可缩小，甚至消失。膜片端部颜色较浅。前足腿节粗大。

习性：捕食多种昆虫，如棉铃虫、棉蚜等。

分布：江苏、北京、陕西、甘肃、内蒙古、河北、河南、山东、浙江、江西、湖北、广东、广西、四川、贵州、云南、香港以及东北地区；日本、朝鲜、越南。

注：又名乌黑盗猎蝽。

7.伐猎蝽 *Phalantus geniculatus* Stål, 1863（江苏新记录种）

鉴别特征：体长14.0 ~ 15.0mm，体宽2.5 ~ 3.5mm。体黑褐色。触角细长，第1节最短，赭黄色，其余各节暗黄褐色。复眼大，黑褐色，单眼红褐色，2个单眼较靠近。喙粗短，第2节最长，第1节次之，第3节最短；第1节伸达复眼前缘。前胸背板横缢显著，位于中后部；前叶中央具纵沟，后叶具微皱；前胸背板黄褐色，具黑褐狭边。前翅不超过腹末。足黄褐色，腿节顶端及胫节基部黑褐色，前足腿节侧扁，胫节弯曲，顶端具较小的海绵窝。

分布：江苏（宜兴）、湖北、广东、四川、贵州、云南；缅甸、印度、日本。

8. 黄足猎蝽 *Sirthenea flavipes* (Stål, 1855)

鉴别特征：体长19.0 ~ 21.0mm。体黑褐色；头部、前胸背板前叶及腹部背腹面浅栗色；触角第1 ~ 2节基部、喙、革片基部、爪片两端、膜片端部、足、腹部侧接缘斑点、腹部基部两侧及末端色斑均为土黄色。

分布：江苏、陕西、浙江、江西、湖北、四川、福建、广东、海南、广西、云南、台湾；日本、菲律宾、印度尼西亚、斯里兰卡、印度。

注：又名黄足锥头盗猎蝽、黄足直头盗猎蝽。

盲猎蝽亚科 Saicinae

9. 中褐盲猎蝽 *Polytoxus fuscovittatus* (Stål, 1860)（江苏新记录种）

鉴别特征：体长约7.3 mm。体褐黄色。头部、前胸背板两侧、前翅基部红色，前缘蜡黄色，其他部分浅褐色，喙、各足基节、腹部腹面中央纵走带纹及侧接缘黄赭色。前胸背板前叶长于后叶，具倒角刺，暗黄色，顶端黑色。前翅超过腹部末端，M脉显著弯曲。前胸腹板前端两侧钝圆。

分布：江苏（宜兴）、云南；越南。

细足猎蝽亚科 Stenopodainae

10. 短斑普猎蝽 *Oncocephalus simillimus* Reuter, 1888

鉴别特征：体长约18.0mm。体褐黄色，具褐色斑纹；头顶后方具一个斑点、头部两侧眼的后方、小盾片、前翅中室内的斑点、膜片外室内的斑点均为褐色；头部两侧眼的后方，前胸背板的纵直条纹，胸侧板及腹板、腹部侧接缘各节端部均带褐色；触角第1节端部，喙第2、3节，腿节的条纹，胫节基部2个环纹及顶端均为浅褐色。前胸背板前角呈短刺状向外突出。小盾片向上鼓起，端刺粗钝，向上弯曲。前足腿节具12个小刺。腹部腹面纵脊达第6腹节后缘。前翅可达腹部末端，膜片外室内黑斑短，约占翅室的1/3。

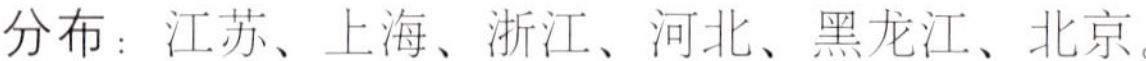

分布：江苏、上海、浙江、河北、黑龙江、北京。

11. 污刺胸猎蝽 *Pygolampis foeda* Stål, 1859

鉴别特征：体长13.5 ~ 17.5mm。体棕褐色，被浅色扁毛，形成一定花纹。头部背面具长“V”字形光滑条纹，前端呈二叉状向前突出；后缘两侧具一列刺状突起；眼前部分下方密生顶端具毛的小突起，眼后部分具分支的棘，棘的顶端具毛；头部腹面凹陷，色浅；单眼突出。触角第1节较粗，端部各节细。前胸背板后部较高；中胸具2条褐色纵带。前翅膜片具浅斑，内外翅室浅斑明显。

分布：江苏、北京、陕西、辽宁、河南、上海、浙江、江西、湖南、湖北、广东、广西、海南、四川、贵州、云南；日本、缅甸、印度、斯里兰卡、印度尼西亚、澳大利亚。

同翅亚目 Homoptera

蚜总科 Aphidoidea

蚜科 Aphididae

角斑蚜亚科 Calaphidinae

1. 竹梢凸唇斑蚜 *Takecallis tawanus* (Takahashi, 1926)

鉴别特征：若蚜有红色和绿色两种颜色。有翅孤雌蚜体长卵圆形，体长2.0 ~ 2.5mm，体宽约0.9mm。体色一种为全绿色；另一种头部、胸部淡褐色，腹部绿褐色。体表光滑。喙嘴极短。中额和额瘤稍突起。触角黑色细长，具微刺横瓦纹。腹部无斑纹，翅脉正常，脉粗黑。腹管短，呈筒状。尾片瘤状，灰色；尾板黑色，分2片，每片具粗短刚毛10 ~ 12根。无翅孤雌蚜体椭圆形，被白色蜡粉，其余同有翅蚜。

寄主：紫竹、赤竹、青篱竹、雷竹、石绿竹、茶竿竹、刚竹等。

分布：江苏、浙江、上海、陕西、福建、山东、四川、重庆、云南、台湾；日本、澳大利亚以及欧洲、北美洲。

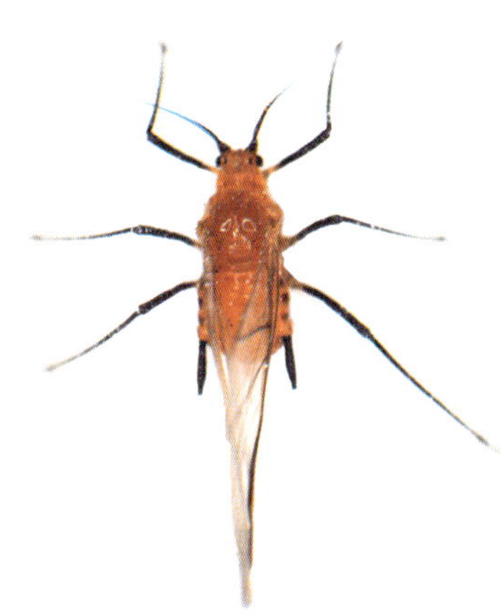

扁蚜亚科 Hormaphidinae

2. 竹茎扁蚜 *Pseudoregma bambusicola* (Takahashi, 1921)

鉴别特征：无翅孤雌成虫：体椭圆形，体长约3.3mm，体宽约2.0mm。体黑褐色，被白色蜡粉，尤以腹端最多。触角4～5节。喙粗短，不达中足基部，腹管位于具毛的圆锥体上，环状，围绕腹管具长毛4～9根。尾片半月状，微有刺突，具长毛6～16根；尾板分裂为2片，具长毛20～30根。有翅孤雌成虫：体长椭圆形，体长约3.0mm，体宽约1.6mm。触角5节。腹管退化为一圆孔；前翅中脉分2叉，基段消失，2肘脉共柄。

寄主：绿竹、甲竹、孝顺竹、凤凰竹、观音竹、大眼竹、凤尾竹、龙头竹、佛肚竹。

分布：江苏、上海、浙江、云南、湖北、福建、广东、台湾；泰国。

注：又名居竹伪角蚜。

沫蝉总科 Cercopoidea

尖胸沫蝉科 Aphrophoridae

尖胸沫蝉亚科 Aphrophorinae

1. 宽带尖胸沫蝉 *Aphrophora horizontalis* Kato, 1933

鉴别特征：体长7.5 ~ 9.8mm，体宽3.8 ~ 4.0mm。体淡黄色至黄褐色，具刻点。前胸背板两边具4个黑斑，颊中具一个黑点，前胸后缘中央具一块较大黑斑。翅长过腹，前翅黄白色，翅基、翅尖烟黑色，基部1/4前缘黑色，翅尖2/3黑色，后缘色浅，前缘具一月牙形白斑，两者间具黄白色横带。

寄主：竹类。

分布：江苏、安徽、浙江、福建、江西、湖南、广东、广西、台湾。

注：又名竹尖胸沫蝉。

2. 柳尖胸沫蝉 *Aphrophora pectoralis* Matsumura, 1903

鉴别特征：雌性成虫体长8.9 ~ 10.1mm，体宽2.7 ~ 3.2mm；雄性成虫体长7.6 ~ 9.2mm，体宽2.7 ~ 3.0mm。体黄褐色。头顶呈倒“V”字形，靠近其后缘复眼与单眼间各具一黄斑。复眼椭圆形，黑褐色；单眼2个，淡红色。前胸背板近七边形，后缘略凹，呈弧形。小盾片近三角形。前翅中部具一黑褐色斜向横带。后足胫节外侧具2个黑刺，末端具10余个黑刺，排成2列；第1、2跗节端部各具一列黑刺。

寄主/习性：柳、小叶杨、榆、沙棘、苹果、紫苜蓿、鹅观草、茵陈蒿、硬质早熟禾等。主要以若虫吸取枝条汁液影响植物生长。成虫多喜在树冠中、上部的1 ~ 2年生枝条上取食危害，常常固定于一处，不停地用口器吸取汁液，同时不断从肛门排出小的液滴。

分布：江苏、新疆、青海、甘肃、内蒙古、陕西、河北、吉林、黑龙江等；朝鲜、日本、瑞典、英国、法国、奥地利、意大利、德国、捷克、斯洛伐克、波兰等。

沫蝉科 Cercopidae

尤氏曙沫蝉 *Eoscarta assimilis* (Uhler, 1896)

鉴别特征：体长6.5 ~ 9.0mm。头部、胸部与前翅上半部灰褐色，后半部红褐色，一般具白色的粉末，但有些个体不明显。头部小，翅端呈圆形。前胸背板下缘具弧线状条纹，体表具细小短毛。

寄主：茶、白杨、柳以及竹类。

分布：江苏、北京、贵州、湖北、四川、吉林、陕西、安徽、浙江、江西、湖南、广东、海南、广西、福建、重庆、甘肃、上海、黑龙江、河北、河南、台湾；日本、朝鲜、俄罗斯。

注：又名小头沫蝉、黑腹直脉曙沫蝉、黑头曙沫蝉。

蝉总科 Cicadoidea

蝉科 Cicadidae

姬蝉亚科 Cicadettinae

1. 红蝉 *Huechys sanguine* (De Geer, 1773)

鉴别特征：体长19.0 ～ 23.0mm。头部、胸部黑色，腹部红色；头部、胸部密被黑色长毛，腹部被黄褐色短毛；头、复眼黑色，单眼红色，前胸背板漆黑色，无斑纹。中胸背板红色，其中央具一条非常宽的黑色纵带。前翅黑褐色，不透明，翅脉黑色；后翅淡褐色，半透明，翅脉黑褐色。

寄主：山茱萸、南紫薇等。

分布：江苏、江西、海南、安徽、陕西、四川、浙江、江西、湖南、云南、贵州、广东、广西、福建、香港、台湾；泰国、缅甸、印度、菲律宾、马来西亚。

蝉亚科 Cicadinae

2. 蚱蝉 *Cryptotympana atrata* (Fabricius, 1775)

鉴别特征：体长40.0 ～ 44.0mm，翅展122.0 ～ 125.0mm。体大型，黑色，具光泽，密被金黄色短毛。头部的前缘及额顶各具一块黄色褐斑。复眼灰褐色；单眼浅红色。前胸背板比中胸背板短，侧缘倾斜，稍突出。外片上具皱纹，两侧具黄褐色斑。中胸背板前缘中部具“W”字形刻纹。前、后翅透明，基部烟褐色；脉纹黄褐色。腹部各节侧缘黄褐色。背瓣完全盖住发音器，酱褐色。腹瓣大，舌状，末端圆，边缘红褐色。前足基节隆线及腿节背面红褐色，腿节上的刺锐利。

寄主：马尾松、柳、栎、楝、榆、刺槐、杨、槐、桑、木麻黄、悬铃木、芙蓉、苹果、桃、李、梨、樱桃、山楂、梅、桂花、海棠、葡萄、柑橘、女贞、油桐、棉花。

分布：江苏、湖南、湖北、北京、内蒙古、天津、河北、陕西、甘肃、河南、山东、山西、上海、浙江、安徽、江西、四川、重庆、福建、广东、广西、海南、贵州、云南、台湾；越南、老挝、日本、印度尼西亚、菲律宾、美国、加拿大。

注：又名黑蚱蝉、黑蚱、红脉熊蝉、金蝉。

雌　　雌

雄　　雄

3.蟪蛄 *Platypleura kaempferi* (Fabricius, 1794)

鉴别特征：体长20.0 ~ 25.0mm，翅展62.0 ~ 75.0mm。体中型，粗短，密被银白色短毛。前胸背板、中胸背板橄榄绿色，中胸背板具倒圆锥形黑斑；腹部黑色，每节后缘暗绿色或暗褐色。触角刚毛状。前胸近前缘两侧突出。前翅具不同浓淡暗褐色云状斑纹，纵脉端具锚状纹；后翅黑色，外缘无色透明，部分翅脉呈黄褐色。雄虫腹部具发音器，雌虫腹末产卵器明显。

寄主：梨、桃、杏、杨、柳、松、苹果、山楂、紫薇、紫叶李、悬铃木、大叶黄杨。

分布：江苏、陕西、辽宁、北京、河北、天津、山西、河南、宁夏、甘肃、山东、上海、安徽、浙江、湖北、江西、湖南、福建、广东、广西、四川、重庆、贵州、云南、台湾；俄罗斯、日本、朝鲜、马来西亚。

注：又名斑蝉、褐斑蝉、花蝉、山柰宽侧蝉、斑翅蝉。

雌

雌

雄

4. 端晕日宁蝉 *Yezoterpnosia fuscoapicalis* (Kato, 1938)（江苏新记录种）

鉴别特征：体长24.5 ~ 27.6mm。头顶绿色，单眼区、前缘、后唇基的顶端、有的复眼内侧与单眼间的一对斑点均为黑色。单眼红色，复眼褐色，稍突出；后唇基绿色，中央具2条平行的黑色纵纹；喙管浅黑色，端部黑褐色，刚达后足基节。前胸背板侧缘区稍扩张，前窄后宽，内片周缘、侧沟及中央的2条平行的纵纹均为黑色。中胸背板绿色，具5条黑色纵纹：中间一条细长，达X隆起前，有时与X隆起前臂内侧的一对小圆点愈合，形成一黑方斑；内侧一对较短，有时为倒圆锥形，多数为弯钩状；外侧一对较粗，呈"J"字形，达X隆起前臂处。前后翅透明，前翅顶角具浅烟褐色晕斑，第2、3端室基横脉处具烟褐色点斑，翅脉黑褐色。雄虫腹部褐色或绿褐色，雌虫腹部褐色，具各种黑色斑纹，被银白色或浅黄色短毛。

分布：江苏（宜兴）、湖南、浙江、广西、江西、福建。

蜡蝉总科 Fulgoroidea

菱蜡蝉科 Cixiidae

中华冠脊菱蜡蝉 *Oecleopsis sinicus* (Jacobi, 1944)（江苏新记录种）

鉴别特征：体长3.5 ~ 4.0mm，体连翅长5.7 ~ 7.0mm。体浅褐色至栗褐色，头顶侧脊暗褐色，具淡白色斑。头顶较狭，其中央长度约为基部宽的1.6倍，约有近半部分伸出复眼前方。额和唇基长菱形，喙伸达后足基节间。中胸背板两侧暗褐色，具5条纵脊。前翅横脉暗褐色，翅端具数个暗褐色小斑。

寄主：玉米以及蒿属。

分布：江苏（宜兴）、北京、山西、河南、安徽、福建、湖南、广西、贵州、四川；日本。

飞虱科 Delphacidae

飞虱亚科 Delphacinae

乳黄竹飞虱 *Bambusiphaga lacticolorata* Huang et Ding, 1979

鉴别特征：雄虫体长1.7mm，雌虫体长2.1mm；雄虫体连翅长3.2mm，雌虫体连翅长3.5mm。体乳黄色。头顶近方形，中侧脊与“Y”字形脊在头顶端部围成一个小室；触角圆柱形，不伸达额唇基缝；复眼和单眼红色。生殖节、臀节和臀突淡黄色；臀节中部切入。

寄主：刚竹、白竹。

分布：江苏、浙江、贵州。

象蜡蝉科 Dictyopharidae

丽象蜡蝉 *Orthopagus splemdens* (Germar, 1830)

鉴别特征：体长10.0mm，翅展26.0mm。体黄褐色，具黑褐色斑点。头略向前突出，前缘近圆形。前胸背板前缘尖，后缘刻入呈角度；中脊锐利。中胸背板中脊不清晰，侧脊明显。前翅狭长透明，略带褐色，翅痣褐色；后翅较前翅短，宽大透明，外缘近顶角处具一褐色条纹；前后翅翅脉均褐色。腹部散布黑褐色斑点，末端黑褐色。

寄主：桑、水稻等。

分布：江苏、浙江、江西、广东、贵州、台湾以及东北地区；日本、印度、缅甸、菲律宾、斯里兰卡、印度尼西亚、马来西亚。

蛾蜡蝉科 Flatidae

蛾蜡蝉亚科 Flatinae

碧蛾蜡蝉 *Geisha distinctissima* (Walker, 1858)

鉴别特征：体长6.0 ~ 8.0mm，翅展18.0 ~ 21.0mm。体淡绿色。头顶短，略向前突出；额长大于宽，具中脊；触角基部2节粗，端部呈芒状。前胸背板短，前缘中部呈弧形突出，后缘弧形凹入，具2条淡褐色纵带。中胸背板具平行的3条纵脊和4条赤褐色纵纹。前翅近长方形，绿色；翅脉网状，黄色；前缘具赤褐色狭边，自前缘中后部开始具一条红色的虚线状细纹，直达后缘基部；翅脉、前缘、外缘及后缘等处具褐色斑。足淡黄绿色，跗节与爪赤褐色。

寄主：李、梨、桃、柿、桑、杏、栗、樟、茶、菊、油茶、喜树、海桐、柑橘、枣、苹果、杨梅、葡萄、甘蔗、花生、栀子、白蜡树、无花果、大叶黄杨。

分布：江苏、陕西、甘肃、山东、上海、浙江、四川、重庆、云南、贵州、湖北、湖南、福建、江西、广东、广西、黑龙江、辽宁、吉林、海南、澳门、台湾；日本。

注：又名青蛾蜡蝉、茶蛾蜡蝉、绿蛾蜡蝉、黄翅羽衣。

蜡蝉科 Fulgoridae

斑衣蜡蝉 *Lycorma delicatula* (White, 1845)

鉴别特征：体长14.0～22.0mm，翅展39.0～52.0mm。体暗灰色，体翅常具粉状白蜡。头顶上短角状。触角刚毛状，3节，红色，梗节膨大呈卵形，鞭节细小，长仅为梗节的1/2。前翅长卵形，革质，基部2/3淡灰褐色，散生20余个黑点，端部1/3黑色，脉纹色淡；后翅膜质，扇状，基部近1/3红色，具6～10个黑褐色斑点，中部具倒三角形白色区，半透明，端部黑白色。

寄主：臭椿、香椿、杨、苦楝、槐、梧桐、柳、女贞、油茶、刺槐、榆、竹、悬铃木、漆树、黄杨、泡桐、枫、栎、化香树、合欢、核桃、葡萄、梨、杏、李、楸、珍珠梅、桃等。

分布：江苏、湖南、山西、北京、河北、陕西、河南、山东、安徽、浙江、江西、四川、福建、广东、广西、辽宁、吉林、黑龙江、云南、台湾；日本、韩国、越南、印度。

注：又名椿皮蜡蝉、斑衣、樗鸡、红娘子。

广翅蜡蝉科 Ricaniidae

广翅蜡蝉亚科 Ricaniinae

1. 可可广翅蜡蝉 *Ricania cacaonis* Chou et Lu, 1981（江苏新记录种）

鉴别特征：体长约6.0mm，翅展约16.0mm。体淡绿色，被白色蜡粉；背面黄褐色至褐色，额角黄色。头部和胸部具3条纵脊。中胸盾片除3条长的纵脊在前端互相会合外，外侧各具一条独立的短脊。前翅褐色，翅的边缘及前缘斑黄色，前缘斑前具约7条横脉，横脉间各具一条向外倾斜的黑色带纹，顶角具一近黑色光亮突起的圆点。

寄主：可可。

分布：江苏（宜兴）、湖南、浙江、广东、海南。

2. 琼边广翅蜡蝉 *Ricania flabellum* Noualhier, 1896（江苏新记录种）

鉴别特征：体长约5.5mm，翅展约18.0mm。头部、胸部、腹部深黄褐色。额具发达的中侧脊，唇基具中脊。前胸背板具中脊，中胸背板具3条纵脊，中脊直而长，侧脊从中部向前方分叉。前翅浅黄褐色，前缘约1/2处具一三角形浅色斑，其外方还具一新月形浅色斑，2个斑不甚清晰；翅近中部具一条隐约可见的“<”字形浅纹；近顶角处具一近圆形褐色小斑点；后翅淡黄褐色。后足胫节外侧具2个刺。

寄主：甘蔗。

分布：江苏（宜兴）、广东、台湾；缅甸、印度。

3.四斑广翅蜡蝉 *Ricania quadrimaculata* Kato, 1933（江苏新记录种）

鉴别特征：体长约10.0mm，翅展约40.0mm。头部、胸部、腹部及足均深褐色，中胸背板黑褐色。前胸背板具中脊，中胸背板具3条纵脊，中脊长而直，侧脊从中部向前分叉。前翅烟褐色，半透明，前缘端部1/3处具一近梯形透明斑，其内下方在翅的近中部具一四边形透明斑，翅外缘处具2个不规则透明斑；后翅比前翅色黑，但更透明。前足胫节外侧具2个刺。

寄主：迎春花。

分布：江苏（宜兴）、浙江、福建、台湾；日本。

4. 八点广翅蜡蝉 *Ricania speculum* (Walker, 1851)

鉴别特征：体长6.0～7.5mm，翅展16.0～18.0mm。头部、胸部黑褐色至烟褐色。额具中脊和侧脊，但不清晰，唇基具中脊。前胸背板具中脊。中胸背板具3条纵脊。前翅前缘近端部2/5处具一近圆形透明斑，斑的外下方具一较大的不规则形的透明斑，内下方具一较小的长圆形透明斑，近前缘顶角处还具一很小的狭长透明斑；翅外缘具2个较大的透明斑，前斑形状不规则，后斑长圆形，内具一小褐斑（有的个体消失）；后翅黑褐色，中室端部具一小透明斑。后足胫节外侧具2个刺。

寄主：桃、李、梅、杏、桑、茶、枣、棉花、柿、杨、柳、苹果、樱桃、柑橘、油茶、栗、油桐、苦楝、苎麻、黄麻、大豆、玫瑰、咖啡、可可、刺槐、腊梅、桂花、迎春花以及蕨类。

分布：江苏、陕西、浙江、河南、云南、湖北、湖南、福建、广东、广西、台湾；尼泊尔、印度、菲律宾、斯里兰卡、印度尼西亚。

5. 柿广翅蜡蝉 *Ricania sublimbata* (Jacobi, 1916)

鉴别特征：雌虫体长6.0～10.0mm，翅展23.0～35.0mm；雄虫体长6.0～8.5mm，翅展20.0～30.0mm。头胸背面黑褐色；腹基部黄褐色，其余各节深褐色；尾器黑色；头部、胸部及前翅表面多被绿色蜡粉。额中脊长而明显，无侧脊。唇基具中脊。前胸背板具中脊。中胸背板具3条纵脊。前翅前缘外缘深褐色，向中域和后缘色泽变淡；前缘外方1/3处稍凹入，具一三角形至半圆形淡黄色斑；后翅黑褐色，脉纹边缘被灰白色蜡粉，后缘域具2条淡色纵纹。前足胫节外侧具2个刺。

寄主：柿、榆、桃、李、楝、杨、柳、桑、苹果、柑橘、火棘、葡萄、臭椿、构树、朴树、茶、红枫、枇杷、苦楝、紫薇、棣棠、香椿、碧桃、栾树、栀子、石楠、茶花、蔷薇、乌桕、黄杨、梨、杜鹃、枫香、梅花、香樟、石榴、紫楠、海桐、肉桂、木槿、琼花、蜡梅、含笑、榉树、绣球、枸骨、女贞、桂花、刺槐、枣、水杉、紫荆、枳椇、柏木、国槐、银杏、杉木、麻栎、雪松、合欢、枫杨、线柏、紫藤、化香树、薜荔、三角槭、金钱松、鸡爪槭、青冈、悬铃木、龙爪槐、罗汉松、山茱萸、红瑞木、广玉兰、金钟花、白玉兰、紫玉兰、马褂木、白兰、糙叶树、珊瑚树、山胡椒、老鸦柿、胡颓子、牛奶子、金丝桃、黄连木、猕猴桃、南天竹、紫叶李、蚊母树、龟甲冬青、小叶女贞、深山含笑、大叶黄杨、椤木石楠、红花檵木、黄山栾树、小叶青冈、狭叶山胡椒、阔叶十大功劳等。

分布：江苏、黑龙江、山东、山西、上海、浙江、安徽、河南、重庆、湖北、湖南、福建、广东、广西、海南、台湾。

角蝉总科 Membracoidea

叶蝉科 Cicadellidae

大叶蝉亚科 Cicadellinae

1. 黑尾凹大叶蝉 *Bothrogonia ferruginea* (Fabricius, 1787)

鉴别特征：体连翅长12.0 ～ 15.5mm。体橙黄色；头冠基部中央二单眼间具一黑色圆斑，头冠顶端具一黑斑；颜面额唇基两端侧域各具一黑色大斑。复眼和单眼均黑色。前胸背板前缘正中具一黑斑，后缘具2枚黑色圆斑，侧面中央各具一较大的不规则形黑斑。小盾片中域具一小黑斑，端部黑色。前翅黄绿色，端部黑色，基域具一黑斑。胸部腹面黑色。足黄褐色，但基节、腿节和胫节的两端、末端的跗节黑色。

寄主：玉米、大豆、苹果、茶、盐麸木、毛竹、广竹。

分布：江苏、黑龙江、天津、河北、辽宁、吉林、上海、浙江、安徽、福建、江西、山东、河南、湖北、湖南、广东、广西、重庆、四川、贵州、云南、西藏、陕西、甘肃、青海、香港、台湾；印度、越南、缅甸、老挝、泰国、日本、韩国、柬埔寨、南非。

2. 顶斑边大叶蝉 *Kolla paulula* (Walker, 1858)

鉴别特征：体连翅长5.5 ～ 7.6mm。头冠橘红色至橙黄色，具4枚黑斑，其中一枚在头顶中央；一枚在近后缘中央，大且不规则；另2枚在头冠前缘两侧单眼前方；颜面橙黄色。前胸背板前半部橘红或橙黄色，后半部黑色，其黑色部分中央角状前突。小盾片橙黄色或浅橙黄色，基角处具黑色斑纹，雄虫该斑纹常弯曲，雌虫多较直。前翅黑褐色至黑色，前缘黄白色。

寄主：花椒、大麻、萝卜、斑苦竹。

分布：江苏、天津、河北、辽宁、黑龙江、浙江、安徽、福建、江西、河南、湖北、湖南、广东、广西、海南、重庆、四川、贵州、云南、陕西、宁夏、香港、台湾；柬埔寨、泰国、日本、越南、马来西亚、印度尼西亚、菲律宾、尼泊尔、缅甸、印度、斯里兰卡、孟加拉国。

注：又名白边大叶蝉。

角顶叶蝉亚科 Deltocephalinae

3. 胫槽叶蝉 *Drabescus* sp.

鉴别特征：体黑褐色，头部黑褐色，复眼黑色，前胸背板色较头部稍淡，具黄色斑点，小盾片深褐色，其余区域为黑色。颜面几近黑色。前翅褐色，中部具一白色横带，横带外缘具黑色宽横带。

分布：江苏（宜兴）。

4. 木叶蝉 *Phlogotettix* sp.

鉴别特征：体长圆筒形。头部黄色，头冠前端略呈锐角向前突出，头冠较平坦，单眼位置靠近复眼。前胸背板黄褐色，横宽。前翅淡绿色。足腿节黄绿色，胫节与跗节黄褐色。

分布：江苏（宜兴）。

5. 带叶蝉 *Scaphoideus* sp.

鉴别特征：头冠暗黄色，中部具一黑色横带，横带前方具一对黑色圆斑，后方具4个黑斑，中央一对较大。复眼黑色，单眼红褐色；颜面黄褐色。前胸背板褐色，中央具4个黑色斑点，两侧各具一黑色条形斑。小盾片基褐色，具2条平行的黄色细纵纹，各与其后方的白色三角形斑相望；端区黄白色，两侧缘各具一黑色斑。前翅淡黄褐色，散生不规则灰白色斑和黑斑，翅脉深褐色。

分布：江苏（宜兴）。

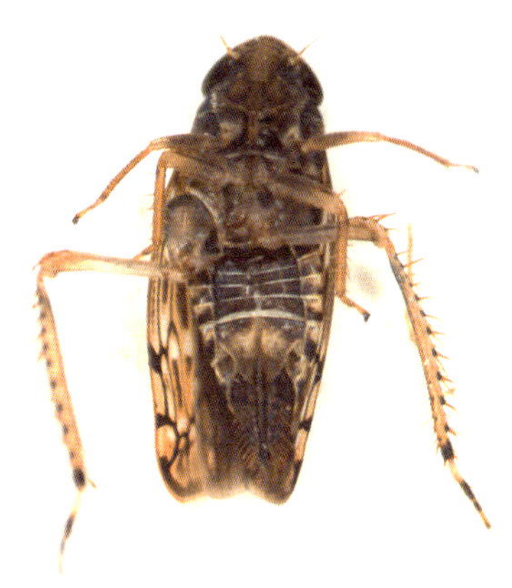

殃叶蝉亚科 Euscelinae

6. 希神木叶蝉 *Phlogotettix polyphemus* Gnezdilov, 2003（江苏新记录种）

鉴别特征：体连翅长5.7 ~ 5.8mm。头冠黄褐色，前端宽圆突出，中域轻度隆起，头冠后部中央具一大的圆形黑斑。单眼位于头冠前缘，靠近复眼。触角长，向后伸超过小盾片末端。前胸背板与头部近等宽。小盾片较前胸背板短，横刻痕弧弯不及侧缘。前翅近似皮革质，半透明，超过腹部末端，翅脉明显。

寄主：竹类。

分布：江苏（宜兴）、浙江、贵州。

横脊叶蝉亚科 Evacanthinae

7. 黑尾狭顶叶蝉 *Angustella nigricauda* Li, 1986（江苏新记录种）

鉴别特征：体连翅长6.6 ~ 7.5mm。体黄绿色。头冠前端呈锐角状突出，头冠中域具一大的黑斑，黑斑前缘凹入，后缘突出，侧缘抵达侧脊，舌侧板全黑褐色。单眼着生于侧脊外侧。前胸背板宽明显大于长，后缘黑色。小盾片三角形，横刻痕位于中部偏后，弧形凹陷。前翅端半部烟灰褐色，其余黄绿色。雌虫腹部第7节腹板略长于第6节。

寄主：竹类。

分布：江苏（宜兴）、云南。

叶蝉亚科 Iassinae

8. 短头叶蝉 *Iassus* sp.

鉴别特征：头部短，土黄色，复眼深褐色。前胸暗褐色。小盾片赭黄色。前翅黄褐色，散布深褐色小点。

分布：江苏（宜兴）。

9. 网脉叶蝉 *Krisna* sp.

鉴别特征：体青绿色，边缘嵌不清晰的淡黄色条纹或斑点。头冠稍呈角状突出，复眼和单眼红褐色。前翅外缘淡白色。腹部背面橘红色。

分布：江苏（宜兴）。

片角叶蝉亚科 Idiocerinae

10. 长突叶蝉 *Batracomorphus* sp.

鉴别特征：体黄绿色。头部黄绿色，复眼灰褐色，单眼周围呈红色。前胸背板深褐色，近小盾片处色深。小盾片近黑色。前翅爪片黑褐色。体腹面黄绿色。

分布：江苏（宜兴）。

小叶蝉亚科 Typhlocybinae

11.褐尾小红叶蝉 *Kahaono* sp.

鉴别特征：体红色。头部红色，复眼黑色。前翅基部红色，端部淡红褐色。

分布：江苏（宜兴）。

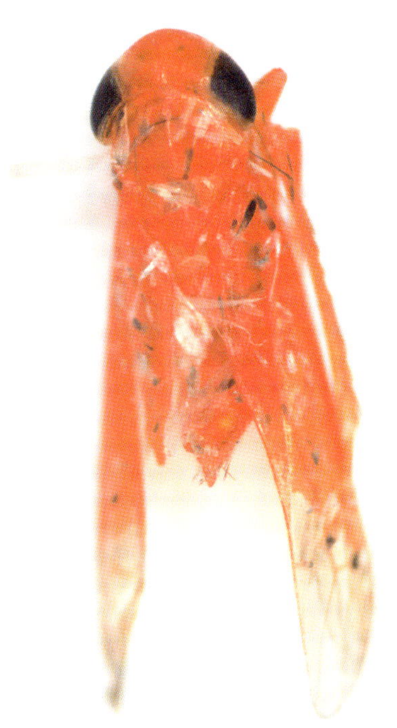

膜翅目

Hymenoptera

蜜蜂总料 Apoidea

蜜蜂科 Apidae

蜜蜂亚科 Apinae

1.黑足熊蜂 *Bombus*（*Tricornibombus*） *atripes* Smith, 1852

鉴别特征：雌蜂体长20.0 ~ 22.0mm，工蜂体长14.0 ~ 16.0mm。雌蜂：体中型。头顶被褐色毛并混有黑色毛，颜面被黑色毛，胸部和腹部背板被橘红色毛，腹板和足被黑色毛。侧单眼位于复眼连线前缘，与复眼距离为侧单眼直径的2倍；无刻点区小，周围具致密而细的刻点；触角第3节约为第4节的2倍，长于第5节；唇基稍隆起，表面具细的刻点；上唇瘤稍突出，上唇沟较浅，其宽短于触角第3节；上颚无切迹；颚眼距长大于宽，等于触角第3、4节长之和。中足基跗节后侧角呈刺状，其长为中部宽的3.3倍；后足花粉篮表面具不明显的网纹，基跗节长为中部宽的2.2倍。腹部第6节背板具细的颗粒。工蜂：似雌蜂。

分布：江苏、浙江、河北、北京、甘肃、新疆、上海、安徽、江西、湖北、湖南、四川、重庆、福建、广西、贵州、云南；缅甸以及亚洲东部。

2. 三条熊蜂 *Bombus* (*Diversobombus*) *trifasciatus* Smith, 1852

鉴别特征：雌蜂体长20.0 ~ 23.0mm，雄蜂体长16.0mm，工蜂体长11.0 ~ 18.0mm。雌蜂：体毛短且整齐。头顶、颜面和胸部背板中域被黑色毛，边缘毛色渐浅为褐色，背板边缘、小盾片、胸侧及腹部第1、2节背板被柠檬黄色毛，第3、4节背板被黑色毛，第5、6节背板被锈红色毛。侧单眼与复眼的距离为侧单眼直径的2倍；无刻点区中等大小，界限清楚，上侧具细密的刻点，下侧刻点较大且稀；触角第3节的长为第4节长的2倍，为第5节长的1.3倍；唇基较长且隆起，表面具大小不等的刻点；上唇瘤较平，上唇沟窄而浅，其宽短于触角第3节；颚眼距长大于宽，为触角第3节的2倍。中足基跗节后侧角呈尖角状，其长为中部宽的3.5倍；后足花粉篮外表面具不明显的网纹，基跗节长为最宽处的2.25倍；腹部第6背板表面具很细的刻点。工蜂：似雌蜂，区别是工蜂毛长且不整齐。雄蜂：体毛似工蜂。

分布：江苏、浙江、河北、陕西、甘肃、安徽、江西、湖北、湖南、四川、重庆、福建、广东、广西、贵州、云南、西藏、台湾；越南、泰国、缅甸、马来西亚、印度、巴基斯坦、尼泊尔、不丹。

雌　　雌　　雌

雌　　雄　　雄

木蜂亚科 Xylocopinae

3. 竹木蜂 *Xylocopa nasalis* (Westwood, 1838)

鉴别特征：雄蜂体长27.0 ~ 28.0mm，雌蜂体长23.0 ~ 24.0mm。体黑色；翅基片黑色；翅具蓝色光泽。体毛少，均为黑色；颜面毛稀少；颊上毛较长；中胸背板前缘、侧缘及侧板密被绒毛；腹部背板两侧及足被长而硬的黑毛。中胸背板中盾沟及侧盾沟明显；中胸背板中央光滑闪光，四缘刻点小而密。腹部各节背板刻点少而均匀；第5 ~ 6节背板上刻点较密。

寄主：危害竹竿。

分布：江苏、浙江、江西、湖北、湖南、四川、福建、广东、海南、广西、云南；印度以及东亚、东南亚。

4. 赤足木蜂 *Xylocopa rufipes* Smith, 1852

鉴别特征：雌蜂体长18.0 ~ 20.0mm，雄蜂体长20.0 ~ 21.0mm。体黑色。触角顶端褐色；上颚光滑闪光，具2齿；颊最宽处显著宽于复眼。中胸背板中部光滑闪光，四缘刻点大、深且密，中胸中盾沟及侧盾沟明显。小盾片后缘及腹部第1节背板前缘圆。翅褐色，透明，具铜绿色光泽，顶缘呈云状暗色。腹部各节背板上刻点密而深；腹部末端两侧及各节背板后缘被红褐色毛。前足跗节、中足胫节及跗节、后足胫节均被红褐色毛；后足跗节被褐色毛。

寄主：桃、油菜、蚕豆、紫藤、樱花、溲疏、紫荆、牛奶子。

分布：江苏、浙江、陕西、安徽、四川、贵州、湖南、福建、江西、广西；印度、马来西亚。

注：又名红胸花蜂、红足木蜂。

5. 铜翼眦木蜂 *Xylocopa tranquebarorum* (Swederus, 1787)

鉴别特征：体长25.0 ~ 32.0mm。体中大型，黑色，具绒毛。单眼明显隆起。雌虫唇基黑色，通体黑色，翅膀具紫色光泽；雄虫胸部背板常具不明显的白色分布，唇基白色。前胸背板具革质状光泽。各足密生黑色长毛。

寄主：竹、芦苇。

分布：江苏、台湾。

注：又名藤蜂、长木蜂、黑蜂、竹蜂、黑竹蜂。

姬蜂总科 Ichneumonoidea

茧蜂科 Braconidae

茧蜂亚科 Braconinae

1. 黑胫副奇翅茧蜂 *Megalommum tibiale* (Ashmead, 1906)（江苏新记录种）

鉴别特征：体长5.0 ~ 9.8mm，前翅5.2 ~ 10.5mm。体黄色；触角柄节和梗节外侧具黑褐色纵条纹；触角鞭节、复眼、上颚端部、前足和中足跗节、后足胫节（除基部）、跗节以及产卵鞘均黑褐色，基半部翅脉及翅痣深褐色。胸部光滑并具光泽，侧面毛稀；盾纵沟前半部凹陷浅，后半部平坦；后胸背板中央区域隆起，前端形成短脊。并胸腹节光滑，具光泽，侧方具密长毛，缺中纵沟或脊。小盾片前沟窄，具明显平行短刻条；小盾片微隆起，大部分光亮。足基节光亮，具密长毛，腿节毛稀，胫节具密短毛。

分布：江苏（宜兴）、浙江、湖南、河南、广西、四川；日本。

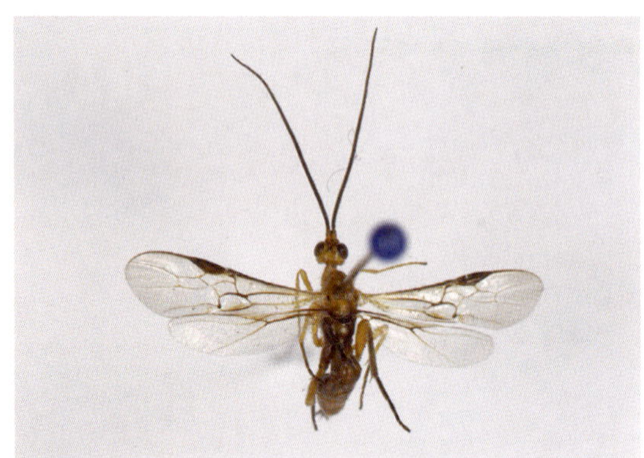

矛茧蜂亚科 Doryctinae

2. 双色刺足茧蜂 *Zombrus bicolor* (Enderlein, 1912)

鉴别特征：体长8.0 ~ 16.0mm。雌蜂头部、胸部为酱红色者，腹部则呈黑色或酱红色。眼、触角、口器深黑色，翅浅黑色或烟黑色，翅脉和翅痣深黑色。全身密被纤毛。触角50节。前胸较窄，中胸发达，中胸盾片具一盾纵沟。并胸腹节表面布满圆形凹刻，中央具一纵脊。足一般为黑色，有时前足腿节和基节上半部呈酱红色；后足较前、中足显著粗壮而长；后足基节外侧中央具2个刺突，上刺突向下弯曲，约为下刺突的4倍。腹部第2 ~ 5节具纵列脊纹。产卵管约与腹等长。雄蜂体腹部略扁圆，腹末节黑色或整个腹部黑色。

寄主：家茸天牛、白带窝天牛、双条杉天牛、中华蜡天牛、槐绿虎天牛、星粉天牛、星天牛、云斑天牛、大竹蠹、洁长棒长蠹。

分布：江苏、四川、北京。

注：又名酱色刺足茧蜂、酱色齿足茧蜂。

优茧蜂亚科 Euphorinae

3. 悬茧蜂 *Meteorus* sp.

鉴别特征：头部黑褐色，触角柄节黑色，其余部分黄褐色至深褐色，单眼褐色。胸部、并胸腹节黄褐色。翅透明，翅痣黑色，下部灰褐色，翅脉深褐色至黑色。足黄褐色，后足股节端部、后足胫节端部2/3黑色。腹部前半部黄褐色，后半部黑色。

分布：江苏（宜兴）。

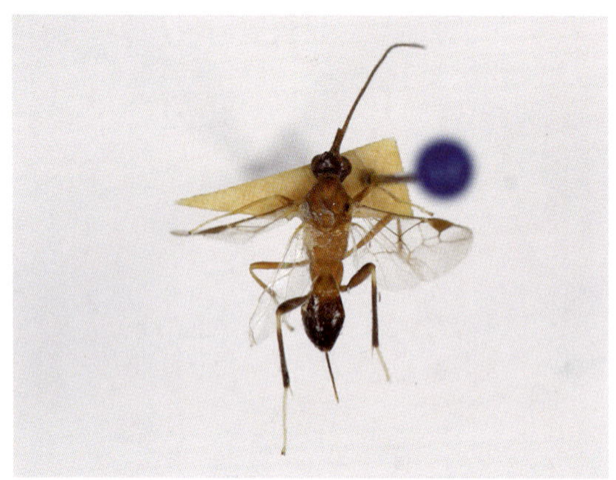

小腹茧蜂亚科 Microgastrinae

4. 小腹茧蜂 *Microgaster* sp.

鉴别特征：体黑色。触角黑褐色。翅透明，翅痣深褐色。前足黄褐色，中足股节深褐色，胫节黄褐色，后足除胫节基部及足淡褐色外，余为黑色。

分布：江苏（宜兴）。

刀腹茧蜂亚科 Xiphozelinae

5. 刀腹茧蜂 *Xiphozele* sp.1

鉴别特征：体黄褐色。触角黄褐色，复眼黑色。前后翅烟色，翅脉深褐色，翅痣深褐色，副翅痣黄色。足黄褐色，但后足深褐色。腹末数节黑色。

分布：江苏（宜兴）。

6. 刀腹茧蜂 *Xiphozele* sp.2

鉴别特征：体黄褐色。触角黄褐色，复眼黑色，单眼深褐色。前后翅烟色，翅脉深褐色，翅痣黄褐色，副翅痣黄色。各足黄褐色。

分布：江苏（宜兴）。

姬蜂科 Ichneumonidae

秘姬蜂亚科 Cryptinae

1. 游走巢姬蜂指名亚种 *Acroricnus ambulator ambulator* (Smith, 1874)

鉴别特征：体长14.0 ~ 16.0mm，前翅长9.0 ~ 11.0mm。触角丝状，柄节和梗节黑色；鞭节中段4 ~ 6节呈黄色环，黄色环之前赤褐色，黄色环之后黑褐色。胸部密布皱状刻点；前胸背板前沟缘脊后方上部光滑，下部多横皱刻条；盾纵沟浅，可由短皱纹显出，伸至中央后方。翅透明，稍带烟褐色，外缘色稍深；翅痣及翅脉黑褐色。并胸腹节满布皱状刻点和长白毛；基横脊中央前伸；端横脊中央模糊。腹部细长，仅见极细带毛刻点，近于光滑；腹部各节后缘黄色或黄褐色。雄蜂前足基节前方和转节前方黄色；雌蜂足砖红色，基节、转节、后足腿节端部、胫节端部黑色，后足基节内侧具黄色大斑。前、中足胫节和各跗节污黄色。

寄主：日本蜾蠃、孪蜾蠃、黄缘蜾蠃。

分布：江苏、黑龙江、辽宁、北京、山东、山西、浙江、湖南、四川、福建、广西、云南、台湾；日本、朝鲜、俄罗斯。

2. 花胸姬蜂 *Gotra octocincta* (Ashmead, 1906)

鉴别特征：体长10.0 ～ 16.0mm，前翅长6.5 ～ 12.5mm。体黑色，多黄白色斑纹。颜面中央稍隆起，除侧缘外具粗刻点；触角细长。前胸侧板背缘稍隆起，具粗刻点，前沟缘脊强，伸至背缘，此脊下段后方具横刻条，背缘隆起部下方为模糊刻纹；中胸盾片具网状刻点，盾纵沟明显；中、后胸侧板满布网状皱纹，镜面区光滑。小盾片及前侧方的脊光滑，小盾片前凹内具短纵刻条。翅透明，翅脉及翅痣黑褐色。并胸腹节密布网状皱纹；基横脊中央向前突出；基区梯形，侧脊上端消失，长宽约等长；端横脊不明显，侧突片状突出。前中足砖红色，基节和转节黄白色，第4 ～ 5跗节黑褐色；后足基节和转节黄白色，具黑色斑纹，腿节砖红色，端部黑色，胫节黄褐色，两端黑色，跗节1 ～ 4节黄白色，端节黑色。

寄主：马尾松毛虫、油松毛虫、赤松毛虫、思茅松毛虫、松小枯叶蛾。

分布：江苏、浙江、安徽、陕西、江西、四川、湖南、湖北、广东、广西、贵州、云南、台湾；朝鲜、日本。

3. 台甲腹姬蜂 *Hemigaster taiwana* (Sonan, 1932)（江苏新记录种）

鉴别特征：体长6.0 ～ 9.0mm，前翅长5.0 ～ 7.0mm。体赤黄色；颜面、唇基、颊、上颚（除端部）、腹柄及第2、3背甲侧方黄色；触角柄节、梗节及第1鞭节赤黄色，第4 ～ 8鞭节背方黄白色，其余黑褐色。前胸背板下方具横刻条，前下角具一尖齿；中胸盾片和小盾片密生细毛；盾纵沟细，伸达盾片后方。小盾片近三角形，均匀隆起，在端部具一列细纵脊，侧脊强，达于后缘。翅带烟黄色，翅脉黑褐色，翅痣黄褐色。并胸腹节基区光滑，端横脊前后具纵刻条，第3侧区、外侧区具横刻条，其余部分具网状皱纹；中区与端区间无脊，呈纵凹槽。足赤黄色，中足胫节端部、后足胫节后方大部、中后足跗节色稍暗，后足端跗节黑褐色。

分布：江苏（宜兴）、浙江、江西、台湾。

4. 角额姬蜂 *Listrognathus* sp.

鉴别特征：体黑色。触角基部1/3与端部1/3黑色，中部1/3淡褐色；复眼黑色。前后翅烟色，翅脉深褐色，翅痣黄褐色，副翅痣黄褐色。并胸腹节上具少许黄色斑纹。腹部各节后缘具黄色横纹。足黄褐色，后足股节与胫节端部黑色。

分布：江苏（宜兴）。

5. 中华里姬蜂 *Litochila sinensis* Kaur, 1988（江苏新记录种）

鉴别特征：体长约15.0mm，前翅长约14.0mm。体黄色，全身被黄色短柔毛。触角基部3/5黄色，端部2/5黑色；复眼黑色，单眼区黑色。胸部黄色，盾纵沟短，但较清晰；后胸两侧隐约具黑色条纹。翅弱烟色，翅脉黄褐色至黑褐色，前翅第1肘间横脉差不多直竖，略与第2肘间横脉平行，小翅室宽度为高度的0.8 ~ 1.3倍。并胸腹节黄色，背面观后缘色暗。腹柄基部黑色，腹部黄色。足黄色。

分布：江苏（宜兴）、福建。

沟姬蜂亚科 Gelinae

6. 双脊姬蜂 *Isotima* sp.

鉴别特征：体深褐色至黑色。触角基半部与端部黑色，中部淡褐色；复眼黑色，单眼深褐色。前后翅烟色，翅脉深褐色，翅痣黄褐色，副翅痣黄色。并胸腹节具黄色条纹。腹部各节后缘具黄褐色横纹。

分布：江苏（宜兴）。

盾脸姬蜂亚科 Metopiinae

7.毛圆胸姬蜂指名亚种 *Colpotrochia pilosa pilosa* (Cameron, 1909)（江苏新记录种）

鉴别特征：体长12.0 ~ 14.0mm，前胸长11.0 ~ 13.0mm。体黑色；触角柄节、梗节黄色，其余褐色；前胸背板后上角、中胸侧板后上缘、小盾片基部红褐色；翅基片、小盾片端部、后小盾片、并胸腹节（除基部）或仅中横带黄色；中胸盾片几乎完全黑色。前胸背板上方亚缘部凹。翅透明，稍带烟黄色，翅痣及翅脉黄褐色。并胸腹节侧纵脊在背表面中央无角度，外纵脊触及气门，在气门下弯曲。前中足黄色，有时基节内方、腿节外方的狭条淡褐色；后足基节部分（除端部）或全部、腿节（除基部和胫节端部）黑色，其余黄色。

寄主：竹镂舟蛾、竹拟皮舟蛾。

分布：江苏（宜兴）、浙江、湖南、福建、云南、台湾；印度。

瘦姬蜂亚科 Ophioninae

8.关子岭细颚姬蜂 *Enicospilus kanshirensis* Uchida, 1928（江苏新记录种）

鉴别特征：前翅长13.0 ~ 15.0mm。体黄褐色；头顶、脸、眼眶和小盾片淡黄色；翅透明，翅痣暗褐色。上颚中长，匀称变细；唇基侧面观微拱，端缘钝，无刻痕；触角鞭节61 ~ 65节，第20节长为宽的2.2 ~ 2.4倍。中胸侧板具细刻条；后胸侧板革质状，具粗刻条纹。前翅盘亚缘室中骨片短，呈半月形；基横脉（cu-a）近交叉式；后翅径脉第1、2段均直。并胸腹节后区具不规则网状纹；气门边缘与侧纵脊间有一条脊相连。

分布：江苏（宜兴）、浙江、福建、广西、海南、云南、台湾；菲律宾、越南、缅甸、印度、尼泊尔、印度尼西亚。

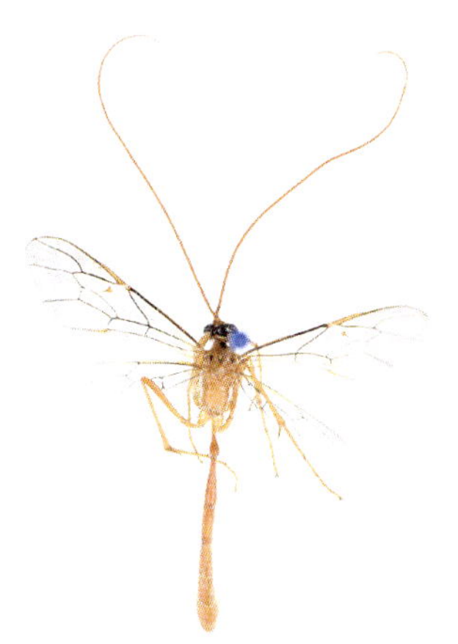

9. 黑斑细颚姬蜂 *Enicospilus melanocarpus* Cameron, 1905

鉴别特征：前翅长10.0 ～ 14.5mm。体红褐色。触角细长。中胸盾片侧面观中拱，具盾纵沟痕迹；中胸侧板上方具刻点，下方渐呈点条刻纹；胸腹侧脊向侧板前缘微弱弯曲；后胸侧板具刻点或点条刻纹；后胸侧板下缘脊窄，前方略宽。小盾片中拱，具细弱刻点或无明显刻纹，侧脊完整。翅透明，翅痣黄褐色或浅黑色。并胸腹节侧面观微拱，基横脊完整，前区具刻条。腹部细长，腹末第5节以后有时黑色。前足胫节亚筒形，外侧面具稀疏胫刺。

寄主：棉铃虫、枯叶蛾、缘点毒蛾。

分布：江苏、广东、广西、福建、云南、贵州、浙江、江西、湖南、四川、陕西、山西、河北、海南、西藏；日本、菲律宾、缅甸、印度、尼泊尔、巴基斯坦、斯里兰卡、澳大利亚、马尔代夫以及马来半岛、苏门答腊岛、加里曼丹岛、爪哇岛、苏拉威西岛、马鲁古群岛、社会群岛、俾斯麦群岛、琉球群岛、新几内亚岛。

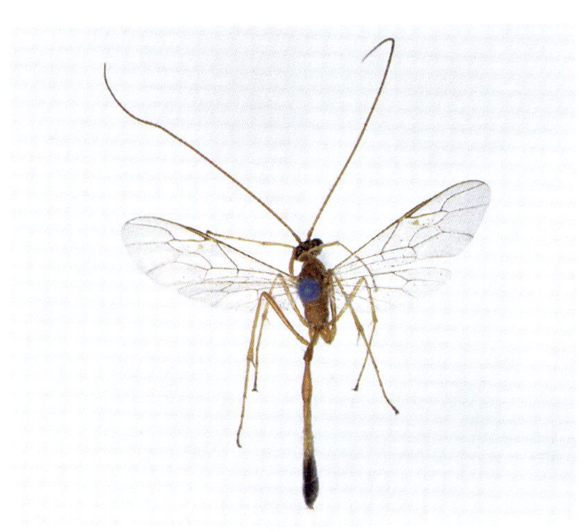

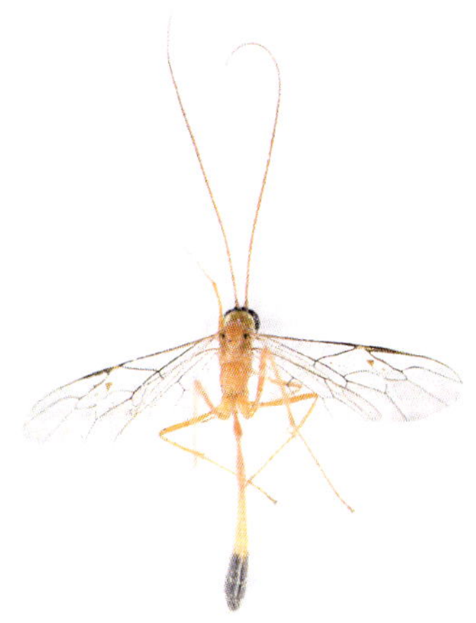

10. 细颚姬蜂 *Enicospilus* sp.1

鉴别特征：体黄褐色。头部褐色；复眼黑色，单眼座黑色；触角黄褐色。胸部黄褐色，隐约见黄色纵条纹。翅弱烟色，前缘脉黄色，翅痣黄褐色。并胸腹节黄色。

分布：江苏（宜兴）。

11. 细颚姬蜂 *Enicospilus* sp.2

鉴别特征：体黄褐色。头部褐色；复眼黑色，单眼座黑色；触角黄褐色。胸部黄褐色。翅弱烟色，前缘脉黑色，翅痣黄褐色。并胸腹节黄褐色。

分布：江苏（宜兴）。

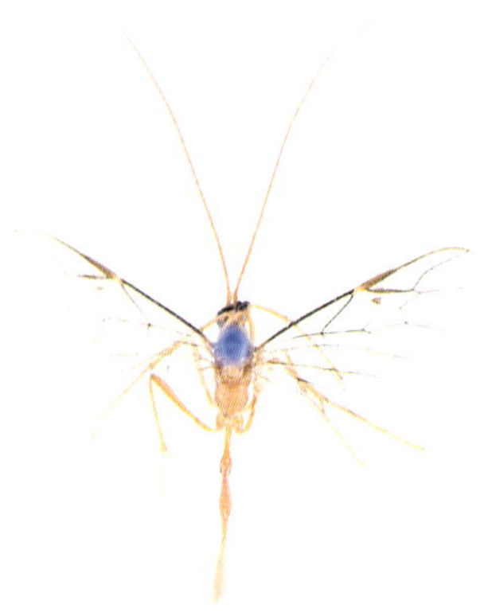

缝姬蜂亚科 Porizontinae

12. 台湾弯尾姬蜂 *Diadegma akoensis* (Shiraki, 1917)

鉴别特征：体长7.0mm。头部、胸部黑色；触角黄褐色，至末端渐褐色；翅基片黄色；翅透明，翅痣淡灰黄色；足大体黄褐色，转节灰黄色；爪黑褐色；后足胫节末端和跗节末端褐色；距淡黄色。全身多细刻点及白毛。颜面宽，中央稍隆起；额和头顶具极细刻点；触角38～39节。腹部背板大体黄褐色，第1背板（除后缘）、第2背板基半部、第3背板前缘及第6～8背板黑色。盾纵沟仅前方具痕迹；小盾片馒头形隆起；中胸侧板镜面区光滑，此区前方为细褶皱。小翅室菱形，上具短柄；小脉刚后叉式；后小脉不曲折，后盘脉无色，与后小脉不相连。并胸腹节基区三角形，或近梯形；中区长约为宽的2倍，后方稍窄，端缘开放；除端区具横刻条外均为细刻点。腹部至端部渐呈棒形膨大。

寄主：三化螟、纯白禾螟、尖翅小卷蛾。

分布：江苏、浙江、河南、上海、安徽、江西、湖北、湖南、四川、福建、广东、海南、广西、贵州、云南、台湾；日本。

雄

柄卵姬蜂亚科 Tryphoninae

13. 甘蓝夜蛾拟瘦姬蜂 *Netelia ocellaris* (Thomson, 1888)

鉴别特征：体长14.0mm，前翅长11.0mm。体黄褐色。单眼区黑色。雄蜂头部宽明显大于长，长约为宽的1.1倍；雌蜂头部正面观长宽相等。前胸背板凹，中央微皱；中胸侧板密布中等刻点，近于光滑；后胸侧板中央具微细斜行横刻条。前翅亚中室具一些分散的毛；小翅室正常，近于无柄。并胸腹节侧面观中等长，几乎等于基部高度，密布细刻条，侧突弱。

寄主：甘蓝夜蛾、黏虫、棉铃虫、小地老虎等幼虫。

分布：江苏、辽宁、甘肃、山西、河南、浙江、福建、广东、云南、台湾。

胡蜂总科 Vespoidea

蛛蜂科 Pompilidae

斑额棒带蛛蜂 *Batozonellus maculifrons* (Smith, 1873)

鉴别特征：雌蜂体长23.0～28.0mm。体黑色，稍微带蓝色；头部黄褐色，单眼区及额从单眼前方至近触角基部具黑色纵斑；触角黄色，末端4～5节黑褐色；前胸背板后缘、中胸背板中央及两侧斑纹、翅基片、小盾片小斑点、腹部第2（或2～3）背板基部两侧椭圆形斑纹、腹部末端、腿节端半部及胫节、跗节黄褐色至赤褐色；并胸腹节后侧角黑色；端跗节黑褐色；翅黄褐色，外缘及后缘具暗斑，翅脉黑褐色至赤褐色；后胸、并胸腹节、腹部第1背板密生褐色鳞毛，其他黑色部位生灰褐色细毛，黄褐色部位生黄褐色细毛。并胸腹节后缘隆起，两侧突出。各端跗节腹面无侧刺列。雄蜂各跗爪2叉；雌蜂仅前足2叉，中后足单齿。

雄蜂体长16.0～18.0mm。体色多不同之处，常误认为别种。唇基两侧、沿复眼内外眶、触角基部节间及下方、上颊、上颚基部一纹、触角柄节一纹、前胸背板两侧大纹及后缘带、中胸背板后方斑纹、小盾片后方2个小点、并胸腹节后侧角、腹部第2～3背板一对横斑及第5～7背板基部横带黄白色。

分布：江苏、浙江、上海、安徽、台湾；日本、菲律宾、缅甸。

雄

雄

胡蜂科 Vespidae

1. 方蜾蠃 *Eumenes quadratus* Smith, 1852

鉴别特征：体长13.0～15.0mm。头部宽窄于胸；额黑色，复眼内缘及触角窝间黄色；头顶黑色，不甚隆起；上颊黑色，于复眼后缘具黄斑；上颚黑褐色，端部近棕色。雄蜂唇基黄色；雌蜂唇基黑色，基部中央或具黄斑。前胸背板黑色，前、后缘黄色。中胸盾片，小盾片，后小盾片，并胸腹节及中、后胸侧板均黑色。腹部背、腹板均黑色，仅第1～2背板端缘具黄斑，腹板黑色；第2背板明显隆起，腹板平坦，端部均具褶状檐。各足黑色，仅膝部及胫节内侧棕色。

分布：江苏、浙江、吉林、河北、天津、山东、江西、四川、福建、广东、广西、贵州；日本。

2. 变侧异胡蜂 *Parapolybia varia varia* (Fabricius, 1787)

鉴别特征：体型较小，雌蜂体长14.0 ~ 17.0mm，雄蜂体长11.5 ~ 14.0mm。雌蜂触角12节，雄蜂触角13节。单眼棕色，倒三角形排列于2个复眼顶部之间。雌蜂后头脊不完整，侧面向下半部缺失，雄蜂触角相对较短，触角第3节、第4节和末节长至多分别为各自宽的4倍、2.5倍、3倍。黄侧异胡蜂触角第3节、第4节和末节长分别为各自宽的6倍、4倍、5倍，以上特征可以明显与变侧异胡蜂区别开来。

习性：成虫捕食鳞翅目幼虫等多种昆虫。

分布：江苏、陕西、湖北、西藏、浙江、重庆、云南、福建、广东、广西、台湾；朝鲜、韩国、日本、泰国、尼泊尔、印度、孟加拉国、缅甸、菲律宾、马来西亚。

注：又名异腹胡蜂、变侧异腹胡蜂。

3. 细侧黄胡蜂 *Paravespula* (*Paravespula*) *flaviceps flaviceps* (Smith, 1870)

鉴别特征：体长10.0 ～ 12.0mm。触角窝间具倒梯形黄色斑，复眼内缘下部及凹陷处黄色；头顶黑色；上颊黄色；触角支角突及触角黑色，柄节前缘黄色；唇基黄色；上颚黄色，端部近黑色。前胸背板黑色，后缘黄色；中胸盾片黑色。小盾片黑色，沿前缘具黄色横带；后小盾片黑色，沿前缘两侧具黄色横带。并胸腹节黑色，具黄斑。腹部第1背板黑色，背部前缘两侧各具一黄色窄横斑，端缘为黄色窄带；第2背、腹板及第5背、腹板均黑色，沿端缘具一黄色横带；第6背、腹板黄色，基部中央略呈黑色。前足基节、转节黑色；腿节背部黑色，腹部黄色；胫节黄色，胫节外侧中部具一黑斑；跗节浅棕色。中足基节黑色，前缘具一黄斑；转节黑色；腿节基部1/3黑色，余黄色；胫节黄色，后缘中部具一黑斑；跗节浅棕色。后足基节黑色，外侧具一黄斑；转节黑色。

分布：江苏、浙江、湖南、四川；朝鲜、日本、俄罗斯、缅甸、印度、法国。

4.陆马蜂 *Polistes rothneyi* Cameron, 1900

鉴别特征：体长16.0 ~ 17.0mm。体大型。体色多变，陕西种类大体为黑色杂黄色斑带。中胸侧板中央具密刻点，腹部第1背板侧面观端黄带前后两缘近乎平行，和约马蜂相似。但陆马蜂雌蜂后头脊完整，伸达上颚基部，雄蜂唇基侧缘线与复眼相切，触角末节宽扁饼状，末节腹板两侧的骨突尖长。

习性：主要以烟青虫、棉铃虫、小造桥虫、灯蛾、银杏大蚕蛾、马尾松毛虫等多种鳞翅目幼虫为食，也取食葡萄等成熟果实以及桃、短柄五加等花蜜。

分布：江苏、陕西、辽宁、吉林、黑龙江、北京、天津、河北、山东、安徽、浙江、江西、湖南、湖北、福建、广东、广西、海南、重庆、四川、贵州、河南、云南、西藏、台湾；朝鲜、韩国、日本、印度。

5. 金环胡蜂 *Vespa mandarinia* Smith, 1852

鉴别特征：雌蜂体长30.0 ~ 40.0mm。体黑褐色。头部橙黄色，额片前缘弓形，中央凹，两边突出；棕色单眼呈倒三角形排列于2个复眼顶部之间，每个单眼周围略呈黑色。触角12节，膝状，触角支角突深棕色，柄节棕黄色，鞭节黑色，唯基部数节的腹面及端部数节呈锈色。中胸背部中央具细纵沟。翅膜质，半透明，前缘脉和亚前缘脉黑褐色。腹部黑褐色，第1、2腹节中央及后缘黄色。雄蜂较小，与雌蜂相似，体被具较密棕色毛和棕色斑 。

分布：江苏、上海、河南、甘肃、陕西、四川、云南、广东、广西、湖南、湖北、江西、浙江、福建、辽宁、吉林、山东、河北、贵州、西藏、香港、台湾；俄罗斯、朝鲜、韩国、日本、越南、老挝、泰国、缅甸、印度、尼泊尔、不丹、斯里兰卡、马来西亚。

雌

雌

雌

雌

6. 黄足胡蜂 *Vespa velutina* Lepeletier, 1836

鉴别特征：体长18.0 ~ 23.0mm。触角窝间三角形隆起，呈棕色。复眼内缘凹陷处暗棕色，其余额及头顶均为黑色。上颊棕色，上部1/3黑色。触角支角突暗棕色；柄节背面黑色，腹面棕色；鞭节背面黑色，腹面锈色。唇基红棕色，端部两侧圆形齿状突起。上颚红棕色。胸部黑色并覆黑色毛。腹部第1 ~ 4背板黑色，端缘棕色；第5 ~ 6背板呈暗棕色；第1 ~ 3腹板黑色，第2 ~ 3腹板端缘具宽的棕色带；第4 ~ 6腹板暗棕色。足除跗节为亮黄色外均呈黑色。

分布：江苏、浙江、陕西、江西、河南、湖北、湖南、四川、广东、广西、福建、重庆、云南、贵州、西藏、香港、台湾；越南、老挝、泰国、缅甸、印度、不丹、尼泊尔、阿富汗、巴基斯坦、新加坡、马来西亚、也门、印度尼西亚、朝鲜、韩国以及欧洲。

注：又名墨胸胡蜂。

螳螂目

Mantodea

螳科 Mantidae

斧螳亚科 Hierodulinae

1. 勇斧螳 *Hierodula membranacea* Burmeister, 1838

鉴别特征：体长70.0 ~ 100.0mm。头部三角形，具一对卵圆形复眼，3个小单眼呈三角形排列。刚蜕皮时，翅基部平直，颜色绿色，其余部分皱缩，质地较柔软，嫩黄色，翅顶端绿色加深，2 ~ 4h后翅变为绿色，舒展，覆盖整个腹部并长于腹部。雌雄个体差异大，雄成虫前翅及后翅透明度远超雌成虫，可见其腹部；雌成虫腹部显著宽于雄成虫；雌成虫前胸背板长21.1 ~ 24.8mm，明显大于雄虫的前胸背板长（19.4 ~ 21.2mm）。雄雌成虫体长相差无几，雄成虫瘦长，雌成虫粗壮。

分布：江苏、湖北、贵州、河南、浙江、江西、福建、广东、云南。

雌　　雌　　雄

螳亚科 Mantinae

2. 棕静螳 *Statilia maculata* (Thunberg et Lundahl, 1784)

鉴别特征：雄虫体长42.0 ~ 45.0mm，雌虫体长47.0 ~ 56.0mm。体灰褐色至棕褐色，散布黑褐色斑点。前胸腹板在2个前足基部之间的后方具黑色横带。前足基节内侧基部具黑色或蓝紫色斑，腿节内侧近中部黑斑间具白斑，胫节具7个外刺列。

习性：可捕食多种昆虫。

分布：江苏、陕西、北京、河南、山东、上海、浙江、安徽、江西、福建、湖南、广东、广西、海南、四川、重庆、贵州、云南、西藏、台湾；东亚、东南亚。

注：又名棕污斑螳螂、小刀螂。

雄

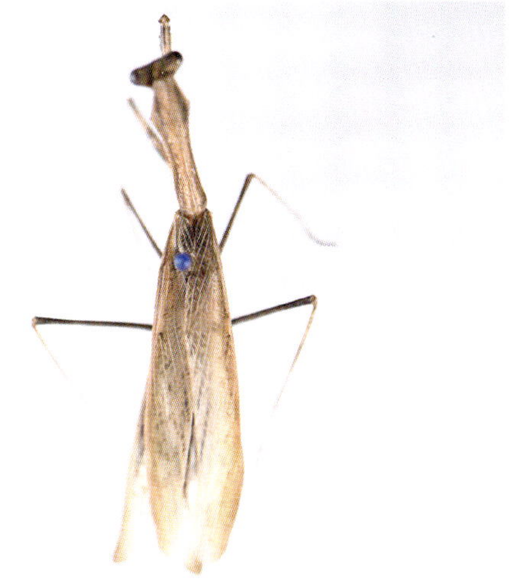

雌

刀螳亚科 Tenoderinae

3. 中华大刀螳 *Tenodera sinensis* Saussure, 1842

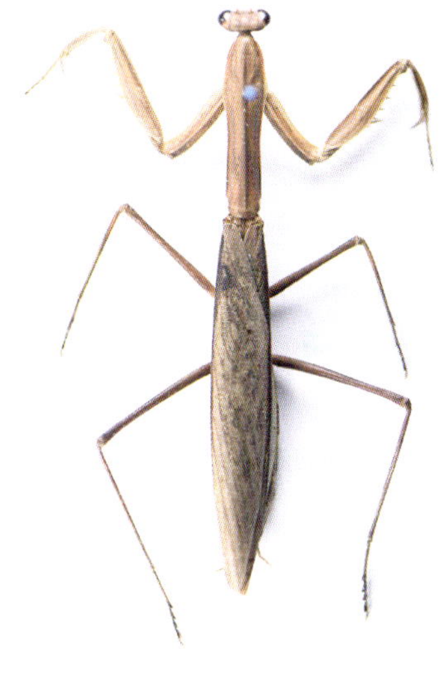

雌

鉴别特征：雄虫体长74.0 ~ 76.0mm，雌虫体长84.0 ~ 102.0mm。体暗褐色或绿色。前胸背板前半部中纵沟两侧排列许多小颗粒，侧缘具稀疏齿列；后半部长度略超过前足基节的长度。前翅膜质；前缘区较宽，绿色，革质；后翅黑褐色，具透明斑纹。

习性：捕食松毛虫、蚜虫、柳毒蛾、槐尺蠖等多种昆虫。

分布：江苏、辽宁、北京、河北、河南、山东、陕西、浙江、安徽、广东、广西、四川、云南、西藏、台湾；日本、朝鲜、越南、美国。

广翅目 Megaloptera

齿蛉科 Corydalidae

鱼蛉亚科 Chauliodinae

1. 污翅斑鱼蛉 *Neochauliodes fraternus* (McLachlan, 1869)（江苏新记录种）

鉴别特征：雄虫体长24.0～35.0mm，前翅长39.0～44.0mm，后翅长35.0～39.0mm；雌虫体长41.0～55.0mm，前翅长50.0～68.0mm，后翅长45.0～61.0mm。头部黄褐色，单眼三角区及两侧单眼外侧的区域多黑褐色。复眼黑褐色；单眼黄褐色，其内缘黑色。触角黑色。口器黄褐色，上颚端半部红褐色，下颚须和下唇须端部黑褐色。胸部深褐色至黑褐色，仅前胸背板中央具淡黄色纵带斑。翅无色透明，具浅褐色的雾状斑纹；翅痣长，淡黄色；前翅翅痣内侧具一褐斑；翅基部在肘脉前具若干多连接的浅褐斑，有时前缘区基部也具若干浅褐斑；中横带斑连接前缘和后缘，一般呈雾状且横向分开，但有时颜色加深且呈散点状；翅端部沿纵脉具若干浅褐色斑点；后翅与前翅斑型相似，但基部无任何斑纹，中横带斑仅伸至中脉；脉褐色，但前翅前缘横脉黑褐色。腹部黑褐色。足浅黄褐色至浅褐色，密被褐色短毛，胫节和跗节色略变深，爪红褐色。

分布：江苏（宜兴）、山东、云南、贵州、四川、湖北、湖南、江西、安徽、浙江、福建、广西、海南、广东、台湾。

雄　　　　雄

2. 中华斑鱼蛉 *Neochauliodes sinensis* (Walker, 1853)（江苏新记录种）

鉴别特征：雄虫体长19.0 ~ 34.0mm，前翅长25.0 ~ 37.0mm，后翅长23.0 ~ 32.0mm；雌虫体长30.0 ~ 32.0mm，前翅长36.0 ~ 41.0mm，后翅长32.0 ~ 37.0mm。头部黄褐色，头顶具许多小瘤突；复眼大，单眼3个，排成三角形，中单眼小而长，侧单眼大，内侧均具黑纹；触角黑褐色，雄虫栉齿状，雌虫锯齿状；口器咀嚼式，上颚发达。前胸长方形，前缘至中央具三角形黄斑，两侧为褐色；中后胸黄褐色，具一对大黑斑。翅半透明，淡黄褐色，具明显褐斑，脉黄褐色，前缘横脉列黑褐色，前缘具3个大黑褐色斑，翅中部的褐斑连成斜带；后翅与前翅相似。腹部褐色。足多毛，基节和腿节黄褐色，胫节和跗节黑褐色。

寄主：水生昆虫。

分布：江苏（宜兴）、浙江、安徽、江西、湖北、湖南、福建、广东、广西、贵州、台湾。

雄　　雄　　雌

雄　　雄

3. 布氏准鱼蛉 *Parachauliodes buchi* Navás, 1924（江苏新记录种）

鉴别特征：雄虫体长28.0 ~ 40.0mm，前翅长37.0 ~ 45.0mm，后翅长33.0 ~ 42.0mm。头部黄褐色，额、头顶两侧及后侧缘黑褐色；复眼褐色；触角黑褐色；口器暗黄褐色。胸部浅褐色。翅狭长，浅灰褐色，无明显斑纹。腹部褐色；雄虫腹部末端第9背板侧面观近方形，腹端角圆，后缘近乎垂直；第9腹板呈半圆形，端缘中央具一个小三角形膜质瓣；肛上板侧扁，侧面观基半部宽而端半部明显缢缩，腹面观基半部内侧纵向浅凹，端半部内侧略膨大呈球形；第10生殖基节强骨化，向背面弯曲，侧面观末端缩尖，腹面观基缘宽且呈梯形凹缺，端半部略变窄，近端部略向两侧膨大，末端平截。足黄褐色，密被暗黄色毛，胫节和跗节黑褐色，爪红褐色。

分布：江苏（宜兴）、安徽、浙江、河南。

雄

齿蛉亚科 Corydalinae

4. 东方齿蛉 *Neoneuromus orientalis* Liu et Yang, 2004（江苏新记录种）

鉴别特征：雄虫体长35.0 ~ 55.0mm，前翅长40.0 ~ 50.0mm，后翅长40.0 ~ 43.0mm。雌虫体长40.0 ~ 57.0mm，前翅长52.0 ~ 60.0mm，后翅长45.0 ~ 53.0mm。头部黄褐色，复眼后侧区具一宽的黑色纵带斑，有时纵斑向两侧扩展以至整个头顶几乎黑色。复眼褐色；单眼黄色，其间黑色，单眼前有横向扩展到触角基部的黑斑。触角黑色，柄节和梗节黄褐色。后头近侧缘处黑色。胸部黄褐色；前胸长明显大于宽，背板两侧各具一宽的黑色纵带斑；腹板前缘黑色，两侧缘各具 2 个月牙形的小黑斑；中后胸背板两侧和小盾片褐色；前胸具白色毛，中后胸具淡黄色毛，较前胸者长。前翅无色透明，仅顶角极浅的褐色；除前缘横脉外，其余横脉两侧具褐斑，位于径横脉和翅中部横脉两侧的褐斑颜色较深，但有时全翅的褐斑退化消失；后翅无色，完全透明，臀区翅面被黄色的短毛；脉黄褐色，前缘横脉和径横脉颜色较深。足深褐色，密被金黄色短毛，胫节和跗节黑褐色，爪暗红色。

分布：江苏（宜兴）、贵州、四川、浙江、福建、广西、广东。

5. 中华星齿蛉 *Protohermes sinensis* Yang et Yang, 1992（江苏新记录种）

鉴别特征：雄虫体长20.0 ~ 25.0mm，前翅长35.0 ~ 37.0mm，后翅长31.0 ~ 33.0mm。雌虫体长29.0 ~ 40.0mm，前翅长45.0 ~ 47.0mm，后翅长39.0 ~ 43.0mm。头部暗黄色至褐色，头顶两侧各具3个褐色或黑色的斑，前面的斑较大、近方形，后面外侧的斑楔形，内侧的斑小点状。触角近锯齿状，黑色，柄节和梗节暗黄色至褐色。胸部暗黄色至褐色；前胸长明显大于宽，背板近侧缘各具一黑色纵带斑，有时此斑颜色变浅；中后胸背板两侧各具一对黑斑；胸部具黄色毛，中后胸者较长。翅透明，浅褐色，翅基部具一大而不规则的淡黄色斑，中部具3 ~ 4个近圆形的淡黄色斑，近端部1/3处具一淡黄色圆斑；脉褐色，但在淡黄斑中的脉以及基部的中脉、肘脉、臀脉和轭脉黄色。腹部褐色，被黄色短毛。腹端第9背板近长方形，侧缘直，基缘具宽梯形凹缺，端缘中央微凹；第9腹板近长方形，中部明显隆起，侧缘直，端缘宽而浅的“V”字形凹缺；第10背板短柱状，端部略膨大，外端角不向外突伸，末端微凹且密被长毛。足黑褐色，密被黄色短毛，基节、转节和胫节基部黄色，有时整个胫节颜色变浅，呈褐色。

习性：捕食性天敌，幼虫期主要捕食鱼、虾等。

分布：江苏（宜兴）、河南、湖南、上海、浙江、贵州、湖北、江西、安徽、福建、广东、广西、台湾。

雌　雌

雌　雄

雄　雄

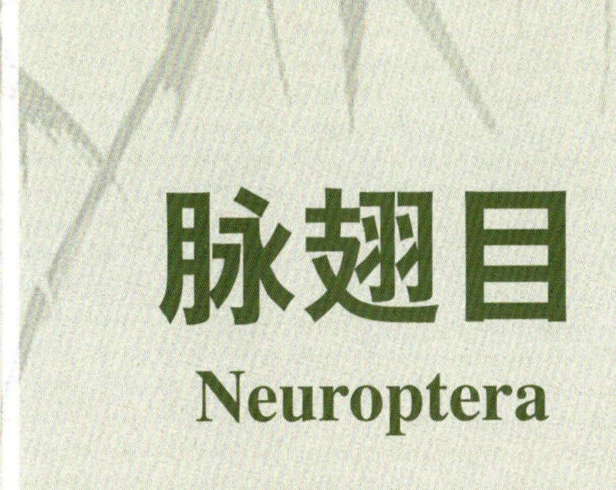

脉翅目

Neuroptera

褐蛉总科 Hemerobioidea

草蛉科 Chrysopidae

草蛉亚科 Chrysopinae

1. 叉通草蛉 *Chrysoperla furcifera* (Okamoto, 1914)（江苏新记录种）

鉴别特征：体长9.0 ～ 11.0mm，前翅长11.0 ～ 14.0mm，后翅长10.0 ～ 12.5mm。头部乳黄色或黄绿色，头顶两侧通过触角间至触角下，形成“X”字形黑色或褐色斑纹，颜唇基区黄褐色或黄绿色，具颊斑和唇基斑；下颚须第1 ～ 2节黄褐色，第3 ～ 5节黑色；下唇须第1节黄褐色，第2 ～ 3节黑褐色；触角第1节外侧具黑色纵带，内侧具黑褐色圆斑，第2节黑褐色，鞭节由褐色至深褐色。胸部背面深绿色至暗绿色，腹面黄绿色或绿色；前胸背板前缘侧角各具一褐色或黑褐色斑。翅窄细，所有纵、横脉均深绿色或暗绿色，径中横脉（r-m）位于内中室的端部或外侧，前翅阶脉（内/外）为6/9，后翅为5/8；雌虫前翅阶脉（内/外）为（8 ～ 9）/（9 ～ 10），后翅为（7 ～ 10）/（8 ～ 10）。腹部背面黄绿色或暗绿色，侧面和腹面浅绿色或黄绿色。足黄绿色，跗节褐色，爪简单。

分布：江苏（宜兴）、四川、云南、台湾；日本以及东南亚。

雌

雌

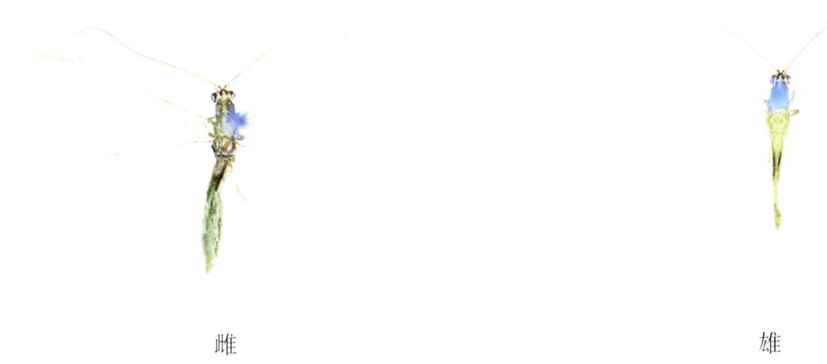
雌　　　　雄

2. 日本通草蛉 *Chrysoperla nipponensis* (Okamoto, 1914)

鉴别特征：体长9.5 ～ 10.0mm，前翅长12.0 ～ 14.0mm，后翅长11.0 ～ 13.0mm。头部黄色，具黑褐色颊斑和唇基斑；触角1 ～ 2节黄色，鞭节黄褐色。前胸背板中央具黄色纵带，两侧绿色，前胸背板边缘褐色。前翅前缘横脉列22条，近亚前缘脉（Sc）端褐色，径横脉11条，1 ～ 8中间绿色、两端褐色，9 ～ 11褐色；径分脉（Rs）分支11条，1 ～ 2褐色，3 ～ 5中间绿色、两端褐色，余近Rs端褐色；伪中脉到伪肘脉（Psm-Psc）分支8条，1、2、8褐色，其余中绿色；内中室三角形，径中横脉（r-m）位于其外；肘脉（Cu）端褐色；阶脉褐色，内/外左＝5/7，右=6/7。后翅前缘横脉列18条，近亚前缘脉（Sc）端褐色；径横脉11条，1、9 ～ 11褐色，其余中绿色；阶脉褐色，内/外左=4/6=右。腹部背面具黄色纵带，两侧绿色，腹面浅黄色，具灰色毛。足黄绿毛，具褐色毛。

寄主：蚜虫、蚧虫、叶蝉、叶螨以及鳞翅目的卵及幼虫。

分布：江苏、北京、河北、山西、浙江、福建、山东、广东、广西、海南、四川、贵州、云南、陕西、甘肃以及东北地区；蒙古、俄罗斯、朝鲜、日本、菲律宾。

雌　　　　雌

螳蛉总科 Mantispoidea

螳蛉科 Mantispidae

螳蛉亚科 Mantispinae

黄基简脉螳蛉 *Necyla flavacoxa* (Yang, 1999)（江苏新记录种）

鉴别特征：体长10.0 ~ 18.0mm，前翅长10.0 ~ 16.0mm。体黄色，多褐斑。前胸细长，膨大，前端的膨大部分占整个前胸长的1/4，分布对称的黄色条斑，背中具一条由上至下渐粗褐带，腹面基本褐色，仅上端黄色，内侧黑色。翅透明，翅脉黑色，翅痣褐色至暗褐色，大小形状不规则，后翅A脉弯向肘脉并与肘脉近端处短距离相接。腹部黄色，具显著暗褐色斑，末端几节整体黄色。中后足基节黄色，转节整体褐色，余者大部分黄色。

分布：江苏（宜兴）、浙江、重庆、湖北、福建。

注：又名黄基东螳蛉。

蚁蛉总科 Myrmeleontoidea

蝶角蛉科 Ascalaphidae

裂眼蝶角蛉亚科 Ascalaphinae

1. 锯角蝶角蛉 *Acheron trux* (Walker, 1853)（江苏新记录种）

鉴别特征：体长34.0 ~ 49.0mm，前翅长35.0 ~ 44.0mm。头顶褐色，近复眼处黄色，额、颊、唇基和上唇棕红色。头顶与颜面密被黄色和黑色长毛。复眼棕红色，密布深褐色斑点。触角棕黄色至褐色，柄节柱状，雄虫触角鞭节基部具8 ~ 9个内齿，雌虫触角基部无齿。前胸背板狭窄，黄色，具2条黑色横纹；中胸黄色，具一条深褐色中纵带和一对褐色侧纵带；后胸中部黄色，两侧黄色。前翅宽阔，外缘与后缘转向明显，外缘长度约为后缘的2.5倍；翅完全透明，或前缘区为茶褐色，或后翅大部分、前翅基部与前缘区茶褐色；翅痣长，深褐色；后翅短于前翅，比前翅略宽。腹部深棕色至黑色，基部2节背板颜色常比较浅。

习性：成虫多见于林间，捕食小型昆虫；幼虫生活在树上或树下，捕食各种小虫。

分布：江苏（宜兴）、陕西、河南、浙江、湖北、江西、湖南、福建、海南、广西、四川、贵州、云南、西藏、台湾；日本、泰国、缅甸、印度、不丹、孟加拉国、马来西亚。

雄

2. 黄脊蝶角蛉 *Ascalohybris subjacens* (Walker, 1853)

鉴别特征：体长30.0 ~ 36.0mm，前翅长32.0 ~ 40.0mm。头顶、额、颊、唇基、上唇红棕色，后头黄色。复眼具横沟，褐色，具黑色小斑。触角长，可达到或超过前翅翅痣中部，褐色，节间色浅，柄节柱状膨大，具黑色和浅黄色长毛。前胸狭窄，梯形，背侧突不膨大；前胸背板中央黄色，两侧黑色，具一黑色横条纹连接两侧的黑色；中、后胸背板黄褐色，具一对深褐色或黑色宽纵带，伸达中胸小盾片中部或直达后胸背侧方。胸腹面与侧面红褐色，具浅黄色长毛。一黄色宽带从前、中足之间伸达前翅基部。前翅中部较宽，腋角钝，较显著。翅透明或浅茶褐色，翅根黄色，翅痣深褐色；后翅短于前翅，比前翅略窄，翅痣具6 ~ 7条横脉，比前翅翅痣略长。

分布：江苏、北京、山东、河南、安徽、浙江、湖北、江西、湖南、福建、海南、广西、四川、贵州、云南、台湾；朝鲜、日本、越南、柬埔寨。

雄

3. 狭翅玛蝶角蛉 *Maezous umbrosus* (Esben-Petersen, 1913)（江苏新记录种）

鉴别特征：体长30.0 ~ 45.0mm，前翅长29.0 ~ 35.0mm。头顶褐色，具白色和黑褐色长毛。复眼黑色，具横沟。触角约为前翅长的2/3，褐色，每节端部具深褐色窄环，膨大部深褐色，较宽，腹面内凹，颜色略浅。胸部和头部几乎等宽，前胸狭窄，黑色，前缘具黄褐色长毛，后缘具白色长毛；中、后胸背板黑色，中胸前盾片具一黄斑，有时不明显，中胸小盾片具一对黄斑，这对黄斑有时合并，后胸盾片具一对黄斑，有时不明显；前胸侧片褐色，中、后胸侧片大部分黄色。前翅狭长，透明或略带烟褐色，外缘与后缘几乎平行，腋角不显著；后翅短于前翅，翅形与前翅相似；翅痣褐色。

分布：江苏（宜兴）、浙江、河南、陕西、湖北、江西、湖南、广西、四川、贵州、云南。

雄

雄

雄

雌

雌

蜻蜓目

Odonata

差翅亚目 Anisoptera

蜓科 Aeschnidae

1. 碧伟蜓 *Anax parthenope julius* Brauer, 1865

鉴别特征：雄虫腹长约54.0mm，后翅长约52.0mm，翅痣长约6.0mm。下唇黄色，上唇赤黄色，前缘黑宽，基缘具3个小黑斑。额黄色，具一条黑色和一条淡蓝色的平行横纹。头顶中央具一突起，其顶端色浅。具翅胸节黄绿色，胸侧具3条褐纹，第2条仅在气门上方存在，第3条仅上方存在一小段。翅透明，略呈黄色，结前横脉上、下不连成直线。前翅三角室长于后翅三角室。腹部第1、2节膨大。

雄

习性：稚虫捕食蚊类幼虫、蝌蚪、小鱼等水生动物；成虫捕食蝇、蚊、蛾、蜂及其他小型昆虫。

分布：江苏、浙江、云南、江西、北京、河北、宁夏、陕西、山东、山西、河南、湖北、湖南、福建、四川、云南、新疆、西藏、香港、台湾以及东北地区；朝鲜、日本。

注：又名绿胸晏蜓、马大头。

2. 长尾蜓 *Gynacantha* sp.

鉴别特征：体长65.0 ~ 68.0mm，腹长50.0 ~ 52.0mm，后翅长40.0 ~ 45.0mm。雄虫复眼深蓝色，面部黄褐色，额具一个“T”字形斑；胸部绿色，后胸苍白色，足红色，翅透明；腹部黑褐色，第2节具蓝绿相间的条纹和斑点，第3 ~ 7节具黄绿色条纹。雌虫复眼蓝绿色，胸部黄绿色，腹部第2节的蓝色较淡。

分布：江苏（宜兴）、云南。

春蜓科 Gomphidae

大团扇春蜓 *Sinictinogomphus clavatus* (Fabricius, 1775)

鉴别特征：腹长56.0～60.0mm，后翅长45.0～49.0mm。体型粗壮。复眼黄绿色；合胸黑色，具数条黄纹；腹部黑色，具黄斑。雄虫第8腹节侧缘扩大如圆扇状，扇状中央呈黄色，边缘黑色。雌虫扇区的黄斑较小，雄虫的较大。

习性：稚虫生活在池塘、水沟的沙泥底；捕食性。

分布：江苏、辽宁、天津、河北、山东、陕西、北京、湖北、湖南、浙江、福建、江西、广东、广西、四川、重庆、云南、海南、台湾；朝鲜、韩国、日本、越南。

蜻科 Libellulidae

1. 黄翅蜻 *Brachythemis contaminata* (Fabricius, 1793)

鉴别特征：雄虫腹长18.0 ~ 23.0mm，后翅长20.0 ~ 23.0mm。前胸黑色，前叶前缘、背板前缘及两侧、后叶黄色。前后翅的基部2/3为琥珀色，其余部分透明；翅脉及翅痣红褐色。腹部黄褐色或红褐色，斑纹的有无及形状常因个体而异；第2、3、4节侧面具褐色横隆脊。足黄褐色，具黑刺。雌虫特征与雄虫基本相同。

习性：成虫捕食多种小型昆虫。

分布：江苏、陕西、山西、浙江、河南、云南、福建、江西、广东、香港、澳门、台湾；印度、马来西亚。

注：又名褐斑蜻蜓。

雌

2. 异色灰蜻 *Orthetrum melania* (Selys, 1883)

鉴别特征：雄虫腹长约37.0mm，后翅长约43.0mm。胸部深褐色，被灰色粉末，呈青灰色。翅透明，翅痣黑色；翅末端具淡褐色斑，翅基具黑褐色或黑色斑，前翅的斑很小，后翅的斑很大。腹部第1 ~ 7节青灰色，8 ~ 10节黑色。足黑色，具刺。雌虫略小，胸部黄褐色，翅稍带烟色，翅基和翅端稍带褐色，较雄虫明显。腹部黄色，第1 ~ 6节两侧具黑斑，7 ~ 8节黑色。足黑色，具刺。

习性：成虫捕食多种小型昆虫。

分布：江苏、陕西、宁夏、北京、山西、浙江、四川、云南、福建、江西、广东、广西、香港、台湾；朝鲜、韩国、日本、俄罗斯。

注：又名鼎脈蜻蜓、灰黑蜻蜓、杜松蜻蜓。

雄

3. 青灰蜻 *Orthetrum triangulare* (Selys, 1878)（江苏新记录种）

鉴别特征：腹长约32.0mm，后翅长约30.0mm。雄虫头部黑色，腹部第2～6节及第7节前半段蓝灰色，末节黑色。雌虫黄褐色，合胸侧面具2条宽黑纹，腹部具淡褐色斑。

习性：成虫发生期5—10月，常停歇于山区水渠边或路边。

分布：江苏（宜兴）、广东、广西、四川、云南。

注：又名鼎异色灰蜻。

4. 小黄赤蜻 *Sympetrum kunckeli* Selys, 1884

鉴别特征：体小型，黄色或红色。腹长23.0 ~ 25.0mm，后翅25.0 ~ 26.0mm，翅痣约2.5mm。合胸背面具一黑色三角形斑纹和2条宽条纹。翅透明；翅痣黄褐色；前、后缘黑厚。

习性：捕食性昆虫。

分布：辽宁、四川以及华北、华中、华东地区；朝鲜、韩国、日本。

束翅亚目 Zygoptera

色蟌科 Calopterygidae

色蟌亚科 Calopteryginae

透顶单脉色蟌 *Matrona basilaris* Sélys-Longchamps，1853

鉴别特征：雄虫腹长55.0mm，后翅长40.0mm。头部不同个体色泽有差异，下唇中叶黑色，侧叶褐色，上唇黑色，后唇基蓝色，具光泽，额及头顶深绿色。胸部前胸暗绿色，合胸深绿色，具光泽，具黑色条纹。翅黑色或褐色，无翅痣，基室具横脉。腹部背面绿色或深绿色，腹面黑色或褐色；肛附器黑色，上肛附器长约为第10腹节的2倍。足深褐色。

分布：江苏、浙江、福建、广西、重庆、贵州、云南。

雄　雄

雄　雄

雌　　雌

雌

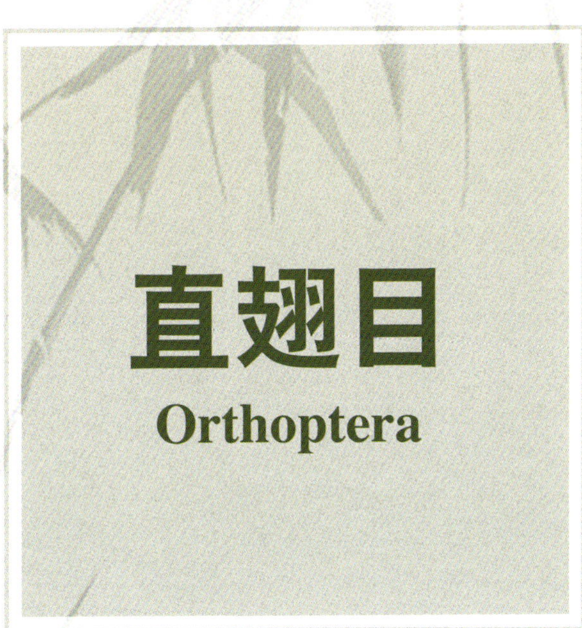

直翅目
Orthoptera

蝗亚目 Caelifera

蝗总科 Acridoidea

剑角蝗科 Acrididae

1. 中华剑角蝗 *Acrida cinerea* (Thunberg, 1815)

鉴别特征：雄虫体长30.0 ~ 47.0mm，雌虫体长58.0 ~ 81.0mm。体绿色或枯草色，有时复眼后、前胸背板侧片上部及前翅后缘具红褐色宽纵纹，枯草色个体有时前翅中部具黑褐色纵纹，内具一列淡色斑点。后翅淡绿色。爪间的中垫较长，达到或超过爪的顶端。

寄主：高粱、小麦、水稻、棉花、甘薯、甘蔗、白菜、甘蓝、萝卜、茄子、马铃薯以及豆类等。

分布：江苏、北京、陕西、宁夏、甘肃、河北、山西、河南、山东、安徽、浙江、福建、湖北、湖南、广西、四川、贵州、云南；日本、朝鲜、俄罗斯。

注：又名中华蚱蜢。

雌

2. 短翅佛蝗 *Phlaeoba angustidorsis* Bolívar, 1902

鉴别特征：雄虫体长20.0 ~ 21.0mm，雌虫体长25.0 ~ 30.0mm。体中小型。体黄色或暗褐色。头顶长；头部背面具明显中隆线；触角剑状，端部具灰白色顶；复眼长卵形；颜面倾斜，侧面观内曲，颜面隆起极狭，在中眼以下渐宽。前胸背板狭长而平，侧隆线平行，其外侧具黑色纵带。雄虫前翅长11.0 ~ 12.0mm，雌虫前翅长13.0 ~ 14.0mm，前翅较短，仅到达后足股节2/3处，不达腹部末端；后翅透明，顶端烟色。后足腿节橙黄褐色、黄褐色或暗褐色；胫节暗褐色或淡绿褐色。雄虫尾须柱状，顶圆；雌虫产卵瓣外缘光滑。

寄主：毛竹、水竹、丛竹等。

分布：江苏、湖南、浙江、江西、湖北、四川、福建、广西、贵州；印度。

斑腿蝗科 Catantopidae

刺胸蝗亚科 Cyrtacanthacridinae

棉蝗 *Chondracris rosea* (De Geer, 1773)

鉴别特征：体长48.0 ~ 81.0mm。体鲜绿色，略带黄色，沿背中线具淡黄绿色纵条。触角淡黄色丝状。复眼下方具黄色纵条。前胸背板侧片中部具2个黄色长形斑。后翅顶端无色透明，基部玫瑰色。后足股节内侧黄色；后足胫节红色，胫节刺基部黄色，顶端黑色。

寄主：毛竹、柿、油桐、白蟾、蒲葵、胡椒、剑麻、茶、柑橘、橄榄、朱槿、茉莉、木芙蓉、蝴蝶果、刺槐、柚木、枣、柠檬桉、扁桃、乌桕、龙眼、木麻黄、棉花、苎麻、甘蔗、玉米等。

分布：江苏、北京、陕西、内蒙古、河北、山西、河南、浙江、山东、福建、湖北、湖南、广东、广西、海南、四川、贵州、云南、台湾；日本、印度以及东南亚。

锥头蝗总科 Pyrgomorphoidea

锥头蝗科 Pyrgomorphidae

锥头蝗亚科 Pyrgomorphinae

1. 令箭负蝗 *Atractomorpha sagittaris* Bi et Xia, 1981

鉴别特征：触角剑状，较远地着生于侧单眼之前。复眼长卵形，背面近前端具明显的背斑，眼后方具一列小圆形颗粒。前胸背板平坦，中隆线低，侧隆线较弱或不明显，平行或略弯曲，其后缘为弧形或角状突出。前胸背板侧片的下缘向后倾斜，近乎直线形，沿其下缘具一列小圆形颗粒，其后缘呈弧形凹陷。前、后翅均发达，一般常超过后足股节。前胸腹板突片状，略向后倾斜，端部方形。中胸腹板侧叶间的中隔为前宽后狭的四边形。

寄主：甘薯、萝卜、竹类等。

分布：江苏、陕西、北京、河北、上海、福建、四川。

雄

2.短额负蝗 *Atractomorpha sinensis* Bolívar, 1905

鉴别特征：雄虫体长19.0 ~ 23.0mm，雌虫体长28.0 ~ 35.0mm。体匀称，绿色或枯草色。头顶较短，其长度略长于复眼长径；触角短粗，剑状；复眼卵形，眼后具一纵列颗粒。前胸背板前缘平直，后缘钝圆形，中侧隆线明显，后横沟位于中后部，侧片后缘具膜区，后下角后突锐角形。雄虫中胸腹板侧叶间的中隔近方形，雌虫的则宽大于长。

习性：取食禾本科作物叶片和杂草。

分布：江苏、甘肃、青海、河北、山西、内蒙古、陕西、山东、安徽、上海、浙江、江西、湖南、湖北、福建、广东、广西、四川、贵州、台湾。

（孙长海提供）

螽亚目 Ensifera

蟋蟀总科 Grylloidea

蟋蟀科 Gryllidae

蟋蟀亚科 Gryllinae

1. 棺头蟋 *Loxoblemmus* sp.

鉴别特征：前胸背板具绒毛。雄虫前翅具镜膜。前足胫节内、外侧听器具鼓膜，内侧较小，圆形，外侧较大，椭圆形；后足股节外侧具细斜纹，胫节背面具背距。雌虫产卵瓣较长，剑状。

分布：江苏（宜兴）。

雌

2. 广姬蟋 *Modicogryllus* (*Promodicogryllus*) *consobrinus* (Saussure, 1877)

鉴别特征：体长10.5 ~ 15.5mm，前翅长6.0 ~ 8.0mm。体中小型。体黑褐色。头顶黑色并具光泽，单眼排列呈三角形，侧单眼间具淡黄色横条纹。前胸背板具绒毛。雄虫前翅具2条斜脉，镜膜具分脉，索脉和镜膜之间有一条横脉相连。前足胫节内外听器具鼓膜。

习性：杂食性昆虫，主要以植物的根或嫩芽为食，也会取食各种腐殖质。穴居性，栖息于野外地面、土堆、石块和墙缝中，挖掘洞穴或利用现成瓦烁石块缝隙而居。

分布：江苏、辽宁、河北、陕西、山西、河南、山东、安徽、浙江、福建、湖北、香港、台湾；印度、日本。

注：这个种一直被鉴定为曲脉姬蟋 *Modicogryllus confirmatus* (Walker, 1859)，实际上并非如此，目前国内没有曲脉姬蟋。

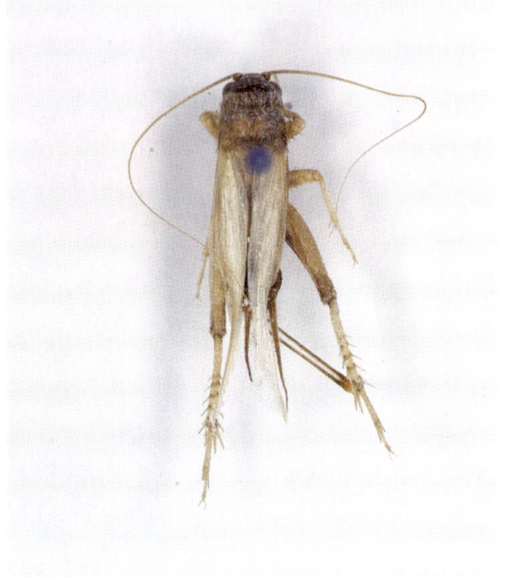

雌

3. 迷卡斗蟋 *Velarifictorus* (*Velarifictorus*) *micado* (Saussure, 1877)

鉴别特征：体长12.0 ~ 18.0mm。体中型，呈黑色。头部黑色，具光泽，头背后部具3对浅色纵纹，侧单眼间具细的横条纹。雄虫前翅一般接近或至腹部端部，雌虫前翅较短。

分布：江苏、陕西、北京、河北、山西、山东、河南、上海、浙江、湖北、江西、湖南、福建、广东、广西、四川、贵州、云南；印度、印度尼西亚、朝鲜、韩国、日本、俄罗斯。

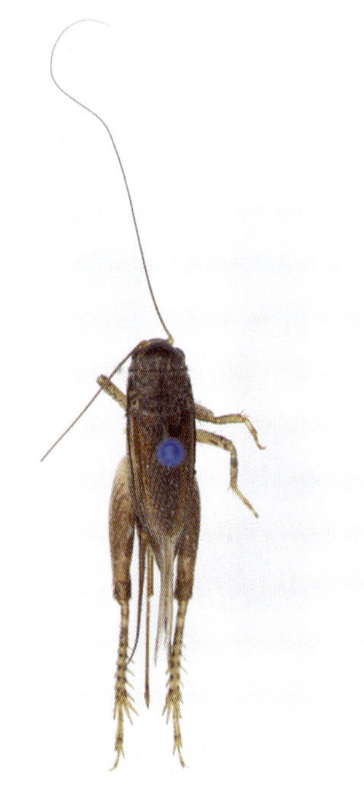

雌

蝼蛄科 Gryllotalpidae

蝼蛄亚科 Gryllotalpinae

东方蝼蛄 *Gryllotalpa orientalis* Burmeister, 1838

鉴别特征：体长29.0 ～ 35.0mm。体灰褐色，腹部色较浅，全身密布细毛。头部圆锥形，触角丝状。前胸背板卵圆形，中间具一明显的暗红色长心脏形凹陷斑。前翅灰褐色，较短，仅达腹部中部；后翅扇形，较长，超过腹部末端。腹末具一对尾须。前足为开掘足，后足胫节背面内侧具4个距，不同于华北蝼蛄。

寄主/习性：烟草、甘薯、松、杉以及瓜类、禾谷类。成虫5—10月活动，具趋光性，对香甜物质有强烈趋性。

分布：中国各省份；朝鲜、日本、菲律宾、马来西亚、印度尼西亚、新西兰、澳大利亚以及非洲。

注：又名非洲蝼蛄、小蝼蛄。

树蟋科 Oecanthidae

距蟋亚科 Podoscirtinae

梨片蟋 *Truljalia hibinonis* (Matsumura, 1917)

鉴别特征：体长38.0 ~ 40.0mm。体黄绿色，长条形。头部小，触角淡色，具黑色环纹，触角鞭丝状。雄虫镜膜明显，端域长。后足股节不发达，后翅略长于前翅。雌虫产卵瓣端部膨大。

分布：江苏、陕西、上海、浙江、江西、湖南、福建、广西、四川、云南；日本、印度、菲律宾、越南。

雌

雄

沙螽总科 Stenopelmatoidea

蟋螽科 Gryllacrididae

布氏眼斑蟋螽 *Ocellarnaca braueri* (Griffini, 1911)（江苏新记录种）

鉴别特征：体长32.0 ～ 36.0mm。前翅延伸到后足股节端部。雄虫第 9腹节背板具一对叶状突起，腹缘具一对小刺；下生殖板腹缘不具突起，后缘中央微凹，侧叶钝圆。雌虫第 7腹节腹板突起圆柱形，细长，端部稍膨大；下生殖板基部宽，向端部趋狭，端半部侧缘稍向内凹，端部稍扩展，后缘钝角形凹入。

分布：江苏（宜兴）、安徽、福建、广西、贵州、湖南、江西、云南；越南。

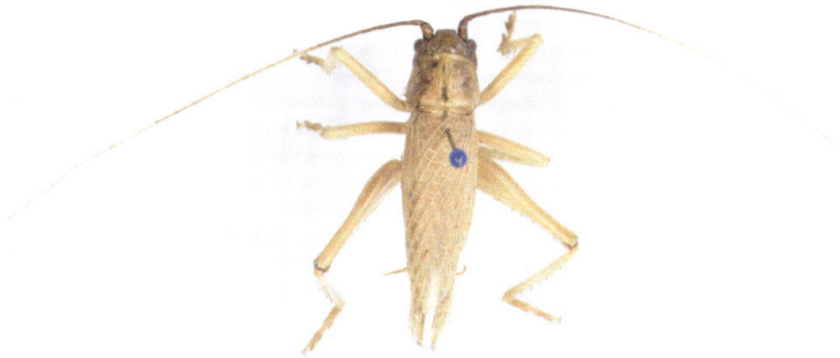

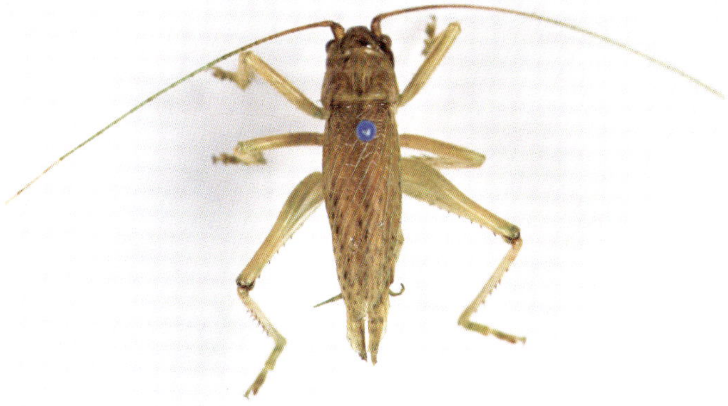

螽斯总科 Tettigonioidea

螽斯科 Tettigoniidae

草螽亚科 Conocephalinae

1. 鼻优草螽 *Euconocephalus nasutus* (Thunberg, 1815)（江苏新记录种）

鉴别特征：体长28.0 ~ 38.1mm。体绿色或灰褐色。头顶圆锥形，顶端钝，向前突出于颜顶之前，侧面观腹缘微凹，上颚橙色。前胸背板具不明显的黄色侧条纹，背面稍平，侧片下缘向后倾斜，后缘肩凹明显。前翅颇远地超过后足股节顶端，端缘稍微斜截；后翅不长于前翅。前胸腹板具2个刺突，中胸和后胸腹板裂叶三角形。

分布：江苏（宜兴）、四川、重庆、浙江、贵州、广东、福建、云南、广西、海南、台湾；日本、印度、泰国、印度尼西亚。

注：又名长鼻尖头草螽。

雄　　　雌　　　雌

似织亚科 Hexacentrinae

2. 素色似织螽 *Hexacentrus unicolor* Serville, 1831（江苏新记录种）

鉴别特征：体长20.0 ~ 22.5mm。体一般绿色。触角具黑环。头部背面淡褐色。前胸背板背面具褐色纵带，在沟后区较强扩宽，纵带边缘镶黑边。雄虫前翅发声区大部分区域黑褐色。跗节2 ~ 4节黑褐色。

分布：江苏（宜兴）、四川、贵州、湖北、湖南、上海、江西、浙江、福建、台湾。

雄　　　雄

蚤螽亚科 Meconematinae

3. 巨叉大畸螽 *Macroteratura* (*Macroteratura*) *megafurcula* (Tinkham, 1944)（江苏新记录种）

鉴别特征：体长10.0 ~ 14.0mm。体黄绿色。头部赤褐色至暗褐色，单眼斑圆形，触角具稀疏的暗色环纹，基节内侧暗褐色。前胸背板侧片较高，肩凹不明显；前胸背板背面赤褐色至暗褐色。前翅暗褐色，具淡色翅脉。前足胫节腹面内外刺排列为5，7型，后足胫节背面内外缘各具34 ~ 39个刺。

分布：江苏（宜兴）、河南、安徽、浙江、湖北、湖南、江西、福建、广东、海南、广西、四川、贵州。

雌　　雌

雌

4. 双瘤剑螽 *Xiphidiopsis* (*Xiphidiopsis*) *bituberculata* Ebner, 1939（江苏新记录种）

鉴别特征：体长10.0 ~ 11.0mm。体淡绿色。头顶圆锥形，端部钝，背面具纵沟。复眼黑褐色，卵圆形。触角具暗色环纹。前胸背板侧片后缘肩凹明显。前翅具些许不明显的暗点，雄虫左前翅发音域末端暗色。前足胫节腹面刺为4，5型，后足股节膝叶端部具明显的黑点，后足胫节刺褐色，背面内外缘各具27 ~ 29个刺。

分布：江苏（宜兴）、浙江、安徽、广西、湖南、重庆、四川、贵州。

雄

5.四川简栖螽 *Xizicus* (*Haploxizicus*) *szechwanensis* (Tinkham, 1944)（江苏新记录种）

鉴别特征：体长11.7 ~ 13.3mm。体淡褐色。头顶圆锥形突出，端部钝圆；头部背面具4条黑褐色纵纹，汇聚头顶基部并延伸至端部。复眼卵圆形，显著向前突出。前胸背板淡褐色，前缘直，后缘突出，侧片较长，肩凹不明显，两侧具一对近平行的黑褐色纵纹，淡色镶边。前翅狭长，散布淡褐色斑点，后翅稍长于前翅。前足基节具刺，腹面刺排列为4，5型，后足股节膝叶端部褐色。

分布：江苏（宜兴）、广西、安徽、浙江、江西、四川、湖南、重庆、贵州、云南、海南。

注：又名四川原栖螽。

雌

露螽亚科 Phaneropterinae

6. 日本条螽 *Ducetia japonica* (Thunberg, 1815)

鉴别特征：体长16.0 ~ 28.9mm。体绿色或灰棕色，前翅后缘带褐色。头顶尖角形，狭于触角第1节。前翅狭长，近端部具4 ~ 6条近于平行的翅脉。各足腿节腹面均具刺。雄虫尾须细长，内弯，端1/3呈斧形扩大；雌虫产卵器弯镰形。

分布：江苏、北京、山东、广西、山西、河北、陕西、河南、上海、贵州、安徽、浙江、湖北、湖南、江西、福建、广东、海南、重庆、四川、云南、西藏、台湾；印度、斯里兰卡、菲律宾、日本、朝鲜、韩国、泰国、柬埔寨、新加坡、印度尼西亚、尼泊尔、澳大利亚。

雄

7. 中华半掩耳螽 *Hemielimaea* (*Hemielimaea*) *chinensis* Brunner von Wattenwyl, 1878（江苏新记录种）

鉴别特征：体长22.1 ~ 27.1mm。体淡绿色。眼浅褐色。触角褐色。后头以及前胸背板背面深褐色。前翅发声区黑褐色，前后缘褐色，径脉、径分脉以及中脉褐色；前翅表面具稀疏褐色斑。前足股节端部浅褐色，胫节基部到听器以后为黑褐色，胫节中部浅褐色，胫节端部到爪黑色；中、后足股节末端以及胫节基部深褐色，胫节端部到爪黑褐色；各足刺深棕色。尾须中部到端部黑褐色，尾须尖端深褐色。下生殖板端部棕色。

分布：江苏（宜兴）、广西、安徽、浙江、湖北、江西、湖南、福建、广东、海南、重庆、四川、贵州、西藏、台湾。

注：又名中华半掩螽。

8. 显凹平背螽 *Isopsera sulcata* Bey-Bienko, 1955（江苏新记录种）

鉴别特征：体绿色。触角绿色，各节端部稍变暗。腿节刺及尾须端部黑色。雄虫：头顶端部狭于触角第 1 节，背面具沟。前胸背板前缘微内凹，后缘宽圆形，背面平坦，中横沟明显；侧叶高稍微大于长，下缘略圆，后缘肩凹明显。前翅超过后足腿节端部，具光泽，半透明；Rs 脉从 R 脉中部前分出，分叉；横脉排列较规则；后翅长于前翅。前足腿节腹面内缘具 3 ~ 5 个刺；前足胫节背面具沟和一个外端距；内外两侧听器均为开放型；中足腿节腹面外缘具2个或3个刺；后足腿节腹面内缘具 3 个刺，外缘具5个或6个刺，膝叶具 2个刺。第 10 腹节背板稍延长，后缘平截，背面中央稍低凹；肛上板舌形；尾须圆柱形，端部具 2 个锐刺；下生殖板具中隆线，后缘具方形凹口，裂叶圆柱形；腹突甚长，约为下生殖板裂叶长的 3 倍。雌虫：尾须圆锥形；下生殖板端部突出，后缘具凹口；产卵器较短，端部稍圆，边缘具钝的细齿。

分布：江苏（宜兴）、广西、江西、湖南、安徽、浙江、福建、广东、四川、贵州、云南、海南。

注：又名显沟平背螽。

9. 台湾奇螽 *Mirollia formosana* Shiraki, 1930（江苏新记录种）

鉴别特征：体长15.0 ~ 16.5mm。体黄绿色；腹部及足被赤色散点；触角除基节外，各节背侧黄褐色，腹侧暗黑色；前胸背板密布黑色和赤色点；前翅绿色，翅室内具微小的黑点，雄虫左翅发音部具一较大的暗黑色斑；尾须端刺暗色。头顶基半部稍隆起，端半部侧扁，背面具沟。前胸背板具中隆线。前翅远超过后足股节端部，端缘圆形；后翅长于前翅。前足基节缺刺；前足胫节背面具纵沟和缺背距，内侧听器为封闭型，外侧听器为开放型。

分布：江苏（宜兴）、陕西、上海、安徽、浙江、江西、湖南、福建、广东、海南、四川、台湾。

雌

10. 中华糙颈螽 *Ruidocollaris sinensis* Liu et Kang, 2014（江苏新记录种）

鉴别特征：体大型。体绿色；各足跗节仅爪端部浅棕色；前足胫节听器中间膜棕色；各腹节背板基部向后具倒大三角形褐色斑，后缘绿色；雄虫第10腹节背板红褐色，尾须、肛侧板、肛上板均为绿色。前胸背板后缘三角形突出。前翅革质，向端部稍变尖，翅脉非常明显，横脉平行，Rs脉从中部前分出，具分支，"Z"字形，分支到达前翅的后缘。中胸腹板叶三角形，后胸腹板叶后端明显斜截。雄虫第10腹节背板平截，尾须基部3/4圆锥形，端部1/4突然膨胀，内弯，渐变尖，端部具一枚棕色的齿；下生殖板纵长，长明显大于基部宽，端缘中央具小三角形凹，端刺稍细长，约为下生殖板的1/3长。雌虫产卵器粗壮，渐上弯，侧表面端部具成行规则排列的粗糙瘤状突起；端部渐尖，腹缘斜截，端部边缘具间断的锯齿，基褶圆，长不超过前胸背板长的1.5倍；下生殖板钝。

分布：江苏（宜兴）、广西、河南、陕西、安徽、浙江、湖北、江西、湖南、福建、广东、海南、四川、贵州、云南、西藏、台湾。

雌　　　　雌

11. 长裂华绿螽 *Sinochlora longifissa* (Matsumura et Shiraki, 1908)（江苏新记录种）

鉴别特征：体深叶绿色。头顶角向颜面微倾斜，背面具沟，与颜面角不相接触，宽度小于触角第1节。前胸背板背面具”V”字形横沟，前缘直，后缘钝圆；前胸背板侧面高大于长，肩角不深凹。前翅绿，无任何斑点，前缘脉明显，紧接着一黑条纹，Sc脉和R脉在基部分离，第1径分脉在翅中部稍后分出，具分支；后翅长于前翅。前足基节具刺；前足腿节腹面内侧具5个小黑刺，外侧不具刺；前足胫节背面具沟，外侧除听器背面具5个外刺和6个内刺；中足腿节腹面外侧具4个小黑刺；中足胫节背面具沟和内外端距，外侧具12 ~ 13个外刺和9个内刺；后足腿节腹面外侧具6 ~ 8个黑刺，内侧具8 ~ 9个黑刺；后足胫节背面具34 ~ 36个外刺和35 ~ 38个内刺；前足胫节听器内关外开型。

分布：江苏（宜兴）、广西、河南、安徽、浙江、福建、广东、江西、湖南、贵州、四川、云南；日本、韩国、朝鲜。

注：又名长裂华绿露螽。

雄　　雄

拟叶螽亚科 Pseudophyllinae

12. 绿背覆翅螽 *Tegra novaehollandiae viridinotata* (Stål, 1874)（江苏新记录种）

鉴别特征：雄虫体长25.0 ~ 32.0mm，雌虫体长43.5 ~ 45.0mm。体灰褐色或棕色，具不规则黑斑。触角黑棕色与淡棕色环相间，交替排列。前胸背板前边缘具2个小瘤突，后边缘钝圆，前横沟和中横沟极明显且较深。雄虫前翅长35.0 ~ 41.5mm，雌虫前翅长50.0 ~ 55.0mm；前翅超过腹端或产卵器端部，上具不规则黑斑；整个翅表面较为粗糙，翅的前后边缘近直且接近平行，翅端圆润。雄虫肛上板较发达，长片状，端部钝圆；尾须较长，端部渐尖。

习性：食叶为主的杂食性害虫，常以矮灌木的叶片为食。

分布：江苏（宜兴）、上海、陕西、湖北、江西、湖南、四川、福建、贵州、云南、广东、广西、浙江、重庆、台湾；印度、泰国、缅甸、越南。

注：又名深褐拟叶螽。

雌

竹节虫目

Phasmida

竹节虫科 Phasmatidae

1. 山桂花竹节虫 *Phraortes elongatus* (Thunberg, 1815)

鉴别特征：雄虫体长约80.0mm，雌虫体长约100.0mm。体绿色。头上具2根呈三角锥状的短棘。胸部背板具许多小颗粒，胸部背板两侧不具任何条纹，盖片中央具一明显突起。

寄主：山桂花、青冈、番石榴等。

分布：江苏、江西、上海、安徽、浙江、福建、山东、河南、陕西、广东、广西、湖北、湖南、四川、云南、贵州、台湾；韩国、日本。

注：*Baculum irregulariterdentatum* Kômoto，Yukuhiro，Ueda et Tomita，2011是该种的同物异名。

2. 辽宁皮竹节虫 *Phraortes liaoningensis* Chen et He, 1991

鉴别特征：雌雄异型。雄虫体长约58.0mm，体细长，黄褐色；雌虫体长约84.0mm，体较雄虫更粗，黄绿色。

寄主：壳斗科。

分布：江苏、辽宁、山东、内蒙古、山西、河北、河南、浙江、江西。

雌

襀翅目

Plecoptera

卷襀科 Leuctridae

卷襀亚科 Leuctrinae

1. 中华诺襀 *Rhopalopsole sinensis* Yang et Yang, 1993（江苏新记录种）

鉴别特征：体长6.0 ~ 7.0mm。体深褐色。单眼3个。前胸背板表面具黑色斑纹。翅浅灰褐色，脉黑色。腹部暗黄色。雄虫第10背板侧具刺突且末端分叉。尾须略向上弯，端部具一极小的刺。

分布：江苏（宜兴）、贵州、湖北、广西。

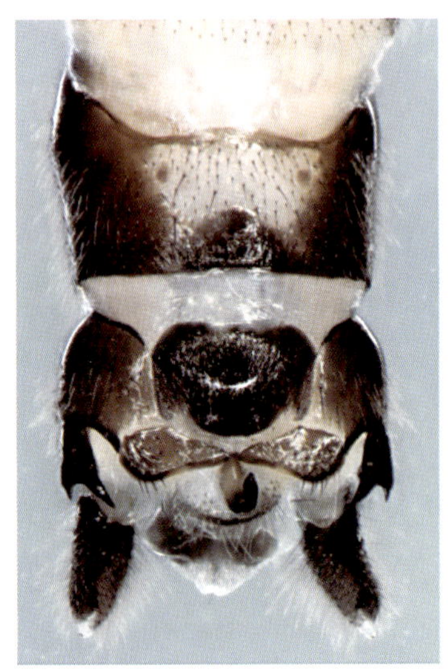
雄腹末（背视）

雄腹末（腹视）
（霍庆波提供）

雌腹末（腹视）

2. 浙江诺襀 *Rhopalopsole zhejiangensis* Yang et Yang, 1995（江苏新记录种）

鉴别特征：体长4.0 ~ 5.0mm。体深褐色。单眼3个。前胸背板具褐色斑纹。翅透明，翅脉黄褐色。腹部黄褐色。雄虫第9背板中央具一较小的骨化区，且具一短小的刺；后中部略延伸呈近瓣状；第10背板侧各具一条极细长而弯曲的刺突。尾须明显向上弯曲，末端具一极小的刺。肛上突明显向背前方弯曲，背视端缘略凹缺。雌虫下生殖板宽大，末端圆，中部具一凹缺。

分布：江苏（宜兴）、浙江。

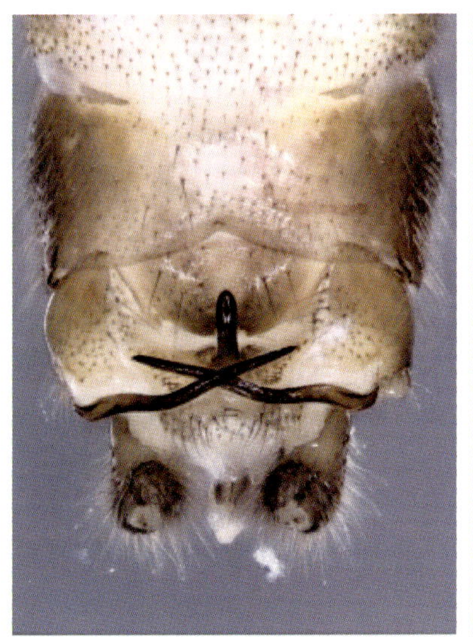

雄腹末（背视）

雄腹末（腹视）

（霍庆波提供）

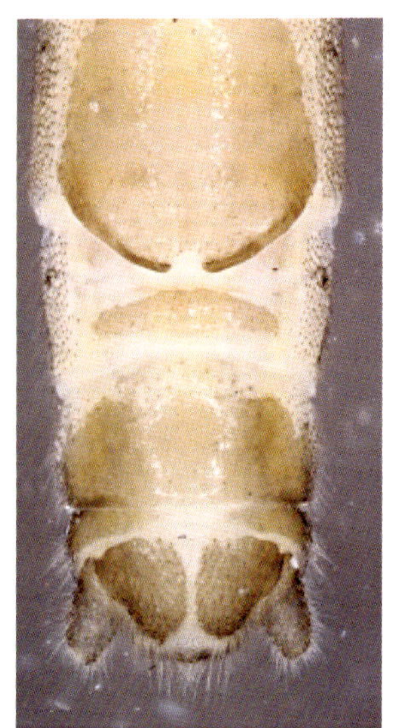

雌腹末（腹视）

叉𫌀科 Nemouridae

倍叉亚科 Amphinemurinae

1. 心突倍叉𫌀 *Amphinemura cordiformis* Li & Yang, 2006（江苏新记录种）

鉴别特征：体长约6.0mm。体黑褐色。单眼3个。颈鳃具多条分支。腹部颜色泛红；雄虫第9背板前缘明显骨化，后缘中部明显向前缢缩成一三角形凹缺。肛上突基部窄，端部半向外突，突出部分前缘细长弯曲，骨化；背骨片边缘为一环形骨化条，末端尖；腹骨片显著骨化，前端嵌入背骨片中，腹面具三角形龙骨突，着生一排小黑刺。肛侧叶外叶高度骨化，明显短于中叶，呈指状，强烈弯曲；中叶细长，长于内外叶，基部强骨化，端部骨化程度稍弱，显著向外上方反曲，末端稍鼓，着生一列小黑刺；内叶三角形，弱骨化，前缘骨化，内缘平直且与外叶近等长。尾须膜质，近圆柱形。雌虫下生殖板为成对的发达骨片；基部宽，近基部弱骨化，端部渐尖。

分布：江苏（宜兴）、贵州。

雄腹末（背视）

雄腹末（腹视）

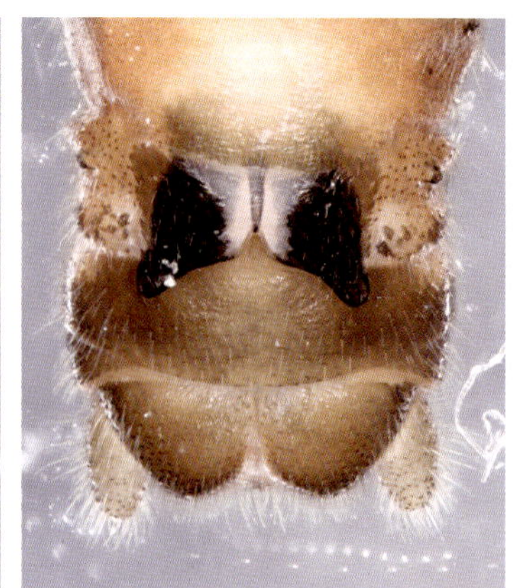

雌腹末（腹视）

（霍庆波提供）

2. 百山祖印叉𫛭 *Indonemoura baishanzuensis* Li et Yang, 2006（江苏新记录种）

鉴别特征：体长约6.0mm。体黑褐色。单眼3个。颈鳃短指状。腹部黄褐色。雄虫第9背板轻微骨化，前缘中部明显缢缩，后缘中部向前凹入成一块膜质凹缺，凹缺和两侧着生多根黑刺；第10背板骨化，中部下陷，前缘着生2排黑刺。肛上突近直，两侧骨化，中部膜质，端部有凹缺；腹骨片骨化，基部宽，端部渐窄；龙骨突端部较窄，端部腹面向下延伸出半圆形瘤突，上具多根黑刺。肛侧叶外叶细长，强骨化，端刺内弯，内侧端刺再度分叉；中叶发达，端部两处弧形骨化区，内侧为长方形骨化带，外侧端部呈颗粒状突出，边缘骨化；内叶狭长，骨化且尖，附着在中叶。肛下叶的中基部宽，顶部渐窄，端部两侧无刺；第9腹板上的囊状突细长。尾须膜质，端部具缺刻。雌虫肛下叶和第9腹板骨化，下生殖板倒梯形。

分布：江苏（宜兴）、浙江、福建。

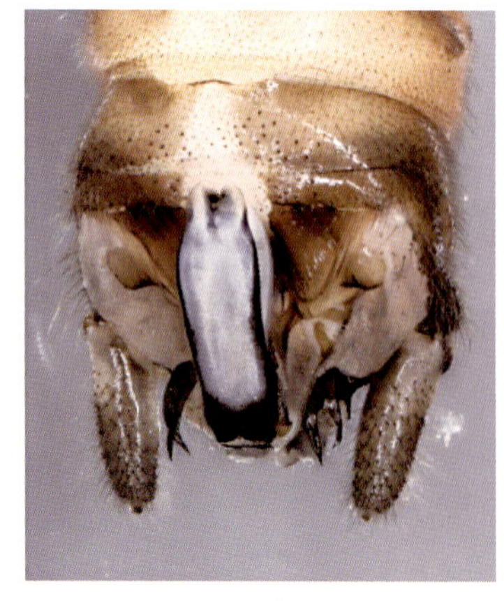

雄腹末（背视）

雄腹末（腹视）

雌腹末（腹视）

（霍庆波提供）

叉亚科 Nemourinae

3. 广东叉𫌀 *Nemoura guangdongensis* Li et Yang, 2006（江苏新记录种）

鉴别特征：体长4.0～5.0mm。体黑褐色。单眼3个。翅半透明，略带烟灰色。雄虫第9背板弱骨化，中部凹缺，后缘中部向前缢缩成凹缺；第10背板后缘显著硬化，前缘中部具一纵深的凹面，周围密布多根小刺，尤其是侧缘。肛上突宽短，侧缘基骨化，侧瘤突显著；侧臂弧形，骨化，外缘环绕一圈向外后方生长的黄色硬刺；腹末端与背骨片相连，腹面具成列的小刺。肛侧叶内叶长方形，末端锐利；外叶三角形，基部宽而近端渐窄。肛下叶中间宽，近端收缩变尖于肛侧叶前缘；囊状突长，基部骨化，端部近膜质。尾须外缘近直，强骨化，基部、端部均略膨大，端部外缘向前延伸出一根短倒刺，末端尖。雌虫下生殖板弱骨化，向后延伸成半圆形隆突。足黄色，股节前端具2条不连续的棕色条带。

分布：江苏（宜兴）、广东。

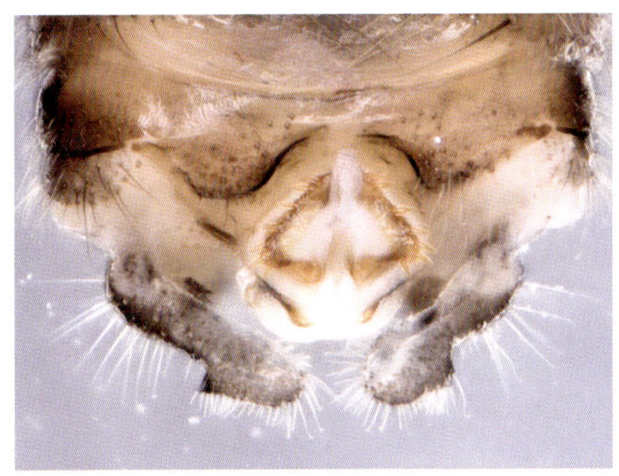

雄腹末（背视）

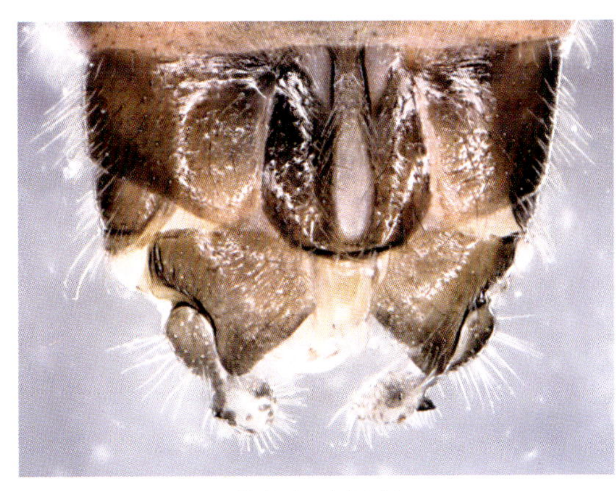

雄腹末（腹视）

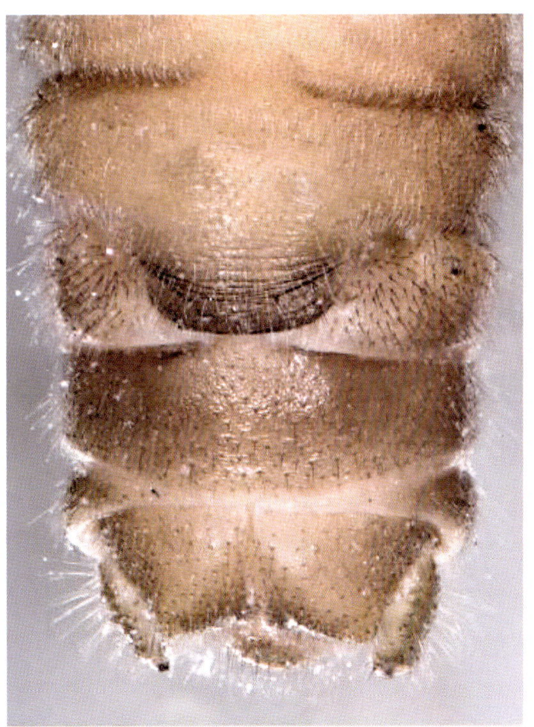

雌腹末（腹视）

（霍庆波提供）

襀科 Perlidae

钮襀亚科 Acroneuriinae

1. 黄色黄襀 *Flavoperla biocellata* (Chu, 1929)（江苏新记录种）

雌背面

鉴别特征：体长13.0～17.0mm。体黄褐色。单眼2个，黑色，大而显著。前胸背板两侧表面粗糙，中部表面光滑。翅透明，翅脉褐色。雄虫第10背板后缘近中部具一对齿状尖突；肛侧叶上弯成2个指状的突起；阳茎膜质，囊泡状，基部和端部均膨大，近基部1/3处呈肘状弯折，弯折处密布小刺，端部末端具一对耳状短突；第9腹板向后延伸，后缘具一小的锥形钮突。雌虫第8腹板后延成大而宽的殖下板，殖下板后延至第9腹板中部，后缘中部微凹。

分布：江苏（宜兴）、浙江、福建、河南、湖北、广西、四川、贵州、陕西。

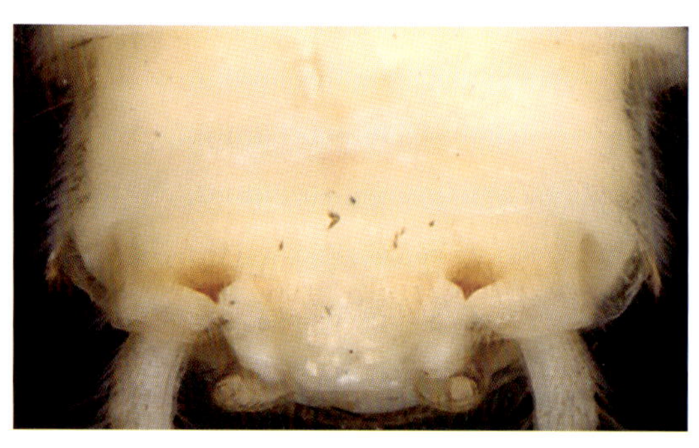
雄腹末（背视）

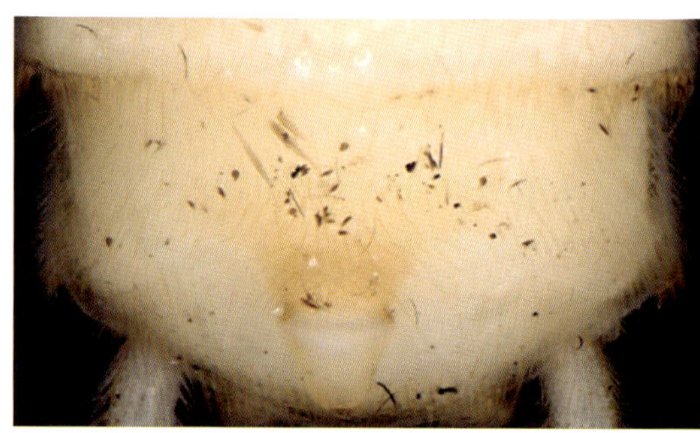
雄腹末（腹视）

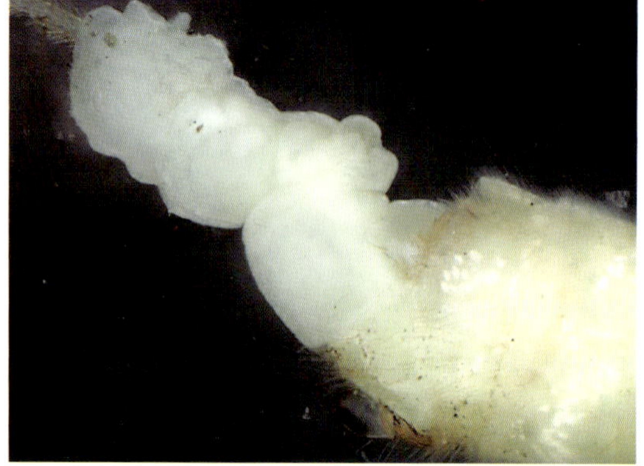
阳茎（侧视）

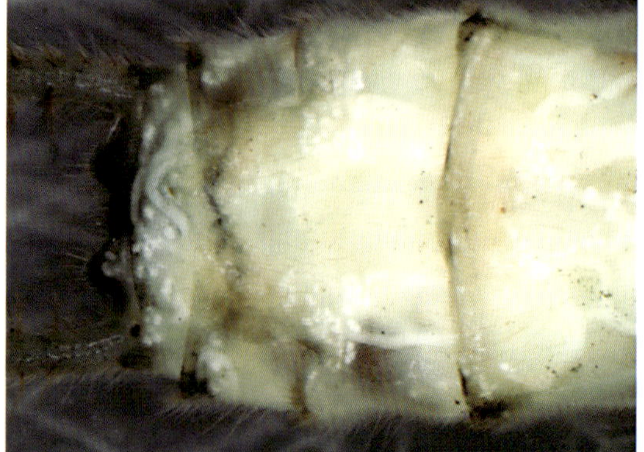
雌腹末（腹视）

（霍庆波提供）

2. 浙江扣襀 *Kiotina chekiangensis* (Wu, 1938)（江苏新记录种）

鉴别特征：体长12.0 ~ 15.0mm。体黄褐色。额唇基区具一倒三角形深褐斑；单眼2个，单眼区具一大块方形黑斑。翅透明，翅脉褐色。雄虫第10背板不分裂，后缘近中部具一对齿突；肛侧叶向上弯曲，呈匙状；第9腹板向后延伸，后缘具一椭圆形钮突。雌虫第8腹板后延形成窄长多毛的下生殖板，后缘中间具缺刻，延伸达第10腹板前缘。

分布：江苏（宜兴）、浙江。

雌背面

雌腹面

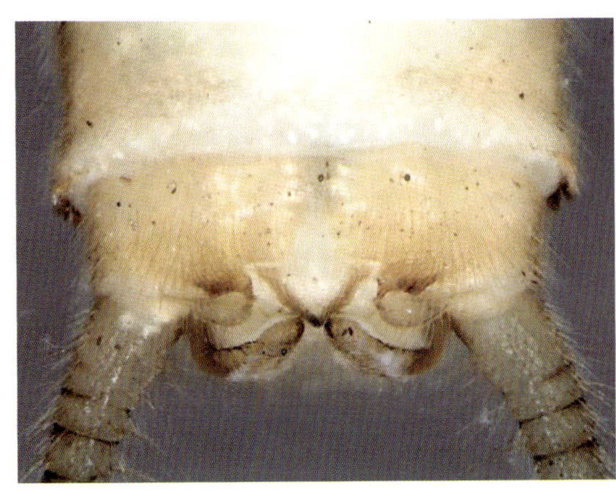

雄腹末（背视）

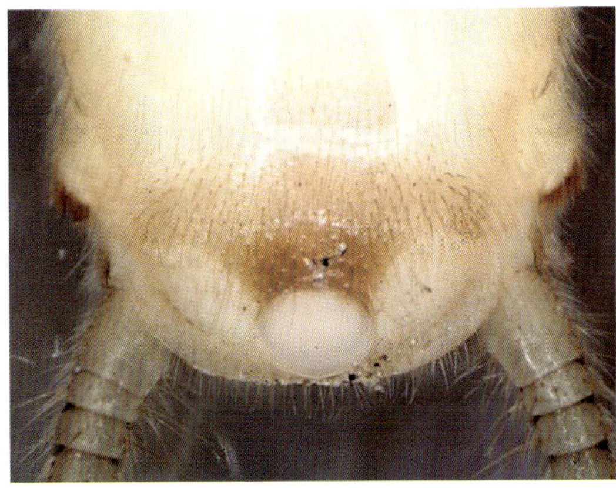

雄腹末（腹视）

（霍庆波提供）

3. 尤氏华钮䗛 *Sinacroneuria yiui* (Wu, 1935)（江苏新记录种）

鉴别特征：体长约14.0mm。体黄色。单眼3个，均被黑斑包围；前单眼略小，2个后单眼之间的距离比其到复眼的距离近；单眼区具一褐斑。翅透明，翅脉浅褐色。雄虫第9背板后缘中部具一块齿突区，上具大量锥状感觉器；第10背板后缘中部向后延伸，中后部两侧具大量锥状感觉器，背板中间具一块小的膜质区，将2个感觉器区分隔开。第9腹板形成发达的下生殖板，后部中央具一钮突。肛侧叶骨化上弯，末端尖锐。阳茎骨片整体向腹面弯曲，柄细短，侧面观较宽，中突较长，向中间靠拢；侧突生于中突背侧，细长弯曲，向两侧分开，末端弱骨化，与阳茎囊相连，阳茎背侧具一细长弯曲的骨片，端部内弯呈钩状，背侧具小刺。

分布：江苏（宜兴）、浙江、江西。

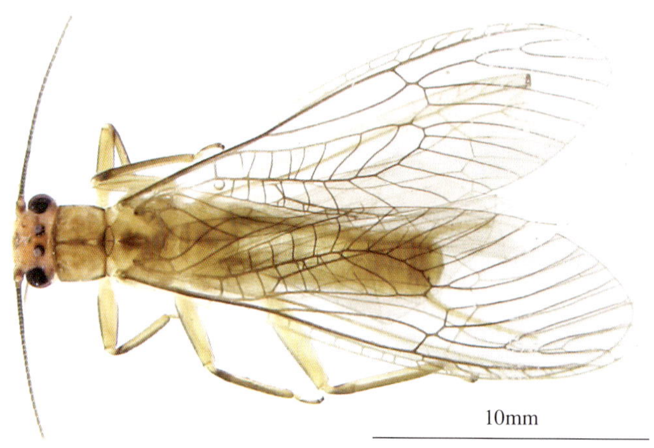

雄背面

雄腹末（背视）

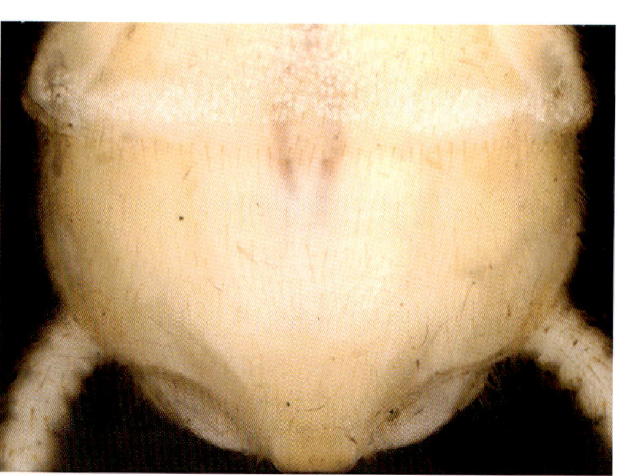

雄腹末（腹视）

雄头部和前胸

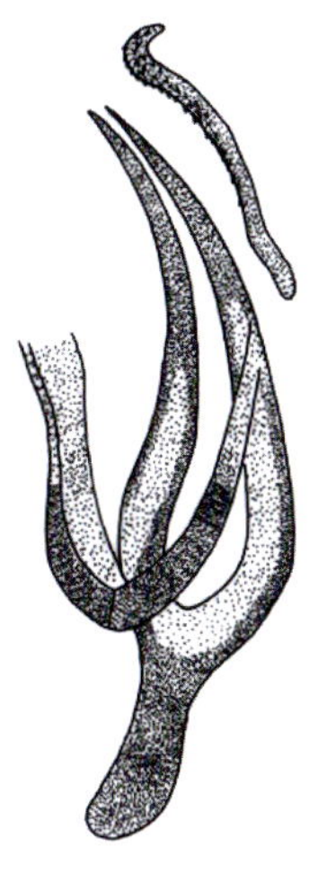
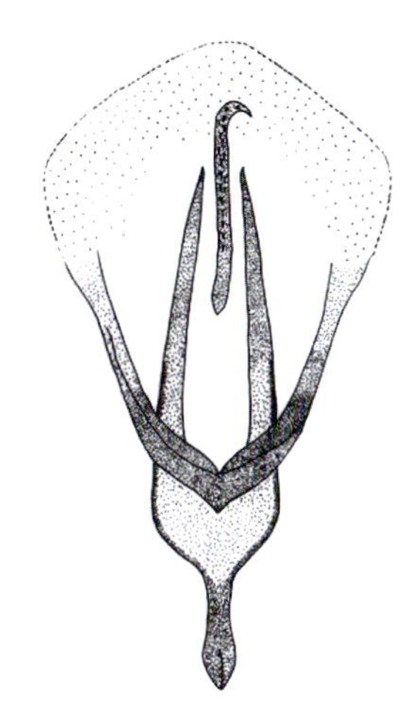
阳茎骨片

（霍庆波提供）

襀亚科 Perlinae

4. 浅黄新襀 *Neoperla flavescens* Chu, 1929（江苏新记录种）

鉴别特征：体长约11.0mm。体黄褐色。单眼2个，单眼区正中具一大块三角形黑色斑；额唇基区正中具一条倒三角形黑斑。翅透明，翅脉黑褐色。第7背板后缘隆起，呈半圆形后突，中部有“八”字形排列的2列锥形感器；第8背板前缘中部骨片向后延伸，其末端连接一个向上弯曲的箭头状突起，末端尖，侧缘膨大，中间凹陷；第10背板分裂为左右2个横条形的半背片，半背片突指状，粗短。阳茎管状，高度骨化，前半部分向下弯曲，端部膜质；阳茎腹面近端部垂直延伸出一根骨化的侧臂，侧臂末端膨大，具一根指状的顶突和一对小侧突。雌虫下生殖板略后突，后缘中部骨化并微凹。足黄褐色；腿节、胫节基部和端部具黑色条带。

分布：江苏（宜兴）、福建。

雄头部和前胸

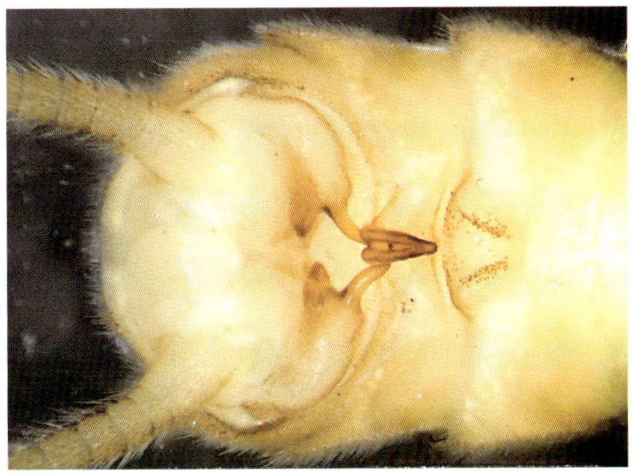
雄腹末（背视）

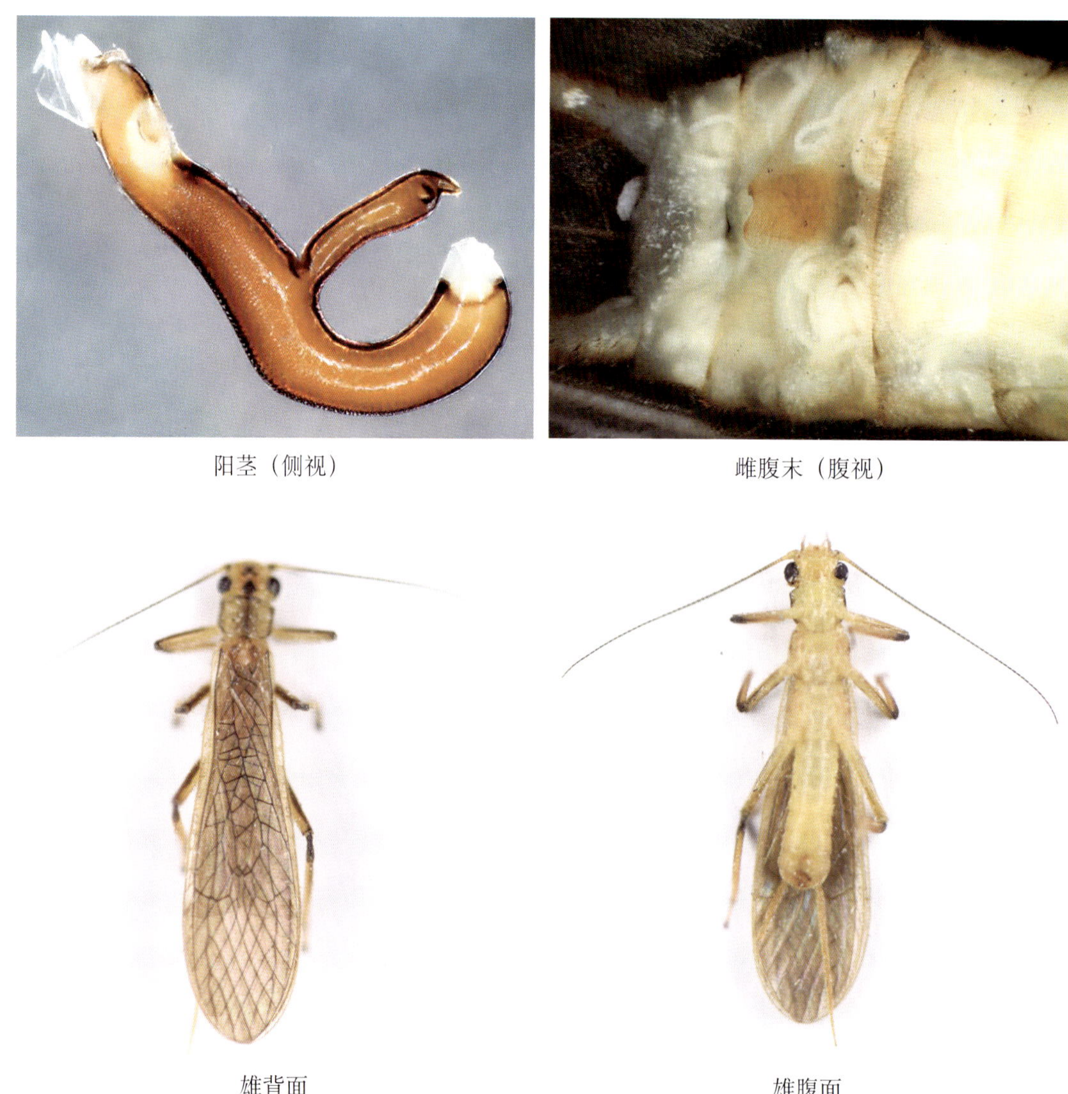

阳茎（侧视）　雌腹末（腹视）

雄背面　雄腹面

（霍庆波提供）

5. 潘氏新䗛 *Neoperla pani* Chen et Du 2016（江苏新记录种）

鉴别特征：体长约11.0mm。体黄褐色。单眼2个；额唇基区正中具一块倒三角形黑色斑；单眼区正中具一大块近方形黑色斑。翅透明，翅脉黑褐色。第7背板后缘隆起，呈半圆形后突，中间密布锥形感器；第8背板前缘中部骨片向后延伸，其末端连接一个向上弯曲的扁圆形突起，扁突前端具齿状突起，无锥形感器；第10背板分裂为左右2个横条形的半背片，半背片突指状，细长，从距基部2/3处开始向内弯折。阳茎管高度骨化，略向下弯曲，端部膜质；阳茎腹面近端部垂直延伸出一对骨化的短侧臂，侧臂末端略膨大。雌虫下生殖板略后突，后缘中部骨化并微凹。

分布：江苏（宜兴）、浙江。

雄头部和前胸

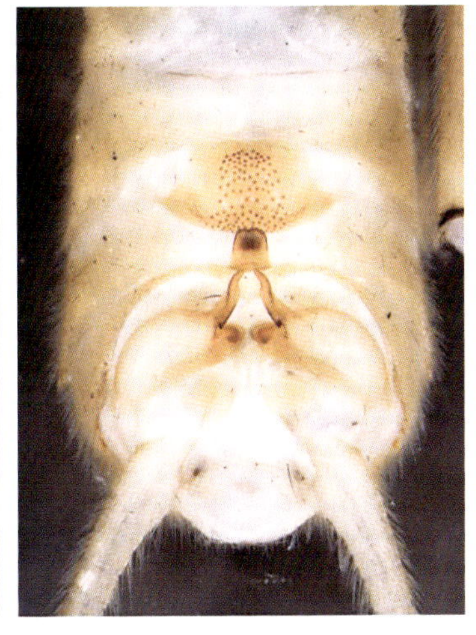
雄腹末（背视）

阳茎（侧视）

（霍庆波提供）

6. 全黑襟襀 *Togoperla totanigra* Du et Chou, 1999（江苏新记录种）

鉴别特征：体长约24.0mm。体黑色，复眼的后内侧、翅的前缘黄色。雄虫腹部第5背板高度骨化，向后延伸超过第6背板，在其后缘形成2个小叶突；第6背板全部骨化；第7～9背板侧面及前缘骨化，中后部膜质并着生细毛；第9背板膜区中部具一黑色骨化斑；半背片突相对着生，在内侧具一大的圆丘状基胛，上具锥状感觉器。后胸腹面、腹部第4～8腹板中央具褐色刷状刚毛。阳茎膜质，背面中部具一对小侧突，基部具一宽舌状的叶突；端部膨大，表面具密集的小刺，末端具一对指状突起。

分布：江苏（宜兴）、浙江。

雄背面

雄头部和前胸

雄腹末（背视）

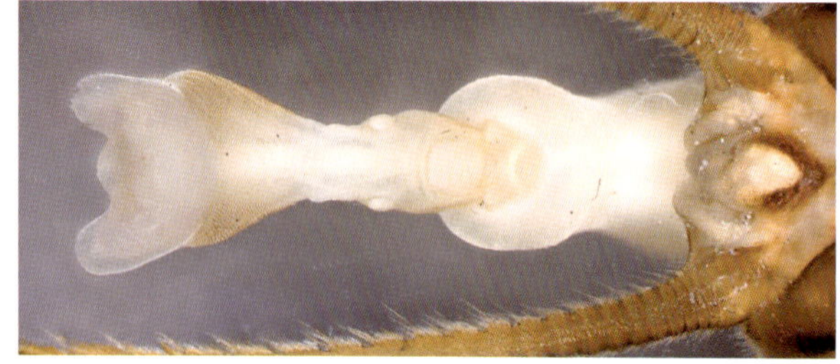
阳茎（背视）

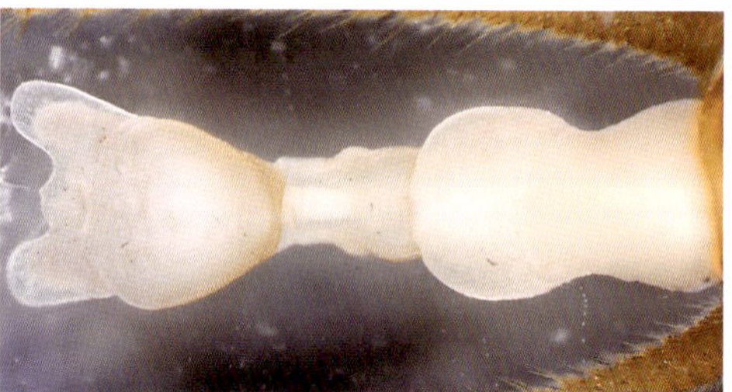
阳茎（腹视）

（霍庆波提供）

刺𫌀科 Styloperlidae

斯氏刺𫌀 *Styloperla starki* Zhao, Huo et Du, 2019

鉴别特征：体长10.0～13.0mm。体淡黄褐色。单眼2个，单眼区中间具一深褐色斑。前胸背板中部具3条深色纵纹。雄虫腹部第3～8背板中间具逐渐变小的三角形骨化斑；第10背板中部具一细长的纵骨片；第9腹板中部具一簇刷毛丛。尾须高度骨化，基节略膨大，基部着生一根末端分叉的短刺；基节末端向后延伸出一根外弯的长刺，长刺端部分2叉，向下弯折；近端部腹面具一对小刺。阳茎膜质，舌状扁平，表面具细密的纵向旋纹，端部分2瓣，每瓣表面具几排小刺。雌虫下生殖板宽，中部具一方形隆起；后缘骨化，略向后延伸，中部具一缺刻。

分布：江苏（宜兴、溧阳）、浙江。

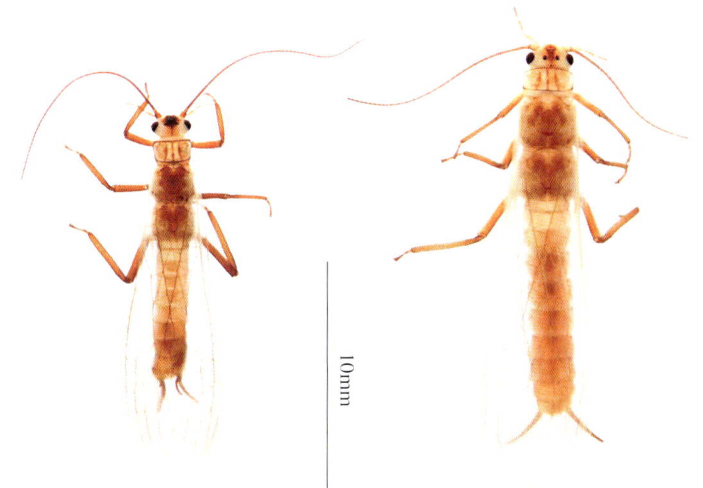

雄背面　　雌背面

雄头部和前胸

雄尾须基节刺

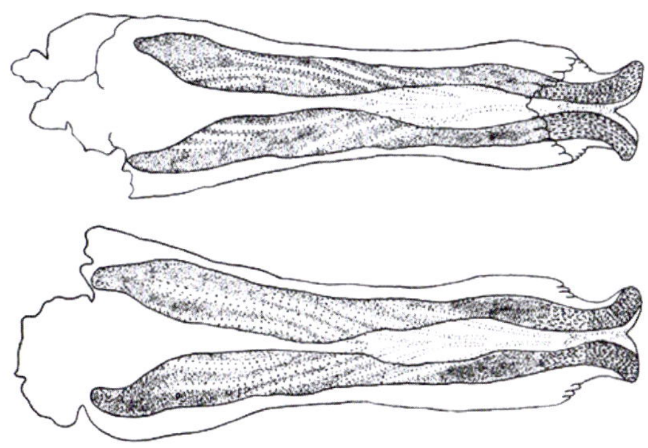

阳茎

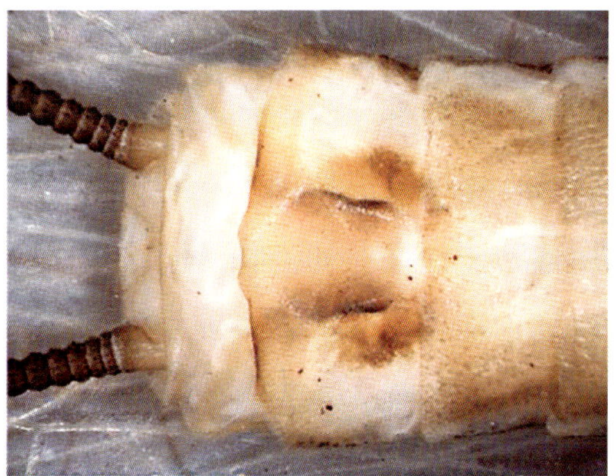

雌腹末（腹视）

（霍庆波提供）

毛翅目

Trichoptera

短石蛾总科 Brachycentroidea

鳞石蛾科 Lepidostomatidae

黄褐鳞石蛾 *Lepidostoma flavum* (Ulmer, 1926)

鉴别特征：雄虫前翅长5.4 ~ 7.8mm。体黄褐色。雄虫触角柄节长0.65 ~ 0.70mm，圆柱形，无任何突起。下颚须仅基节明显，长约为宽的4倍；端节极小。前翅无缘褶及臀褶。

雄外生殖器：第9腹节侧面观背板略向后延伸，长于腹缘，为侧区最狭处的2倍。第10节背面观基部1/4宽板形，背中突细长棒形，下侧突较粗，长于背中叶，末端相交。下附肢侧面观基节长矩形，长为基宽的3倍，基背突长棒形，长约与基节等长，端节短而窄；腹面观，端部略膨大；基节基腹突细长，长约为基节本身的3/4，端腹突三角形，着毛；端节呈矛头状，长约为基节的1/2。阳具端半部垂直下弯，阳基侧突缺如。

分布：江苏（宜兴）、浙江、安徽、江西、四川、福建、广东、广西、贵州、云南。

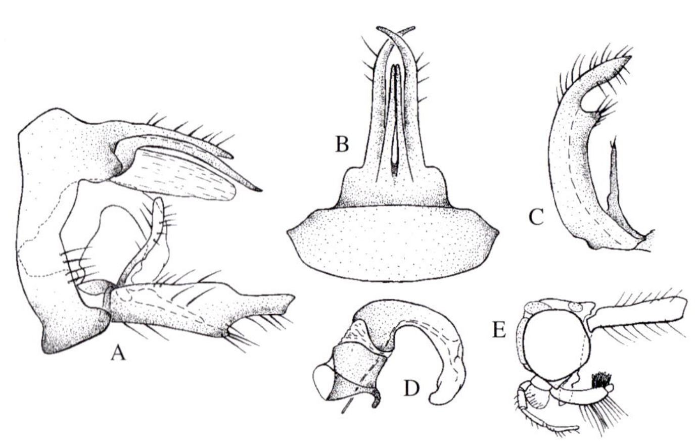

雄外生殖器

A. 侧面观　B. 背面观　C. 左下附肢，腹面观　D. 阳具，侧面观　E. 头部，侧面观

纹石蛾总科 Hydropsychoidea

纹石蛾科 Hydropsychidae

1. 横带短脉纹石蛾 *Cheumatopsyche infascia* Martynov, 1934

鉴别特征：体长4.5 ~ 5.0mm。体褐色。触角褐色，基部的节具淡黄色环纹；下颚须褐色。前翅褐色，翅中部具由淡色斑点组成的横带。足黄色。

（孙长海提供）

雄外生殖器：第9节侧面观前缘向前稍突出，后缘上方2/3平直，其余部分在下附肢着生处凹入较深；背面前缘深凹，后缘稍微呈波形。第10节侧面观近四边形，中叶近三角形，侧叶指状，侧毛瘤小；背面观两侧缘近平行，中叶三角形，侧叶宽片状，端部平截，侧叶远长于中叶，侧毛瘤长条状。下附肢侧面观第1节长，基部略收窄，端半部稍加粗；腹面观第1节基部与端部加粗，中部窄；侧面观第2节近三角形，腹面观第2节长三角形。阳具侧面观基部粗，向端部稍收窄，呈弧形弯曲。

分布：江苏（宜兴）、内蒙古、陕西、广东；俄罗斯。

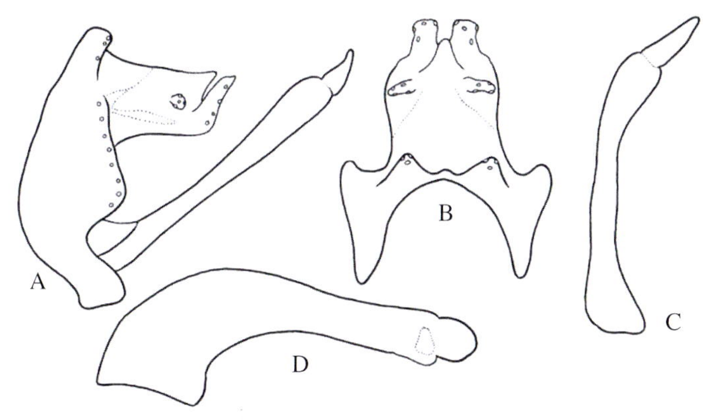

雄外生殖器

A. 侧面观　B. 背面观　C. 下附肢，腹面观　D. 阳具，侧面观

2. 三带短脉纹石蛾 *Cheumatopsyche trifascia* Li, 1988

鉴别特征：前翅长5.5 ~ 6.5mm。体深褐色，头部背面深褐色，其余部分黄色。触角、下颚须、下唇须黄色。前胸黄色，中、后胸背面深褐色，侧腹面大多黄色；翅黄色，前翅基部、中部及亚端部分别具自前缘伸向后缘的白色条带，但这3个条带不同个体间表现出一定的差异性。腹部黄白色，具烟色细条纹。足黄色。

雄外生殖器：第9节侧后突短，不尖；第10节侧面观基部窄，向端部稍加宽，侧叶近短棒状，中叶侧面观角状，背面观端平。瘤突卵圆形。下附肢基节细长，端部略内弯，端节短，约为基节的1/5，端部尖；阳具基部粗，弯曲呈90°角，端部直。

分布：江苏（宜兴）、福建、广东、江西。

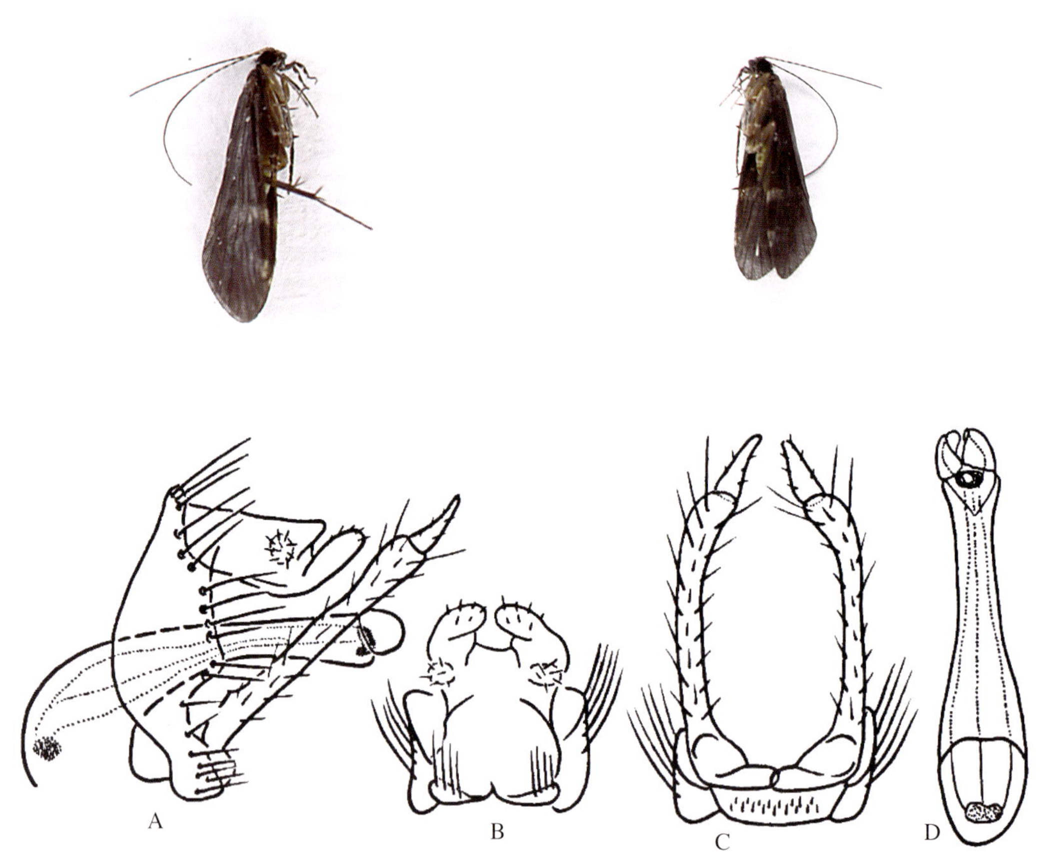

雄外生殖器

A. 侧面观　B. 第9 ~ 10节，背面观　C. 下附肢，腹面观　D. 阳具，背面观

3. 叉突腺纹石蛾 *Diplectrona furcata* Hwang, 1958

鉴别特征：前翅长8.5mm。体黑色。头部黑色，毛瘤黄褐色；下颚须、下唇须黄褐色，触角黄褐色。前翅径中横脉（r-m）与中横脉（m）、中肘横脉（m-cu）与肘横脉（cu）呈一条直线；后翅径中横脉（r-m）位于分径室下缘的基部。

雄外生殖器：第9节环形，背面观前缘向后方深凹，后缘呈弧形；侧面观前缘呈弧形，后缘于下附肢着生处稍膨大呈角状。第10节内叶侧面观近三角形，背面观指状，较外叶短，密被刚毛；外叶粗壮，侧面观基半部上下缘近平行，端半部分为上下2支，均呈指状，背面观上支端部向中部稍弯曲，宽约为下支宽的1.5倍，基部着生刚毛。下附肢第1节侧面观棒状，长于第10节外叶，腹面观基部稍粗，内外缘近平行。下附肢第2节侧面观基部1/2上下缘近平行，端部1/3尖锐；腹面观基部1/3粗大，端部2/3呈指状，中向弯曲。阳具侧面观近基部弯曲呈直角，其余部分上下缘近平行，端部膜质；腹面观基半部宽，端半部窄，顶端双叶状；阳茎孔片复杂，具数对叶状突。

分布：江苏（宜兴）、浙江、福建。

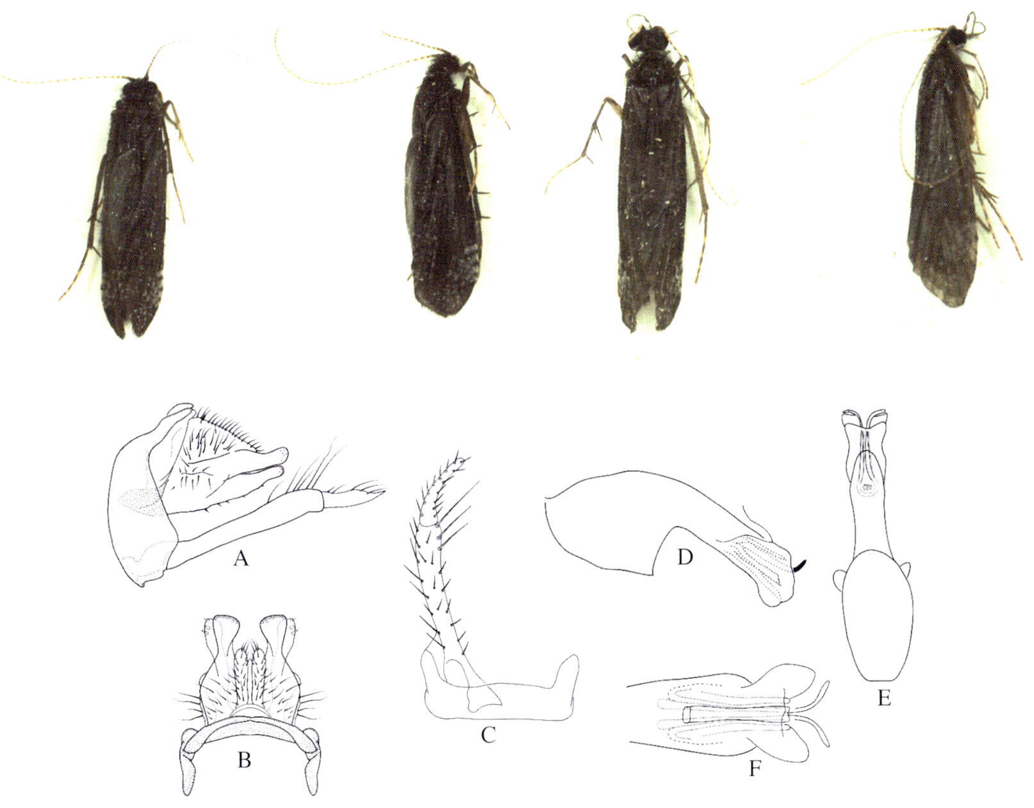

雄外生殖器

A. 侧面观　B. 背面观　C. 下附肢，腹面观　D. 阳具，侧面观　E. 阳具，背面观　F. 阳具端部，腹面观

4. 柯隆纹石蛾 *Hydropsyche columnata* Martynov, 1931

鉴别特征：前翅长9.0mm。体深褐色，触角黄褐色，鞭节各节具黑色环纹；胸部、腹部黄褐色，足及翅色较浅。

雄外生殖器：第9节侧后突舌状，第10节侧面观短，向上隆起处着生粗壮刚毛，尾突较细长，指状。下附肢第1节细长，侧面观上下缘几近平行，腹面观于基部上方略缢缩；第2节侧面观基部宽，向端部渐窄，腹面观长指状。阳具侧面观基部强烈向上弯曲呈锐角，阳茎孔片四边形，内茎鞘突膜质，较长，端部具刺突；腹面观阳具端部叉状，每叉端部膜质，其内嵌有刺突。

分布：江苏（宜兴）、浙江、陕西、河南、贵州、四川、江西、北京。

（孙长海提供）

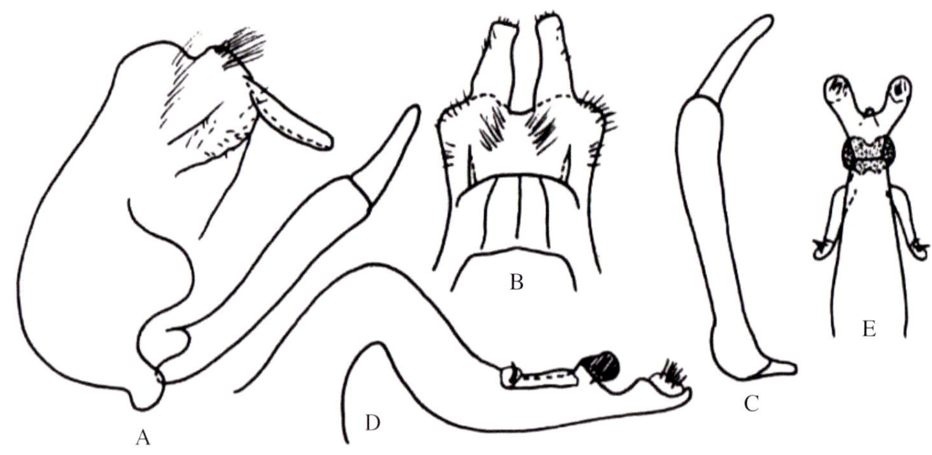

雄外生殖器（仿Malicky et al.，2000）

A. 侧面观　B. 第9～10节，背面观　C. 下附肢，腹面观　D. 阳具，侧面观　E. 阳具端部，腹面观

5. 格氏纹石蛾 *Hydropsyche grahami* Banks, 1940

鉴别特征：前翅长6.0 ~ 11.0mm。体黄色至黄褐色。头部背面黄褐色，其余部分黄色；毛瘤黄色；触角、下颚须及下唇须黄色；复眼黑色。胸部背面黄褐色，中胸小盾片及其余部分黄色。翅黄色。腹部黑褐色。足黄色。

雄外生殖器：第9节侧后突三角形。第10节背板侧缘略呈弧形，少数个体较直。背中突隆起较高；尾突扁，端部钝，向内下方弯曲。下附肢基节长，侧面观棒状，端部附近稍膨大，腹面观直；端节长约为基节的1/2，侧面观短棒状，基部粗，向端部渐细，端部钝，腹面观略向内侧弯曲。阳具基部粗壮，阳茎孔片刺状，内茎鞘突分叉。

分布：江苏（宜兴）、浙江、福建、安徽、湖南、四川、云南、广东、江西。

（孙长海提供）

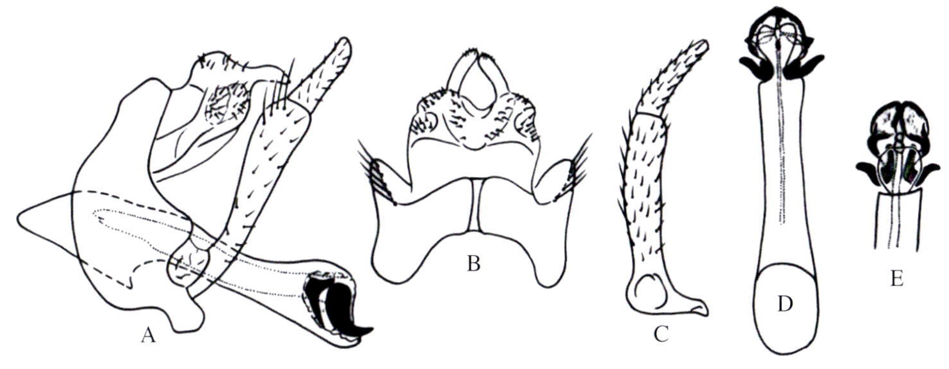

雄外生殖器

A. 侧面观　B. 第9 ~ 10节，背面观　C. 下附肢，腹面观　D. 阳具，侧面观　E. 阳具，背面观

6. 裂茎纹石蛾 *Hydropsyche simulata* Mosely, 1942

鉴别特征：前翅长8.0mm。体褐色。头部褐色；下颚须及下唇须色稍淡。胸部褐色。翅褐色。腹部深褐色。足褐色。

雄外生殖器：第9节侧后突较长；前缘中下部向前方呈弧形拱突。第10节尾突侧面观基部缢缩，端部略放宽。下附肢侧面观第1节长，基半部窄，端半部稍放宽，第2节中央略收窄；腹面观第1节基部稍膨大，端半部两侧缘近平行，第2节基部窄，端部宽大。阳具基部强烈向上拱起呈框形，后端分裂呈二叉状，叉突顶端膜质，具小刺；内茎鞘突细小，端部具一小刺。

分布：江苏（宜兴）、浙江、广西、广东、福建、江西、安徽；朝鲜、越南。

（孙长海提供）

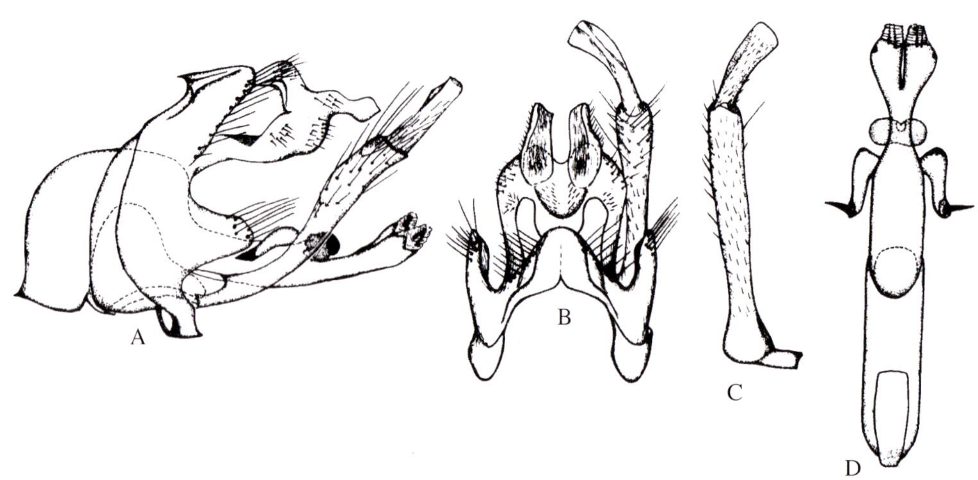

雄外生殖器

A. 侧面观　B. 第9～10节，背面观　C. 下附肢，腹面观　D. 阳具，腹面观

7. 纹石蛾 *Hydropsyche* sp.

鉴别特征：触角细长，具褐色与白色环纹；下颚须、下唇须褐色。前翅深褐色，散布金黄色小斑点；后翅灰白色。腹部褐色，节间白色。

分布：江苏（宜兴）。

8. 瓦尔纹石蛾 *Hydropsyche valvata* Martynov, 1927

鉴别特征：前翅长约6.0mm。体黄褐色，腹面色稍淡。前翅黄褐色。

（孙长海提供）

雄外生殖器：第9节侧后突短，末端圆。第10节侧面观近四边形，尾突稍微呈鸟喙状；背面观第10节两侧近平行，尾突短，端部平截。下附肢第1节侧面观棒状，基半部较窄，端半部较基半部稍宽。第2节侧面观明显窄于第1节，长指状；腹面观基部宽，向端部渐细，稍微呈三角形。阳具基部强烈弯曲呈弓形，端部圆弧形，腹面观端部呈头状，端缘略凹入，具2簇毛束。阳茎孔片侧面观卵形，内茎鞘突侧面观细长，膜质，端部具小刺突。

分布：江苏（宜兴）、黑龙江、浙江、湖北、安徽；哈萨克斯坦、朝鲜、俄罗斯。

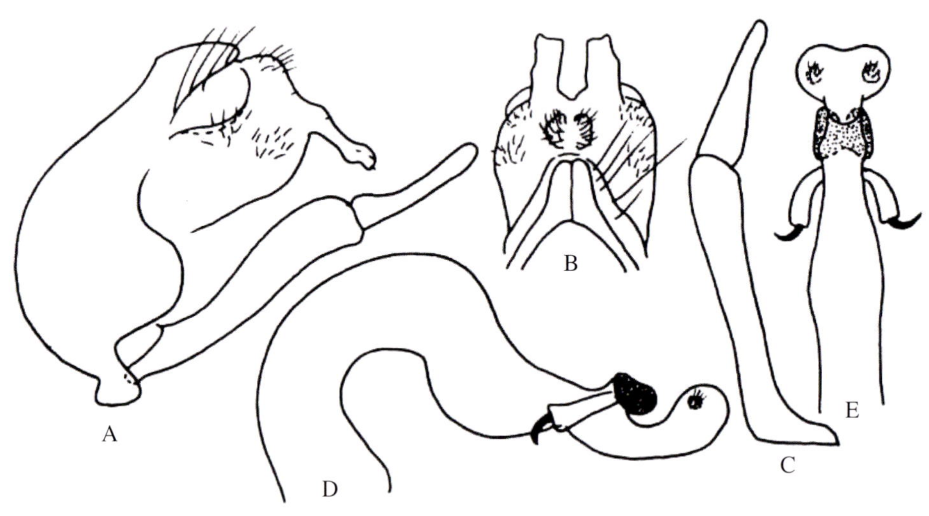

雄外生殖器

A. 侧面观　B. 第9～10节，背面观　C. 下附肢，腹面观　D. 阳具，侧面观　E. 阳具，背面观

9. 横带长角纹石蛾 *Macrostemum fastosum* (Walker, 1852)

鉴别特征：前翅长13.0mm。体黄色。触角基部3节黄色，其余节褐色。翅黄色；前翅具中部和端部2条深褐色横带，中带较窄，端带较宽，达到第1叉基部，某些个体中带可断为断断续续的一行黑褐斑，端带则可以淡化；后翅无第1叉，第2叉无柄。足除前足胫、跗节，中足胫节外均为黄色。

雄外生殖器：第9节侧面观前缘中央向前方拱凸，上半部较下半部略窄。第10节侧面观三角形，背面观两侧缘缢缩呈圆弧形，端部分裂呈二叶状。下附肢侧面观基节基半部略窄，腹面观基节与端节两侧缘平行，第2节略短于第1节。阳具基部与端部膨大，中央细。

分布：江苏（宜兴）、福建、安徽、浙江、广东、广西、云南、西藏、香港、台湾；印度、菲律宾、泰国、马来西亚、斯里兰卡、印度尼西亚。

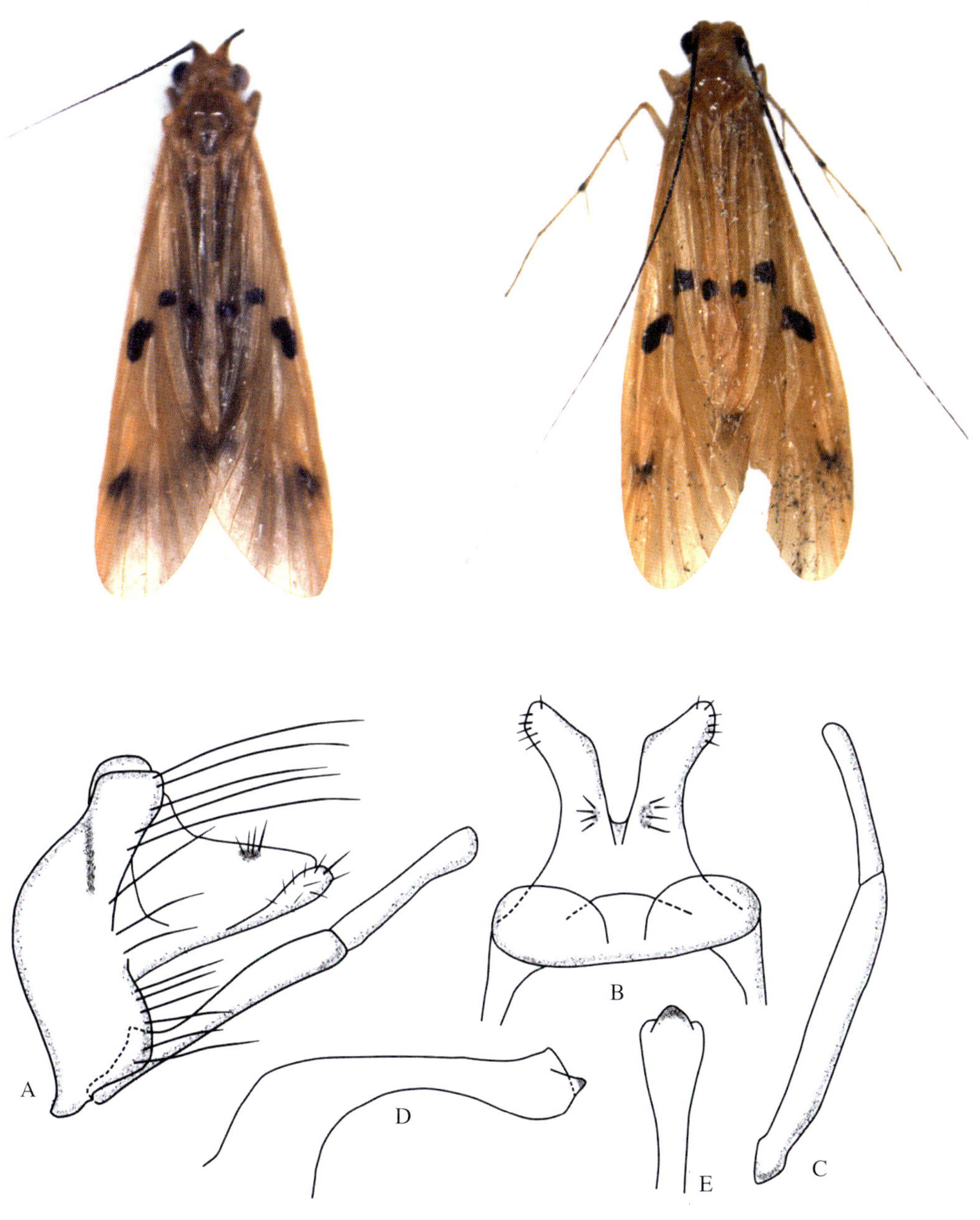

雄外生殖器

A. 侧面观　B. 背面观　C. 下附肢，腹面观　D. 阳具，侧面观　E. 阳具端半部，腹面观

长角石蛾总科 Leptoceroidea

枝石蛾科 Calamoceratidae

具斑异距枝石蛾 *Anisocentropus maculatus* Ulmer, 1926

鉴别特征：体长约15.0mm，前翅长约13.0mm。头部、胸部黄褐色，腹部黑褐色。触角约为虫体长的1.3倍，雌、雄虫下颚须均为6节，被刚毛。翅除翅基外，密被深褐色细毛，毛区内嵌黄白色小斑点。前翅臀区第1臀脉（1A）与第2臀脉（2A）间覆长毛；后翅后缘具长缘毛。距式2-4-2；后足胫节密被长毛，似游泳足。

雄外生殖器：第9腹节侧面观侧腹区宽广，背区急剧收窄，背缘宽约为侧区的1/3；背面观背板狭带形，前缘中央具一小三角形突起，后缘中央具一尖三角形突起，后突长为前突长的2.5倍。肛前附肢长而粗壮，长约为基宽的4倍，末端明显延伸至第10背板外方，背面观基部3/4直，端部1/4略收窄，相向弯曲。第10节背板背篼状，侧面观基半部宽约为肛前附肢基宽的2倍，端部1/3收窄，其腹缘具2个三角形突起；背面观基部宽，渐向端部收窄，端部1/3处具一“V”字形缺刻。下附肢分节不明显，腹面观基部宽，呈半弧形，内侧近中央具一亚半圆形隆起，隆高为下附肢基宽的3/4，端部细窄，相向弯曲。阳茎粗大，腹面观长约为宽的5.5倍，内具一大型“U”字形阳茎孔片，约为阳茎长的2/5；侧面观阳茎孔片呈狭长三角形。

分布：江苏（宜兴）、江西、广东、海南以及华北地区；日本。

注：又名多斑枝石蛾。

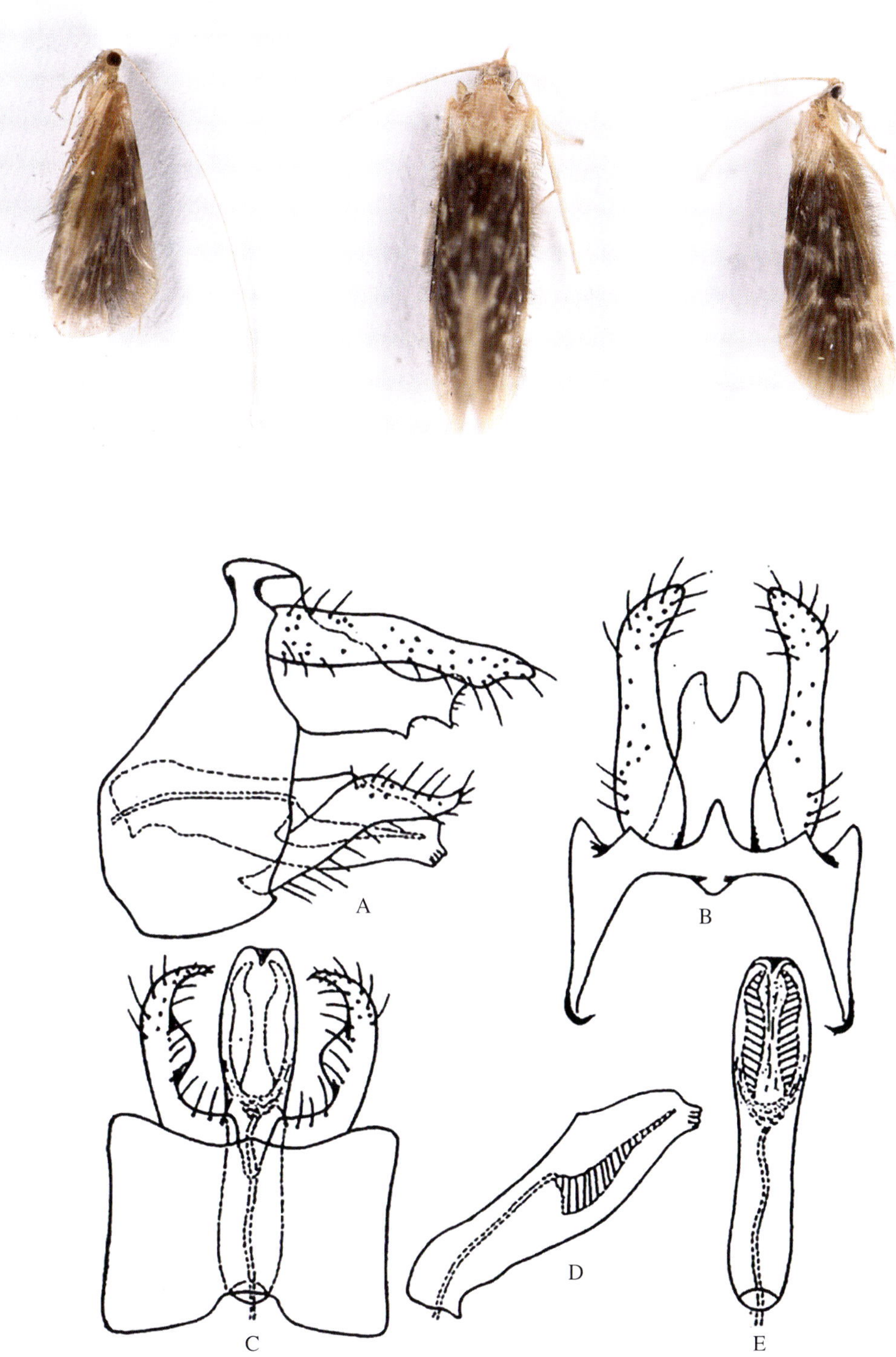

雄外生殖器

A.侧面观　B.背面观　C.腹面观　D.阳具，侧面观　E.阳具，腹面观

长角石蛾科 Leptoceridae

秦岭叉长角石蛾 *Triaenodes qinglingensis* Yang et Morse, 2000

（孙长海提供）

鉴别特征：雄虫前翅长6.8 ~ 7.5mm，雌虫前翅长6.0 ~ 6.2mm。头部、胸部红褐色，覆同色毛。雄虫触角柄节长，香器官发达。前翅深黄褐色，覆褐色细毛。

雄外生殖器：第9腹节侧面观腹缘长于背缘，背板呈三角形兜状，腹区分裂为两部分，端部近三角形。肛前附肢肥大，长矛头形。第10腹节背板上枝为一长棒突，长于下枝，端半部棒头形；下枝侧面观狭片状，端尖，背面观基部宽，端部1/2渐收窄，末端圆钝。下附肢主体侧面观亚矩形，内侧缘具2个不明显的隆起；腹面观各附肢基部与端部略等宽，中央缢缩，外侧缘长于内侧缘，顶端斜，密生短刺毛；下附肢基背方杆状突长，基部1/3垂直于主体，末端尖，伸达主体顶端下方。阳茎浅槽状，微弯。

分布：江苏（宜兴）、陕西、安徽、江西、福建、四川；日本、泰国、老挝。

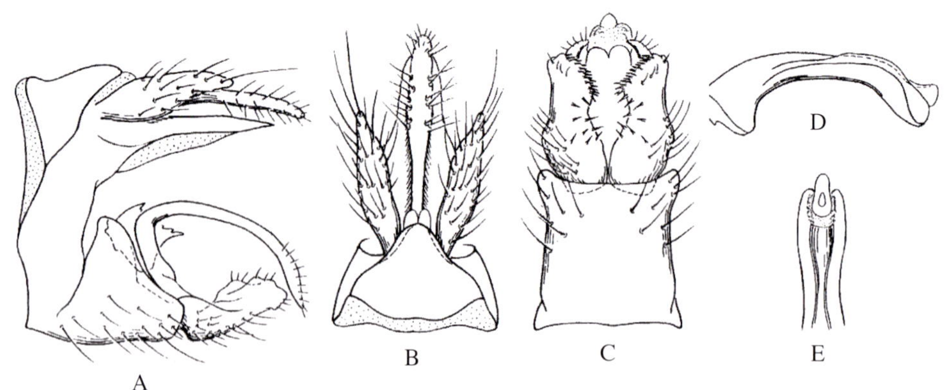

雄外生殖器

A.侧面观　B.背面观　C.腹面观　D.阳具，侧面观　E.阳具端部，背面观

沼石蛾总科 Linephiloidea

幻石蛾科 Apataniidae

马氏腹突幻石蛾 *Apatidelia martynovi* Mosely, 1942

鉴别特征：雄虫前翅长约8.4mm。体黄褐色，第5腹节腹板突较长，末端稍超出第5腹节。

雄外生殖器：第9腹节侧面观腹方及中部宽大，背方变狭。上附肢细瘦。中附肢外肢约为上附肢的2倍长，侧面观基部较宽大，端部细长，棒状；内肢细小。下附肢基节侧面观圆柱形，长约为宽的1.5倍；端节约为基节的3倍长，内侧具一长列密而粗的黑刺。阳茎基半部深陷于杯状的阳茎基中，腹面观中部强烈缢缩，端部深裂呈2叶状。阳基侧突自基部二分为细长的背支和侧支，背支直立，侧支渐尖，腹面观弯向外侧。

分布：江苏（宜兴）、浙江、福建。

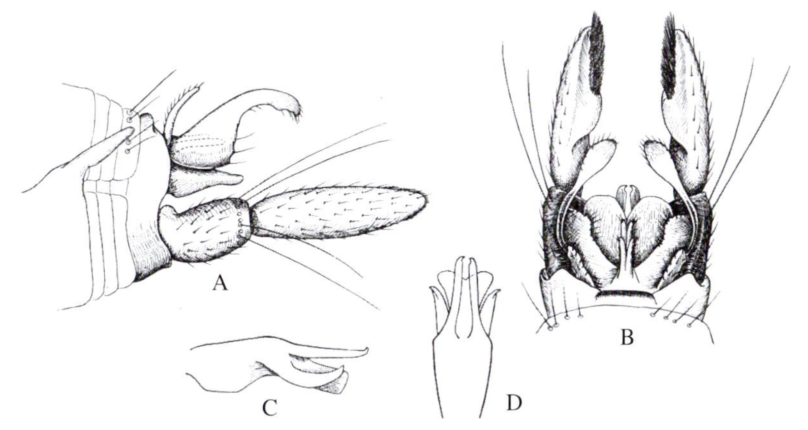

雄外生殖器

A. 侧面观　B. 背面观　C. 阳具，侧面观　D. 阳具，背面观

瘤石蛾科 Goeridae

1. 广歧瘤石蛾 *Goera diversa* Yang, 1997

鉴别特征：雄虫前翅长9.0 ~ 10.0mm，雌虫前翅长10.0 ~ 12.0mm。体粗壮，黄褐色。雄虫触角柄节长约为宽的3倍，雌虫触角柄节长为宽的2倍。翅面均匀着生黄褐色短毛，前缘区混生深褐色粗毛。腹部第6节腹板具近10根刺突，细长，深褐色，少数末端分裂。

雄外生殖器：第9腹节侧面观狭窄并极度倾斜；腹面观腹板端突基半部宽板状，宽约等于其长，端半部为2个分歧的侧枝，基部相距甚远，末端深褐色，稍变宽。第10节背板缺背枝，腹侧枝为一对骨化长刺，深褐色，端部略膨大呈矛头状。肛前附肢细长棍棒状；下附肢2节，基节长而倾斜，外露部分其长至少为高度的1.4倍，端节基半部粗大块状；侧面观全部坐落于基节浅弧形凹陷内，端半部细指状。

分布：江苏（宜兴）、山西、河南、陕西。

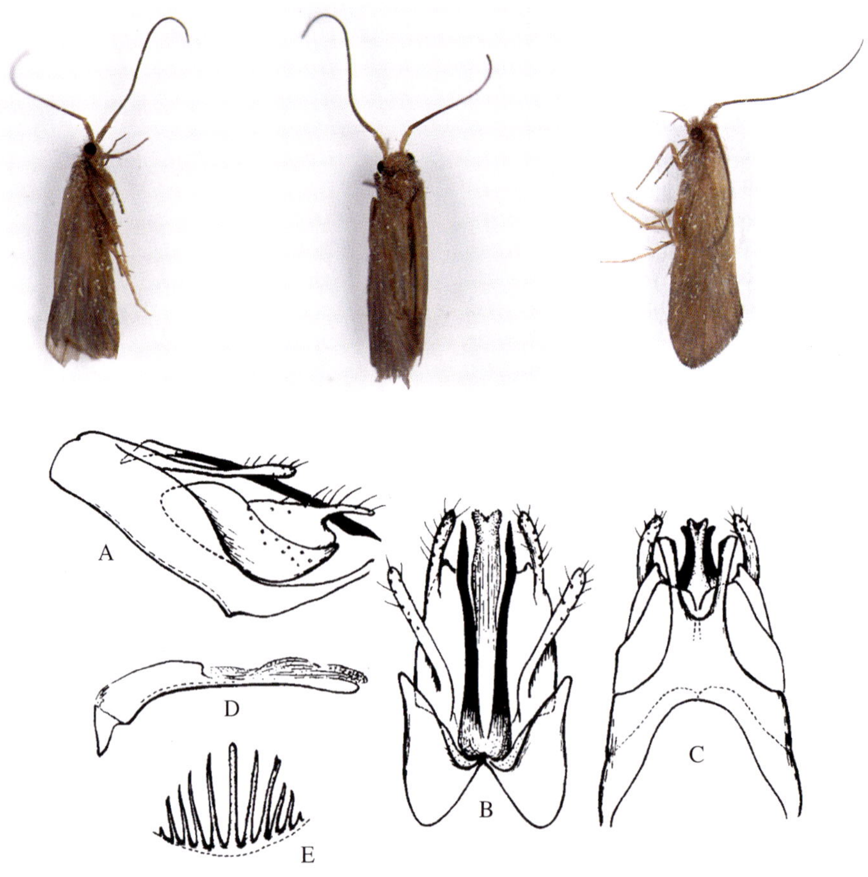

雄外生殖器

A. 侧面观　B. 背面观　C. 腹面观　D. 阳具，侧面观　E. 腹部第6节腹面突起

2. 马氏瘤石蛾 *Goera martynowi* Ulmer, 1932

鉴别特征：前翅长8.0 ~ 9.0mm。体与翅深黄褐色。雄虫触角柄节至少为头部高的1.5倍。第6腹节腹面具一排骨化的栉状刺突，中央长，两侧短。

雄外生殖器：第9腹节侧面观极倾斜，腹板中央向后延伸呈短柄状，末端平截。肛前附肢细长棍棒状。第10节背板仅由一对长形骨化刺组成，端尖，但亚端部略胀大并稍扭曲。下附肢由2节组成，基节粗大，极度倾斜；端节端半部分为2个细枝突，腹面观内肢边缘光滑，弯呈弧形。阳茎细长，槽形，阳茎端膜内似有大量小刺状突起。

分布：江苏（宜兴）、浙江、安徽、江西、湖北、四川、贵州、甘肃。

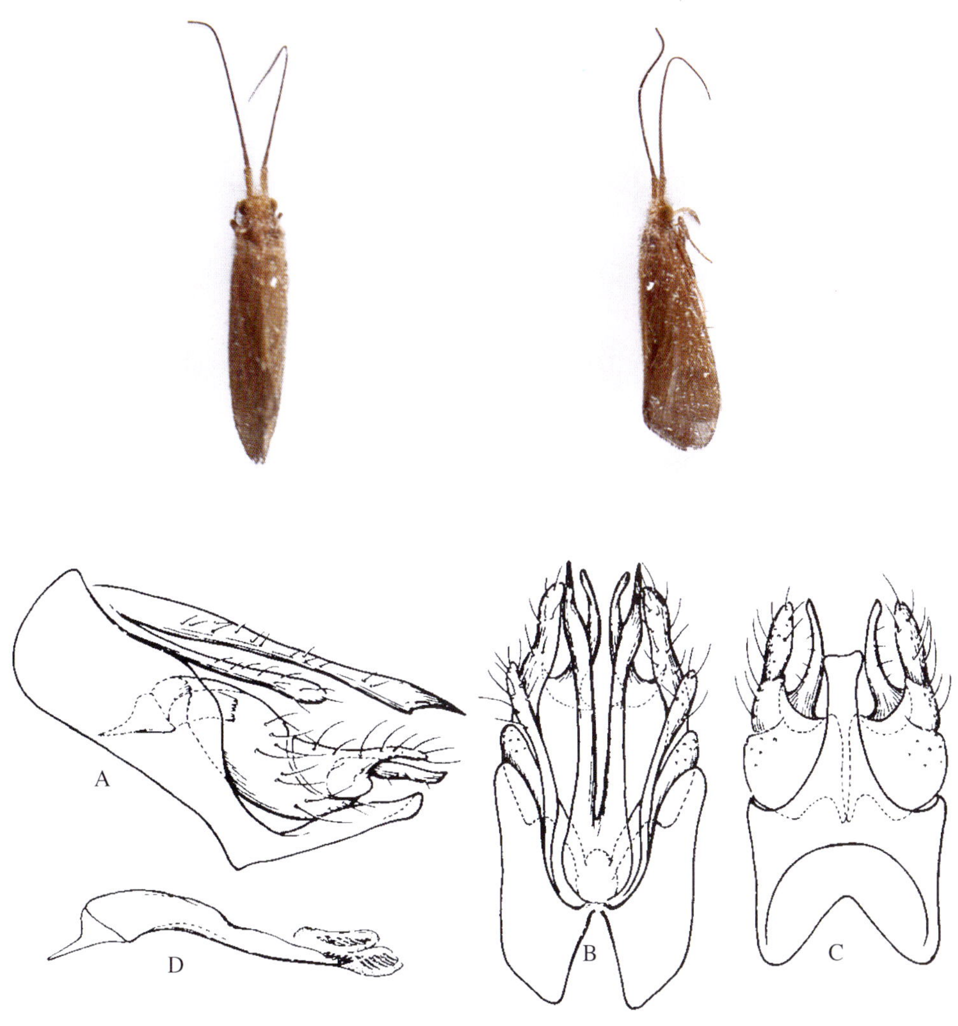

雄外生殖器

A. 侧面观　B. 背面观　C. 腹面观　D. 阳茎侧面观

沼石蛾科 Limnephilidae

长须沼石蛾 *Nothopsyche* sp.

鉴别特征：体黄褐色。触角粗壮，较前翅稍短，深褐色。前翅黄褐色，后翅灰白色。足黄色。

分布：江苏（宜兴）。

等翅石蛾总科 Philopotamoidea

等翅石蛾科 Philopotamidae

1. 双齿缺叉等翅石蛾 *Chimarra sadayu* Malicky, 1993

鉴别特征：前翅长约4.5mm。体黑褐色。触角黑褐色，密生黑色细毛；下唇须、下颚须黑褐色，密生黑色细毛，末节细毛稍少稍短。胸部背面黑色，腹面及侧面深灰色。翅灰褐色，稍具毛。腹部背板及腹板灰褐色，其余部分浅褐色。足灰褐色，胫节、跗节颜色稍深，股节色稍浅，胫距式1-4-4。

（孙长海提供）

雄外生殖器：第8节环形。第9节侧面观背面窄，近顶端略有展开，中部及下部渐扩大并向前倾斜，前缘基本平直，在下方1/4处向前呈60°倾斜，后缘呈"S"字形；背面观前缘中部与第10节紧密结合，后缘凹入呈"U"字形。第10节分为中叶及2侧叶；中叶三角形，扁平；2侧叶背面观似鹿角形，侧面观每叶为粗短的二叉状，上枝粗短略呈方形，基部向下着生一刺状突起，下枝粗短指状，长度约为上枝的2倍，中部向上着生一刺状突起。上附肢粗短近卵形。下附肢一节，侧面观略呈三角形，后缘内凹；腹面观略呈叶状。阳茎基半部卵形；端半部管状，具2根骨刺。

分布：江苏（宜兴）、浙江、福建。

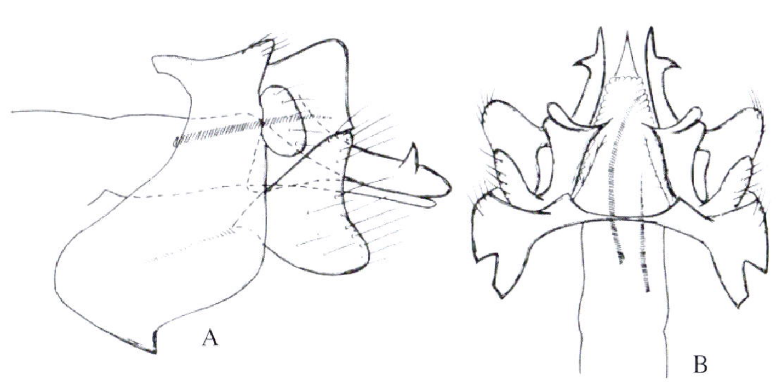

雄外生殖器

A. 侧面观　B. 背面观

2. 刺茎蠕形等翅石蛾 *Wormaldia unispina* Sun, 1998

（孙长海提供）

鉴别特征：前翅长约3.0mm。体褐色。头背面深褐色，颜面浅褐色近于白色；触角灰褐色，第1、2节浅褐色；下颚须灰褐色，关节处具浅褐色环；下唇须浅褐色。胸部灰褐色。翅褐色。腹部灰褐色。足褐色，胫距式2-4-4。

雄外生殖器：第8节背板后缘向后稍突出，中央凹切。第7、8节腹板后缘中央均具舌状突。第9节侧面观前缘向前强烈突出。第10节侧面观中央向上隆起，背面观舌状，仅略骨化。上附肢片状。阳具简单，中央附近具一刺。下附肢基节稍粗壮，端节细长，并略向上方拱起，仅端部内侧具刺状毛。

分布：江苏（宜兴）、浙江。

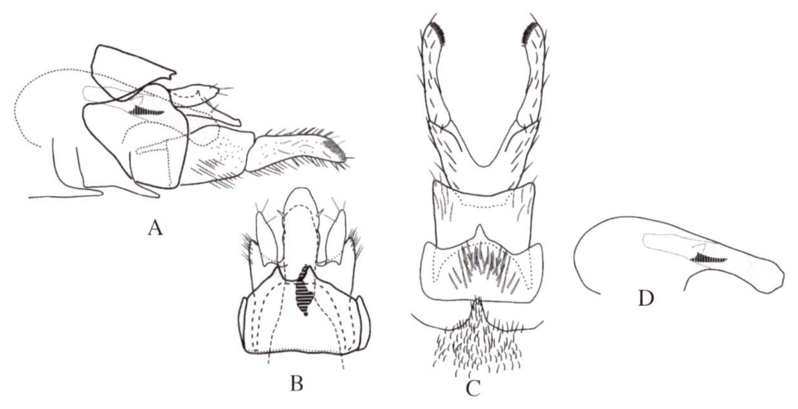

雄外生殖器
A. 侧面观　B. 背面观　C. 腹面观　D. 阳具，侧面观

角石蛾科 Stenopsychidae

天目山角石蛾 *Stenopsyche tienmushanensis* Hwang, 1957

鉴别特征：头部长1.5 ~ 2.0mm，翅长21.5 ~ 22.0mm。前翅亚前缘脉（Sc）、径脉（R）以及中脉（M）之间具纵向排列短条纹，中脉（M）与肘脉（Cu）之间具一块不规则深色斑纹，臀前区中后部具网状斑纹，臀区网状斑纹明显色淡，但可见。

雄外生殖器：第9节侧突细长，末端钝圆，长度约为上附肢的1/3。上附肢细长，近1/2处呈弧状相向弯曲。第10节中央背板细长，似矩形，端部中央浅凹呈双叶状，长度约为上附肢的1/2，背板基部两侧棒状骨化突起，几乎平行排列，略长于中央背板，呈二叉状，上叉长而轻微扭曲，端部尖锐，下叉短而略呈刺状。下附肢亚端背叶与第10节背板约等长，近末端忽然向外弯曲，末端钝圆；下附肢呈大刀状。

分布：江苏（宜兴）、浙江、安徽、陕西、广西、湖南、贵州。

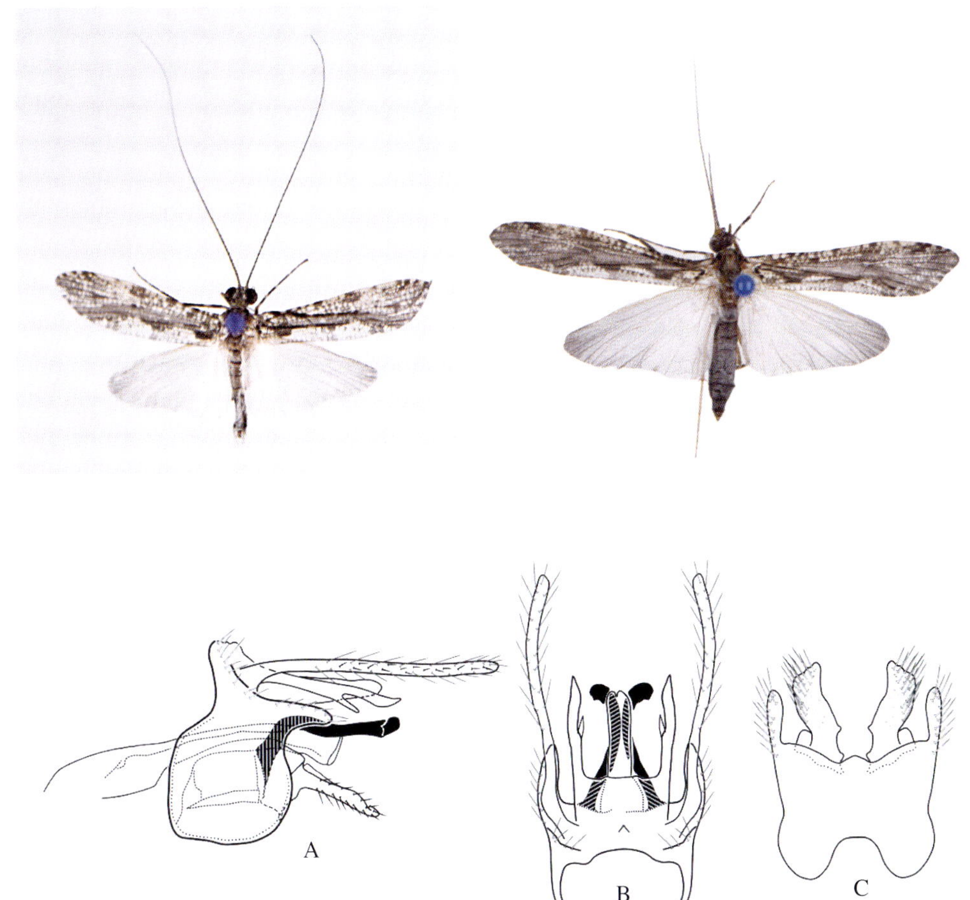

雄外生殖器

A. 侧面观　B. 第9～10节，背面观　C. 第9节与下附肢，腹面观

石蛾总科 Phryganeoidea

拟石蛾科 Phryganopsychidae

宽羽拟石蛾 *Phryganopsyche latipennis* (Banks, 1906)

鉴别特征：前翅长12.0 ~ 15.0mm。头部深色，触角基部深褐色，其余部分黄色至黄褐色。前翅褐色，前翅前缘基半部深褐色，顶角前具一钳形黑色斑；后翅灰白色，前缘区色稍深，亚前缘脉终止处具一深褐色长斑，内嵌一黄白色小斑。

雄外生殖器：第9节背板背面观端缘中央向后强烈延伸呈狭长尖角突，侧面观腹节腹半区较宽，背半区后缘呈凹弧形收窄。第10节背板侧面观长三角形，背面近基部突然向前方内凹；背面观长约为宽的3倍，端部具一深缺刻；基部具一对细长附肢，先折向基腹方，后弯向尾方，近端部1/5 ~ 1/4略膨大，末端渐尖。上附肢短小，长约为宽的2倍，末端圆。下附肢2节，腹面观基肢节基半部宽，内侧缘呈弧形凹缺，端半部螯肢状，分为2支，外支（侧端突）宽扁而端圆，内支（腹端突）略短于外支，细长柱形，末端具弯钩；端肢节细长棍棒状，着生于腹端突侧下方。阳茎简单，阳茎基鞘管状，基部背方具一根阳茎肋，内阳茎基鞘膜质。

分布：江苏、北京、陕西、安徽、浙江、江西、福建；日本、俄罗斯、越南、泰国、缅甸、印度。

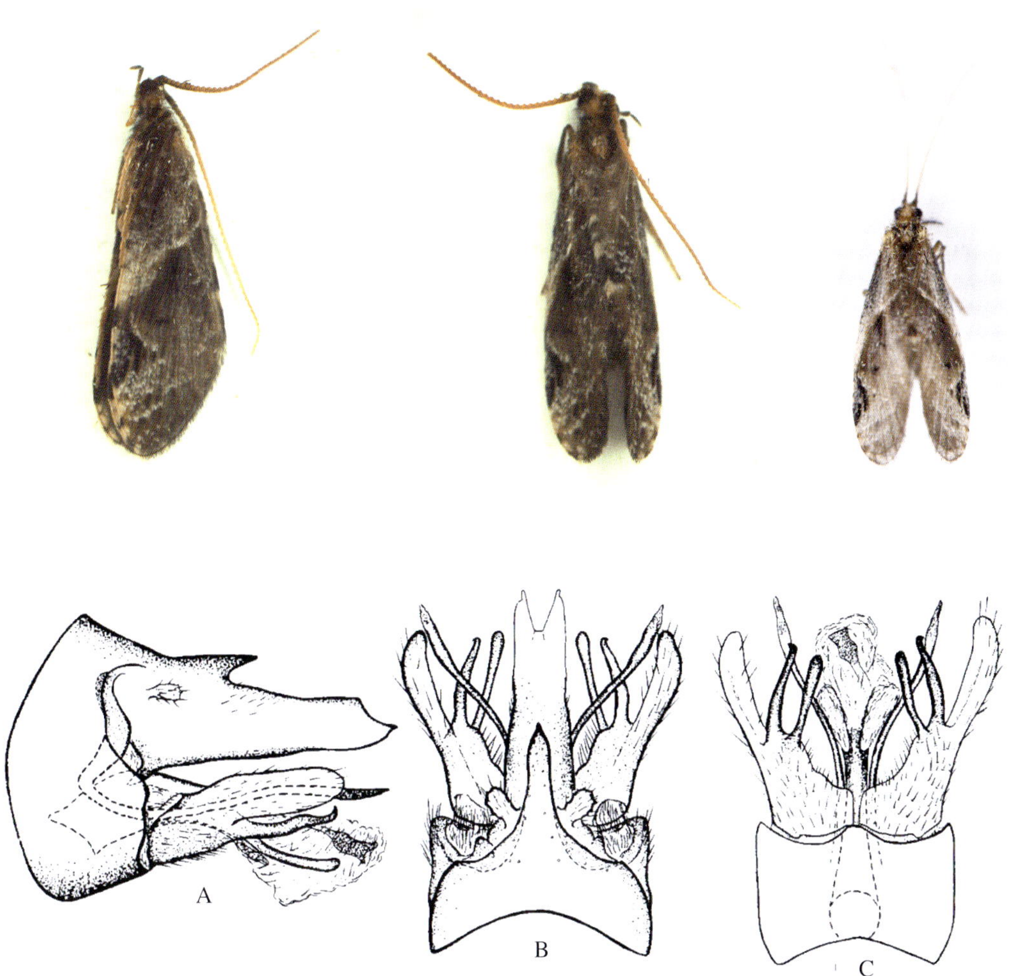

雄外生殖器

A. 侧面观 B. 背面观 C. 腹面观

原石蛾总科 Rhyacophiloidea

原石蛾科 Rhyacophilidae

原石蛾 *Rhyacophila* sp.

鉴别特征：体黑色。头部黑色；触角与前翅近等长，深褐色，具淡色环纹；具单眼；下颚须第2节近球形。前翅黑色，散布不规则黄色斑。前足具一个端前距。

分布：江苏（宜兴）。

中文名索引

A

阿囊花萤…………………… 119
艾氏负子蝽……………… 349
安塞小蠹………………… 187
暗彩尾露尾甲…………… 147
暗黑日萤叶甲…………… 110
暗黑鳃金龟……………… 253
暗黑缘蝽………………… 334
暗栗叩头虫……………… 204
暗色槽缝叩甲…………… 204
暗驼金龟………………… 228
凹带优食蚜蝇…………… 323

B

八点广翅蜡蝉…………… 393
巴氏驼嗡蜣螂…………… 269
白边刺胫长蝽…………… 343
白边大叶蝉……………… 395
白带窝天牛………………80
白腹锐缘象……………… 179
白星花金龟……………… 238
百山祖印叉襀…………… 482
斑苍白牙甲……………… 220
斑蝉……………………… 385
斑翅蝉…………………… 385
斑点大蚊………………… 328
斑点喙丽金龟…………… 256
斑额棒带蛛蜂…………… 421
斑额食尸葬甲…………… 274
斑红蝽亚科……………… 367
斑喙丽金龟……………… 256
斑脊长蝽………………… 342
斑青花金龟……………… 237
斑腿蝗科………………… 457
斑楔齿爪盲蝽…………… 346
斑须蝽…………………… 356
斑衣……………………… 390
斑衣蜡蝉………………… 390
半翅目…………………… 329
孢喙象亚科……………… 171
薄翅锯天牛………………93
薄翅天牛…………………93
薄蝽……………………… 355
北方弯伪瓢虫…………… 137
贝大均跗蕈甲…………… 143
背黑狭胸步甲……………56
背裂跗步甲………………42
倍叉亚科………………… 481
鼻优草螽………………… 466
碧蛾蜡蝉………………… 389
碧伟蜓…………………… 448
扁齿奥锹甲……………… 230
扁蜉金龟………………… 234
扁甲总科………………… 121
扁蚜亚科………………… 378
变侧异腹胡蜂…………… 423
变侧异胡蜂……………… 423
鳖蝽……………………… 351
柄卵姬蜂亚科…………… 420
并缝隐翅虫……………… 287
波鲁莫蕈甲……………… 143
波纹蕈甲………………… 294
博氏歧阎甲……………… 217
布兰勾天牛………………82
布氏扁胫步甲……………51
布氏盘步甲………………51
布氏细胫步甲……………51
布氏眼斑蟋螽…………… 465
布氏准鱼蛉……………… 436
步甲科……………………24
步甲亚科…………………26
步甲总科…………………24

C

彩弯伪瓢虫亚洲亚种…… 138
菜蝽……………………… 358
菜里斯象………………… 171
苍白牙甲亚科…………… 219
藏擎爪泥甲………………21
槽缝叩甲………………… 204
槽缝叩甲亚科…………… 203
草蛉科…………………… 440
草蛉亚科………………… 440
草螽亚科………………… 466
侧刺跳甲…………………97
侧缘大蠊…………………5
侧缘佘氏蠊………………5
叉襀科…………………… 481
叉毛蚊亚科……………… 316
叉通草蛉………………… 440
叉突腺纹石蛾…………… 497
叉亚科…………………… 483

茶翅蝽…………………… 359
茶蛾蜡蝉…………………… 389
茶色金龟子………………… 256
差翅亚目…………………… 448
蝉科……………………… 383
蝉亚科…………………… 383
蝉总科…………………… 383
长贝牙甲………………… 220
长鼻尖头草螽…………… 466
长蝽科…………………… 342
长蝽总科………………… 341
长蠹科……………………10
长蠹亚科…………………10
长蠹总科…………………10
长肩棘缘蝽……………… 332
长角岗缘蝽……………… 333
长角锯谷盗亚科………… 151
长角米萤叶甲…………… 111
长角石蛾科……………… 506
长角石蛾总科…………… 504
长角象科………………… 153
长角象亚科……………… 153
长茎刺鞘牙甲…………… 220
长颈蓝步甲………………40
长裂华绿露螽…………… 475
长裂华绿螽……………… 475
长毛刻爪盲蝽…………… 348
长木蜂…………………… 407
长泥甲科…………………22
长皮蠹亚科………………16
长鞘露尾甲亚科………… 149
长头谷盗………………… 309
长突叶蝉………………… 400
长尾蜓…………………… 448
长须沼石蛾……………… 510
长足弯颈象……………… 187
常跗隐翅虫……………… 286
朝鲜环盲蝽……………… 345
掣爪泥甲科………………21
车轴草叶象……………… 177
橙斑埋葬虫……………… 275
橙萤……………………… 211
齿蛉科…………………… 434
齿蛉亚科………………… 436
齿缘龙虱………………… 193
齿缘鳃金龟……………… 242
齿爪盲蝽亚科…………… 345
赤背步甲…………………42
赤梗天牛…………………95
赤拟谷盗………………… 311
赤塞幽天牛………………95
赤胸步甲…………………42
赤胸梳爪步甲……………42
赤足木蜂………………… 406
臭板虫…………………… 359
臭椿沟眶象……………… 163
臭椿象…………………… 359
臭大姐…………………… 359
臭妮子…………………… 359
樗鸡……………………… 390
春蜓科…………………… 449
椿皮蜡蝉………………… 390
蝽科……………………… 354
蝽亚科…………………… 354
蝽总科…………………… 351
刺副黛缘蝽……………… 335
次护苍边水龟虫………… 220
刺襀科…………………… 490
刺角弓背叩甲…………… 209
刺茎蠕形等翅石蛾……… 512
刺胸蝗亚科……………… 457
粗喙象亚科……………… 172
粗毛步甲…………………47
粗毛肤步甲………………47
粗毛胡麻天牛……………83

D

大斑脊长蝽……………… 342
大扁锹甲华南亚种……… 232
大鳖土蝽………………… 351
大等鳃金龟……………… 242
大端黑萤………………… 213
大蜂虻…………………… 314
大沟步甲…………………31
大光蠊…………………… 7
大黑埋葬虫……………… 274
大黑葬甲………………… 274
大红蝽科………………… 367
大黄缘青步甲……………37
大宽步甲…………………55
大绿异丽金龟…………… 261
大气步甲…………………24
大水虫…………………… 351
大田鳖…………………… 351
大田负蝽………………… 351
大团扇春蜓……………… 449
大卫步甲…………………27
大卫隆金龟……………… 227
大卫硕步甲………………27
大蚊科…………………… 327
大蚊亚科………………… 327
大蚊总科………………… 327
大星步甲…………………26
大星蝽…………………… 367
大蕈甲科………………… 140
大蕈甲亚科……………… 140
大蕈甲…………………… 143
大叶蝉亚科……………… 395
大竹蠹……………………12
带叶蝉…………………… 397
戴锤角粪金龟…………… 227

黛五角步甲……54
单齿蝼步甲……60
淡堇德轴甲…… 301
淡足负泥虫…… 104
荡果隐翅甲…… 280
刀腹茧蜂…… 411
刀腹茧蜂亚科…… 411
刀嵴树甲指名亚种…… 303
刀螳亚科…… 431
刀形树甲…… 303
岛凹胸天牛……95
盗猎蝽亚科…… 370
稻红象…… 169
稻棘缘蝽…… 332
稻绿蝽…… 361
稻针缘蝽…… 332
地长蝽科…… 343
地长蝽亚科…… 343
等翅石蛾科…… 511
等翅石蛾总科…… 511
点线龙虱…… 194
蝶角蛉科…… 443
顶斑边大叶蝉…… 395
鼎脉蜻蜓…… 450
鼎异色灰蜻…… 451
东方斑丽金龟…… 264
东方勃鳃金龟…… 264
东方齿蛉…… 436
东方垫甲…… 300
东方果实蝇…… 325
东方藜丽金龟…… 264
东方丽金龟…… 264
东方蝼蛄…… 463
东方平丽金龟…… 264
东方散天牛……91
东方异丽金龟…… 264
东玛绢金龟…… 247
东突厥蟑螂…… 5
东亚毛肩长蝽…… 344
兜蝽科…… 353
豆二条萤叶甲…… 111
豆蓝丽金龟…… 266
豆平腹蝽…… 364
豆象亚科…… 100
豆圆蝽…… 364
逗斑青步甲……39
毒隐翅虫…… 281
毒隐翅虫亚科…… 281
独角蜣螂虫…… 239
独角仙…… 239
杜松蜻蜓…… 450
端凹窄树甲…… 302
端毛龙虱亚科…… 191
短斑普猎蝽…… 376
短翅豆芫菁…… 293
短翅佛蝗…… 457
短翅花萤…… 201
短翅迅足长蝽…… 343
短额负蝗…… 460
短沟红萤…… 216
短角窗萤…… 212
短角幽天牛……96
短角锥天牛……96
短石蛾总科…… 494
短头叶蝉…… 399
钝角胸肖叶甲…… 113
钝色侧刺叶蚤……98
盾蝽科…… 366
盾蝽亚科…… 366
盾脸姬蜂亚科…… 416
多斑白条天牛……79
多斑枝石蛾…… 504
多孔横沟象…… 181
多瘤雪片象…… 180

E

蛾蜡蝉科…… 389
蛾蜡蝉亚科…… 389
额斑埋葬甲…… 274
二点盾葬甲…… 276
二点红蝽…… 367
二黑条萤叶甲…… 111
二条黄叶甲…… 111
二条金花虫…… 111
二条叶甲…… 111
二突异翅长蠹……10
二纹柱萤叶甲…… 109

F

伐猎蝽…… 374
珐大蕈甲亚科…… 144
珐拟叩甲亚科…… 144
泛叉毛蚊…… 316
番茄象…… 171
方斑弯伪瓢虫指名亚种… 137
方蝶蠃…… 422
方胸肥角锹甲…… 229
方胸青步甲……38
飞虱科…… 388
飞虱亚科…… 388
非洲蝼蛄…… 463
菲隐翅虫…… 288
蜚蠊科…… 4
蜚蠊目…… 1
蜚蠊亚科…… 4
蜚蠊总科…… 4
分离玛绢金龟…… 248
粪金龟科…… 227
枫香凹翅萤叶甲…… 112
蜂虻科…… 314
蜂虻亚科…… 314

缝姬蜂亚科……………… 419
跗锥跗象………………… 161
蜉金龟亚科……………… 234
福建壶步甲………………48
福周艾蕈甲……………… 142
斧螳亚科………………… 430
负蝽科…………………… 349
负泥虫亚科……………… 102
覆葬甲亚科……………… 274

G

甘蓝夜蛾拟瘦姬蜂……… 420
甘薯黑叩头虫…………… 204
杆长蝽科………………… 341
柑橘灰象………………… 176
柑橘小实蝇……………… 325
戈表大蕈甲……………… 142
戈氏大蕈甲……………… 142
格瑞艾蕈甲……………… 142
格氏纹石蛾……………… 499
拱背彩丽金龟…………… 264
拱弯纳拟天牛…………… 295
沟翅皮蠹…………………15
沟翅土天牛………………94
沟姬蜂亚科……………… 415
沟胫天牛亚科……………73
谷蠹………………………14
谷类大蚊………………… 327
谷露尾甲亚科…………… 146
鼓甲科…………………… 218
瓜蝽亚科………………… 353
瓜茄瓢虫………………… 134
寡毛实蝇亚科…………… 325
怪头扁甲………………… 145
关子岭细颚姬蜂………… 416
棺头蟋…………………… 461
光沟异丽金龟…………… 259
光滑花盾隐翅虫………… 278
光肩星天牛………………75
光蠊科…………………… 5
光蠊亚科………………… 5
光猎蝽亚科……………… 370
光鞘薪甲亚科…………… 145
光胸五角步甲……………54
广布梢小蠹……………… 183
广翅蜡蝉科……………… 391
广翅蜡蝉亚科…………… 391
广翅目…………………… 433
广东叉襀………………… 483
广二星蝽………………… 358
广姬蟋…………………… 462
广列毛步甲………………59
广歧瘤石蛾……………… 508
龟蝽科…………………… 364
龟甲亚科………………… 101
龟纹瓢虫………………… 132
龟象……………………… 160
龟象亚科………………… 160
郭公虫科………………… 119
郭公虫总科……………… 119

H

哈氏长节牙甲…………… 223
海索鳃金龟……………… 254
汉森梭腹牙甲…………… 224
蒿金叶甲………………… 101
河北菜蝽………………… 358
荷氏偏小宽肩蝽………… 340
赫绒坚甲………………… 121
褐斑蝉…………………… 385
褐斑蜻蜓………………… 450
褐背小萤叶甲…………… 107
褐蛉总科………………… 440
褐莫缘蝽………………… 336
褐绒坚甲………………… 121
褐突露尾甲……………… 150
褐尾小红叶蝉…………… 401
褐小蠹…………………… 185
褐蕈甲…………………… 140
褐隐蕈甲………………… 140
褐隐蕈甲亚科…………… 140
褐足角胸肖叶甲………… 114
黑阿鳃金龟……………… 241
黑斑绢金龟……………… 254
黑斑细颚姬蜂…………… 417
黑背毛伪龙虱…………… 197
黑背丘蠊………………… 3
黑带蚜蝇………………… 322
黑点粉天牛………………85
黑点尖尾象……………… 162
黑点象天牛………………83
黑粉甲…………………… 304
黑蜂……………………… 407
黑负葬甲………………… 274
黑腹直脉曙沫蝉………… 382
黑覆葬甲………………… 274
黑光猎蝽………………… 370
黑褐大光蠊……………… 5
黑棘缘蝽………………… 332
黑襟毛瓢虫……………… 133
黑胫副奇翅茧蜂………… 408
黑胫侎缘蝽……………… 336
黑菌虫…………………… 304
黑绒金龟………………… 247
黑绒鳃金龟……………… 247
黑守瓜…………………… 106
黑条罗萤叶甲…………… 111
黑条麦萤叶甲…………… 111
黑头曙沫蝉……………… 382
黑尾凹大叶蝉…………… 395
黑尾狭顶叶蝉…………… 398

黑纹伪隆线隐翅虫……… 284
黑胸大蠊…………………… 4
黑胸伪叶甲……………… 298
黑缘椿象………………… 334
黑缘蝽…………………… 334
黑葬甲…………………… 274
黑蚱……………………… 384
黑蚱蝉…………………… 384
黑竹蜂…………………… 407
黑足光猎蝽……………… 370
黑足熊蜂………………… 404
横带短脉纹石蛾………… 495
横带长角纹石蛾………… 502
横脊叶蝉亚科…………… 398
红蝉……………………… 383
红蝽科…………………… 368
红蝽亚科………………… 368
红蝽总科………………… 367
红怠步甲…………………32
红股隶猎蝽……………… 370
红褐环盲蝽……………… 345
红环瓢虫………………… 122
红黄毛棒象……………… 165
红脊胸牙甲……………… 223
红颈菌材小蠹…………… 182
红鳞角胫象……………… 167
红脉熊蝉………………… 384
红娘子…………………… 390
红瓢虫亚科……………… 122
红萍象…………………… 177
红胸负泥虫……………… 103
红胸花蜂………………… 406
红萤科…………………… 216
红萤亚科………………… 216
红长蝽亚科……………… 342
红鬃真蜣蝇……………… 324
红足雕口步甲……………32
红足木蜂………………… 406
后绒步甲…………………64
胡蜂科…………………… 422
胡蜂总科………………… 421
虎甲亚科…………………28
花蝉……………………… 385
花大姐…………………… 124
花金龟亚科……………… 236
花绒寄甲………………… 121
花绒坚甲………………… 121
花绒穴甲………………… 121
花胸姬蜂………………… 413
花萤科…………………… 199
花萤亚科………………… 199
花葬甲…………………… 274
华薄翅天牛………………93
华稻缘蝽………………… 330
华蜡天牛…………………67
华小泅龙虱……………… 196
划蝽科…………………… 337
划蝽亚科………………… 337
划蝽总科………………… 337
环带寡行步甲……………50
环角坡天牛………………88
环毛蜡天牛………………66
幻石蛾科………………… 507
黄斑椿象………………… 357
黄斑大蚊………………… 327
黄斑盘瓢虫……………… 131
黄斑青步甲………………36
黄斑星天牛………………75
黄彩丽金龟……………… 266
黄翅额毛小蠹…………… 184
黄翅蜻…………………… 450
黄翅羽衣………………… 389
黄粉鹿花金龟…………… 236
黄褐鳞石蛾……………… 494
黄褐色蔗龟……………… 242
黄基东螳蛉……………… 442
黄基简脉螳蛉…………… 442
黄脊蝶角蛉……………… 444
黄脉翅萤………………… 214
黄米虫…………………… 105
黄瓢虫…………………… 130
黄鞘婪步甲………………46
黄曲毛小蠹……………… 184
黄色黄𫛮………………… 484
黄闪彩丽金龟…………… 266
黄闪丽金龟……………… 266
黄纹盗猎蝽……………… 372
黄纹天牛…………………76
黄纹小筒天牛……………82
黄星桑天牛………………87
黄星天牛…………………87
黄圆隐食甲……………… 135
黄足毒隐翅虫…………… 281
黄足胡蜂………………… 427
黄足猎蝽………………… 375
黄足蚁形隐翅虫………… 281
黄足直头盗猎蝽………… 375
黄足锥头盗猎蝽………… 375
蝗亚目…………………… 456
蝗总科…………………… 456
灰齿缘龙虱……………… 193
灰黑蜻蜓………………… 450
灰天牛……………………80
秽蜉金龟………………… 235
蟪蛄……………………… 385
混宽弧龙虱……………… 195
混宽龙虱………………… 195

J

姬蝉亚科………………… 383
姬大星蝽………………… 367

姬蜂科……412
姬蜂总科……408
姬蠊科……2
姬蠊亚科……2
基股树甲……303
吉丁科……18
吉丁总科……18
棘手萤……214
脊青步甲……33
脊纹异丽金龟……262
襀翅目……479
襀科……484
襀亚科……487
家茸天牛……72
尖腹隐翅虫亚科……290
尖象……175
尖胸沫蝉科……380
尖胸沫蝉亚科……380
间断玉蕈甲……140
肩优露尾甲……148
渐黑日萤叶甲……110
茧蜂科……408
茧蜂亚科……408
剑角蝗科……456
剑纹恩象……170
酱色齿足茧蜂……409
酱色刺足茧蜂……409
焦小叩头虫……204
角斑贫脊叩甲……203
角斑蚜亚科……377
角蝉总科……395
角顶叶蝉亚科……396
角额姬蜂……414
角石蛾科……512
杰纳斯青步甲……36
截端玛绢金龟……250
截额叩甲……209
结缕草象甲……189
金蝉……384
金龟……124
金龟科……234
金龟总科……227
金合欢坡天牛……89
金环胡蜂……426
金黄指突水虻……320
金星步甲……26
近丝安隐翅虫……278
近小粪蜣螂……269
胫槽叶蝉……396
镜面虎甲……29
九江圆胸花萤……199
居竹伪角蚜……378
橘狭胸天牛……92
橘小实蝇……325
橘小寡鬃实蝇……325
巨暗步甲……31
巨叉大畸螽……467
巨短胸步甲……31
巨胸暗步甲……31
具斑异距枝石蛾……504
具条实蝇……326
距甲科……118
距蟋亚科……464
锯齿蝽……354
锯谷盗科……151
锯谷盗亚科……152
锯角蝶角蛉……443
锯天牛亚科……93
锯缘鳞鳃金龟……244
卷襀科……480
卷象科……158
卷象亚科……158
菌甲亚科……296
菌株阎甲……217

K

咖啡豆象……153
柯隆纹石蛾……498
柯隆线隐翅虫……283
柯氏素菌瓢虫……130
科氏朽木甲……307
可可广翅蜡蝉……391
克里玛绢金龟……246
克罗蝽……362
克氏指突水虻……321
刻翅龙虱……192
刻翅龙虱亚科……192
刻纹苍白牙甲……219
叩甲科……203
叩甲亚科……206
叩甲总科……199
宽斑青步甲……34
宽齿爪盲蝽……346
宽带尖胸沫蝉……380
宽带小象天牛……80
宽缝斑龙虱……194
宽棘缘蝽……331
宽肩蝽科……340
宽羽拟石蛾……514
宽缘伊蝽……354
宽重唇步甲……41
阔胫玛绢金龟……249
阔胫玛绒金龟……249

L

拉步甲……27
蜡蝉科……390
蜡蝉总科……387
婪步甲亚科……30
婪嗡蜣螂……270
蓝盾异丽金龟……260

蓝负泥虫…………………… 102
蓝色九节跳甲……………………99
蓝细颈步甲……………………52
蓝长颈步甲……………………52
烂果露尾甲……………… 150
勒切卷象………………… 158
雷氏三齿长角象………… 156
冷氏司嗡蜣螂…………… 270
离斑虎甲……………………29
离斑指突短柄大蚊……… 327
梨片蟋…………………… 464
梨象亚科………………… 160
里奇丽花萤……………… 200
丽扁角肖叶甲…………… 116
丽金龟亚科……………… 255
丽叩甲…………………… 204
丽青步甲……………………37
丽象蜡蝉………………… 388
丽艳花萤亚科…………… 201
丽蝇科…………………… 318
丽蝇亚科………………… 318
利角弓背叩甲…………… 208
利氏丽花萤……………… 200
栗小蝼步甲……………………59
莲草直胸跳甲……………………96
莲守瓜…………………… 108
楝星天牛……………………76
亮颈盾锹甲……………… 229
亮绿彩丽金龟…………… 108
亮绿蝇…………………… 318
辽宁皮竹节虫…………… 478
列毛步甲……………………58
猎蝽科…………………… 370
猎蝽总科………………… 370
猎长喙象………………… 189
裂茎纹石蛾……………… 500
裂眼蝶角蛉亚科………… 443
鳞石蛾科………………… 494
菱蜡蝉科………………… 387
令箭负蝗………………… 459
刘氏菌甲………………… 297
瘤翅异土甲……………… 309
瘤皮长角象……………… 154
瘤石蛾科………………… 508
瘤缘蝽…………………… 331
柳尖胸沫蝉……………… 381
六斑月瓢虫……………… 131
龙虱科…………………… 191
龙虱亚科………………… 192
龙虱总科………………… 191
隆肩尾露尾甲…………… 148
隆金龟亚科……………… 227
隆线异土甲……………… 308
隆胸露尾甲……………… 146
蝼步甲亚科……………………59
蝼蛄科…………………… 463
蝼蛄亚科………………… 463
鲁氏壶步甲……………………49
陆马蜂…………………… 425
陆牙甲亚科……………… 224
露尾甲科………………… 146
露尾甲亚科……………… 150
露螽亚科………………… 470
卵圆蝽…………………… 360
绿背覆翅螽……………… 476
绿豆象…………………… 100
绿蛾蜡蝉………………… 389
绿胸晏蜓………………… 448
绿缘扁角叶甲…………… 116

M

麻点纹吉丁……………………19
麻皮蝽…………………… 357
麻头长颈步甲……………………44
麻蝇总科………………… 318
马大头…………………… 448
马氏腹突幻石蛾………… 507
马氏瘤石蛾……………… 509
马氏萨蚁形甲…………… 292
马尾松角胫象…………… 167
麦氏姬蜂虻……………… 315
脉翅目…………………… 439
脉翅萤…………………… 215
盲蝽科…………………… 345
盲蝽亚科………………… 347
盲蝽总科………………… 345
盲猎蝽亚科……………… 375
毛边异丽金龟…………… 258
毛翅目…………………… 493
毛壶步甲……………………48
毛黄脊鳃金龟…………… 253
毛喙丽金龟……………… 255
毛茎斑龙虱……………… 194
毛婪步甲……………………45
毛泥甲……………………23
毛泥甲科……………………23
毛盆步甲……………………48
毛皮蠹亚科……………………14
毛蚊科…………………… 316
毛蚊总科………………… 316
矛茧蜂亚科……………… 409
迷卡斗蟋………………… 462
迷形长胸叩甲…………… 207
米扁虫…………………… 152
米牛…………………… 188
秘姬蜂亚科……………… 412
蜜蜂科…………………… 404
蜜蜂亚科………………… 404
蜜蜂总科………………… 404
绵叩甲…………………… 203
棉花弧丽金龟…………… 266

棉蝗……457
棉尖象……174
棉露尾甲……149
棉墨绿金龟……266
黾蝽科……339
黾蝽亚科……339
黾蝽总科……339
名阔胫玛绒金龟……249
膜翅目……403
魔喙象亚科……179
沫蝉科……382
沫蝉总科……380
墨绿彩丽金龟……265
墨胸胡蜂……427
木蜂坚甲……121
木蜂亚科……406
木棉梳角叩甲……206
木色玛绢金龟……247
木叶蝉……397
苜蓿叶象……177
穆氏艾垫甲……297

N

南瓜天牛……77
南小仰蝽……350
尼［泊尔］覆葬甲……275
尼负葬甲……275
尼罗锥须步甲……61
拟步甲科……296
拟步甲亚科……304
拟步甲总科……291
拟苍边水龟虫……219
拟花萤科……119
拟花萤亚科……119
拟花蚤……295
拟花蚤科……295
拟角胸天牛……78
拟蜡天牛……70
拟领土蝽……353
拟石蛾科……514
拟天牛科……295
拟天牛亚科……295
拟叶螽亚科……476
钮褚亚科……484

P

帕瘤卷象……159
潘氏新襀……488
胖叩甲亚科……211
皮蠹科……14
皮蠹亚科……15
皮金龟……273
皮金龟科……273
皮客步甲……32
皮下甲……296
片角叶蝉亚科……400
片茎玛绢金龟……245
瓢虫亚科……123
瓢甲科……122
平背索鳃金龟……255
平额叩甲……211
平行丽阳牙甲……218
珀蝽……362
普拉隐翅虫……289

Q

七星花鸡……124
七星瓢虫……124
七星瓢蜱……124
奇裂跗步甲……41
气步甲亚科……24
前角隐翅虫亚科……277
前纹埋葬甲……274
钳蝽……351
浅褐彩丽金龟……266
浅黄新襀……487
蜣螂……268
蜣螂亚科……268
蜣蝇科……324
锹甲科……229
锹甲亚科……229
鞘翅目……9
切须隐翅虫……282
切眼龙虱亚科……191
秦岭叉长角石蛾……506
青翅毒隐翅虫……281
青翅蚁形隐翅虫……281
青蛾蜡蝉……389
青灰蜻……451
蜻科……450
蜻蜓目……447
琼边广翅蜡蝉……391
蛩螽亚科……467
丘卵步甲……52
曲带弧丽金龟……267
曲脉姬蟋……462
曲缘红蝽……369
全黑襟襀……489

R

日本粗喙象……172
日本额眼长角象……157
日本寡毛象甲……160
日本阔嘴象……172
日本瘤角长角象……153
日本毛蚋……316
日本梢小蠹……183
日本双棘长蠹……12
日本条螽……470
日本通草蛉……441
日本伪龙虱……198

日本伪瓢虫……………… 136
日伊美薪甲……………… 136
日月盗猎蝽……………… 371
日月猎蝽………………… 370
乳白异丽金龟…………… 259
乳黄竹飞虱……………… 388
瑞氏沼梭………………… 196
弱筒天牛…………………82

S

萨棘小划蝽……………… 338
塞幽天牛…………………95
鳃金龟亚科……………… 241
三齿婪步甲………………46
三带短脉纹石蛾………… 496
三角帕蜣螂……………… 272
三刻真龙虱……………… 192
三瘤嗡蜣螂……………… 271
三条熊蜂………………… 405
三星锯谷盗……………… 151
三型异丽金龟…………… 260
散布土叩甲……………… 210
桑缝角天牛………………90
桑龟蝽…………………… 366
桑黄星天牛………………87
桑宽盾蝽………………… 366
桑天牛……………………78
色蟌科…………………… 453
沙螽总科………………… 465
筛豆龟蝽………………… 364
筛孔二节象……………… 180
筛毛盆步甲………………48
筛胸梳爪叩甲…………… 207
山茶象…………………… 169
山桂花竹节虫…………… 478
山叩甲亚科……………… 204
山奈宽侧蝉……………… 385
闪奥达步甲………………52
深斑灰天牛………………80
深褐拟叶螽……………… 476
深绿异丽金龟…………… 259
神户窄胸隐翅虫………… 283
神农洁蜣螂……………… 268
石蛾总科………………… 514
实蝇科…………………… 325
实蝇总科………………… 324
食虫虻总科……………… 314
食蚜蝇科………………… 322
食蚜蝇亚科……………… 322
食蚜蝇总科……………… 322
食植瓢虫亚科…………… 134
屎克螂…………………… 268
世界黑毛皮蠹……………14
似织亚科………………… 467
柿广翅蜡蝉……………… 393
瘦腹水虻亚科…………… 320
瘦瓜天牛…………………76
瘦姬蜂亚科……………… 416
梳爪叩甲………………… 208
蔬菜象…………………… 171
束翅亚目………………… 453
树甲亚科………………… 301
树切蠹亚科………………17
树蟋科…………………… 464
双斑锦天牛………………73
双斑埋葬虫……………… 276
双斑青步甲………………33
双斑玉蕈甲……………… 140
双斑长颈步甲……………31
双叉犀金龟……………… 239
双齿缺叉等翅石蛾……… 511
双翅目…………………… 313
双带拟角胸天牛…………78
双黄足负泥虫…………… 104
双黄足禾谷负泥虫……… 104
双脊姬蜂………………… 415
双瘤剑螽………………… 468
双色刺足茧蜂…………… 409
双线牙甲………………… 222
双星锈天牛………………89
水虻科…………………… 320
水虻总科………………… 320
水知了…………………… 351
水中霸王………………… 351
睡莲小萤叶甲…………… 108
硕蠊总科………………… 2
丝盾冠隐翅虫…………… 278
丝茎玛绢金龟…………… 245
丝青步甲…………………38
丝伪线隐翅虫…………… 284
斯氏刺襀………………… 490
四斑广翅蜡蝉…………… 392
四斑露尾甲……………… 148
四斑裸瓢虫……………… 123
四斑拟蜡天牛……………70
四斑弯沟步甲……………62
四斑狭天牛………………70
四斑小步甲………………62
四川筒栖螽……………… 469
四川隶萤叶甲…………… 110
四川原栖螽……………… 469
四川毡天牛………………91
四突齿甲指名亚种……… 312
四星栗天牛………………70
似纹迹烁划蝽…………… 337
松褐天牛…………………84
松瘤象…………………… 190
松墨天牛…………………84
松木光鞘薪甲…………… 145
松天牛……………………84
俗尖须步甲………………30

素色似织螽…………………467
笋直锥大象…………………187
梭腹牙甲……………………225

T

台甲腹姬蜂…………………413
台湾尖隐喙象多毛亚种……189
台湾奇螽……………………473
台湾弯尾姬蜂………………419
泰坦扁锹甲华南亚种………232
螳科…………………………430
螳螂目………………………429
螳蛉科………………………442
螳蛉亚科……………………442
螳蛉总科……………………442
螳亚科………………………430
桃红颈天牛……………………66
藤蜂…………………………407
天目粗脊天牛…………………71
天目山角石蛾………………512
天目山塞吕象………………182
天牛科…………………………66
天牛亚科………………………66
甜菜筒喙象…………………178
条逮步甲………………………43
跳甲……………………………98
跳甲亚科………………………96
铁色姬天牛……………………67
铁嘴…………………………188
蜓科…………………………448
通缘步甲………………………56
同翅亚目……………………377
铜绿丽金龟…………………258
铜绿异丽金龟………………258
铜细胫步甲……………………30
铜翼毗木蜂…………………407
筒喙象亚科…………………178
透顶单脉色蟌………………453
凸斑苏拟叩甲………………144
秃尾材小蠹…………………187
秃尾足距小蠹………………187
突背斑红蝽…………………368
突胸真裂步甲…………………44
土蝽科………………………351
土蝽亚科……………………351
土叩甲………………………210
驼金龟科……………………228

W

瓦尔纹石蛾…………………501
弯背烁甲……………………305
弯刺黑蝽……………………363
弯沟步甲………………………63
丸甲总科………………………20
完美类轴甲…………………301
宛氏短翅花萤………………201
网脉叶蝉……………………400
网纹长泥甲……………………22
微翅缘蝽亚科………………330
微天牛…………………………74
微小陆牙甲…………………221
伪大光蠊………………………6
伪姬蠊亚科……………………3
伪龙虱科……………………197
伪露尾甲……………………149
伪瓢虫科……………………136
伪条丽阳牙甲………………218
伪叶甲亚科…………………297
纹石蛾………………………501
纹石蛾科……………………495
纹石蛾总科…………………495
纹须同缘蝽…………………334
窝天牛…………………………80
乌黑盗猎蝽…………………373
乌苏苍白牙甲………………219
污背土甲……………………307
污翅斑鱼蛉…………………434
污刺胸猎蝽…………………376
污黑盗猎蝽…………………373
无斑弧丽金龟………………266
无洼溪泥甲……………………20
五斑狭胸步甲…………………57

X

希神木叶蝉…………………398
犀金龟亚科…………………239
溪泥甲科………………………20
膝敌步甲………………………40
蟋蟀科………………………461
蟋蟀亚科……………………461
蟋蟀总科……………………461
蟋螽科………………………465
细背侧刺跳甲…………………98
细侧黄胡蜂…………………424
细颚扁锹甲…………………231
细颚姬蜂……………………418
细花萤科……………………120
细角瓜蝽……………………353
细足猎蝽亚科………………376
狭边青步甲……………………35
狭翅玛蝶角蛉………………444
狭跗伪瓢虫…………………139
狭跗伪瓢虫亚科……………139
狭领纹唇盲蝽………………347
狭胸花萤……………………200
狭胸天牛………………………92
狭胸天牛亚科…………………92
狭长前锹甲…………………231
鲜黄鳃金龟…………………251
显凹平背螽…………………472
显带窝天牛……………………81

显沟平背螽………………… 472
香瓜锈天牛……………………77
象甲科……………………… 160
象甲亚科…………………… 168
象甲总科…………………… 153
象蜡蝉科…………………… 388
小背斑红蝽………………… 367
小扁甲科…………………… 145
小刀螂……………………… 430
小蠹亚科…………………… 182
小腹茧蜂…………………… 410
小腹茧蜂亚科……………… 410
小划蝽科…………………… 338
小黄赤蜻…………………… 452
小尖异长蠹……………………11
小距甲……………………… 118
小距甲亚科………………… 118
小粒材小蠹………………… 186
小粒盾材小蠹……………… 186
小粒绒盾小蠹……………… 186
小蝼蛄……………………… 463
小雀斑龙虱………………… 191
小头沫蝉…………………… 382
小蕈甲科…………………… 294
小蕈甲亚科………………… 294
小仰蝽亚科………………… 350
小叶蝉亚科………………… 401
小圆皮蠹………………………16
小长蠢亚科……………………12
削尾缘胸小蠹……………… 183
肖叶甲科…………………… 113
肖叶甲亚科………………… 113
蝎蝽总科…………………… 349
斜翅粉天牛……………………86
斜翅黑点粉天牛………………86
斜跗步甲………………………50
斜跗步甲属……………………50
斜纹普托象………………… 175
斜纹圆筒象………………… 175
心突倍叉襀 ……………… 481
新媳妇……………………… 124
薪甲科……………………… 145
星天牛…………………………74
行步甲亚科……………………61
胸窗萤……………………… 212
朽木象亚科………………… 161
锈赤扁谷盗………………… 306
须牙甲亚科………………… 218
悬茧蜂……………………… 410
旋心虫……………………… 105
旋心异跗萤叶甲…………… 105
削尾材小蠹………………… 183
穴甲科……………………… 121
穴甲亚科…………………… 121
血红恩蕈甲台湾亚种……… 141
蕈伪瓢虫…………………… 139

Y

牙甲科……………………… 218
牙甲亚科…………………… 220
牙甲总科…………………… 218
蚜科………………………… 377
蚜总科……………………… 377
哑斑异丽金龟……………… 257
亚丝脊胸隐翅虫…………… 278
亚丝异颈隐翅甲…………… 278
烟草甲…………………………17
芫菁科……………………… 293
芫菁亚科…………………… 293
阎甲科……………………… 217
阎甲亚科…………………… 217
阎甲总科…………………… 217
眼斑齿胫天牛…………………87
眼伪叶甲…………………… 299
殃叶蝉亚科………………… 398
仰蝽科……………………… 350
仰蝽总科…………………… 350
腰壶步甲………………………49
咬跐虫……………………… 351
耶氏短胸龙虱……………… 191
叶蝉科……………………… 395
叶蝉亚科…………………… 399
叶郭公虫亚科……………… 119
叶甲科…………………………96
叶甲亚科…………………… 101
叶甲总科………………………66
叶象亚科…………………… 177
伊细花萤…………………… 120
疑梭腹牙甲………………… 225
疑小蝼步甲……………………60
乙蠊…………………………… 2
蚁巢隐翅虫………………… 277
蚁谷蚁形甲………………… 292
蚁蛉总科…………………… 443
蚁形甲科…………………… 291
蚁形甲亚科………………… 291
异翅亚目…………………… 330
异腹胡蜂…………………… 423
异花萤……………………… 199
异角青步甲……………………39
异色灰蜻…………………… 450
异色瓢虫…………………… 125
异形隐翅虫亚科…………… 278
异爪麻点龙虱……………… 191
熠萤………………………… 215
熠萤亚科…………………… 278
音锉伪瓢虫亚科…………… 137
隐翅虫科…………………… 277
隐翅虫亚科………………… 286
隐翅虫总科………………… 274
隐唇露尾甲亚科…………… 148

隐喙象亚科……………… 162
隐颏象科………………… 187
隐颏象亚科……………… 187
隐食甲科………………… 135
樱桃红蟑螂……………… 5
萤科……………………… 211
萤亚科…………………… 211
萤叶甲亚科……………… 105
影等鳃金龟……………… 243
勇斧螳…………………… 430
优茧蜂亚科……………… 410
尤氏华钮䗛……………… 486
尤氏曙沫蝉……………… 382
油松四眼小蠹…………… 185
疣侧裸蜣螂……………… 269
游果隐翅虫……………… 280
游突隐翅虫……………… 280
鱼蛉亚科………………… 434
榆黄金花虫……………… 113
榆黄毛萤叶甲…………… 113
榆黄叶甲………………… 113
玉米鳞斑肖叶甲………… 116
玉米象…………………… 188
原石蛾…………………… 516
原石蛾科………………… 516
原石蛾总科……………… 516
圆腹盗猎蝽……………… 373
圆革土蝽………………… 352
圆脊异丽金龟…………… 263
圆角怠步甲………………32
圆鞘隐盾豉甲…………… 218
圆臀大黾蝽……………… 339
圆窝斜脊象……………… 173
圆胸隐翅虫……………… 290
圆隐食甲亚科…………… 135
圆锥毛棒象……………… 166
缘蝽科…………………… 331
缘蝽亚科………………… 331
缘蝽总科………………… 330
月斑沟蕈甲……………… 140
悦弯沟步甲………………63
云斑白条天牛……………79
云斑天牛………………… 409
云纹虎甲…………………28

Z

杂弧龙虱………………… 195
葬甲科…………………… 274
葬甲亚科………………… 276
葬真泥甲…………………21
蚤跳甲…………………… 100
紫藤阿西克象甲………… 179
柞栎象…………………… 168
蚱蝉……………………… 383
窄齿甲…………………… 311
窄吉丁亚科………………18
窄须伪瓢虫亚科………… 136
爪哇屁步甲………………25
沼石蛾科………………… 510
沼石蛾总科……………… 507
沼梭科…………………… 196
沼泽象亚科……………… 177
浙江扣䗛………………… 485
浙江诺䗛………………… 480
真泥甲科…………………21
镇江布里隐翅虫………… 279
枝石蛾科………………… 504
直齿蚁形甲指名亚种…… 291
直翅目…………………… 455
直缝隐翅虫……………… 287
直红蝽…………………… 368
直喙象亚科……………… 190
中稻缘蝽………………… 330
中国扁锹甲……………… 232
中国泥色天牛……………92
中国烁甲………………… 305
中褐盲猎蝽……………… 375
中华阿萤叶甲…………… 106
中华奥锹甲……………… 230
中华斑鱼蛉……………… 435
中华半掩耳螽…………… 470
中华半掩螽……………… 470
中华布里隐翅虫………… 279
中华糙颈螽……………… 474
中华叉趾铁甲…………… 101
中华齿缘隐翅虫………… 286
中华大扁………………… 232
中华大刀螳……………… 431
中华垫甲………………… 300
中华缝角天牛……………89
中华冠脊菱蜡蝉………… 387
中华广肩步甲……………26
中华褐金龟……………… 256
中华黑缝步甲……………53
中华虎甲…………………28
中华喙丽金龟…………… 256
中华脊头鳃金龟………… 252
中华剑角蝗……………… 456
中华金星步甲……………26
中华巨基小头水虫……… 196
中华蜡天牛………………67
中华里姬蜂……………… 415
中华萝藦肖叶甲………… 115
中华裸角天牛……………93
中华泥色天牛……………92
中华诺䗛………………… 480
中华鳃金龟……………… 251
中华桑天牛………………67
中华食植瓢虫…………… 134
中华水梭………………… 196
中华象…………………… 169

中华晓扁犀金龟…………240
中华星步甲…………26
中华星齿蛉…………437
中华星天牛…………74
中华行步甲…………64
中华蚱蜢…………456
中华竹紫天牛…………68
中喙丽金龟…………256
中型邻烁甲…………310
螽斯科…………466
螽斯总科…………466
螽亚目…………461
皱单象甲…………164
皱枚基象…………164
皱纹隐翅虫…………284
皱胸负泥虫…………103
皱胸粒肩天牛…………78
皱胸长沟象…………164
朱肩丽叩甲…………205
朱绿蝽…………362
蛛蜂科…………421
蛛甲科…………17
蛛缘蝽科…………330
竹斑长蝽…………341
竹大象…………187
竹长蠹…………13
竹蜂…………407
竹红天牛…………68
竹后刺长蝽…………341
竹尖胸沫蝉…………380
竹节虫科…………478
竹节虫目…………477
竹茎扁蚜…………378
竹宽缘伊蝽…………354
竹卵圆蝽…………360
竹木蜂…………406
竹梢凸唇斑蚜…………377
竹笋大象虫…………187
竹直锥象…………187
蠋步甲…………42
柱蜉金龟…………234
椎角幽天牛…………96
椎天牛亚科…………95
锥天牛…………96
锥头蝗科…………459
锥头蝗亚科…………459
锥头蝗总科…………459
锥尾叩甲…………206
锥象科…………160
锥须步甲…………62
紫罗兰窄吉丁…………18
棕静螳…………430
棕色玛绢金龟…………245
棕污斑螳螂…………430
钻心虫…………105

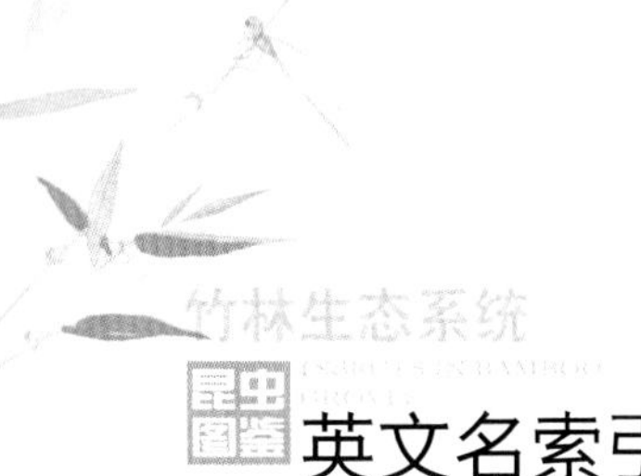

英文名索引

A

Abscondita sp. ······214
Abscondita anceyi ······213
Acalolepta sublusca ······73
Acanthocoris scaber ······331
Acheron trux ······443
Acicnemis palliata ······179
Acidocerinae ······218
Aclees cribratus ······180
Acrida cinerea ······456
Acrididae ······456
Acridoidea ······456
Acroneuriinae ······484
Acroricnus ambulator ambulator ······412
Acupalpus inornatus ······30
Adelocera sp. ······203
Adoretus hirsutus ······255
Adoretus sinicus ······256
Adoretus tenuimaculatus ······256
Adrisa magna ······351
Aechmura subtuberculata ······162
Aegosoma sinicum ······93
Aegus laevicollis ······229
Aenaria pinchii ······354
Aeoloderma agnatus ······203
Aeschnidae ······448
Agabinae ······191
Agasicles hygrophila ······96
Agonum chalcomum ······30
Agrilinae ······18
Agrilus pterostigma ······18
Agriotes sp. ······206
Agrypninae ······203
Agrypnus musculus ······204
Ahasverus advena ······152
Aleocharinae ······277
Allomyrina dichotoma ······239
Alphitobius diaperinus ······304
Altica sp. ······98
Alticinae ······96
Alydidae ······330
Amara gigantea ······31
Amarygmus curvus ······305
Amarygmus sinensis ······305
Amblyopus interruptus ······140
Ambrosiodmus rubricollis ······182
Amphinemura cordiformis ······481
Amphinemurinae ······481
Anaedus mroczkowskii ······297
Anaesthetobrium luteipenne 74
Anamorphinae ······136
Anax parthenope julius ······448
Ancylopus borealior ······137
Ancylopus phungi phungi 137
Ancylopus pictus asiaticus 138
Angustella nigricauda ······398
Anisocentropus maculatus 504
Anisopinae ······350
Anisops exiguus ······350
Anisoptera ······448
Anomala acutangula ······257
Anomala corpulenta ······258
Anomala coxalis ······258
Anomala laevisulcata ······259
Anomala semicastanea ······260
Anomala triformis ······260
Anomala virens ······261
Anomala viridicostata ······262
Anomala viridisericea ······263
Anoplophora chinensis ······74
Anoplophora glabripennis 75
Anoplophora horsfieldi ······76
Anotylus subsericeus ······278
Anthelephila bramina bramina ······291
Anthicidae ······291
Anthicinae ······291
Anthrenus verbasci ······16
Anthribidae ······153
Anthribinae ······153
Apataniidae ······507
Apatidelia martynovi ······507
Aphanobius alaomorphus 207
Aphididae ······377
Aphidoidea ······377
Aphodiinae ······234
Aphrophora horizontalis ······380
Aphrophora pectoralis ······381
Aphrophoridae ······380
Aphrophorinae ······380

Aphthona sp. ··············· 97
Aphthona strigosa ········· 98
Apidae ························ 404
Apinae ························ 404
Apioninae ··················· 160
Apogonia cupreoviridis ··· 241
Apoidea ····················· 404
Apomecyna naevia ········· 76
Apomecyna saltator ········ 77
Apophylia flavovirens ······ 105
Apriona rugicollis ········· 78
Aquarius paludum ········· 339
Araecetus fasciculatus ··· 153
Archicolliuris bimaculata ...31
Arhopaloscelis sp. ········· 78
Aromia bungii ··············· 66
Arthrotus chinensis ········ 106
Ascalaphidae ················ 443
Ascalaphinae ················ 443
Ascalohybris subjacens ··· 444
Asiloidea ···················· 314
Atomaria lewisi ············ 135
Atomariinae ················· 135
Atractomorpha sagittaris 459
Atractomorpha sinensis ··· 460
Attageninae ················· 14
Attagenus unicolor ········· 14
Attalus sp. ·················· 119
Attelabidae ·················· 158
Attelabinae ·················· 158
Aulacochilus luniferus ··· 140
Aulacophora nigripennis ··· 106

B

Bactrocera dorsalis ········· 325
Bactrocera scutellata ······ 326
Bambusiphaga lacticolorata 388
Basilepta davidi ··········· 113
Basilepta fulvipes ········· 114
Batocera horsfieldi ········· 79
Batozonellus maculifrons 421
Batracomorphus sp. ······ 400
Belostomatidae ············ 349
Belostomatinae ············ 349
Bembidion niloticum batesi 61
Bembidion sp. ·············· 62
Berosus elongatulus ······ 220
Bibionidae ·················· 316
Bibionoidea ················· 316
Blaberoidea ·················· 2
Blattaria ······················· 1
Blattellidae ··················· 2
Blattellinae ··················· 2
Blattidae ······················ 4
Blattinae ······················ 4
Blattoidea ····················· 4
Bledius chinensis ··········· 279
Bledius chinkiangensis ··· 279
Blepephaeus succinctor ··· 80
Blissidae ···················· 341
Bolboceratinae ············ 227
Bolbotrypes davidis ········ 227
Bombus (*Diversobombus*) *trifasciatus* ··············· 405
Bombus (*Tricornibombus*) *atripes* ······················ 404
Bombyliidae ················ 314
Bombyliinae ················ 314
Bombylius major ··········· 314
Bostrichidae ················ 10
Bostrichinae ················ 10
Bostrichoidea ·············· 10
Bostrychopsis parallela ··· 12
Bothrideridae ·············· 121
Bothriderinae ·············· 121
Bothrogonia ferruginea ···395
Brachininae ················ 24
Brachinus scotomedes ······ 24
Brachycentroidea ········· 494
Brachymna tenuis ········· 355
Brachythemis contaminata 450
Braconidae ················· 408
Braconinae ················· 408
Bradycellus subditus ······ 32
Brentidae ··················· 160
Brontinae ··················· 151
Bruchinae ·················· 100
Buprestidae ················· 18
Buprestoidea ··············· 18
Byrrhoidea ·················· 20

C

Caelifera ···················· 456
Caelostomus picipes ······ 32
Calamoceratidae ··········· 504
Calaphidinae ·············· 377
Calliphoridae ·············· 318
Calliphorinae ·············· 318
Callosobruchus chinensis ··· 100
Calopterygidae ············ 453
Calopteryginae ············ 453
Calosoma chinense ······ 26
Calosoma maximoviczi ··· 26
Calvia muiri ··············· 123
Campsosternus auratus ···204
Campsosternus gemma ···205
Canoixus japonicus ········ 172
Cantharidae ················ 199
Cantharinae ················ 199
Canthydrus nitidulus ······ 197
Carabidae ··················· 24

Carabinae ………………… 26
Caraboidea ………………… 24
Carabus davidis ………… 27
Carabus lafossei ………… 27
Carpelimus vagus ………280
Carpophilinae ……………146
Carpophilus obsoletus …146
Cassidinae …………………101
Catantopidae ……………457
Catharsius molossus ……268
Cephalallus unicolor …… 95
Cerambycidae …………… 66
Cerambycinae …………… 66
Cercopidae ………………382
Cercopoidea ……………380
Cercyon (*Clinocercyon*) *hanseni* …………………224
Cercyon (*Clinocercyon*) *incretus* ………………225
Cercyon sp.1 ……………225
Cercyon sp.2 ……………226
Ceresium elongatum …… 66
Ceresium sinicum ……… 67
Cetoniinae ………………236
Ceutorhynchinae …………160
Ceutorrhynchus sp. ………160
*Charagochilus angusticollis*347
Chauliodinae ……………434
Chauliognathinae ………201
Cheumatopsyche infascia 495
Cheumatopsyche trifascia 496
Chimarra sadayu ………511
Chlaenius bimaculatus … 33
Chlaenius costiger ……… 33
Chlaenius hamifer ……… 34
Chlaenius inops ………… 35
Chlaenius janus ………… 36
Chlaenius micans ……… 36
Chlaenius nigricans …… 37
Chlaenius pericallus …… 37
Chlaenius sericimicans … 38
Chlaenius tetragonoderus 38
Chlaenius variicornis …… 39
Chlaenius virgulifer …… 39
Chondracris rosea ………457
Chrysochus chinensis ……115
Chrysolina aurichalcea …101
Chrysomelidae ………… 96
Chrysomelinae …………101
Chrysomeloidea ………… 66
Chrysoperla furcifera ……440
Chrysoperla nipponensis 441
Chrysopidae ……………440
Chrysopinae ……………440
Cicadellidae………………395
Cicadellinae………………395
Cicadettinae………………383
Cicadidae…………………383
Cicadinae…………………383
Cicadoidea ………………383
Cicindela chinensis ……… 28
Cicindela elisae ………… 28
Cicindela separata ……… 29
Cicindela specularis …… 29
Cicindelinae …………… 28
Cimicicapsus sp. …………345
Cixiidae …………………387
Cleridae …………………119
Cleroidea …………………119
Cletus punctiger …………332
Cletus schmidti …………331
Cletus trigonus …………332
Clivina castanea ………… 59
Clivina vulgivaga ……… 60
Cnestus mutilatus ………183
Coccidulinae ……………122
Coccinella septempunctata 124
Coccinellidae ……………122
Coccinellinae ……………123
Coleoptera …………………9
Colpotrochia pilosa pilosa … 416
Colymbetinae ……………191
Conarthrus tarsalis ………161
Conocephalinae …………466
Copelatinae ………………192
Copelatus sp. ……………192
Coraebus leucospilotus … 19
Coreidae …………………331
Coreinae …………………331
Coreoidea ………………330
Corixidae…………………337
Corixinae…………………337
Corixoidea ………………337
Corticaria pineti …………145
Corticariinae ……………145
Corticeus sp. ……………296
Corydalidae ………………434
Corydalinae ………………436
Cossoninae ………………161
Criocerinae ………………102
Cryphalus piceae ………183
Cryptarchinae ……………148
Cryptinae…………………412
Cryptolestes ferrugineus …306
Cryptophagidae …………135
Cryptophilinae……………140
Cryptophilus integer ……140
Cryptopleurum subtile …221
Cryptorhynchinae ………162
Cryptotympana atrata ……383
Cucujoidea ………………121

Curculio arakawai ········168
Curculio chinensis ········169
Curculionidae ··············160
Curculioninae ··············168
Curculionoidea ············153
Curtos costipennis ········214
Curtos sp. ················215
Cybister tripunctatus lateralis ·····················192
Cycadophila (*Cycadophila*) *discimaculata* ············144
Cyclominae ················171
Cydnidae ···················351
Cydninae ···················351
Cyrtacanthacridinae ······457
Cyrtogenius luteus ········184
Cyrtotrachelus thompsoni 325

D

Dacinae ····················328
Dactylispa chinensis ······101
Dastarcus helophoroides 121
Delphacidae················388
Delphacinae················388
Deltocephalinae ············396
Dendrometrinae ············204
Deraeocorinae ··············345
Deraeocoris ater ···········346
Deraeocoris josifovi ······346
Dermestes freudei ········ 15
Dermestidae ··············· 14
Dermestinae ··············· 15
Derosphaerus subviolaceus ··············301
Desera geniculata ········ 40
Desisa subfasciata ········ 80
Desisa takasagoana ······ 81
Diadegma akoensis ········419
Diamesus bimaculatus ···276
Diaperinae ·················296
Diaperis lewisi lewisi ······297
Diaphanes citrinus ········211
Diaphanes sp. ··············212
Dicronocephalus wallichii 236
Dictyopharidae ············388
Dineutus mellyi ············218
Dinidoridae ················353
Dinoderinae················ 12
Dinoderus minutus ········ 13
Diplectrona furcata ········497
Diplocheila zeelandica ··· 41
Diplonychus esakii ········349
Diptera······················313
Dischissus mirandus ······ 41
Dischissus notulatus ······ 42
Dolichus halensis ········ 42
Dolycoris baccarum ······356
Doranalia klapperichi······307
Doryctinae ·················409
Dorysthenes fossatus ······ 94
Dorytomus roelofsi ········169
Drabescus sp. ··············396
Dryophthoridae ············187
Dryophthorinae ············187
Drypta lineola ············· 43
Ducetia japonica···········470
Dynastinae ·················239
Dytiscidae ·················191
Dytiscinae ·················192
Dytiscoidea ················191

E

Ectrichodiinae ··············370
Ectrychotes andreae ······370
Elateridae ·················203
Elaterinae ·················206
Elateroidea ················199
Elmidae ··················· 20
Encaustes cruenta formosana ··············141
Endaeus striatipennis ······170
Endomychidae··············136
Enicospilus kanshirensis···416
Enicospilus melanocarpus ··· 417
Enicospilus sp.1 ···········418
Enicospilus sp.2 ···········418
Enochrinae ·················219
Enochrus simulans ········219
Enochrus subsignatus ······220
Ensifera ····················461
Entimininae ················172
Eophileurus chinensis ······240
Eoscarta assimilis ········382
Epicauta aptera ···········293
Epiglenea comes ········ 82
Epilachna admirabilis······134
Epilachna chinensis ······134
Epilachninae ··············134
Epilampridae ················5
Epilamprinae ················5
Episcapha fortunii ········142
Episcapha gorhami ········142
Episyrphus balteatus ······322
Epuraea (*Haptoncus*) *fallax* ····················149
Epuraea (*Haptoncus*) *luteolus* ····················149
Epuraea pallescens ······150
Epuraeinae ················149
Eretes griseus ·············193
Erirhininae ················177

Erotylidae ……………… 140
Erotylinae ……………… 140
Erthesina fullo ……………… 357
Eucolliuris litura ……………… 44
Euconocephalus nasutus ……… 466
Eucryptorrhynchus brandti ……………… 163
Euhemicera pulchra ……… 301
Eulichadidae ……………… 21
Eulichas (*Eulichas*) *funebris* ……………… 21
Eumenes quadratus ……… 422
Eumolpidae ……………… 113
Eumolpinae ……………… 113
Euops lespedezae ……… 158
Eupeodes nitens ……… 323
Euphorinae ……………… 410
Eupyrgota rufosetosa ……… 324
Eurydema dominulus ……… 358
Euscelinae ……………… 398
Euschizomerus liebki ……… 44
Evacanthinae ……………… 398
Exocentrus blanditus ……… 82
Exolontha serrulata ……… 242
Exolontha umbraculata ……… 243
Exomala orientalis ……… 264
Exoristinae ……………… 317
Eysarcoris ventralis ……… 358

F

Flatidae ……………… 389
Flatinae ……………… 389
Flavoperla biocellata ……… 484
Fulgoridae ……………… 390
Fulgoroidea ……………… 387

G

Galerucella grisescens ……… 107
Galerucella nymphaea ……… 108
Galerucinae ……………… 105
Gallerucida bifasciata ……… 109
Gametis bealiae ……… 237
Geisha distinctissima ……… 389
Gelinae ……………… 415
Geotrupidae ……………… 227
Gerridae ……………… 339
Gerrinae ……………… 339
Gerroidea ……………… 339
Glischrochilus japonicus ……… 148
Goera diversa ……… 508
Goera martynowi ……… 509
Goeridae ……………… 508
Gomphidae ……………… 449
Gonocephalum coenosum ……… 307
Gonocerus longicornis ……… 333
Gotra octocincta ……… 413
Gryllacrididae ……………… 465
Gryllidae ……………… 461
Gryllinae ……………… 461
Grylloidea ……………… 461
Gryllotalpa orientalis ……… 463
Gryllotalpidae ……………… 463
Gryllotalpinae ……………… 463
Gymnopleurus brahmina ……… 269
Gynacantha ……………… 448
Gyrinidae ……………… 218

H

Haliplidae ……………… 196
Haliplus regimbarti ……… 196
Halyomorpha halys ……… 359
Harmonia axyridis ……… 125
Harpalinae ……………… 30
Harpalus griseus ……… 45
Harpalus pallidipennis ……… 46
Harpalus tridens ……… 46
Helochares pallens ……… 218
Hemerobioidea ……………… 440
Hemielimaea (*Hemielimaea*) *chinensis* ……………… 470
Hemigaster taiwana ……… 413
Hemiptera ……………… 329
Heterobostrychus hamatipennis ……………… 10
Heteroceridae ……………… 22
Heterocerus fenestratus ……… 22
Heteroptera ……………… 330
Heterotarsus carinula ……… 308
Heterotarsus pustulifer ……… 309
Hexacentrinae ……………… 467
Hexacentrus unicolor ……… 467
Hierodula membranacea 430
Hierodulinae ……………… 430
Hippotiscus dorsalis ……… 360
Histeridae ……………… 217
Histerinae ……………… 217
Histeroidea ……………… 217
Homoeocerus striicornis 334
Homoptera ……………… 377
Homotechnes sp. ……… 211
Hormaphidinae ……………… 378
Horridipamera lateralis ……… 343
Huechys sanguine ……… 383
Hybosoridae ……………… 228
Hydaticus grammicus ……… 194
Hydaticus rhantoides ……… 194
Hydnocerinae ……………… 119
Hydrophilidae ……………… 218
Hydrophilinae ……………… 220

Hydrophiloidea ············218
Hydrophilus bilineatus caschmirensis ············222
Hydropsyche columnata ···498
Hydropsyche grahami ······499
Hydropsyche simulata ···500
Hydropsyche sp. ············501
Hydropsyche valvata ······501
Hydropsychidae ············495
Hydropsychoidea ·········495
Hygia opaca ···············334
Hymenoptera
Hypera postica ············177
Hyperinae ··················177
Hypnogyra sinica ·········286
Hypnoidinae ···············211
Hypothenemus sp. ·········185

I

Iassinae ····················399
Iassus sp. ····················399
Ichneumonidae ············412
Ichneumonoidea ············408
Ichthyurus sp. ···············201
Ichthyurus vandepolli ······201
Idgia granulipennis ·········120
Idiocerinae ··················400
Idiophyes niponensis ······136
Illeis koebelei ···············130
Indonemoura baishanzuensis ············482
Isopsera sulcata ············472
Isotima sp. ··················415

J

Japonitata nigricans ······110

K

Kahaono sp. ···············401
Kiotina chekiangensis ······485
Kolla paulula ···············395
Krisna sp. ··················400

L

Labarrus sp. ···············234
Laccobius hammondi ······223
Lachnoderma asperum ··· 47
Lachnolebia cribricollis ··· 48
Lagria nigircollis ·········298
Lagria ophthalmica ·········299
Lagriinae ····················297
Lamiinae ···················· 73
Lampyridae ··················211
Lampyrinae ··················211
Largidae ····················367
Lasioderma serricorne ··· 17
Latheticus oryzae ·········309
Latridiidae ··················145
Lebia fukiensis ··········· 48
Lebia iolanthe ··········· 49
Lebia roubali ·············· 49
Lema concinnipennis ······102
Lema fortunei ···············103
Lemnia saucia ···············131
Lepidiota praecellens ······244
Lepidostoma flavum ······494
Lepidostomatidae ·········494
Leptelmis sp. ·············· 20
Leptoceridae ···············506
Leptoceroidea ···············504
Leptocorisa chinensis ······330
Lestomerus femoralis ······370
Leuctridae ··················480
Leuctrinae ··················480
Libellulidae ··················450
Lilioceris cheni ············103
Limnephilidae ···············510
Linephiloidea ···············507
Liroetis sichuanensis ······110
Listroderes costirostris ···171
Listrognathus sp. ············414
Lithocharis sp. ···············281
Litochila sinensis ·········415
Lixininae ····················178
Lixus (Phillixus) subtilis ···178
Loxoblemmus sp. ············461
Loxoncus circumcinctus ··· 50
Loxonrepis sp. ··············· 50
Lucanidae ··················229
Lucaninae ··················229
Lucilia illustris ············318
Luciola sp. ··················215
Luciolinae ··················213
Lycidae ····················216
Lycinae ····················216
Lycocerus sp. ··············199
Lycoperdininae ············137
Lycorma delicatula ·········390
Lygaeidae ··················342
Lygaeinae ··················342
Lygaeoidea ··················341
Lyprops orientalis ·········300

M

Macroscytus fraterculus ···352
Macrostemum fastosum ···502
Macroteratura (Macroteratura) megafurcula ··············467
Maezous umbrosus ·········444

Maladera (*Aserica*) *secreta* ·····248
Maladera (*Omaladera*) *fusca* ·····245
Maladera (*Omaladera*) *lignicolor* ·····247
Maladera (*Omaladera*) *weni* ·····250
Maladera filigraniforceps ·····245
Maladera kreyenbergi ·····246
Maladera orientails ·····247
Maladera verticalis ·····249
Mantidae ·····430
Mantinae ·····430
Mantispidae ·····442
Mantispinae ·····442
Mantispoidea ·····442
Mantodea ·····429
Margarinotus boleti ·····217
Meconematinae ·····467
Medythia nigrobilineata ·····111
Megacopta cribraria ·····364
Megalodacne bellula ·····143
Megalommum tibiale ·····408
Megalopodidae ·····118
Megaloptera ·····433
Megatominae ·····16
Megymeninae ·····353
Megymenum gracilicorne ·····353
Melanotus (*Spheniscosomus*) *cribricollis* ·····207
Melanotus sp.1 ·····208
Melanotus sp.2 ·····208
Meloidae ·····293
Meloinae ·····293
Melolontha chinensis ·····251
Melolonthinae ·····241
Melyridae ·····119
Melyrinae ·····119
Membracoidea ·····395
Menochilus sexmaculatus ·····131
Mesosa atrostigma ·····83
Metabolus tumidifrons ·····251
Metacolpodes buchanani ·····51
Meteorus sp. ·····410
Metochu abbreviatus ·····343
Metopiinae ·····416
Micrelytrinae ·····330
Microcopris propinquus ·····269
Microgaster sp. ·····410
Microgastrinae ·····410
Micronecta sahlbergii ·····338
Micronectidae ·····338
Microvelia horvathi ·····340
Mictis fuscipes ·····336
Mimastra longicornis ·····111
Mimela confucious ·····264
Mimela splendens ·····265
Mimela testaceoviridis ·····266
Mimemodes monstrosus ·····145
Miridae ·····345
Miridiba chinensis ·····252
Miridiba trichophora ·····253
Mirinae ·····347
Miroidea ·····345
Mirollia formosana ·····473
Modicogryllus (*Promodicogryllus*) *consobrinus* ·····462
Molipteryx fuliginosa ·····336
Molytinae ·····179
Monaulax rugicollis ·····164
Monochamus alternatus ·····84
Monotomidae ·····145
Mycetina sp. ·····139
Mycetophagidae ·····294
Mycetophaginae ·····294
Mycetophagus hillerianus ·····294
Myrmeleontoidea ·····443

N

Nacerdes (*Xanthochroa*) *arcuata* ·····295
Necyla flavacoxa ·····442
Nemoura guangdongensis 483
Nemouridae ·····481
Nemourinae ·····483
Neochauliodes fraternus 434
Neochauliodes sinensis ·····435
Neohydnus sp. ·····119
Neolethaeus dallasi ·····344
Neoneuromus orientalis ·····436
Neoperla flavescens ·····487
Neoperla pani ·····488
Nephrotoma scalaris terminalis ·····327
Nepoidea ·····349
Netelia ocellaris ·····420
Neuroptera ·····439
Nezara viridula ·····361
Nicrophorinae ·····274
Nicrophorus concolor ·····274
Nicrophorus maculifrons 274
Nicrophorus nepalensis ·····275
Niphades verrucosus ·····180
Nitidulidae ·····146
Nitidulinae ·····150
Nonarthra cyaneum ·····99
Noteridae ·····197
Noterus japonicus ·····198
Nothopsyche sp. ·····510

Notonectidae ··············350

Notonectoidea ··············350

O

Ocellarnaca braueri ······465

Odacantha metallica ······ 52

Odonata ····················447

Odontolabis platynota ···230

Odontolabis sinensis ······230

Oecanthidae················464

Oecleopsis sinicus ·········387

Oedemeridae ··············295

Oedemerina·················295

Oestroidea ·················317

Olenecamptus clarus ······ 85

*Olenecamptus subobliteratus*86

Omonadus formicarius ···292

Oncocephalus simillimus ··· 376

Onthophagus (*Gibbonthophagus*) *balthasari* / 269

Onthophagus (*Paraphanaeomorphus*) *trituber* ····················271

Onthophagus (*Strandius*) *lenzii* ·······················270

Oodes monticola ··········· 52

Ophioninae ·················416

Orthetrum melania ·········450

Orthetrum triangulare ···451

Orthognathinae ···········190

Orthopagus splemdens ···388

Orthoptera ·················455

Othius sp. ·················287

Oulema dilutipes ···········104

Oxytelinae ·················278

Ozotomerus japonicus······153

P

Pachnephorus bretinghami ···············116

Paederinae ·················281

Paederus fuscipes ·········281

Paleosepharia liquidambara ···········112

Parabostrychus acuticollis ··· 11

Parachauliodes buchi ···436

Parachilocoris semialbidus ···············353

Paradasynus spinosus······335

Paraleprodera diophthalma ··············· 87

Parapolybia varia varia ···423

Parascatonomus tricornis ··· 272

Paravespula (*Paravespula*) *flaviceps flaviceps* ·········424

Pectocera fortunei ·········206

Pedinotrichia parallela ···253

Peirates arcuatus ·········371

Peirates atromaculatus ···372

Peirates cinctiventris ······373

Peirates turpis ············373

Peiratinae····················370

Peliocypas chinensis ······ 53

Peltodytes sinensis ·········196

Pentagonica daimiella ··· 54

Pentagonica subcordicollis ···54

Pentatomidae ··············354

Pentatominae ··············354

Pentatomoidea··············351

Penthetria japonica·········316

Penthetriinae ··············316

Periplaneta fuliginosa········4

Periplaneta lateralis ·········5

Perlidae ····················484

Perlinae ····················487

Phacophallus sp. ···········287

Phaeochrous sp. ···········228

Phalantus geniculatus ···374

Phaneropterinae ···········470

Pharaxonothinae ···········144

Phasmatidae ···············478

Phasmida····················477

Phenolia (*Lasiodites*) *picta* ·······················150

Pheropsophus javanus ··· 25

Philinae ···················· 92

Philonthus sp.1 ···········288

Philonthus sp.2 ···········288

Philopotamidae ···········511

Philopotamoidea ···········511

Philus antennatus ········· 92

Phlaeoba angustidorsis ···457

Phloeobius gibbosus ······154

Phlogotettix polyphemus···398

Phlogotettix sp. ···········397

Phraortes elongatus ······478

Phraortes liaoningensis ···478

Phrixopogon walkeri ······173

Phryganeoidea···············514

Phryganopsyche latipennis··· 514

Phryganopsychidae ·········514

Phymatapoderus pavens ···159

Physopelta cincticollis ···367

Physopelta gutta ···········368

Physopeltinae ··············367

Phytoscaphus gossypii ···174

Phytoscaphus triangularis··· 175

Piezotrachelus (*Piezotrachelus*) *japonicus* ················160

Pimelocerus perforatus ···181

Pinophilus sp. ……………282
Pirkimerus japonicus ……341
Plataspidae ………………364
Plateros sp. ………………216
Platycorynus parryi ……116
Platyderides sp. …………234
Platydracus sp.1 …………289
Platydracus sp.2 …………289
Platydracus sp.3 …………289
Platynectes rihai …………191
Platynus magnus ……… 55
Platypleura kaempferi ……385
Plautia crossota …………362
Plautia stali ……………362
Plecoptera ………………479
Plesiophthalmus spectabilis ……………310
Podoscirtinae ……………464
Poecilocoris druraei ……366
Polistes rothneyi …………425
Polygraphus sinensis ……185
Polytoxus fuscovittatus …375
Pompilidae ………………421
Popillia mutans …………266
Popillia pustulata ………267
Porizontinae ……………419
Prioninae ………………… 93
Prionoceridae ……………120
Priopus angulatus ………208
Propylea japonica ………132
Protaetia brevitarsis ……238
Prothemus kiukianganus 199
Protohermes sinensis ……437
Psacothea hilaris ……… 87
Psammoecus triguttatus …151
Pseudobium kobense ……283
Pseudolathra (Allolathra) lineata …………………284
Pseudophyllinae …………476
Pseudophyllodromiinae ……3
Pseudoregma bambusicola ……378
Psylliodes sp. ……………100
Ptecticus aurifer …………320
Ptecticus kerteszi ………321
Pterolophia annulata …… 88
Pterolophia persimilis …… 89
Pterostichus sp. ………… 56
Ptilodactyla sp. ………… 23
Ptilodactylidae…………… 23
Ptinidae ………………… 17
Ptochus obliquesignatus …175
Purpuricenus temminckii sinensis ………………… 68
Pygolampis foeda ………376
Pyrgomorphidae …………459
Pyrgomorphinae …………459
Pyrgomorphoidea ………459
Pyrgotidae ………………324
Pyrocoelia pectoralis ……212
Pyrrhalta maculicollis ……113
Pyrrhocoridae ……………368
Pyrrhocorinae ……………368
Pyrrhocoris sinuaticollis 369
Pyrrhocoroidea …………367
Pyrrhopeplus carduelis …368

R

Rawasia ritsemae ………156
Reduviidae ………………370
Reduvioidea ……………370
Rhabdoblatta melancholica … 5
Rhabdoblatta mentiens ……6
Rhabdoblatta sp. ……………7
Rhadinopus confinis ……165
Rhadinopus subornatus …166
Rhantus suturalis ………191
Rhaphitropis japonicus …157
Rhopalopsole sinensis ……480
*Rhopalopsole zhejiangensis*480
Rhyacophila sp. …………516
Rhyacophilidae …………516
Rhyacophiloidea …………516
Rhyparochromidae ………343
Rhyparochrominae ………343
Rhyparus sp. ……………235
Rhyzopertha dominica … 14
Ricania cacaonis …………391
Ricania flabellum ………391
Ricania quadrimaculata …392
Ricania speculum ………393
Ricania sublimbata ………393
Ricaniidae ………………391
Ricaniinae ………………391
Rodolia limbata …………122
Ropica chinensis ………… 89
Ropica subnotata ……… 90
Rugilus sp.1 ……………284
Rugilus sp.2 ……………285
Rugilus sp.3 ……………285
Ruidocollaris sinensis ……474
Rutelinae …………………255

S

Saicinae …………………375
Sandracottus mixtus ……195
Sapintus marseuli ………292
Sarcophagoidea …………318
Sarginae …………………320
Scaphoideus sp. …………397
Scarabaeidae ……………234

Scarabaeinae ……………268
Scarabaeoidea ……………227
Scarites terricola ………… 60
Scaritinae ………………… 59
Scolytinae ………………182
Scotinophara horvathi …363
Scraptia sp. ………………295
Scraptiidae ………………295
Scutelleridae ……………366
Scutellerinae. ……………366
Scymnus (Neopullus) hoffmanni ………………133
Seleuca tienmuschanica …182
Serica nigroguttata ……254
Serrognathus gracilis ……231
Serrognathus titanus platymelus ………………232
Shirahoshizo flavonotatus ……………167
Shirahoshizo rufescens …337
Sigara (Tropocorixa) substriata ………………337
Sigmella sp. …………………2
Silesis sp. …………………209
Silphidae …………………274
Silphinae …………………276
Silvanidae ………………151
Silvaninae ………………152
Sinacroneuria yiui ………486
Sinictinogomphus clavatus …………………449
Sinochlora longifissa ……475
Sinoxylon japonicum …… 12
Sipalinus gigas …………190
Sirthenea flavipes ………375
Sitophilus zeamais ………188
Sophrops heydeni ………254
Sophrops planicollis ……255
Sorineuchora nigra …………3
Sphaeridiinae ……………224
Sphenophorus venatus vestitus …………………189
Spondylidinae …………… 95
Spondylis sinensis ……… 96
Staphylinidae ……………277
Staphylininae ……………286
Staphylinoidea ……………274
Statilia maculata …………430
Stenelmis indepressa …… 20
Stenelmis sp. …………… 21
Stenhomalus fenestratus … 70
Stenochiinae ……………301
Stenochinus apiciconcavus …………302
Stenolophus connotatus … 56
Stenolophus quinquepustulatus ……… 57
Stenopelmatoidea ………465
Stenopelmus rufinasus ……177
Stenopodainae ……………376
Stenopsyche tienmushanensis ………512
Stenopsychidae …………512
Stenotarsinae ……………139
Stenotarsus sp. …………139
Stenothemus sp. …………200
Stenygrinum quadrinotatum ………… 70
Sternolophus rufipes ……223
Stratiomyidae ……………320
Stratiomyoidea …………320
Strongylium basifemoratum …………303
Strongylium cultellatum cultellatum ………………303
Styloperla starki …………490
Styloperlidae ……………490
Sunius sp. ………………286
Sybra alternans ………… 91
Sympetrum kunckeli ……452
Sympiezomias citri ………176
Syrphidae ………………322
Syrphinae ………………322
Syrphoidea ………………322
Systropus melli …………315

T

Tachinidae ………………317
Tachinus sp. ………………290
Tachyporinae ……………290
Tachyura (Tachyura) gradata ………………… 62
Tachyura laetifica ……… 63
Tachyura sp. …………… 63
Takecallis tawanus ………377
Tegra novaehollandiae viridinotata ……………476
Tenebrionidae ……………296
Tenebrioninae ……………304
Tenebrionoidea …………291
Tenodera sinensis ………431
Tenoderinae ………………431
Tephritidae ………………325
Tephritoidea ……………324
Tettigoniidae ……………466
Tettigonioidea ……………466
Themus (Themus) leechianus ………………200
Thylactus analis ………… 91
Tipula coquilletti ………328

Tipulidae ····················327
Tipulinae ····················327
Tipuloidea ··················327
Togoperla totanigra ······489
Tolongia pilosa ············348
Trachylophus
tianmuensis ··············· 71
Trechinae····················· 61
Trechoblemus
postilenatus ··············· 64
Trechus chinensis ········· 64
Triaenodes
qinglingensis ···············506
Tribolium castaneum ······311
Trichoferus campestris ··· 72
Trichoptera ··················493
Trichotichnus miser ······ 59
Trichotichnus sp. ··········· 58
Trigonospila sp.1············317
Trigonospila sp.2············317
Trogidae ····················273
Tropidothorax cruciger ···342
Trox sp. ····················273
Truljalia hibinonis ·········464
Tryphoninae ···············420
Typhlocybinae···············401

U

Uloma contracta ·········311
Uloma excisa excisa ······312
Uraecha chinensis ········· 92
Urophorus adumbratus ···147
Urophorus humeralis ······148

V

Velarifictorus (Velarifictorus)
micado / 462
Veliidae ····················340
Vespa mandarinia 426
Vespa velutina ············427
Vespidae ····················422
Vespoidea ··················421

W

Wormaldia unispina ······512

X

Xanthopenthes sp. ·········210
Xanthopenthes vagus ······210
Xiphidiopsis (Xiphidiopsis)
bituberculata ···········468
Xiphozele sp.1 ··············411
Xiphozele sp.2 ··············411
Xiphozelinae ···············411
Xizicus (Haploxizicus)
szechwanensis ···········469
Xyleborinus saxeseni ······186
Xyletininae ················· 17
Xylocopa nasalis ···········406
Xylocopa rufipes ···········406
Xylocopa tranquebarorum 407
Xylocopinae ···············406
Xylosandrus amputatus ···187

Y

Yezoterpnosia
fuscoapicalis ···········386

Z

Zeugophora sp. ···········118
Zeugophorinae ···········118
Zombrus bicolor ···········409
Zygoptera ·················453
Zyras sp.1 ·················277
Zyras sp.2 ·················277

主要参考文献

白锦荣，2014. 广西螽斯科区系研究[D]. 保定：河北大学.

彩万志，崔建新，刘国卿，等，2017. 河南昆虫志　半翅目　异翅亚目[M]. 北京：科学出版社.

曹友强，韩辉林，2016. 山东省青岛市习见森林昆虫图鉴[M]. 哈尔滨：黑龙江科学技术出版社.

常凌小，2014. 中国伪瓢虫科部分亚科分类研究（鞘翅目：扁甲总科）[D]. 保定：河北大学.

陈祥盛，杨琳，李子忠，2012. 中国竹子叶蝉[M]. 北京：中国林业出版社.

仇兰芬，车少呈，王建红，2009. 荔蝽、稻绿蝽和茶翅蝽生物防治研究概况[J]. 中国森林害虫，28(2): 23-26.

戴轩，2010. 贵州茶树害虫种类及地理分布的研究[J]. 贵州茶叶，38(2): 21-35.

邓国藩，1959. 中国经济昆虫志　第一册　鞘翅目　天牛科[M]. 北京：科学出版社.

董赛红，任国栋，2017. 中国云南烁甲属分类研究及中国三新纪录种（鞘翅目：拟步甲科：烁甲族）[J]. 四川动物，36(6): 697-701.

杜予州，Sivec，赵明水，2001. 𫌀翅目[M]// 吴鸿，潘承文. 天目山昆虫. 北京：科学出版社.

杜予州，Sivec, 2005. 𫌀翅目：秦岭西段及甘南地区昆虫[M]. 北京：科学出版社.

段宇杰，2017. 中国蝽次目昆虫染色体的研究（半翅目：异翅亚目）[D]. 太谷：山西农业大学.

付新华，2014. 中国萤火虫生态图鉴[M]. 北京：商务印书馆.

高磊，2014. 中喙丽金龟形态特征补充描述及危害现状调查[J]. 中国森林害虫，33(1): 17-20.

葛钟麟，1966. 中国经济昆虫志　第十册　同翅目　叶蝉科[M]. 北京：科学出版社.

郭贵明，刘广瑞，侯建明，1993. 弟兄鳃金龟生物学特性观察[J]. 山西农业科学，21(4): 44-46.

何俊华，陈学新，等，1996. 中国经济昆虫志　第五十一册　膜翅目　姬蜂科[M]. 北京：科学出版社.

何俊华，等，2000. 中国动物志昆虫纲　第十八卷　膜翅目　茧蜂科（一）[M]. 北京：科学出版社.

何俊华，等，2002. 中国动物志　昆虫纲　第三十七卷　膜翅目　茧蜂科（二）[M]. 北京：科学出版社.

和秋菊，易传辉，吴明，2011. 云南西双版纳南糯山昆虫种类初步研究[J]. 广东农业科学(1): 91-94.

胡经甫，1962. 云南生物考察报告：𫌀翅目[J]. 昆虫学报，11（增刊）: 141.

胡经甫，1973. 中国𫌀翅目新种[J]. 昆虫学报，16 (2): 100-101.

华立中，奈良一，G A. 赛缪尔森，等，2009. 中国天牛（1 406种）彩色图鉴[M]. 广州：中山大学出版社.

黄其林，1957. 中国毛翅目的新种[J]. 昆虫学报，7(4): 373-404.

计云，2012. 中华葬甲[M]. 北京：中国林业出版社.

贾凤龙，2006. 中国牙甲属Hydrophilus Geoffroy分类订正（鞘翅目：牙甲科）[J]. 昆虫分类学报，28(3): 187-197.

贾凤龙，王佳，王继芬，等，2010. 中国真龙虱属 Cybister Curtis 分类研究（鞘翅目：龙虱科：龙虱亚科）[J]. 昆虫分类学报，32(4): 255-263.

江崎悌三序，竹内吉藏，1973. 原色日本昆虫图鉴[M]. 日本：保育社.

江世宏，王书永，1999. 中国经济叩甲图志[M]. 北京：中国农业出版社.

江叶钦，张亚坤，陈文杰，1991. 脊纹异丽金龟的生物学特性及防治研究[J]. 福建林学院学报，11(4): 433-438.

蒋平，徐志宏，2005. 竹子病虫害防治彩色图谱[M]. 北京：中国农业科学技术出版社.

蒋书楠，蒲富基，华立中，1985. 中国经济昆虫志　第三十五册　鞘翅目　天牛科(三)[M]. 北京：科学出版社.

蒋书楠，陈力，2001. 中国动物志　昆虫纲　第二十一卷　鞘翅目　天牛科　花天牛亚科[M]. 北京：科学出版社.

李鸿昌，夏凯龄，2006. 中国动物志　昆虫纲　第四十三卷　直翅目　蝗总科 斑腿蝗科[M]. 北京：科学出版社.

李苗苗，2015. 中国蟋螽亚科分类研究(直翅目：蟋螽科)[D]. 上海：华东师范大学.

李铁生，1985. 中国经济昆虫志　第三十册　膜翅目　胡蜂总科[M]. 北京：科学出版社.

李杨，2017. 中国茧蜂亚科的分类研究[D]. 杭州：浙江大学.

刘崇乐. 1963. 中国经济昆虫志　第五册　鞘翅目　瓢虫科[M]. 北京：科学出版社.

刘春香，2005. 中国露螽亚科(直翅目：螽斯总科：螽斯科)的系统学研究[D]. 武汉：武汉大学.

刘广瑞，章有为，王瑞，1997. 中国北方常见金龟子彩色图鉴[M]. 北京：中国林业出版社.

刘桂林，庞虹，周昌清，等，2005. 东莞莲花山自然保护区昆虫资源的初步研究[J]. 昆虫天敌，27(1): 1-9.

刘国卿，郑乐怡，1990. 中国仰蝽科新种及新纪录(半翅目)[J]. 动物分类学报，15(3):349-351.

刘建武，2006. 帽儿山地区不同色斑类型异色瓢虫形态多样性研究[D]. 哈尔滨：东北林业大学.

刘玉双，2005. 中国纹吉丁属Coraebus分类研究(鞘翅目：吉丁科)[M]. 保定：河北大学.

马丽滨，2011. 中国蟋蟀科系统学研究(直翅目：蟋蟀总科)[D]. 杨凌：西北农林科技大学.

孟召娜，2015. 河北省大蕈甲科的调查及分类研究[D]. 保定：河北农业大学.

慕芳红，贺同利，王裕文，2002. 中国掩耳螽属二新种记述(直翅目　螽蟖总科　露螽科)[J]. 昆虫学报，45(增刊): 25-27.

庞雄飞，毛金龙，1979. 中国经济昆虫志　第十四册　鞘翅目　瓢虫科(二)[M]. 北京：科学出版社.

蒲富基，1980. 中国经济昆虫志　第十九册　鞘翅目　天牛科(二)[M]. 北京：科学出版社.

浦杏琴，涂荣文，朱龙粉，2022. 武进地区苜蓿叶象甲的发生及防治药剂筛选试验初报[J]. 上海农业科技(6): 137-139.

齐雅晴，2018. 中国狭胸花萤属团系统分类研究(鞘翅目：花萤科)[D]. 保定：河北大学.

任树芝，1998. 中国动物志　昆虫纲　第十三卷　半翅目：异翅亚目　姬蝽科[M]. 北京：科学出版社.

任顺祥，王兴民，庞虹，等，2009. 中国瓢虫原色图鉴[M]. 北京：科学出版社.

石福明，杨培林，蒋书楠，2001. 鼻优草螽和苍白优草螽鸣声和发声器的研究[J]. 动物学研究，22(2): 89-92.

石福明，郑哲民，1994. 中国螽斯总科二新种(直翅目：螽斯总科)[J]. 陕西师范大学报(自然科学版)，22(4): 64-66.

谭娟杰，虞佩玉，等，1980. 中国经济昆虫志　第十八册　鞘翅目　叶甲总科(一)[M]. 北京：科学出版社.

谭娟杰，王书永，周红章，2005. 中国动物志　昆虫纲　第四十卷　鞘翅目　肖叶甲 肖叶甲亚科[M]. 北京：科学出版社.

田立新，杨莲芳，李佑文，1996. 中国经济昆虫志　第四十九册　毛翅目(一)：小石蛾科　角石蛾科　纹石蛾科　长角石蛾科[M]. 北京：科学出版社.

王风艳，2008. 华北动物区拟步甲区系分类与分布格局研究[M]. 保定：河北大学.

王洪建，辛中尧，徐红霞，2013. 甘肃省南部盲蝽科昆虫调查及区系研究（半翅目：盲蝽科）[J]. 甘肃林业科技，39(3): 9-13.

王荟，2012. 鼻优草螽生物学特性及营养价值的研究[D]. 雅安：四川农业大学.

王继良，2011. 中国伪瓢虫科部分类群分类研究（鞘翅目：扁甲总科）[D]. 保定：河北大学.

王剑峰，2005. 中国草螽科Conocephalidae系统学研究（直翅目：螽斯总科）[D]. 保定：河北大学.

王文凯，蒋书楠，2000. 中国泥色天牛属*Uraecha* Thomson分类研究（鞘翅目：天牛科：沟胫天牛亚科）[J]. 昆虫分类学报，22(1):45-47.

王小奇，方红，张治良，2012. 辽宁甲虫原色图鉴[M]. 沈阳：辽宁科学技术出版社.

王义平，2006. 中国茧蜂亚科的分类及其系统发育研究[D]. 杭州：浙江大学.

王远宁，2015. 秦岭地区蠋步甲(*Dolichus halensis*)谱系地理学及群体遗传结构初步研究[D]. 西安：陕西师范大学.

王章训，蔡波，孙荣华，2019. 一种危害草坪的新害虫：结缕草象甲[J]. 植物检疫，33(2): 61-65.

王章训，2016. 中国部分地区蚁形甲科（鞘翅目　多食亚目　拟步甲总科）分类研究[M]. 银川：宁夏大学.

王宗庆，2006. 中国姬蠊科分类与系统发育研究[D]. 北京：中国农业科学院研究生院.

王遵明，1994. 中国经济昆虫志　第四十五册　双翅目　虻科（二）[M]. 北京：科学出版社.

翁琴，梁照文，孙长海，2021. 宜兴毛翅目研究初报[J]. 现代园艺(19): 55-56.

吴鸿，王义平，杨星科，等，2018. 天目山动物志　第六卷[M]. 杭州：浙江大学出版社.

吴佳教，梁帆，梁广勤，2009. 实蝇类重要害虫鉴定图册[M]. 广州：广东科学技术出版社.

吴嗣勋，李大勇，周斌，1992. 稻绿蝽的预测预报及综合防治[J]. 湖北农业科学(3): 21-24.

吴燕如，周勤，1996. 中国经济昆虫志　第五十二册　膜翅目　泥蜂科[M]. 北京：科学出版社.

夏凯龄，1994. 中国动物志　昆虫纲　第四卷　直翅目　癞蝗科　蝗总科　瘤锥蝗科　锥头蝗科[M]. 北京：科学出版社.

谢桐音，2015. 中国蝎蝽次目(Nepomorpha)系统学研究（半翅目：异翅亚目）[D]. 天津：南开大学.

辛海泉，2009. 吉林省部分地区异色瓢虫鞘翅色斑多态的群体遗传学分析[D]. 长春：东北师范大学.

徐金叶，2007. 福建省丽金龟科形态分类、区系分析和种群动态研究[D]. 福州：福建农林大学.

徐天森，王浩杰，2004. 中国竹子主要害虫[M]. 北京：中国林业出版社.

许浩，文礼章，陈坤，2012. 湖南烟田常见金龟子种类及其识别调查研究[J]. 中国农学通报，28(21): 221-228.

薛正，冯术快，张崇岭，2018. 北京发现洋白蜡新害虫：多孔横沟象[J]. 植物保护，44(6):242-245.

杨定，杨集昆，1998. 贵州姬蜂蛇属研究[J]. 贵州科学，16(1):36-39.

杨惟义，1962. 中国经济昆虫志　第二册　半翅目　蝽科[M]. 北京：科学出版社.

杨星科，卜文俊，刘国卿，等，2018. 秦岭昆虫志　第二卷　半翅目　异翅亚目[M]. 西安：世界图书出版西安有限公司.

杨星科，陈学新，魏美才，等，2018. 秦岭昆虫志　第十一卷　膜翅目[M]. 西安：世界图书出版西安有限公司.

杨星科，葛斯琴，李利珍，2018. 秦岭昆虫志　第五卷　鞘翅目（二）[M]. 西安：世界图书出版西安有限公司.

杨星科，花保祯，刘星月，等，2018. 秦岭昆虫志　第四卷　虫齿目　缨翅目　广翅目　蛇蛉目　脉翅目长翅目　毛翅目[M]. 西安：世界图书出版西安有限公司.

杨星科，廉振民，魏朝明，2018. 秦岭昆虫志　第一卷　低等昆虫及直翅类[M]. 西安：世界图书出版西安有限公司.

杨星科，林美英，2017. 秦岭昆虫志　第六卷　鞘翅目（二）天牛类[M]. 西安：世界图书出版西安有限公司.

杨星科，杨定，王孟卿，等，2017. 秦岭昆虫志　第十卷　双翅目[M]. 西安：世界图书出版西安有限公司.

杨星科，张润志，梁红斌，等，2017. 秦岭昆虫志　第七卷　鞘翅目（三）[M]. 西安：世界图书出版西安有限公司.

杨星科，张雅林，2017. 秦岭昆虫志　第三卷　半翅目　同翅亚目[M]. 西安：世界图书出版西安有限公司.

姚刚，于宁，李文亮，2022. 中国广东南岭保护区姬蜂虻属新种（双翅目：蜂虻科）[J]. 广西林业科学，51(4): 455-458.

伊文博，卜文俊，2017. 中国三种稻缘蝽名称订正（半翅目　蛛缘蝽科）[J]. 环境昆虫学报，39(2): 460-463.

殷蕙芬，黄复生，等，1984. 中国经济昆虫志　第二十九册　鞘翅目　小蠹科[M]. 北京：科学出版社.

印象初，等，2001. 中国动物志　昆虫纲　第三十二卷　直翅目　蝗总科　槌角蝗科 剑角蝗科[M]. 北京：科学出版社.

于潇，2016. 陕西秦岭地区象虫种类组成及区系分析[D]. 泰安：山东农业大学.

虞国跃，2008. 瓢虫瓢虫[M]. 北京：化学工业出版社.

虞国跃，2010. 中国瓢虫亚科图志[M]. 北京：化学工业出版社.

虞国跃，2017. 我的家园：昆虫图记[M]. 北京：电子工业出版社.

虞国跃，2018. 北京访花昆虫图谱[M]. 北京：电子工业出版社.

虞国跃，王合，2017. 北京林业昆虫图谱（Ⅰ）[M]. 北京：科学出版社.

虞国跃，王合，2021. 北京林业昆虫图谱（Ⅱ）[M]. 北京：科学出版社.

虞国跃，王合，2023. 北京林业昆虫图谱（Ⅲ）双翅目[M]. 北京：科学出版社.

虞国跃，王合，冯术快，2016. 王家园昆虫[M]. 北京：科学出版社.

虞佩玉，1996. 中国经济昆虫志　第五十四册　鞘翅目　叶甲总科（二）[M]. 北京：科学出版社.

袁小转，2011. 中国浙、琼、黔三地菲隐翅虫属 *Philonthus* 分类研究（鞘翅目：隐翅虫科：隐翅虫亚科）[D]. 上海：上海师范大学.

张成丕，赖永梅，任广伟，2014. 青岛市园林树木病虫图鉴[M]. 北京：中国农业出版社.

张俊华，2020. 口岸截获外来小蠹彩色图鉴[M]. 北京：中国林业出版社.

张培毅，2011. 高黎贡山昆虫生态图鉴[M]. 哈尔滨：东北林业大学出版社.

张倩，2013. 中国奥锹甲属 *Odontolabis* Hope 和新锹甲属 *Neolucanus* Thomson 的分子系统学研究（鞘翅目：金龟总科：锹甲科）[D]. 合肥：安徽大学.

张巍巍，李元胜，2011. 中国昆虫生态大图鉴[M]. 重庆：重庆大学出版社.

张巍巍，李元胜，2011. 中国昆虫生态大图鉴[M]. 重庆：重庆大学出版社.

张昕哲，张敏敏，胡春林，等，2012. 江苏省缘蝽总科昆虫（半翅目　蝽次目）[J]. 金陵科技学院学报，28(3): 71-77.

张芝利，1984. 中国经济昆虫志　第二十八册　鞘翅目　金龟总科幼虫[M]. 北京：科学出版社.

张治良，赵颖，丁秀云，2009. 沈阳昆虫原色图鉴[M]. 沈阳：辽宁民族出版社.

章士美，等，1985. 中国经济昆虫志　第三十一册　半翅目（一）[M]. 北京：科学出版社.

赵梅君，李利珍，2004. 多彩的昆虫世界：中国600种昆虫生态图鉴[M]. 上海：上海科学普及出版社.

赵仁友，2006. 竹子病虫害防治彩色图鉴[M]. 北京：中国农业科学技术出版社.

赵养昌，1963. 中国经济昆虫志　第四册　鞘翅目　拟步行虫科[M]. 北京：科学出版社.

赵养昌，等，1980. 中国经济昆虫志　第二十册　鞘翅目　象虫科(一)[M]. 北京：科学出版社.

郑乐怡，归鸿，1999. 昆虫分类学[M]. 南京：南京师范大学出版社.

郑乐怡，等，2004. 中国动物志　昆虫纲　第三十三卷　半翅目　盲蝽科　盲蝽亚科[M]. 北京：科学出版社.

郑毅，2010. 不同色斑型异色瓢虫的系统分类学研究[D]. 哈尔滨：东北林业大学.

郑哲民，夏凯龄，等，1998. 中国动物志　昆虫纲　第十卷　直翅目　蝗总科[M]. 北京：科学出版社.

中国科学院中国动物志编辑委员会，1998. 中国动物志　昆虫纲　第十二卷　直翅目 蚱总科[M]. 北京：科学出版社.

钟芳，2013. 中国锹甲科部分属种鞘翅和雄性外生殖器外翻囊的超微形态研究（鞘翅目：金龟总科）[D]. 合肥：安徽大学.

周尧，路进生，等，1985. 中国经济昆虫志　第三十六册　同翅目　蜡蝉总科[M]. 北京：科学出版社.

朱培尧，1986. 异色瓢虫常见变种变型的识别[J]. 江西植保(3):17, 22.

祝长清，朱东明，尹新明，1999. 河南昆虫志鞘翅目(一)[M]. 郑州：河南科学技术出版社.

邹海奎，蒋桂华，唐声武，等，2009. 竹虱的生物学特性和形态组织学研究[J]. 中国民族民间医药，18(22):11-12.

Bernhard van Vondel, 2013. World Catalogue of Haliplidae-corrections and additions, 2(Coleoptera:Haliplidae), Koleopt[J]. Koleopterologische Rundschau(83):23-34.

Bezděk A, 2008. Synonymical notes on *Apogonia cupreoviridis* and *A. nigroolivacea*[J]. Annales Zoologici, 58(1): 71-77.

Bouchard P, Bousquet Y, Davies A, et al, 2011. Family-group names in Coleoptera (Insecta) [J]. ZooKeys(88): 1-972.

Chao H F, 1947. Two new species of the genus *Styloperla* Wu (Perlidae, Plecoptera) [J]. Biological Bulletin of Fukien Christian University(5): 93-96.

Chen Z T, Du Y Z, 2015. The first record of a species of Perlidae from Jiangsu Province, China: a new species of *Neoperla* (Plecoptera: Perlidae) [J]. Zootaxa, 3974(3): 424-430.

Chen Z T, Du Y Z, 2016. A new species of *Neoperla* (Plecoptera: Perlidae) from Zhejiang Province of China[J]. Zootaxa, 4093(4): 589-594.

Chen Z T, Du Y Z, 2016. A remarkable new species of winter stonefly (Plecoptera: Capniidae) from Southeastern China[J]. Zootaxa, 4170(1): 187-193.

Chen Z T, DuY Z, 2017. A new species of *Nemoura* (Plecoptera: Nemouridae) from Jiangsu Province, China, with new illustrations for *Nemoura nankinensis* Wu[J]. Zootaxa, 4254(2): 294-300.

Chopra N P, 1967. The higher classification of the family Rhopalidae (Hemiptera)[J]. Trans. R. ent. Soc. Lond. , 119(12): 363-399.

Chu Y T, 1929. Description of four new species and one new genus of stoneflies in the family Perlidae from Hangchow[J]. China Journal, 10(2): 89-92.

Du Y Z, Sivec I, HeJ H, 1999. A checklist of the Chinese species of the family Perlidae (Plecoptera: Perloidea) [J]. Acta Entomologica Slovenica(7): 59-67.

Fabrizi S, Liu W G, Bai M, et al, 2021. A monograph of the genus *Maladera* Mulsant et Rey, 1871 of China[J]. Zootaxa, 4922(1): 1-400.

Illies J, 1966. Katalog der rezenten Plecoptera[M]. Berlin: Das Tierreich, Walter de Gruyter and Company Press.

Kapla A, Vrezec A, 2007. Morfološke značilnosti, razširjenost in opis habitata vrste *Dolichus halensis* v Sloveniji (Coleoptera: Carabidae): krešiči v agrarnih sistemih[J]. Acta Entomolgica Slovenica, 15, Št. (1): 57-64.

Liang Z, Jia F, Vondel B J V, 2018. Actualized checklist of Chinese Haliplidae, with new provincial records(Coleoptera: Haliplidae) [J]. Koleopterologische Rundschau (88): 9-15.

Lin P, 2000. *Anomala semicastanea* Species Group (Coleoptera Rutelidae) of China[J]. Entomotaxonomia, 22(1): 37-41.

Matsumoto T, 2015. Changes of the systematic positions of eight species and two subgenera of the genus *Holotrichia*[J]. Kogane(17): 5-10.

Matsumoto T, 2016. Three new genera of the subtribe Rhizotrogina[J]. Kogane(18): 5-14.

Meiying Lin, Siqin G E, 2020. Notes on the genera *Anaesthetobrium* Pic and *Microestola* Gressitt (Coleoptera: Cerambycidae: Lamiinae) [J]. Entomotaxonomia, 42(4): 298-310.

Raminder Kaur, 2017. A Revision of the Genus *Litochila* (Hymenoptera: Ichneumonidae) [J]. Oriental Insects, 22(1): 359-376.

Slater J A, 1982. Hemiptera[M]//Parker I. Synopsis and classification of living organisums. New York: McGraw-Hill, Inc.

Sogoh K, Hiroyuki Y, 2017. A Revision of the Genus *Ancylopus* (Coleoptera, Endomychidae) of Japan[J]. Elytra, Tokyo, New Series, 7(2): 421-438.

Stark B P, I Sivec, 2007. A Synopsis of Styloperlidae (Insecta, Plecoptera) with description of *Cerconychia sapa*, a new stonefly from Vietnam[J]. Illiesia, 3(2): 10-16.

Stark B P, I Sivec, 2008. The Genus *Togoperla* Klapálek (Plecoptera: Perlidae) [J]. Illiesia, 4(20): 208-225.

Tomofumi Iwata, 2016. A New Record of Haliplus regimbarti (Coleoptera : Haliplidae) from Japan[J]. Japanese Journal of Systematic Entomology, 22(1):99-100.

Uchida S, Isobe Y, 1988, *Crytoperla* and *Yoraperla* from Japan and Taiwan (Plecoptera: Peltoperlidae) [J]. Aquatic Insects, 10(1): 20.

Uchida S, Isobe Y, 1989, Styloperlidae stat. nov. and Microperlinae. subfam. nov. With a revised system of the family group Systellognatha (Plecoptera) [J]. Spixiana, 12(2): 145-182.

Wu C F, 1926. Two new species of stoneflies from Nanking[J]. The China Journal of Science and Arts(5): 331-332.

Wu C F, 1938. Plecopterorum sinensium, a monograph of stoneflies of China (Order: Plecoptera) [J]. Peiping China(67-68): 196.

Yang D, Li W H, Zhu F, 2015. Fauna Sinica, Insecta. Vol. 58. Plecoptera: Nemouroidea[M]. Beijing: Science Press.

Yang L, Armitage B J, 1996. The genus *Goera* (Trichoptera: Goeridae) in China[J]. Proc. Entomol. Soc. Washingt. , 98(3): 551-569.

Yang L, Morse J C, 2000. Leptoceridae (Trichoptera) of the People' s Republic of China[J]. Memoirs of the American Entomological Institute(64): 1-309.

Yang L, Weaver Ⅲ J S, 2002. The Chinese Lepidostomatidae (Trichoptera)[J]. Tijdschrift Voor Entomologie (145): 267-352.

Zhao M Y, Huo Q B, Du Y Z, 2019. A new species of *Styloperla* (Plecoptera: Styloperlidae) from China, with supplementary illustrations for *Styloperla jiangxiensis*[J]. Zootaxa, 4608 (3): 555-571.

Zhao M Y, Huo Q B, Du Y Z, 2020. Contribution to the knowledge of Chinese *Cerconychia* Klapálek (Plecoptera: Pteronarcyoidea: Styloperlidae) with a new synonym[J]. Zootaxa, 4759 (3): 427-432.

图书在版编目（CIP）数据

竹林生态系统昆虫图鉴. 第三卷 / 梁照文, 闫正跃, 朱宏斌主编. -- 北京 : 中国农业出版社, 2023. 12.

ISBN 978-7-109-32375-9

Ⅰ. S718. 7-64

中国国家版本馆CIP数据核字第2024NJ1784号

竹林生态系统昆虫图鉴　第三卷

ZHULIN SHENGTAI XITONG KUNCHONG TUJIAN DISANJUAN

中国农业出版社出版

地址：北京市朝阳区麦子店街18号楼

邮编：100125

责任编辑：冀　刚　牟芳荣

版式设计：王　晨　　责任校对：吴丽婷　　责任印制：王　宏

印刷：中农印务有限公司

版次：2023年12月第1版

印次：2023年12月北京第1次印刷

发行：新华书店北京发行所

开本：787mm × 1092mm　1/16

印张：37.75

字数：871千字

定价：468.00元
